Dr. Uta Schumacher

Thomas Feist

Dennis Lehmann

Das Lernbuch der Lackiertechnik

Grundlagen, Aufgaben und Prüfungsfragen für Verfahrensmechaniker/innen der Beschichtungstechnik

Bibliographische Information der Deutschen Bibliothek
Die Deutsche Bibliothek verzeichnet diese Publikation in der Deutschen Nationalbibliographie; detaillierte bibliographische Daten sind im Internet über http://dnb.ddb.de abrufbar.

Dr. Uta Schumacher, Thomas Feist, Dennis Lehmann
Das Lernbuch der Lackiertechnik
8. Auflage
unveränderter Nachdruck
Hannover: Vincentz Network, 2024
(BESSER LACKIEREN)

Das Verlagsverzeichnis schickt Ihnen gern:
Vincentz Network, Plathnerstr. 4c, 30175 Hannover, Germany
Tel. +49 511 9910-033, Fax +49 511 9910-029
E-Mail: buecher@vincentz.net
www.besserlackieren.de

Produktion: PrintMediaNetwork, Oldenburg
Printed in Europe

ISBN 978-3-86630-713-1

BESSER LACKIEREN

Dr. Uta Schumacher

Thomas Feist

Dennis Lehmann

Das Lernbuch der Lackiertechnik

Grundlagen, Aufgaben und Prüfungsfragen für Verfahrensmechaniker/innen der Beschichtungstechnik

Vorwort

Das Lernbuch der Lackiertechnik hat sich seit der Erstauflage zu einem Standardwerk an Berufsschulen und Berufskollegs für die Ausbildung von Verfahrensmechanikern für Beschichtungstechnik entwickelt. Darüber hinaus wird das Buch häufig für den Unterricht in verwandten Berufen sowie bei der Weiterbildung von Farb- und Lacktechnikern eingesetzt. Zusammen mit dem Arbeits- und Aufgabenheft der Lackiertechnik bildet das Lernbuch die wichtigste Grundlage für eine anspruchsvolle Aus- und Weiterbildung in der Beschichtungstechnik.

Zwar gibt es eine ganze Reihe guter Fachbücher zum Thema Beschichtungstechnik, diese setzen jedoch alle fachwissenschaftliches Hintergrundwissen voraus. Es mangelte lange Zeit bisher an einer Informationsquelle, die nicht nur fachlich dargestellt, sondern auch für junge Auszubildende und Neueinsteiger ohne Fachkenntnisse verständlich ist. Die große Nachfrage nach dem Lernbuch der Lackiertechnik hat gezeigt, dass es uns gelungen ist, diese Lücke zu schließen.

Die industrielle Beschichtungstechnik hat sich in den letzten Jahren zu einer anlagengebundenen, hochtechnologisierten Verfahrenstechnik gewandelt. Um dieser Wandlung gerecht zu werden, sollen die Auszubildenden zu beruflich handlungskompetenten Facharbeitern ausgebildet werden. Damit sie die an sie gestellten Anforderungen und Aufgaben meistern können, müssen Zusammenhänge erkannt werden. Deshalb wird in diesem Buch auf die einzelnen Lackrohstoffe, die verschiedensten Beschichtungssubstrate, die Filmbildung und den Arbeitsschutz eingegangen. Das zum Verständnis der Zusammenhänge notwendige Grundwissen über die Chemie wird dabei nicht vergessen. Der dazu nötige Überblick wird verständlich dargelegt.

Des Weiteren müssen die Auszubildenden die Zusammensetzung der Beschichtungsstoffe, die Applikationsverfahren und die einzustellenden Arbeitsparameter kennen und beherrschen sowie sich mit dem Thema Qualitätsmanagement aus-einandersetzen.

Das Buch soll im Unterricht, zur Prüfungsvorbereitung, als Nachschlagewerk und als ständiger Begleiter während und nach der Ausbildung das notwendige Wissen nicht nur für die Abschlussprüfung vermitteln, sondern auf berufliche Fragen Antworten geben und das Verständnis für berufliche Zusammenhänge fördern.

Wir freuen uns über jede Art von Anmerkungen, sei es in Form von Ergänzungen oder Änderungsvorschlägen, um sie in einem Internetforum diskutieren zu können.

Das Schreiben eines Buches erfordert vielfältige Unterstützung. Es ist nicht leicht, alle Helfer in gebührender Form zu erwähnen. Herausgenommen werden sollen hier als individuelle Helfer bei der Ergänzung von Textteilen Matthias Speckesser sowie die Organisationen DFO und EGL. Ihnen sei an dieser Stelle herzlichst gedankt.

Borchen, Tecklenburg, Seelow, April 2013

Dr. Uta Schumacher
Thomas Feist
Dipl.-Ing. Dennis Lehmann

Danksagungen

Uta Schumacher

Ein besonderer Dank gilt meinem Mann Matthias.

Ein weiterer großer Dank für die Aktualisierung von Normen und Normenbezeichnungen des Kapitels 7 dieser Neuauflage geht an Herrn Bernd Reinmüller.

Thomas Feist

Ein besonderer Dank geht an meine Frau Claudia, meine Tochter Ellen und den Rest meiner Familie. Ein großer Dank gebührt auch Dr. Klaus Roths für seine Unterstützung und Aufmunterung. Weiterhin danke ich meinen Auszubildenden und Farb- und Lacktechnikern.

Dennis Lehmann

Ich danke zuallererst meiner Frau Ilka, meinem Sohn Tim, meiner Tochter Agnes und dem Rest meiner Familie sowie Thomas Krüger für ihre Geduld in meinen Schaffenszeiten. Weiterhin danke ich meinen Auszubildenden und allen anderen Helfern, die mich unterstützt haben.

WELTMARKTFÜHRER MIT PRÄZISIONSLÖSUNGEN
Nordson ist der Technologie- und Innovationsführer in der Pulverbeschichtungsindustrie. Von hochwertigen Spritzkabinen über die Präzisionsapplikatoren bis hin zur HDLV® Dense Phase Technologie, der Industriestandard seit 20 Jahren.
Nordson ist und bleibt innovativ. Wir gestalten gemeinsam mit engagierten und qualifizierten Fachkräften die Zukunft der Pulverbeschichtungsindustrie und treiben die Entwicklung bahnbrechender Produkte voran, weltweit.
nordson.com/careers
HDLV®
20
DENSE PHASE
INNOVATION
Nordson
PRECISION
COATING TECHNOLOGY
Nordson
ics.eu@nordson.com | nordson.com/hdlv-de

Inhalt

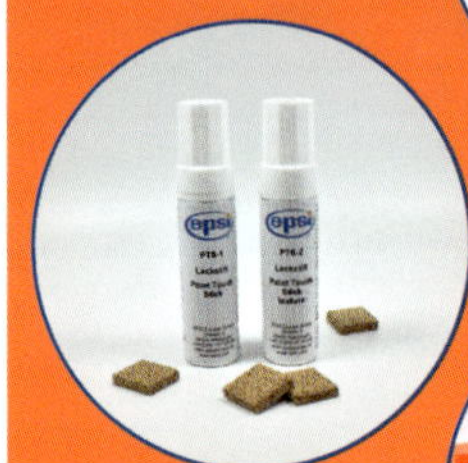

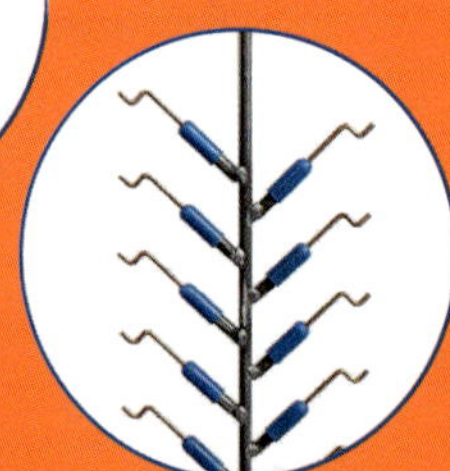

1 Einführung

1.1 Aufgaben des Verfahrensmechanikers für Beschichtungstechnik

Mirko hat vor vier Wochen seine Ausbildung zum Verfahrensmechaniker für Beschichtungstechnik begonnen. Er hätte nie gedacht, wie abwechslungsreich dieser Beruf sein kann. Er hat bereits den gesamten Prozessablauf von der Anlieferung der Stahlbleche bis hin zum fertigen Werkstück kennengelernt. Bisher hatte er gedacht, dass ein Verfahrensmechaniker für Beschichtungstechnik immer nur mit der Spritzpistole lackieren muss. Heute weiß er, dass er für eine ganze Reihe von Anlagen und Abläufe Verantwortung tragen muss.

Mario beendet im nächsten Jahr die Schule. Er weiß noch nicht, welche Ausbildung er im nächsten Jahr beginnen soll. Es soll etwas „Technisches" und „Interessantes" sein. Nach dem Fußballtraining unterhalten sich die beiden über Mirkos neuen Job.

Mario: Du Mirko, du hast doch gerade eine Ausbildungsstelle bekommen. Was machst du überhaupt?

Mirko: Ja, ich arbeite bei der Firma Kaiser Coatings hier im Ort. Ich werde Verfahrensmechaniker für Beschichtungstechnik.

Mario: Coatings? Verfahrensmechaniker ...? Was ist das denn?

Mirko: Coating ist das englische Wort für Beschichtung und ein Verfahrensmechaniker für Beschichtungstechnik sorgt dafür, dass Gegenstände eine Beschichtung erhalten.

Mario: Also bist du ein Maler?

Mirko: Nein, wir streichen keine Wohnungen oder tapezieren sie. Wir lackieren Massengüter wie z. B. Haushaltsgeräte, Werkzeuge oder andere Produkte. In meiner Berufsschulklasse arbeiten einige Kollegen auch in der Fahrzeug- und Lackherstellung.

Mario: Also bist du Fahrzeuglackierer.

Mirko: Auch nicht. Die reparieren den Lack bei Autos. Wir beschichten u. a. neue Produkte. Da kann alles dabei sein. Außerdem gibt es bei uns viele Beschichtungsverfahren, von denen ich bis vor einem halben Jahr auch noch nichts gehört habe: kathodische Tauchlackierung, Coil Coatings, Pulverlackierungen und noch viele mehr.

Mario: Oha! Und ich dachte, das ist so ein Job, wo man nur blöd herumsteht und dreckig wird.

Mirko: Nix da! Was glaubst du, was bei uns für den Arbeits- und Umweltschutz getan wird? Wir tragen Schutzmasken, wir reinigen die Abluft, usw.

Mario: Sag mal Mirko, glaubst du, ich kann mich mal bei deiner Firma vorstellen?

Mirko: Klar! Melde dich mal bei Herrn Kammersmann oder bei Herrn Steilmann. Hier ist ihre Telefonnummer.

Der Verfahrensmechaniker für Beschichtungstechnik hat einen abwechslungsreichen Beruf, in dem er industrielle Beschichtungsverfahren anwendet, überwacht und optimiert. Er beherrscht den gesamten Prozessablauf von der Anlieferung des Substrates bis hin zum fertigen Werkstück.

1.2 Aufgaben und Probleme der Lackiertechnik

Später trifft Mirko in der Stadt seinen Kumpel Sven, einen Autoverkäufer. In einem Café unterhalten sich die beiden über ihre Berufe.

Sven: Ist es für dich nicht frustrierend, immer nur die Farbe auf die Produkte aufzubringen – so nach dem Motto: „schön aussehen soll es auch noch ...“?

Mirko: Nein, überhaupt nicht. Ohne ein schönes Äußeres könntest du deine Autos gar nicht an den Mann bringen. Außerdem gibt so eine Beschichtung nicht nur die Farbe.

Sven: So? Was denn noch? Komme mir jetzt nicht mit Glanz und so etwas.

Mirko: Doch, auch. Aber eine Beschichtung hat noch ganz andere Aufgaben. Denk mal an die Garantie gegen Durchrostung!

Sven: Ach so, damit hast du auch zu tun?

Mirko: Klar! Ich muss eine Beschichtung so planen, dass ein Gegenstand lange hält. Der Lack darf nicht abplatzen, er muss vor Umwelteinflüssen schützen und ...

Sven: War es das?

Mirko: Nein, es geht noch weiter. So eine Beschichtung kann z.B. eine Oberfläche haben, die sich leicht reinigen lässt, die Bakterien abweist ...

Sven: Jetzt übertreibst du aber, oder?

Mirko: Absolut nicht. Eine Beschichtung kann Menschen auch informieren, denk mal an Straßenschilder und so!

Sven: Entschuldige, das hatte ich unterschätzt. Hinter einer Beschichtung steckt mehr Technologie, als ich gedacht hätte. Allein der Korrosionsschutz ist doch eine Wissenschaft für sich. Das merke ich immer dann, wenn ein Kunde fragt, ob das neue Auto verzinkt ist.

Mirko: Siehst du!

Aufgaben der Beschichtungen

Wenn wir über die Aufgaben von Beschichtungen nachdenken, fällt den meisten von uns an erster Stelle die **Schutzfunktion** ein. Es folgt dann die dekorative **Aufgabe**. Weniger bewusst sind uns zum Beispiel die **informativen** und **hygienetechnischen Aufgaben**. Darüber hinaus lassen sich durch Beschichtungen auch spezielle **physikalische Effekte** erzielen. Die Schutzfunktion einer Lackierung unterstützt den Werterhalt und verbessert zusätzlich die Gebrauchseigenschaften des beschichteten Wirtschaftsguts. Hervorzuheben sind dabei metallische Werkstoffe, die durch eine Lackierung einen zusätzlichen Korrosionsschutz erhalten.

Neben dem **Schutz** vor alltäglich auftretenden Substanzen wie Baumharz und Vogelkot muss eine moderne Industrielackierung auch vor den Einflüssen von Säuren, Laugen, Salzen, Lösemitteln oder anderen aggressiven Materialien schützen. Auch mechanische Belastungen muss die Beschichtung überstehen. Ein Schutz gegenüber biologischen Einwirkungen ist von besonderer Bedeutung. So können sich beispielsweise Meeresorganismen auf Schiffsoberflächen ansiedeln und dadurch zusätzliche Energiekosten durch erhöhte Reibung erzeugen.

Abbildung 1.1: Lackierroboter applizieren vollautomatisch den Lack
Quelle: BMW Group

Die auffälligste Eigenschaft einer Lackierung ist die vielfältige **Farbwirkung**. Solche dekorativen Aufgaben werden unter anderem durch Variationen des Glanzes oder der Struktur einer Oberfläche erfüllt. Erwähnenswert sind auch spezielle Effekte wie beispielsweise Hammerschlag- oder Metalleffekt. Darüber hinaus müssen jedoch weitere Aufgaben der Lackierung genannt werden. Eine unter Berücksichtigung von physiologischen und psychologischen Erkenntnissen ausgeführte Farbgebung trägt in verschiedener Hinsicht zur Verbesserung der Arbeitsbedingungen bei. Nicht zuletzt ist das Sichtbarmachen oder Tarnen von Gegenständen durch Lackieren auch eine spezielle Aufgabe. Mit Farbmarkierungen können Flächen oder Räume deutlich begrenzt oder unterteilt werden (Verkehrsleitlinien, Flugpisten).

Selbst **hygienische Anforderungen** werden von einigen chemikalienbeständigen Lackierungen erfüllt, wenn z.B. in Krankenhäusern kontaminierte Oberflächen gereinigt werden müssen.

Das Aufbringen eines Oberflächeschutzes kann aber auch spezielle **physikalische Effekte** hervorrufen. In der Elektrotechnik werden Lacke zur Isolierung auf der einen und zur Erhöhung der Leitfähigkeit bestimmter Lackierobjekte auf der anderen Seite eingesetzt. In anderen Fällen trägt die Lackierung zur Reibungsminderung bei. Aber auch der gegenteilige Effekt der Reibungserhöhung ist durch spezielle Gleitschutzlacke zu erzielen.

Ferner kann eine organische Beschichtung zur Verhinderung von Lärmbelästigung beitragen (Antidröhn-Beläge für Maschinen, Unterbodenschutz für PKW usw.).

Nicht vergessen werden soll die zu erzielende Trennwirkung durch Abziehlacke oder auch die Minderung der Entflammbarkeit durch geeignete Beschichtungen.

Mögliche Aufgaben einer Beschichtung:

→ Schutzfunktion

→ informative Aufgaben

→ dekorative Aufgaben

→ Erzielung spezieller physikalischer Effekte

→ sanitäre Aufgaben

Eine Beschichtung dient nicht nur der Farbgebung, sondern erfüllt auch eine Reihe von wichtigen Aufgaben und Funktionen, durch die das Werkstück einen höheren Gebrauchswert erhält.

Das Hauptproblem der Oberflächentechnik ist, dass sie in den meisten Fällen eine **Add-on-Technologie** (to add-on = etwas hinzufügen) darstellt, über deren wirtschaftliche Bedeutung Unklarheit herrscht. Es gibt nur wenige anspruchsvollere Bereiche (Optik, Elektronik, Medizintechnik), in der die technischen Funktionalitäten der Oberflächen als äußerst wichtig angesehen werden. In einigen größeren Branchen, etwa in der Automobilindustrie oder der Bauindustrie, werden zwar Schutz- und Design-Funktionen miteinander verbunden. Es besteht auch kein Zweifel, dass sie damit die Absatzmöglichkeiten der Produkte erhöhen. Leider wird der Beitrag der industriellen Lackiertechnik zur Wertschöpfung dennoch meist unterschätzt [1].

1.3 Wirtschaftliche Bedeutung

Im Jahr 2012 erreichte die Produktion von Lacken, Farben und Druckfarben in Deutschland 2,59 Millionen Tonnen im Wert von 7,55 Milliarden Euro. Der Umsatz in der Lack- und Druckfarbenindustrie beträgt 6,8 Milliarden Euro und die Branche beschäftigt ca. 25.000 Mitarbeiter in mehr als 250 Firmen. Damit nimmt die deutsche Lackindustrie in Europa die Spitzenposition ein – mit deutlichem Abstand vor Italien, Frankreich und Großbritannien [2].

Produktionsumsatzzahlen der Lackindustrie und der Lackieranlagenhersteller sind indirekte Indikatoren für die wirtschaftliche Bedeutung der industriellen Beschichtungstechnik. Darüber hinaus lassen sich Rückschlüsse aus den Forschungsinvestitionen sowie Mitarbeiter- und Ausbildungszahlen ziehen. Sehr schwer zu erfassen ist der wirtschaftliche Wert, der durch die Lebensverlängerung von Produkten entsteht.

Die **tatsächliche wirtschaftliche Bedeutung** der deutschen Lackindustrie lässt sich allerdings nicht direkt aus solchen Produktions- und Umsatzzahlen ableiten. In der öffentlichen Wahrnehmung hat die Lackiertechnik die Aufgabe, dem Endprodukt ein „ansprechendes Äußeres" zu geben. Daher steht sie in der Regel am Ende vieler Produktionsprozesse. Dies wird der eigentlichen Rolle der Oberflächenbehandlung nicht gerecht. Neben der ästhetischen Funktion ist der Schutz einer Werkstoffoberfläche maßgeblich für die Lebensdauer vieler Produkte und Aufgabe der Beschichtung. Lacke und Farben [3] (hier wird Farbe nicht als Sinneseindruck verstanden, sondern als Beschichtungsstoff) verlängern das Leben vieler Produkte, die andernfalls durch den Kontakt mit Feuchtigkeit, Salz oder dem Luftsauerstoff und Luftverunreinigungen rosten, verfaulen oder verwittern würden. Durch fehlende oder **mangelhafte Beschichtungen** entstehen in Deutschland jährlich Kosten in Milliardenhöhe. Der Wert einer Beschichtung übersteigt somit bei weitem deren reinen Materialwert.

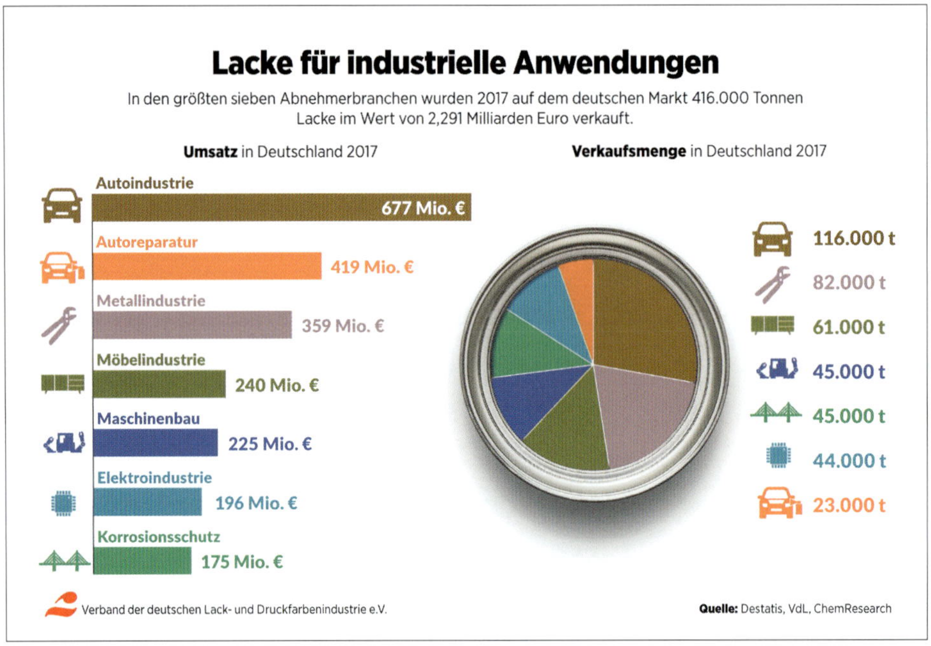

Abbildung 1.2: Umsatz und Verkaufsmengen von Lacken für industrielle Anwendungen in 2017

Verband der deutschen Lack- und Druckfarbenindustrie

Um einen Eindruck zu erlangen, lässt sich über den Verbrauch von Beschichtungsstoffen und Investitionen in Beschichtungsanlagen eine ungefähre Abschätzung vornehmen: Neben der ständigen **Qualitätsverbesserung der Beschichtung** hinsichtlich ihrer Beständigkeit und dem äußeren Erscheinen, standen in den letzen Jahrzehnten vor allem der Umwelt- und Arbeitsschutz bei der Oberflächenbehandlung im Vordergrund. Die Verwendung von **umweltfreundlicheren Beschichtungsstoffen** (Pulverlacke, UV-Lacke, usw.) und entsprechend **automatisierten** und **optimierten Lackierprozessen** (Elektrostatik, Roboterlackierung, usw.) haben mit dem notwendigen hohen Einsatz an Forschungs- und Entwicklungskapazitäten die Lackiertechnik in das Hightech-Zeitalter geführt. Hierdurch sind nicht nur strenge Umwelt- und Arbeitsschutzauflagen erfüllt, gleichermaßen ist ein bis dato nicht erreichter

Qualitätsstandard erreicht. Neben Verbesserungsmöglichkeiten bei den vorhandenen Technologien besteht gerade im Mittelstand und bei kleinen Unternehmen, z. B. bei der Umsetzung der Lösemittelrichtlinie, ein großer Nachholbedarf. Für die Zukunft gilt es, diesen Wettbewerbsvorteil weiter zu stärken und den Vorsprung gegenüber anderen globalen Wirtschaftsstandorten auszubauen. Ziel muss es sein, Methoden zu entwickeln, mit denen es möglich ist, noch schneller neue Entwicklungen, Prozesse und Innovationen umzusetzen.

Dies kann nur gelingen, wenn die Verantwortlichen und Experten in der gesamten Wertschöpfungskette enger zusammenarbeiten. Dies gilt für Rohstoff- und Lackhersteller, Anlagenbauer, Anwender, Forschung und Entwicklung, beim **Einsatz neuer Materialien** (z. B. Nanotechnologie), neuer Verfahren wie der **abfallfreien Vorbehandlung** (z. B. Plasmavorbehandlung) oder für die Entwicklung und Optimierung von neuen Beschichtungsprozessen (z. B. mit Hilfe von Simulationsprogrammen). Mit der Verknüpfung dieses Know-hows kann ein wissensbasiertes Netzwerk etabliert werden, mit dem es möglich ist, schnell und flexibel auf die Anforderungen der Kunden und/oder der Gesetzgebung zu reagieren und neue Produkte und Prozesse zu entwickeln.

Die Zukunft wird damit weniger abhängig vom Zugang an Rohstoffen und Produktionsmitteln, als vielmehr von der Verfügbarkeit an „Erfahrungs"-Wissen und der Kooperation in der gesamten branchenübergreifenden Wertschöpfungskette. Die Oberflächenbehandlung wird somit nicht mehr am Ende der Produktionskette stehen; sie wird viel früher im Prozess eine Schlüsselposition einnehmen. Dies kann allerdings nur gelingen, wenn entsprechend **qualifiziertes Personal** in den Unternehmen zur Verfügung steht, das in der Lage ist, diese neuen Technologien zu beherrschen. Das heißt, der Zugang an dafür qualifizierenden **Aus- und Weiterbildungsmaßnahmen** ist für die weitere wirtschaftliche Entwicklung notwendig.

Die industrielle Beschichtungstechnik hat sich zu einem hochtechnischen Wirtschaftsbereich entwickelt. Aus diesem Grund ist gut ausgebildetes Personal erforderlich.

1.4 Geschichtliche Entwicklung

Es gibt viele Beispiele, die belegen, dass Menschen bereits vor vielen tausenden von Jahren ihre Behausungen und Gegenstände bemalt und verziert haben. Mehr als 30.000 Jahre alte Höhlenmalereien in Nordspanien und Südfrankreich belegen dies auf beeindruckende Weise. Die ersten Farben bestanden aus tierischen Fetten, farbiger Erde und natürlichen Pigmenten. Während Ägypter, Römer und Griechen im **Altertum** bereits über hochentwickelte Malkünste verfügten, brachten die Chinesen **2000 v. Chr**. diese Entwicklung einen entscheidenden Schritt weiter: Neben dekorativen und farbgebenden Elementen erfanden sie eine Möglichkeit, in bis zu 30 hauchdünnen Schichten [4] Oberflächen mit einer glatten und glänzenden Struktur zu versehen. Diese Lacke, die sie aus dem Milchsaft des Rhus-Baumes herstellten, sahen nicht nur schön aus, sondern gaben dem Untergrund auch einen gewissen Schutz. Diese Schutzfunktion gewann in den Folgejahren zunehmend an Bedeutung. In der Seefahrt um das **4. Jh. v. Chr.** mussten die Holzschiffe vor den Einflüssen der rauen See und des Wetters geschützt werden.

Bedingt durch die **industrielle Revolution** im 18. Jh. wurden immer mehr Güter und Gebäude aus korrosionsanfälligem Eisen hergestellt. Zum Schutz vor Witterungseinflüssen mussten die Oberflächen mit einem Schutzanstrich versehen werden. Auch die Schiffsflotten der Seemächte benötigten immer größere Mengen an Schiffslacken. So dauerte es nicht lange, bis sich in England und später auch in Holland und Deutschland die ersten Lackfabriken entwickelten. Bei der Herstellung von so genannten „fetten Lacken“[3] wurden dort Harze und trocknende Öle verkocht und anschließend pigmentiert. Das größte Problem dieser Lacke war deren langsame Trocknung, die zu einer Verzögerung bei der Fertigung vieler Industriegüter führte.

Im **20. Jahrhundert** führte Henry Ford das Fließband für die Massenproduktion von Automobilen ein. Die Spritzpistole, erfunden von Allen DeVilbiss im Jahre 1890[1] ersetzte nun die Pinsellackierung der Fahrzeuge [5]. Der Lackierprozess war, bedingt durch die langsame Trocknung, bis dahin ein Hauptgrund dafür, dass man nicht so viele Fahrzeuge wie benötigt produzieren konnte. Beim Spritzen der bis dahin gebräuchlichen Naturharzlacke trat zudem das Problem auf, dass die Düsen sehr schnell verstopften. Dieses konnte erst durch die Verwendung von Nitrocelluloselacken gelöst werden. In den Folgejahren beschleunigten sich die technischen Innovationen. Nach und nach wurden immer mehr Naturprodukte durch Kunstharzlacke ersetzt.

Auch bei der **Lackapplikation** merkte man schnell, dass die bis dahin angewendeten Verfahren wie das Streichen und später auch Spritzen nicht schnell genug waren, um Fahrzeuge und andere Massengüter zügig genug fertigen und beschichten zu können. So kamen industrielle Beschichtungsverfahren wie das Elektrotauchlackie-

1 Dem Sohn von Dr. DeVilbiss, Thomas DeVilbiss, wird die Überarbeitung des ursprünglichen Zerstäubers und somit die Schaffung einer Spritzpistole zugeschrieben, die bereits den Anforderungen an die Spritzlackierung gerecht wird. Um das Zerstäubergeschäft seines Vaters weiter zu beleben, nahm Thomas DeVilbiss Parfumzerstäuber in die Produktlinie des Unternehmens auf. Danach experimentierte DeVilbiss junior, der selbst Erfinder war, 1907 mit der Spritzpistole. In jener Zeit begann sich die Massenproduktion zu entwickeln, wobei sich die Spritzpistolentechnologie von Thomas DeVilbiss als revolutionäre Ergänzung für die Farb- und Lackieranwendungen erwies, die an Fertigungslinien in der Möbel- und Automobilindustrie eingesetzt wurden. Quelle: http://german.itwifeuro.com/about_us/Devilbiss.asp

ren, elektrostatisches Lackieren und schließlich auch die Pulverlackierung hinzu. Alle Lackierprozesse von der Vorbehandlung über die eigentliche Lackierung bis hin zu Trocknungs- und Härtungsprozessen wurden immer weiter automatisiert. Seit den **60er Jahren** wurde verstärkt an der Entwicklung lösemittel- und abfallarmer Lackiertechniken gearbeitet. Wasserlacke, strahlenhärtende Systeme und abfallfreie Pulverlacke sind als Beispiele hierfür zu nennen.

Die **heutige industrielle Lackiertechnik** steht im Zeichen moderner Automatisierungskonzepte, neuer Umwelttechnologien und der Qualitäts- und Prozesssicherung in Lackierbetrieben.

Mit Zunahme der Industrialisierung stieg auch der Bedarf an schnelleren und wirkungsvolleren Beschichtungsverfahren und -materialien.

Abbildung 1.3: Moderne Lackieranlage für Karosserien
Quelle: BMW Group

Prüfungsaufgaben

Am Ende eines Kapitels sind Übungsaufgaben für Sie zur Bearbeitung angefügt. Hiermit können Sie Ihr Wissen überprüfen.

Aufgaben zum Thema „Aufgaben des Verfahrensmechanikers für Beschichtungstechnik“

1. Sammeln Sie alle Aufgaben, die Sie in ihrer Ausbildung bereits kennengelernt haben.
2. Listen Sie auch die Tätigkeiten auf, die Sie in Ihrer Firma bereits gesehen haben, aber selbst noch nicht durchführen konnten.
3. Was versteht man unter einer Add-on-Technologie?
4. Schreiben Sie zusammen mit Ihrem Sitznachbarn einen ähnlichen Dialog wie in Kapitel 1.1. Abwechselnd spielen Sie beide jeweils den neuen Auszubildenden und seinen Freund. Beschreiben Sie dem „unwissenden“ Dialogpartner, wie abwechslungsreich Ihr Arbeitsplatz ist.

Aufgaben zum Thema „Aufgaben einer Beschichtung“

1. Sammeln Sie alle im Text und im Dialog genannten Aufgaben einer Beschichtung.
2. Ergänzen Sie diese Liste durch weitere Aufgaben einer Beschichtung.
3. Ordnen Sie diese Aufgaben den Kategorien der Abbildung 1.5 zu.
4. Erarbeiten Sie einen Kurzvortrag, in dem Sie alle Aufgaben einer Beschichtung bei einem konkreten Produkt vorstellen. Mögliche Produkte: Automobil, Schiff, Traktor (…)

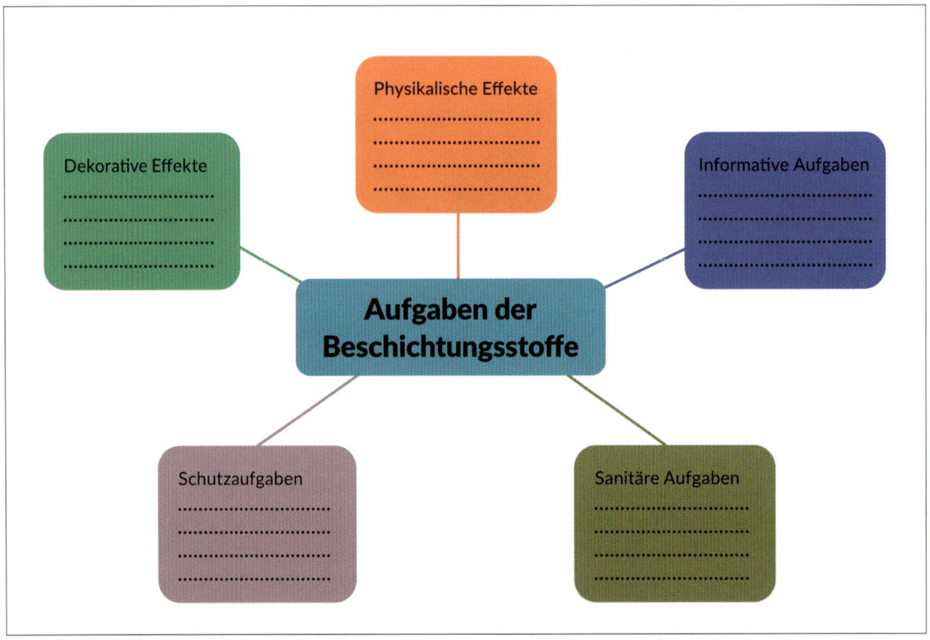

Abbildung 1.4: Aufgaben einer Beschichtung

Aufgaben zum Thema „Die wirtschaftliche Bedeutung“

1. Warum ist eine Einordnung der wirtschaftlichen Bedeutung der Oberflächentechnik schwer vorzunehmen?
2. Recherchieren Sie im Internet nach weiteren aktuellen Zahlen, die eine Aussage über die wirtschaftliche Bedeutung der Lackiertechnik möglich machen.
3. Bearbeiten Sie in einer Gruppenarbeit (zwei bis drei Schüler) einen Fachvortrag mit dem Thema „Die vielfältigen Aufgaben und die große volkswirtschaftliche Bedeutung der Beschichtungstechnik“.

Aufgaben zum Thema „Geschichtliche Entwicklung“

1. Welche neuen Aspekte brachte die Lackkunst der Chinesen der Lackiertechnik?
2. Welches Problem gab es zunächst mit der Spritzpistole und wie wurde es gelöst?
3. Fassen Sie die technische Entwicklung im 20. Jh. in jeweils einem Satz zusammen.
   a) für die Entwicklung bei den Lacken
   b) für die Entwicklung der Applikationsverfahren.
4. Welche Entwicklung gewann seit den 60er Jahren des vorigen Jahrhunderts an Bedeutung?
5. Wie stellen Sie sich die Entwicklung der Beschichtungstechnik in der Zukunft vor? Wie läuft der Beschichtungsprozess in 50 Jahren ab? Welche Applikationsverfahren und welche Beschichtungsstoffe werden sich durchsetzen? Bitte geben Sie eine ungefähre Einschätzung dazu, seien Sie phantasievoll.

Literaturhinweise

[1] Dr. K. Roths und J. Gochermann: „Forschungsagenda Oberfläche Analyse des Innovations- und Nachaltigkeitspotenzials im Bereich der Oberflächenbehandlung“, DFO Service (2006); http://fao.dfo.info/ergebnisse/pdf-dateien

[2] Verband der deutschen Lack- und Druckfarbenindustrie e.V.: www.lackindustrie.de

[3] T. Brock, M. Groteklaes, P. Mischke: „Lehrbuch der Lacktechnologie“, 2. Aufl., Vincentz Network, Hannover, S. 11 (2000)

[4] http://www.lacke-und-farben.de, Deutsches Lackinstitut

[5] A. Goldschmidt, H.-J. Streitberger: „BASF Handbuch der Lackiertechnik“, Vincentz Network, Hannover, S. 531 (2002)

2 Der Beschichtungsstoff

Welcher Beschichtungsstoff ist der richtige? Dieses ist eine entscheidende Frage, deren Bedeutung hier an einem Beispiel verdeutlicht wird.

Mario, Mirkos Bekannter, trifft Mirko nach der Arbeit.

Mario: Hallo Mirko, gut, dass ich dich treffe. Ich habe da mal eine Frage. Du hast doch in deinem Beruf mit Farben zu tun. Wir wollen uns neue Holzfenster kaufen, und der Verkäufer hat uns gesagt, dass diese mit Biolack gestrichen werden sollten. Was hältst du denn davon?

Mirko: Mario, entschuldige, aber Farbe ist ein Sinneseindruck. Fenster werden also nicht mit Farbe, sondern mit Lack oder einem Beschichtungsstoff versehen. Kennst du die Grundlage, den Filmbildner des Lacks?

Mario: Nein, Filmbildner? Was ist denn das?

Mirko: Der Filmbildner ist der Stoff im Lack, der dafür sorgt, dass der sich bildende Film auf der Oberfläche zusammenhängt wie eine Haut. Diese Filmbildner können chemisch sehr unterschiedlich sein.

Mario: Aber Biolack ist doch bestimmt besonders gut für die Umwelt und die Gesundheit, sonst stände ja nicht Bio drauf. Für mich ist das auch wichtig wegen der Allergien.

Mirko: Davon würde ich mich nicht blenden lassen. Ich weiß nur, dass bei Lacken häufig das Wort Bio benutzt wird, wenn es sich um Naturprodukte handelt. Es gibt Filmbildner aus der Natur und andere, die werden industriell hergestellt. Naturlacke sind zum Beispiel die „guten“ alten Öllackfarben. Damit die sich aber schneller verfestigen, müssen Schwermetallsalze zugegeben werden, die als ziemlich gesundheitsschädlich gelten. Außerdem weiß ich, dass häufig Naturlacke undefinierbare Bestandteile enthalten wie bei diesen Öllackfarben die so genannten Terpene. Gerade diese Terpene stehen unter dem Verdacht, Allergien auszulösen. Also, du musst dich noch mal genau erkundigen, was mit diesem Biolack gemeint ist.

Mario: Was würdest du mir empfehlen?

Mirko: Wenn du umweltbewusst lackieren willst, nimm einen lösemittelarmen Lack oder ganz einfach eine wässrige Dispersion. Acrylatdispersionen beispielsweise sind leicht zu verarbeiten und haben eine gute Beständigkeit.

Mario: Danke Mirko, das sind gute Hinweise.

2.1 Bestandteile und Unterscheidungsmerkmale von Beschichtungsstoffen

Die Lackindustrie bietet ein sehr umfangreiches Sortiment von Beschichtungsstoffen an. Das ist notwendig, da es keinen Beschichtungsstoff gibt, der universell für alle Untergründe, Objekte und Ansprüche einsetzbar ist. Die Beschichtungsstoffe sollen zu annehmbaren Preisen unterschiedliche Werkstoffe und Objekte schützen und/oder verschönern. Man muss also nicht nur Kenntnisse über den zu beschichtenden Untergrund haben, sondern auch über den Beschichtungsstoff selbst. Ein sehr hoher Anteil von Beschichtungsfehlern ist außer durch Verarbeitungsfehler auch auf falsche Auswahl bzw. Anwendung von Beschichtungsstoffen zurückzuführen. Allgemein ausgedrückt, ist ein Beschichtungsstoff ein flüssiges bis pastenförmiges bzw. pulverförmiges Produkt, das auf einen Untergrund aufgetragen wird und eine schützende, dekorative oder eine mit spezifischen technischen Eigenschaften ausgestattete Beschichtung ergibt.

Im Folgenden werden wichtige Aussagen dieser Definition etwas genauer erläutert:

- → Beschichtungsstoffe müssen in der Form ihrer Verarbeitung nicht unbedingt flüssig sein. Sie können auch pulverförmig oder pastenförmig sein.
- → Beschichtungsstoffe werden auf verschiedene Untergründe aufgetragen. Es können Metalle, Kunststoffe, Holz oder andere Werkstoffe sein.
- → Beschichtungsstoffe können mittels verschiedener Verfahren (z. B. Spritzen, Tauchen, Fluten, Streichen etc.) auf den Untergrund aufgetragen werden.
- → Beschichtungsstoffe ergeben auf den verschiedenen Untergründen eine Beschichtung mit ganz bestimmten Aufgaben (z. B. dauerhafter Schutz und Verschönerung).

i Beschichtungsstoffe können flüssig, pastenförmig bzw. pulverförmig auf die verschiedensten Untergründe mit unterschiedlichen Beschichtungsverfahren aufgebracht werden.

Um zu verstehen, wie aus dem Beschichtungsstoff eine Beschichtung wird, muss man sich mit den unterschiedlichen Bestandteilen beschäftigen. Diese Bestandteile können in vier große Gruppen eingeteilt werden:

- → Filmbildner, auch oft fälschlich Bindemittel genannt
- → Lösemittel, auch Verdünnungsmittel genannt
- → Farbmittel und Füllstoffe
- → Additive (Hilfsstoffe)

Die Aufgabe des **Filmbildners** ist es, beim Trocknen und Härten des Beschichtungsstoffes einen festen, zusammenhängenden Film zu bilden, der die Eigenschaften des fertigen Lacküberzuges, wie Beständigkeit oder Haftfestigkeit auf dem Untergrund, maßgeblich beeinflusst. Um den Beschichtungsstoff verarbeitungsfähig aufzubereiten, werden ihm **Lösemittel** und **Verdünnungsmittel** zugesetzt. Ein Filmbildner hat keine oder nur eine geringe Eigenfarbe. Um einen farbigen Beschichtungsstoff zu erhalten, muss man dem Filmbildner **Farbmittel** zusetzen. Das sind lösliche Farbstoffe oder farbige Pigmente. Füllstoffe werden eingesetzt, um bestimmte physikalische Eigenschaften zu erreichen. Unverzichtbar sind **Additive**. Das sind Zusätze, mit denen sich erwünschte Eigenschaften im Beschichtungsstoff verbessern oder unerwünschte Eigenschaften verhindern lassen. Die Beschichtungsstoffe können nach folgenden Unterscheidungsmerkmalen eingeteilt werden:

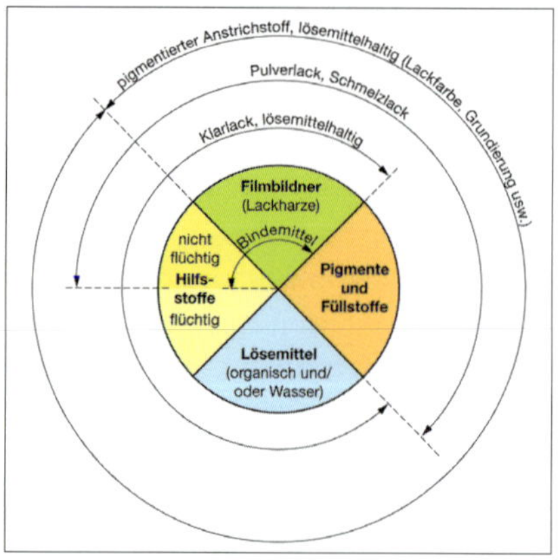

Abbildung 2.1: Typische Zusammensetzung von Beschichtungsstoffen

Quelle: BASF Handbuch Lackiertechnik, S. 26

Tabelle 2.1: Unterscheidungsmerkmale der Beschichtungsstoffe

Unterscheidungsmerkmal	Beschichtungsstoff
Lösemitteleinsatz und Umweltverträglichkeit	Lösemittellack, Pulverlack, Wasserlack
Art der Trocknung	Einbrennlacke, strahlenhärtbare Systeme, lufttrocknende Lacke
Lieferform	Einkomponentenlack, Zweikomponentenlack
Art der Verarbeitung	Elektrotauchlacke Gießlacke, Spritzlacke, Tauchlacke, Walzlacke,
Funktion im Mehrschichtaufbau	Primer, Spachtel, Füller, Grundierung, Basislack, Klarlack
Verwendungszweck	Bauten-, Holz-, Kunststoff-, Metall- und Industrielacke

Im Folgenden sollen die einzelnen Bestandteile eines Beschichtungsstoffes beschrieben werden.

i Beschichtungsstoffe können aus verschiedenen Bestandteilen bestehen: Dem Filmbildner (Bindemittel), dem Löse- und Verdünnungsmittel, dem Farbmittel und den Füllstoffen oder Additiven.

2.2 Filmbildner

Der Filmbildner ist derjenige Bestandteil des Lacks, der für das Zustandekommen des Beschichtungsfilms verantwortlich ist. Er beeinflusst die mechanischen und Beständigkeitseigenschaften des fertigen Beschichtungsstoffes und ist somit der wichtigste Bestandteil. Zusammen mit dem nichtflüchtigen Anteil der Additive nennt man die Filmbildner Bindemittel. Die Bindemittel sind somit die nichtflüchtigen Bestandteile in einem Beschichtungsstoff ohne Pigment und Füllstoff. Der Einfachheit halber und aus Gewohnheit wird oft der Begriff Bindemittel anstelle des Begriffs Filmbildner genannt.

Ein Beschichtungsstoff enthält immer einen Filmbildner.

Unter Filmbildung versteht man dabei den Übergang eines aufgetragenen Beschichtungsstoffes vom flüssigen, pastösen bzw. pulverigen Zustand in einen zusammenhängenden Film. Durch die Trocknung bzw. Härtung entsteht ein zusammenhängender, beständiger und harter Anstrichfilm. Während Beschichtungsstoffe heute oft Kombinationen von Filmbildnern enthalten, um Vorteile auszunutzen und Nachteile zu vermeiden, können andere Bestandteile je nach Lackart oder Verwendungszweck fehlen. So enthält ein Klarlack keine farbgebenden Pigmente, und ein Pulverlack ist frei von Lösemitteln.

2.2.1 Aufgaben der Filmbildner

Zu den Aufgaben des Filmbildners gehören die Untergrundhaftfestigkeit, die Pigmentverankerung und der Schutz des Untergrundes. Untergrundhaftfestigkeit bedeutet, der Filmbildner hält den erhärteten bzw. getrockneten Beschichtungsstoff auf dem Untergrund fest. Dies geschieht über Adhäsionskräfte, d.h. über die Anhangskräfte. Die Adhäsion ist das Aneinanderhaften von verschiedenen Stoffen oder Teilchen (Atome, Moleküle) infolge zwischenmolekularer Anziehungskräfte wie den Van-der-Waals-Kräften oder chemischen Bindungen [1].

Pigmentverankerung bedeutet, dass in einem farbigen Beschichtungsstoff der Filmbildner die Pigmente umhüllt und untereinander verbindet. Hier wirken Kohäsionskräfte, d.h. Zusammenhangskräfte. Die Kohäsion ist der Zusammenhalt der Atome und Moleküle eines Stoffes durch zwischenmolekulare Anziehungskräfte oder molekulare Bindungen [1].

Schutz des Untergrundes bedeutet, der Filmbildner soll den Untergrund vor Witterung, chemischen Einflüssen und mechanischen Einwirkungen schützen (z.B. durch seine Härte und Elastizität). Die Qualität einer Beschichtung wird im Wesentlichen durch den Filmbildneranteil beeinflusst. Bei einem hohen Anteil werden die

Pigmente gut umhüllt und eingebettet. Es entsteht ein dichter, elastischer Beschichtungsfilm. Wenn der Anteil des Filmbildners gering ist, ist die Pigmentumhüllung ungenügend. Die Pigmente können abfärben (kreiden).

Der Filmbildner bestimmt hauptsächlich die Eigenschaften des Beschichtungsstoffes.

2.2.2 Eigenschaften der Filmbildner

Durch den Filmbildner werden die Eigenschaften einer Beschichtung weitgehend bestimmt. Im Folgenden werden einige der wichtigsten Eigenschaften, die ganz oder teilweise vom Filmbildner abhängen, erläutert.

→ **Lösbarkeit:** Der feste Filmbildner wird durch Lösemittel angelöst oder gelöst und somit verarbeitbar. Bei Pulverbeschichtungsstoffen wird er durch Wärme verflüssigt und verlaufbar eingestellt.

→ **Verdünnbarkeit:** Durch ein geeignetes Lösemittel wird der Filmbildner auf die entsprechende Verarbeitungsviskosität eingestellt.

→ **Pigmentverträglichkeit:** Durch den Filmbildner darf die Farbechtheit der Pigmente nicht beeinflusst werden.

→ **Haftfestigkeit:** Der Filmbildner muss zu den unterschiedlichen Untergründen eine hohe Adhäsion aufweisen.

→ **Trocknungsfähigkeit/Härtung:** Der Filmbildner muss unter gegebenen Umständen wie z. B. Temperatur oder Luftfeuchtigkeit in einen festen Zustand übergehen und dabei einen klebefreien Beschichtungsfilm bilden. Dabei werden zwei Trocknungsarten unterschieden:

- Die physikalische Trocknung erfolgt ausschließlich durch Verdunsten der Lösemittel. Sie ist **reversibel**, d. h. der Beschichtungsstoff kann vom gleichen Lösemittel nach der Trocknung erneut angelöst werden.
- Die chemische Härtung erfolgt durch eine chemische Reaktion (wobei auch zusätzlich Lösemittel verdunsten können) von zwei oder mehreren Stoffen. Sie ist **irreversibel** und der Beschichtungsstoff kann vom gleichen Lösemittel nicht mehr angelöst werden.

→ **Lichtbeständigkeit:** Der Filmbildner muss gegen UV-Strahlung beständig sein, um eine farbliche Veränderung im Beschichtungsfilm zu vermeiden.

→ **Witterungsbeständigkeit:** Der Filmbildner muss gegen Wetter und Witterungseinflüsse wie Hitze, Trockenheit, Kälte und Feuchtigkeit beständig sein.

2.2.3 Einteilung nach Löslichkeit bzw. Verdünnbarkeit

Die Filmbildner können nach ihrem chemischen Aufbau (z.B. Naturstoffe oder synthetisch hergestellte Produkte) oder auch nach der Löslichkeit eingeteilt werden. Dabei gibt es folgende Gruppierungen:

→ wasserverdünnbare

→ lösemittelverdünnbare und

→ lösemittelfreie Systeme

2.2.3.1 Wasserverdünnbare Systeme

Wasserverdünnbare Systeme sind Filmbildner, bei denen Wasser als Löse- oder Verdünnungsmittel verwendet wird. Dabei unterscheidet man zwischen wasserlöslichen und wasserdispergierbaren Systemen. Wasserlösliche Systeme bilden mit Wasser eine klare Lösung, wobei deren Löslichkeit durch Salzgruppen oder eine gleichmäßige Verteilung von polaren Gruppen erreicht wird. Wasserdispergierbare Systeme sind Stoffe, bei denen ein Stoff in einem anderen fein verteilt (dispergiert) ist, so genannte **Dispersionen**. Sie lassen sich in **Emulsionen** und **Suspensionen** einteilen. Die Emulsion ist eine Mischung aus zwei an sich unverträglichen Flüssigkeiten (z.B. Wasser und Öl). Die Suspension ist eine Mischung aus festen Teilen in einer Flüssigkeit fein verteilt (Pulver in wässriger Lösung). Um einem Entmischen von Emulsionen und Suspensionen vorzubeugen, werden Hilfsmittel (Emulgatoren, z.B. wasserlösliche Salze) zugesetzt. Das Wasser als Verdünnungsmittel macht die Dispersion dünnflüssiger, ohne dass dabei der Filmbildner gelöst wird.

2.2.3.2 Lösemittelverdünnbare Systeme

Lösemittelverdünnbare Systeme sind organische Stoffe, die mit organischen Lösemitteln verdünnt bzw. gelöst werden. Es gibt eine große Anzahl dieser lösemittelverdünnbaren Produkte, daher kann hier nur eine kleine Auswahl näher beschrieben werden:

Naturöle, die für Beschichtungsstoffe verwendet werden, sind Verbindungen von Glycerin mit ungesättigten Fettsäuren. Die am häufigsten verwendeten Öle sind Sojaöl (aus Sojabohnen gepresst), Sonnenblumenöl (aus Sonnenblumen) und Leinöl (aus Leinsamen gepresst). Die Härtung der Öle erfolgt chemisch. Die Öle gehen mit Sauerstoff eine chemische Verbindung ein und vernetzen so. Sie werden als Bindemittel für Ölfarben sowie als Hilfs- und Rohstoff bei der Lackherstellung verarbeitet.

Naturharze, die für Beschichtungsstoffe verwendet werden, werden aus Baumharzen gewonnen. Dabei wird zwischen fossilen Harzen (z.B. Bernstein) und Harzen aus noch lebenden Bäumen (z.B. Kolophonium) unterschieden. Naturharze sind meist spröde und hart, lassen sich aber in Testbenzin, Terpentin oder Alkohol lösen. Ihre Verwendung finden sie in Naturharzlacken.

Kunstharze, auch synthetische Harze genannt, werden ebenfalls als Lackfilmbildner eingesetzt.

In der folgenden Übersicht sind einige wichtige Kunstharze erläutert.

Tabelle 2.2: Kunstharze

Synthetische Harze	Herstellung	Wichtige Eigenschaften	Verwendung
Alkydharz (AK)	durch Polykondensation mit trocknenden oder nichttrocknenden Ölen modifiziert	je nach Ölanteil (langölig, mittelölig, kurzölig) sehr hart bis weich, wetterfest, guter Verlauf, chemikalienbeständig	oxidativ härtende Lacke und Einbrennlacke
Acrylharz (AY)	durch Polymerisation aus Acryl- und Methacrylsäure, werden häufig mit Alkyd- und Expoxidharzen gemischt	schnelle Trocknung, Witterungs- und Lichtbeständigkeit, elastisch, hart und sehr gute Haftfestigkeit	physikalisch trocknende Lacke und Einbrennlacke
Epoxidharz (EP)	durch Polykondensation aus Epichlorhydrin und Bisphenol A	sehr hart, wetter- und chemikalienbeständig, abriebfest	Zweikomponentenlacke
Polyurethanharz (PUR)	durch Polyaddition aus Polyester- und Isocyanatharz	hohe mechanische Beanspruchung möglich, elastisch, abriebfest, wetter- und chemikalienbeständig	Zweikomponentenlacke und feuchtigkeitshärtende Lacke
Melamin- Formaldehyd-Harz (MF)	durch Polykondensation aus Melamin und Formaldehyd	gute Füll- und Haftkraft, hart, gute Abriebfestigkeit	Einbrennlacke
Siliconharz (Si)	durch Polykondensation aus Silanen	hitze- und vergilbungsbeständig, hart	Einbrennlacke
Polyesterharz	durch Polykondensation aus Polycarbonsäure und Polyolen	sehr hart, widerstandsfähig gegen mechanische Einwirkungen, chemikalienbeständig	Zweikomponentenlacke und Pulverlacke
Polyvinylacetat (PVAC)	durch Polymerisation von Vinylacetat	sehr elastisch, abriebfest, wetterbeständig, reversibel	Kunststofflack

Abgewandelte Naturprodukte und bituminöse Stoffe kommen ebenfalls als **Filmbildner** für die Lackherstellung zum Einsatz. In der folgenden Übersicht sind die wichtigsten Stoffe dargestellt.

Tabelle 2.3: Abgewandelte Naturprodukte und bituminöse Stoffe

Abgewandelte Naturprodukte und bituminöse Stoffe	Herstellung	Wichtige Eigenschaften	Verwendung
Cellulosenitrat-Lacke (NC oder CN)	durch Veresterung der Cellulose mit Salpetersäure	hart, spröde, abriebfest, schnell trocknend	Cellulosenitratlacke
Chlorkautschuk (RUC)	durch Chlorierung des Kautschuks	wetter- und chemikalienbeständig, wasserbeständig	Chlorkautschuklacke
Bitumen (B)	durch Destillation von Erdöl	wasserbeständig	spezielle Lacke
Asphalt	bergmännische Gewinnung	hart und spröde, sehr wasser-, hitze-, wetter- und alterungsbeständig	Einbrennlacke, spezielle Lacke
Teer	durch thermische Zersetzung der Steinkohle	wasser-, säuren- und laugenbeständig	in Kombination mit Polyurethan- und Epoxidharzen

2.2.3.3 Lösemittelfreie Systeme

Pulverlacke sind frei von Lösemitteln. Sie werden als Filmbildner sowohl als thermoplastische (z. B. Polyethylen, Polyamide) als auch duromere (z. B. Epoxidharz, Polyestherharze) Systeme eingesetzt. Durch Zusätze wie Verlaufsmittel, Entgasungsmittel und Füllstoffe werden ihre Eigenschaften verbessert. Nach dem Aufbringen des Pulvers und anschließendem Einbrennen schmilzt das Bindemittel und verläuft zu einem Film. Die Vernetzungsreaktion erfolgt erst durch die Hitze beim Einbrennen.

Filmbildner werden nach ihrem chemischen Aufbau oder nach ihrer Löslichkeit eingeteilt.

Prüfungsaufgaben

1. Was ist ein Beschichtungsstoff?
2. Aus welchen Bestandteilen setzen sich Beschichtungsstoffe zusammen?
3. Erläutern Sie die Funktionen der Bestandteile im Lack.
4. Welche Bestandteile enthält ein Pulverklarlack?
5. Warum ist der Filmbildner der wichtigste Bestandteil innerhalb eines Beschichtungsstoffes?
6. Erklären Sie den Begriff „irreversibel".
7. Was sind lösemittelverdünnbare Bindemittel?

2.3 Löse- und Verdünnungsmittel

Die Farb- und Lackindustrie ist bestrebt, den Lösemittelanteil zu reduzieren. Dabei werden organische Lösemittel durch Wasser oder weniger gefährdende Lösemittel ersetzt. Des Weiteren werden Lacke entwickelt, die nur noch einen Lösemittelanteil von weniger als 15% besitzen anstelle der hohen Anteile (bis zu 50% und mehr) bei konventionellen Lacken.

Unter **Lösemittel** versteht man Stoffe, die andere Stoffe auf physikalischem Wege zur Lösung bringen können. Voraussetzung dafür ist, dass sich beim Lösevorgang weder der zu lösende Stoff noch das Lösemittel verändern. Lösemittel sind Flüssigkeiten aus einer oder mehreren Komponenten. Sie sind in der Regel bei Raumtemperatur flüssig und flüchtig, das heißt sie verdunsten. Als **Verdünnungsmittel** bezeichnet man Lösemittel, die dem Beschichtungsstoff während der Herstellung oder vor der Anwendung zugesetzt werden, um seine Eigenschaften der Verarbeitung anzupassen. Bei der Aushärtung und Trocknung verdunsten diese Mittel. Neben den flüchtigen Lösemitteln im Beschichtungsstoff kann auch ein reaktives Lösemittel (Reaktivverdünner) enthalten sein. Reaktivverdünner werden mit dem Bindemittel/Filmbildner bei der Filmbildung durch eine chemische Reaktion Bestandteil der Beschichtung und verlieren dadurch ihre Eigenschaft als Lösemittel.

2.3.1 Aufgaben der Löse- und Verdünnungsmittel

Die Lösemittel üben in Beschichtungsstoffen während ihrer Verweildauer nur vorübergehende Aufgaben aus:

→ Sie lösen feste oder flüssige Filmbildner.

→ Sie helfen bei der Benetzung der Pigmente während des Dispergiervorgangs.

→ Sie bringen die Bestandteile der Lacke für das jeweilige Applikationsverfahren in eine optimale Verarbeitungsviskosität.

→ Sie greifen in den Vorgang der Trocknung ein und können durch besonderes Verdunstungsverhalten Verlaufsstörungen verhindern und so den Prozess der

Filmbildung ungestört ablaufen lassen, so dass sich z. B. keine Einschlüsse von Luft oder flüchtigen Abspaltprodukten bilden.

→ Sie verflüchtigen sich nach der Applikation vollständig und bilden keinen Rückstand im Lack.

2.3.2 Einteilung und Verwendung der Löse- und Verdünnungsmittel

Lösemittel werden nach ihrem chemischen Aufbau in organische und anorganische unterschieden. Als anorganisches Lösemittel wird in der Lackchemie nur Wasser eingesetzt. Bei den organischen Lösemitteln kommt eine Vielzahl einzeln oder als Gemisch zum Einsatz. Verdünnungsmittel sind häufig Lösemittelgemische und bestehen aus verschiedenen Lösemittelgruppen.

Tabelle 2.4: Löse- und Verdünnungsmittel

Lösemittelgruppe (Beispiele)	Eigenschaften	Verwendung
Aliphatische Kohlenwasserstoffe (Testbenzin, Leichtbenzin, Terpentinersatz)	gutes Lösevermögen, geruchsschwach, reizend	Öl- und Alkydharzlacke, Bitumen- und Asphaltlacke
Aromatische Kohlenwasser-stoffe (Xylol, Styrol, Toluol)	geruchsstark, gesundheitsschädlich	in Universal- und Nitroverdünnung, Nitrolacke, Alkyd- und Epoxidharzlacke, Acryllacke, Chlorkautschuklacke
Terpen-Kohlenwasserstoffe (Terpentinöl)	gutes Lösevermögen, geruchsintensiv, reizend	Öl- und Alkydharzlacke
Chlorkohlenwasserstoffe (Methylenchlorid)	sehr gesundheitsschädlich und sehr gutes Lösevermögen, unbrennbar	Entfettungsmittel, Chlorkautschuklacke
Alkohole/Alkanole (Ethanol, Butanol, Methanol, Propanol)	geruchsintensiv, z. T. wasserlöslich	Nitrocelluloselack, Epoxidharzlack
Esther (Ethylacetat, Methylacetat, Butylacetat)	geruchsstark, gutes Lösevermögen	Nitrocelluloselacke, Polyurethan-, Polymerisation-, Melamin-, Phenol- und Harnstoffharzlacke
Ketone (Aceton, Cylohexanon)	sehr gutes Lösevermögen	Nitrocelluloselacke,Epoxid- und Polyurethanharzlacke
Wasser	ungiftig, unbrennbar, billig, umweltfreundlich	Dispersionslacke

Tabelle 2.5: Lösemittelgemische

Lösemittelgemisch	Zum Verdünnen von:
Nitroverdünnung (Ester, Aromaten, Alkohole und Kentone)	Nitrolacke
Kunstharzverdünnung (Testbenzine, Aromaten)	Öllacke, Alkydharzlacke
Universalverdünnung (aus sehr vielen unterschiedlichen Lösemitteln bestehend)	Alkydharzlacke, Chlorkautschuklacke, Nitrolacke, Polyurethanlacke
Spezialverdünnungen (zusammengestellt für ganz spezielle Anstrichstoffe)	Epoxidharz-, Polyesterharz-, Polyurethan- und Polymerisationsharzlacke als Zweikomponentenlacke

2.3.3 Eigenschaften der Löse- und Verdünnungsmittel

2.3.3.1 Chemische Eigenschaften von Lösemitteln

Eine wichtige Voraussetzung für die technische Verwendbarkeit eines Lösemittels ist seine chemische Beständigkeit. Sie dürfen sich weder beim Lösen bzw. Verdünnen noch bei der Lagerung chemisch verändern. Eine Ausnahme sind Reaktivverdünner (s.o.), die bei der Härtung chemisch gebunden und so Bestandteil des Beschichtungsstoffes werden. Vom Hersteller wird das Lösemittel auf den jeweiligen Beschichtungsstoff abgestimmt, denn nicht alle Löse- bzw. Verdünnungsmittel sind für alle Bindemittel gleichermaßen einsetzbar. Die Lösemittel sollten hell und farblos sein, um den Farbton des Beschichtungsstoffes nicht zu verändern. Der Geruch kann z.B. süßlich, mild, stechend oder gar nicht vorhanden sein (geruchlos).

2.3.3.2 Physikalische Eigenschaften der Lösemittel

Die wichtigsten physikalischen Eigenschaften werden durch besondere Kennzahlen charakterisiert: Das sind die Dichte, die Brechzahl, die Verdunstungszahl, der Siedepunkt und der Flammpunkt.

Dichte

Die Dichte ist das Verhältnis der Masse eines Stoffes zu seinem Volumen. Die meisten Lösemittel haben eine geringere Dichte als Wasser. Da zudem viele Lösemittel nicht mit Wasser mischbar sind, können Brände, an denen sie beteiligt sind, oft nur mit Schaum gelöscht werden. Lösemitteldämpfe haben eine größere Dichte als Luft und sinken zu Boden.

Brechzahl

Die Brechzahl (früher auch Brechungsindex) ist ein besonderes Maß für die Richtungsänderung eines Lichtstrahls beim Übergang von einem nicht-absorbierenden Medium in ein anderes. Durch diesen Vorgang der Brechung, auch Refraktion genannt, kann die Sauberkeit eines Lösemittels bestimmt werden, da jedes reine Lösemittel eine bestimmte Brechzahl hat

Verdunstungszahl

Die Verdunstungszeit wird aus der Zeit berechnet, die ein Lösemittel braucht, um vollständig zu verdunsten. Sie wird mit der Verdunstungszeit von Diethylether in Relation gesetzt. Man erhält so die Verdunstungszahl. Diese gibt an, um wie viel langsamer ein Lösemittel im Vergleich zu Ether verdunstet. Man unterscheidet leichtflüchtige, mittelflüchtige, schwerflüchtige und sehr schwerflüchtige Lösemittel. Wasser z.B. verdunstet 80-mal, Testbenzin 60-mal und Terpentinöl 38-mal langsamer als Ether. Die Lösemittel werden nach ihrer Verdunstungszahl in Verdunstungsgruppen eingeteilt, siehe Tabelle 2.6.

Tabelle 2.6: Verdunstungszahlen in Verdunstungsgruppen

Bereich	Verdunstungszahl	Beispiel	Auswirkung
schnellflüchtig (leicht flüchtig)	unter 10	Aceton, Methanol	trocknet schnell
mittelflüchtig	10 - 35	Styrol, Ethanol	trocknet mittelschnell
schwer flüchtig	35 - 50	Terpentinöl, Butanol	trocknet langsam
sehr schwer flüchtig	über 50	Wasser, Testbenzin	trocknet sehr langsam

Im Beschichtungsstoff ist meistens ein Gemisch von Lösemitteln aus den verschiedenen Verdunstungsgruppen enthalten, um bestimmte lacktechnische Eigenschaften wie z.B. Glanz, Verlauf oder auch Durchtrocknung zu beeinflussen.

Siedepunkt

Der Siedepunkt ist die Temperatur, bei der das flüssige Lösemittel in den gasförmigen Zustand übergeht. Durch Destillation lassen sich Stoffe mit unterschiedlichen Siedepunkten voneinander trennen.

Die Lösemittel werden in drei Gruppen eingeteilt:

- → Niedrigsieder unter 100 °C
- → Mittelsieder 100 bis 150 °C und
- → Hochsieder über 150 °C

Flammpunkt

Der Flammpunkt ist die niedrigste Temperatur, bei der sich die Dämpfe eines Lösemittels in solcher Menge entwickeln, dass sie mit der über dem Flüssigkeitsspiegel stehenden Luft ein entflammbares Gemisch ergeben. Nach ihrem Flammpunkt werden die Lösemittel in Gefahrenklassen eingeteilt (siehe Tabelle 2.7):

- → Gefahrenklasse A = nicht wasserlöslich
- → Gefahrenklasse B = wasserlöslich

Tabelle 2.7: Gefahrenklassen der Lösemittel

Gefahrenklasse	Flammpunkt	Gefahrenbezeichnung	Beispiel
A1	< 0 °C 0 - 21 °C	leicht entzündlich (hochentzündlich)	Toluol 5 °C Methanol 7 °C
A2	21 - 55 °C	entzündlich	Testbenzin 39 °C
A3	55 - 100 °C	keine	Tetralin 78 °C
B	< 0 °C 0 - 21 °C	leicht entzündlich (hochentzündlich)	Ethanol 11 °C

Lösemittel lösen das feste Bindemittel bei der Beschichtungsstoffherstellung und Verdünnungsmittel machen den Anstrichstoff verarbeitbar (spritz- oder tauchfähig).

2.3.4 Gesundheitsgefährdung durch Lösemittel

Ob und wie Lösemittel die Gesundheit gefährden, hängt von unterschiedlichen Faktoren ab: vom Umgang mit den Materialien, von der Art und Menge sowie der Einwirkzeit auf den Menschen. Die Lösemittel können über die Haut und die Atemwege in den Körper gelangen und dort die Atemwege, die Schleimhäute, das Nervensystem, die Leber, die Nieren, das Herz-Kreislaufsystem und den Magen-Darmtrakt schädigen. Um einen Schutz vor Lösemitteln zu geben, dürfen Grenzwerte am Arbeitsplatz nicht überschritten werden. Diese Grenzwerte bezeichnete man früher als MAK-Werte (maximale Arbeitsplatzkonzentration). Im Januar 2005 wurde der AGW (Arbeitsplatzgrenzwert) eingeführt. Dieser Wert gibt an, wie hoch die Konzentration eines Gefahrstoffes in Form von Stäuben, Dämpfen oder Lärm in der Luft bei einer vorgegebenen Arbeitszeit maximal sein darf, damit keine gesundheitlichen Schäden entstehen. Sie dienen dem Gesundheitsschutz, werden regelmäßig überprüft und innerhalb bestimmter Zeiträume neu festgelegt.

2.3.5 Kennzeichnung

Vor dem Umgang mit Lösemitteln müssen die Gefahrenhinweise und Sicherheitsratschläge gelesen und befolgt werden. In der Gefahrstoffverordnung ist für Lösemittel die Kennzeichnung mit Gefahrensymbolen vorgeschrieben. Gleichzeitig werden für den Umgang wichtige Sicherheitsratschläge in dieser Verordnung gegeben.

Prüfungsaufgaben

1. Erklären Sie die Aufgaben von Lösemitteln.
2. Was geschieht beim Trocknen eines Beschichtungsstoffes mit dem Lösemittel?
3. Welche Vorteile hat das anorganische Lösemittel Wasser?
4. Nennen Sie fünf Lösemittelgruppen.
5. Wovon hängt das Lösevermögen der Lösemittel ab?
6. Welche Schutzmaßnahmen müssen beim Umgang mit Lösemitteln getroffen werden?

2.4 Farbmittel und Füllstoffe

Farbmittel ist ein Sammelbegriff für alle farbgebenden Stoffe. Sie können nach verschiedenen Kriterien eingeteilt werden: z.B. nach der chemischen Zusammensetzung in organische und anorganische Stoffe, nach ihrer Löslichkeit in Pigmente und Farbstoffe. Füllstoffe sind meistens mineralische Verbindungen. Sie unterscheiden sich von den Pigmenten durch ihr geringes Färbe- und Deckvermögen.

Farbmittel ist der Sammelname für alle farbgebenden Stoffe.

2.4.1 Pigmente

Pigmente sind organische oder anorganische farbgebende Stoffe. Sie sind in Bindemitteln/Filmbildnern sowie in Lösemitteln unlöslich. Ihre Wirkung in der Beschichtung erzielen sie als fein verteilte (dispergierte), sehr kleine Partikel in der Größenordnung von 0,01 bis 1 µm. Pigmente sind weiße, schwarze oder farbige Pulver. Sie können kugel-, stab-, quader-, schuppenförmig oder unregelmäßig geformt sein. Dieses hängt von der Kristallstruktur des Ausgangsstoffes ab. Organische Pigmente weisen aufgrund ihrer chemischen Struktur einige grundsätzliche Unterschiede in technischen und optischen Eigenschaften auf. So haben sie z.B. eine hohe Lichtabsorption, aber nur ein geringes Streuvermögen. Deshalb werden organische Pigmente häufig in Kombinationen mit lichtstreuenden anorganischen Pigmenten genutzt. Welches Pigment wo verwendet wird, ist abhängig von den spezifischen Eigenschaften, dem Preis und der Verfügbarkeit der einzelnen Pigmente.

2.4.1.1 Unterteilung der Pigmente

Pigmente können nach verschiedenen Kriterien unterteilt werden:

→ nach ihrer Herkunft in natürlich vorkommende Pigmente, z.B. gelber Ocker, Zinnober, Eisenoxidrot und synthetische Pigmente, z.B. Bleiweiß, Lithopone, Titandioxid

- nach chemischen Gesichtspunkten in anorganische Pigmente, z. B. chrom-, zink-, eisenhaltige und organische Pigmente, z. B. Derivate des Indigo, Metallkernpigmente
- nach der Farbwirkung in Weißpigmente, z. B. Titanoxid, Zinkoxid, Lithopone, in Buntpigmente, z. B. Eisenoxid-Pigmente, oxidische Mischphasenpigmente, in Schwarzpigmente, z. B. Ruß, Eisenoxidschwarz und Glanzpigmente, z. B. metallische Teilchen, Metalloxid-Glimmer
- Die Verwendung von Blei- und Chromat-Pigmenten ist heute aus Arbeits- und Umweltschutzgründen eingeschränkt, daher wird weitgehend auf diese Stoffe verzichtet.
- Eine besondere Gruppe von Pigmenten sind die Effektpigmente. Diese gewinnen immer mehr an Bedeutung. Die Effektpigmente haben keine spezifischen chemischen Strukturen, die die Farbigkeit der Pigmente bewirken. Ihre Farbwirkung beruht auf physikalischen Effekten wie z. B. Reflexion. So werden seit einiger Zeit Aluminiumflakes (kleine sehr dünne Aluminiumplättchen) eingesetzt. Sie reflektieren das einfallende Licht und wirken so wie kleine Spiegel im Beschichtungsstoff. Der Grad der Reflexion ist winkelabhängig und führt zu der optischen Wirkung bei Metalliclackierungen, dem Flop-Effekt.

2.4.1.2 Aufgaben der Pigmente

In einer Beschichtung erfüllen die Pigmente wichtige Aufgaben. Um diese Aufgaben erfüllen zu können, muss man wissen, in welchen Bindemitteln die Pigmente verwendet werden, damit eine Verträglichkeit untereinander gewährleistet ist.

Aufgaben der Pigmente

- Pigmente verleihen der Beschichtung den gewünschten Farbton.
- Pigmente ermöglichen das Deckvermögen einer Beschichtung.
- Pigmente erhöhen den Festkörperanteil der Beschichtung und somit die Schichtdicke.
- Pigmente können die Abriebfestigkeit einer Beschichtung erhöhen.
- Pigmente schützen vor Korrosion.
- Pigmente schützen gegen UV-Strahlung.
- Pigmente können die Wetter- und Alterungsbeständigkeit erhöhen.

2.4.1.3 Pigmentanteil im Beschichtungsstoff

Welche Pigmentmenge verträgt ein Beschichtungsstoff oder wie hoch ist der prozentuale Anteil im Beschichtungsstoff?

Die Pigmentmenge (mit Füllstoffen) im Beschichtungsstoff wird als Pigment-Volumen-Konzentration (PVK) in Prozent angegeben. Zum Gesamtvolumen eines Beschichtungsstoffes zählen nur die nichtflüchtigen Bestandteile, also Pigment und/oder Füllstoff und Bindemittel/Filmbildner. Der Pigmentanteil verändert die Anforderungen der Beschichtung wie Deckvermögen, Glanzgrad, Wetterbeständigkeit und die Wasserdampfdurchlässigkeit. Glänzende, elastische und chemikalienresistente

Deckbeschichtungen haben eine relativ niedrige PVK. Wasserdampfdurchlässige, matte und deckende Beschichtungen haben im Allgemeinen eine hohe PVK. Beim Erreichen eines bestimmten PVK-Wertes verändern sich einige Eigenschaften gar nicht mehr, andere Eigenschaften wie z.B. die Reißfestigkeit oder der Glanz verändern sich sprunghaft. Dieser Wert wird als kritische Pigment-Volumen-Konzentration (KPVK) bezeichnet. Das ist eine Konzentration, bei der der Raum zwischen den sich fast berührenden Feststoffteilchen gerade noch mit Bindemittel/Filmbildner gefüllt ist.

2.4.1.4 Anforderungen an die Pigmente

Je nach Verwendungszweck ist bei der Auswahl der Pigmente auf folgende Anforderungen zu achten:

- → Deckvermögen
- → Färbevermögen (Farbton)
- → Lichtechtheit
- → Benetz- und Dispergierbarkeit
- → Glanz
- → Bindemittelbedarf
- → Wetter- und Witterungsbeständigkeit
- → Chemikalienbeständigkeit
- → Verträglichkeit mit Bindemitteln/Filmbildnern und anderen Pigmenten
- → Reinheit der Pigmente
- → Korrosionsschutz

Deckvermögen

Das Deckvermögen ist die Fähigkeit eines pigmentierten Beschichtungsstoffes Farbunterschiede im Untergrund zu verdecken.

Färbevermögen (Farbton)

Das Färbevermögen ist die Eigenschaft der Pigmente, den Farbton in Mischung mit anderen Pigmenten zu verändern. Es ist abhängig von der Teilchengröße des Pigments und von der Brechzahl der Pigmente. Bei Weißpigmenten bezeichnet man das Färbevermögen auch als Aufhellungsvermögen.

Lichtechtheit

Lichtechte Pigmente verändern unter dem Einfluss des Sonnenlichts bzw. der UV-Strahlung innerhalb eines bestimmten Zeitabschnittes ihre Farbe nicht. Dabei nimmt im Allgemeinen mit zunehmender Aufhellung mit Weißpigmenten die Lichtbeständigkeit ab. Unzureichende Lichtechtheit zeigt sich durch Ausbleichen, Vergilben oder Nachdunkeln.

Benetz- und Dispergierbarkeit

Pigmente müssen sich gut benetzen lassen. Dies ist hauptsächlich von der Benetzbarkeit der Pigmentoberfläche mit dem Dispergiermittel abhängig. Zur Verbesserung der Benetzbarkeit werden häufig Netzmittel hinzugefügt (Additiv). Die Pigmente selbst müssen sich im Anstrichmittel gut dispergieren lassen. Durch die Benetz- und

Dispergierbarkeit lässt sich die Neigung der Pigmente, sich im Beschichtungsstoff abzusetzen, vermindern.

Glanz
Der Oberflächenglanz kommt durch Reflexionsvorgänge an der Oberfläche und der obersten Lackfilmschicht zustande. Beeinflusst wird der Glanz durch die Art und Weise, wie das Pigment die Rauheit der Oberfläche beeinflusst. Denn je glatter die Oberfläche ist, um so höher ist der Glanz.

Bindemittelbedarf
Auf den Bindemittelbedarf haben Teilchengröße, Teilchenform und die Dichte der Pigmente Einfluss.

Wetter- und Witterungsbeständigkeit
Die Wetter- und Witterungsbeständigkeit ist die Widerstandsfähigkeit von Beschichtungen gegen Einwirkungen des Wetters und der allgemeinen Witterung über einen bestimmten Zeitraum, für den die Beschichtung ihre Aufgaben noch voll erfüllen kann.

Chemikalienbeständigkeit
Pigmente müssen nicht nur selbst chemikalienbeständig sein, sondern natürlich auch die Bindemittel. Die Pigmente erfüllen diese Forderungen, wenn sie alkali- und säurebeständig sind. Das heißt, sie dürfen ihre Farbe nicht verändern unter dem Einfluss von alkalisch oder sauer reagierenden Bindemitteln und sich nicht verfärben oder zersetzen.

Verträglichkeit mit Bindemitteln und anderen Pigmenten
Pigmente dürfen sich durch chemische oder elektrochemische Reaktionen im Bindemittel nicht unerwünscht verändern. Die Vermischung mit anderen Pigmenten darf den Farbton der Pigmente nicht verändern. Dabei ist darauf zu achten, dass keine sulfidhaltigen Pigmente mit bleihaltigen Pigmenten vermischt werden, da sonst die Anforderung nicht erfüllt wird.

Reinheit der Pigmente
Pigmente sollten keine Verunreinigungen enthalten. Durch etwaige Verunreinigungen können chemische Reaktionen hervorgerufen sowie der Farbton, das Färbevermögen und das Deckvermögen negativ beeinflusst werden.

Korrosionsschutz durch Pigmente
Korrosionsschutzpigmente sind Pigmente, die in der Grundbeschichtung auf Metallen durch chemische oder physikalisch-chemische Wirkungen die Korrosion der Metalloberfläche hemmen oder verhindern.

Pigmente sind farbgebende Stoffe, die im Bindemittel fein verteilt sind und mit ihm den Festkörper einer Beschichtung bilden.

2.4.2 Füllstoffe

Füllstoffe sind feinkörnige oder pulverförmige Substanzen, die unlöslich sind. Es werden dabei anorganische, mineralische oder organische Stoffe verwendet.

Übersicht der gebräuchlichsten Füllstoffe (es ist nur eine kleine Auswahl):

- → Carbonate: Kreide, Kalksteinmehl, Dolomit
- → Sulfate: Bariumsulfat
- → Silikate: Talk, Glimmer, Schiefermehl, Feldspat
- → Kieselsäuren: Quarz, Kieselerde, Glasmehl, gefällte Kieselsäure
- → Oxide: Aluminiumhydroxid, Magnesiumhydroxid

2.4.2.1 Aufgaben der Füllstoffe

Füllstoffe können zur Vergrößerung des Volumens (siehe PVK), zur Verbesserung technischer Eigenschaften und/oder Beeinflussung optischer Eigenschaften verwendet werden.

2.4.2.2 Eigenschaften von Füllstoffen

Die Füllstoffe können einen Beschichtungsstoff preiswerter machen. Außerdem können durch Füllstoffe Eigenschaften der Beschichtungsstoffe günstig beeinflusst werden wie z. B.:

- → Füllstoffe sparen Pigmente ein.
- → Füllstoffe verbessern die Haftfähigkeit und die mechanischen Eigenschaften einer Beschichtung.
- → Füllstoffe erhöhen den Festkörperanteil im Beschichtungsstoff und somit die Schichtdicke.
- → Füllstoffe erhöhen die Schleifbarkeit einer Beschichtung.
- → Füllstoffe können Oberflächeneffekte der Beschichtung verstärken, indem sie z. B. die Oberfläche mattieren.
- → Füllstoffe beeinflussen das Gewicht eines Beschichtungsstoffes.
- → Füllstoffe können durch ihr Füllvermögen Unebenheiten des Untergrundes ausfüllen.

Füllstoffe sind Zusatzstoffe, die das Festkörpervolumen in einem Beschichtungsstoff erhöhen, ohne die wesentlichen Eigenschaften zu ändern.

2.4.3 Farbstoffe

Farbstoffe lösen sich im Gegensatz zu Pigmenten in bestimmten Löse- und Bindemitteln. Sie haben zwar eine hohe Farbintensität und Farbreinheit aber eine schlechte Lichtbeständigkeit. Sie bleiben auch in der fertigen Lackierung löslich und besitzen somit kein Deckvermögen. Sie finden daher außer in Holzbeizen und zum Färben von Stoffen kaum eine weitere Anwendung.

Prüfungsaufgaben

1. Was ist ein Farbmittel?
2. Wodurch unterscheiden sich Pigmente und Farbstoffe?
3. Nennen Sie fünf Aufgaben und fünf Anforderungen an Pigmente.
4. Wofür werden Füllstoffe verwendet?
5. Schreiben Sie vier Füllstoffe auf, und nennen Sie vier Eigenschaften von Füllstoffen.

2.5 Additive

Nicht alle zu erwartenden Eigenschaften eines Beschichtungsstoffes und einer Beschichtung lassen sich allein durch die Auswahl der bisher dargestellten Bestandteile im Beschichtungsstoff erreichen. Fast jeder Beschichtungsstoff enthält neben **Bindemitteln, Lösemitteln** und **Pigmenten** auch **Additive** (Zusatzstoffe). Diese werden dem Beschichtungsstoff nur in geringen Mengen beigemischt und zeigen oft eine große Wirkung. Die Dosierung der Additive sollte schon bei der Herstellung von den Fachleuten der Lackindustrie und nicht durch den Anwender erfolgen. Additive sind Hilfsmittel, um bestimmte Eigenschaften zu verbessern, unerwünschte Eigenschaften zu verhindern oder chemische Eigenschaften gewollt einzuleiten.

2.5.1 Aufgaben der Additive

In der folgenden Übersicht werden einige der wichtigsten Additive mit ihren Aufgaben beschrieben.

Entschäumer
Die meisten Beschichtungsstoffe neigen zur Schaum- und Blasenbildung, sowohl bei der Herstellung als auch während des Auftrags. Deshalb werden Entschäumer eingesetzt, um die Oberfläche des Beschichtungsstoffes so zu verändern, dass die eingeschlossene Luft leicht austreten kann. Oft werden aber durch die Zugabe von Entschäumern auch andere Eigenschaften verändert.

Netz- und Dispergiermittel
Bei der Herstellung von pigmentierten Beschichtungsstoffen werden die Pigmente und Füllstoffe in die Bindemittellösung eingerührt. Dabei müssen die Pigmente und Füllstoffe völlig vom Bindemittel benetzt werden. Durch den Zusatz von Netz- und

Dispergiermitteln verringert sich die Grenzflächenspannung zwischen Pigmenten, Füllstoffen und Bindemitteln und fördert deren Benetzung.

Trockenstoffe (Sikkative)
Trockenstoffe sollen die Vernetzungsreaktion im applizierten Lackfilm und damit die Härtung beschleunigen. Sie werden oxidativ härtenden Beschichtungsstoffen zugesetzt.

Hautverhütungsmittel
Hautverhinderungsmittel verhindern die Hautbildung bei Beschichtungsstoffen während der Lagerung in geschlossenen und geöffneten Gebinden. Durch ihre Zugabe wird bei den oxidativ härtenden Bindemitteln die oxidative Härtung verzögert. Sie sind also Gegenspieler der Trockenstoffe (Sikkative).

Weichmacher
Weichmacher werden dem Bindemittel bei der Herstellung zugesetzt, um deren physikalische Eigenschaften, die Plastizität und Elastizität, zu verbessern. Des Weiteren steigern Weichmacher das Haftungsvermögen einer Beschichtung und die Filmbildung bei niedrigen Temperaturen.

Mattierungsmittel
Mattierungsmittel werden bei der Herstellung zugegeben und beeinflussen den Glanzgrad einer Oberfläche.

UV-Absorber
UV-Absorber werden bei der Herstellung vor allem den Klarlacken zugegeben. Beschichtungen, die dem Sonnenlicht ausgesetzt sind, werden von UV- Strahlen angegriffen und zerstört. Die ultravioletten Strahlen wirken beschleunigend auf den Abbau des Bindemittels und durch die Zugabe von UV-Absorbern kann der Abbau wesentlich verzögert werden. Ihre Wirkung beruht auf der Absorption der schädlichen UV-Strahlung. Diese wandeln sie in unschädliche Wärmestrahlung um.

Antiabsetzmittel
Stabilisatoren verhindern das Absetzen sowie das Entmischen der Pigmente im Beschichtungsstoff beim Lagern oder in der Beschichtung bei der Filmbildung.

Verdickungsmittel
Verdickungsmittel werden den Beschichtungsstoffen bei der Herstellung zugesetzt. Sie beeinflussen die Viskosität flüssiger Beschichtungsstoffe und vermindern Entmischungen und Absetzungen der Bestandteile.

Verlaufsmittel
Verlaufsmittel verbessern den Verlauf beim Auftragen des Beschichtungsstoffes und unterstützen die Glättung der Oberfläche flüssiger Lackfilme bevor das Lösemittel verdunstet. Sie verhindern Blasen und den Orangenschaleneffekt (Orangenhaut).

Antifoulings
Antifoulings sind bewuchshindernde Beschichtungen für Schiffsböden, Hafenanlagen und andere Beschichtungen mit Moos- und Algenbefall. Die Wirkstoffe haben

geringe Löslichkeit in Wasser bzw. Meerwasser und können so nicht so schnell ausgelaugt werden.

Biozide
Biozide (Insektizide, Fungizide) werden dem Beschichtungsstoff zugegeben, um die Zerstörung von Holz als Untergrund durch Insekten und Pilze (lat. Fungi) zu verhindern. Bakterizide schützen organische Stoffe vor Bakterienbefall.

Additive sind Hilfsmittel, die dem Beschichtungsstoff bei der Herstellung beigemischt werden, um gewünschte Eigenschaften des Beschichtungsstoffes zu erhalten oder zu verbessern und unerwünschte Eigenschaften zu verhindern.

Prüfungsaufgaben

1. Erklären Sie den Begriff „Additive".
2. Müssen „Additive" sein?
3. Wie wirken UV-Absorber?
4. Welche Aufgaben erfüllen „Sikkative"?
5. Fertigen Sie ein Arbeitsblatt in Tabellenform an und stellen Sie dieses in einem Kurzvortrag vor mit folgenden Inhalten:

   Nennen Sie die Aufgaben, die Eigenschaften, die Anforderungen sowie mögliche Gesundheitsschutz bzw. Gesundheitsgefährdungen der folgenden Bestandteile eines Beschichtungsstoffes:

   a) Bindemittel
   b) Lösemittel
   c) Pigmente/Füllstoffe
   d) Zusatzstoffe (Additive)
6. Wie werden die Fachbegriffe „Beschichtung", „Anstrich" und „Lackierung" fachlich richtig unterschieden?

   Erläutern Sie den Sachverhalt in Form eines vollständig ausformulierten Textes.

2.6 Vom Rohstoff zum Beschichtungsstoff

2.6.1 Allgemeines

Die im Kapitel 2.2 bis 2.5 vorgestellten Lackrohstoffe bilden ein Baukastensystem. Je nach Anwendungsgebiet wählt man aus einer Vielzahl von Einzelprodukten den geeigneten Rohstoff aus. Hierbei sind nicht nur die Art, sondern auch die Mengenverhältnisse der Rohstoffe qualitätsbestimmend. Zudem sind nicht nur die Anforderungen an die Qualität zu berücksichtigen. In gleicher Weise sind verarbeitungstechnische, umweltrelevante, sicherheitstechnische und nicht zu vergessen, ökonomische Auflagen zu beachten.

So bedeuten Anforderungen an eine gute Wetterbeständigkeit, also Schutz vor UV-Strahlung und dem Einfluss von Wasser (Regen), ganz andere Rohstoffkombinationen als bei besonderen Ansprüchen an den Korrosionsschutz. Im ersten Falle sind Alkydharze, Acrylatharze oder die zu den Polyurethanen führenden Isocyanate die Rohstoffe der Wahl, im zweiten die Epoxidharze, die für eine gute Haftfestigkeit und Chemikalienbeständigkeit sorgen. Für den extremen Korrosionsschutz und die Resistenz gegenüber Dauerfeuchte, wie sie beispielsweise in Kühlhäusern oder Schwimmbädern anzutreffen ist, sind hingegen die gegenüber Laugen beständigen Lacke auf Basis von Chlor- und Cyclokautschuk die beste Empfehlung.

Der Lackhersteller muss auch wissen, wie der Lack später verarbeitet werden soll, um ihn speziell dafür applikationsgerecht einzustellen. Hinzu kommt, dass der Umweltschutz aus gesetzgeberischen Gründen eine Verarbeitung von lösemittelhaltigen Lacken nur in Verbindung mit Absaug- und Nachverbrennungsanlagen erlaubt. Problemlöser im Hinblick auf die Umweltauflagen sind Pulverlacke, wässrige Systeme, UV-Lacke und High-Solid-Lacke.

Industriell zu verarbeitende Beschichtungsstoffe sind keine Standardartikel. Sie sind vielmehr „Maßanzüge", welche auf die speziellen Ansprüche der Kunden und auf ihre Verarbeitbarkeit in den Applikationsanlagen abgestimmt sind.

2.6.2 Prinzipien der Gestaltung von Lackrezepturen

2.6.2.1 Lösemittelhaltige Beschichtungsstoffe

Qualitative Rohstoffauswahl

Die Auswahl des „richtigen" Filmbildners ist ebenso wichtig wie die der Pigmente, Füllstoffe und Additive, um allen Ansprüchen zu genügen. Lösemittel müssen mit den Filmbildnern optimal verträglich sein, eine den Verarbeitungsbedingungen angepasste Flüchtigkeit besitzen sowie für den Verarbeiter unbedenklich sein, sofern ein ausreichender Atem- und Hautschutz nicht möglich ist. Häufig sind alle Anforderungen nur mit Gemischen aus verschiedenen Lösemitteln zu erfüllen. Auch die Additive sind den spezifischen Forderungen entsprechend anzupassen. So sind für Grundierungen Haftvermittler wichtige Zusätze. Für Decklacke hingegen stehen filmstabilisierende UV-Absorber oder Glanz- und Verlaufsmittel im Vordergrund.

Vom Rohstoff zur Lackrezeptur
Nach der richtigen Rohstoffauswahl ist der Weg zur brauchbaren Lackrezeptur jedoch längst noch nicht beschritten. Besonders bei der Gestaltung einer Lackrezeptur von farbigen, d. h. pigmentierten Beschichtungsstoffen sind die günstigsten Mengenanteile der einzelnen Bestandteile zu finden. Während in Füllern und Grundierungen Pigmente und Füllstoffe in möglichst großen Anteilen einzusetzen sind, werden bei Decklacken, wegen des häufig geforderten hohen Glanzes und den zum Teil hohen Pigmentpreisen, die Anteile der farbgebenden Komponenten so niedrig gehalten, wie es unter der Berücksichtigung des Deckvermögens möglich ist.

Pastensysteme
Bei der Feinverteilung der Pigmente müssen spezielle Maschinen eingesetzt werden. Da das Volumen des Mahlguts sich aus dem des Pigments und der Harzlösung zusammensetzt, ist ein möglichst hoher Pigmentanteil anzustreben. Nur so kann mit wenig Mahlgut viel Pigment dispergiert werden. Der Lackhersteller produziert deshalb meistens Decklacke nach dem Pastensystem. Er stellt **Farbkonzentrate** her, die durch Zugabe von Harzlösungen (Klarlack) in ein verkaufsfähiges Produkt überführt werden.

$$PVK = \frac{V_{Pi}}{V_{Pi} + V_{Bi}} \cdot 100\%$$

PVK = Pigmentvolumenkonzentration
V_{Pi} = Volumen des Pigments
V_{Bi} = Volumen des Bindemittel

Pigmentvolumenkonzentration (PVK)
Für die Herstellung von Farbkonzentraten und deren spätere Weiterverarbeitung in verkaufsfähige Endprodukte ist die Pigmentvolumenkonzentration (PVK) eine entscheidende Größe. Man versteht unter PVK das prozentuale Verhältnis des Volumenanteils der Pigmente zum Gesamtvolumen aller nichtflüchtigen Bestandteile (Volumen des Pigments plus Volumen des Bindemittels, siehe auch Seite 50).

Die PVK ist also der Pigmentvolumenanteil des getrockneten Films. Von der PVK hängen viele Lackeigenschaften ab. Die folgende Abbildung zeigt, dass mit wachsendem Pigmentanteil, also mit steigender PVK, das **Deckvermögen** zunächst ansteigt, um danach wieder abzufallen. Dieser unerwartete Effekt erklärt sich dadurch, dass sich die Pigmentteilchen bei höherer Konzentration so nahe kommen, dass sie vom Licht nicht mehr als einzelne Teilchen wahrgenommen werden. Sie verhalten sich also wie größere Teilchen und sind deshalb nicht mehr zur maximalen **Lichtstreuung** befähigt. Damit nimmt das Deckvermögen ab einer bestimmten PVK wieder ab, um bei weiterer Erhöhung der PVK wieder anzusteigen.

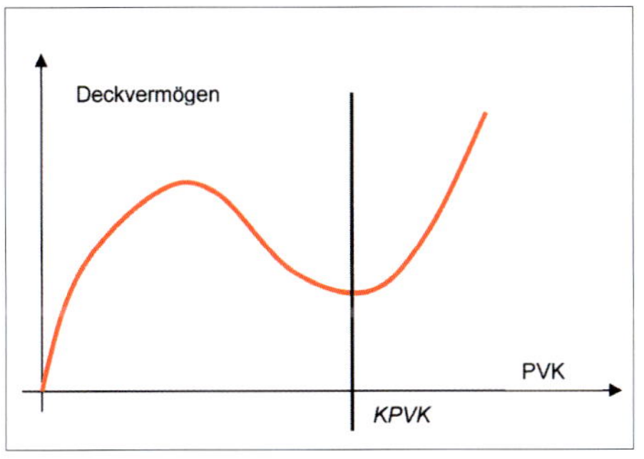

Abbildung 2.2: Deckvermögen bzw. Lichtstreuung in Abhängigkeit von der PVK

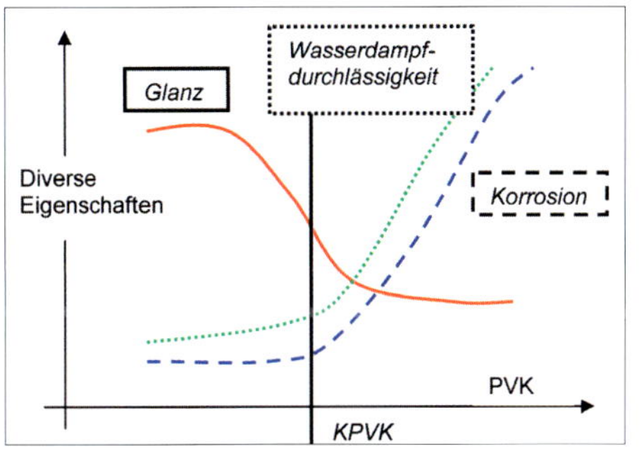

Abbildung 2.3: Anwendungstechnische Eigenschaften in Abhängigkeit von der PVK

In diesem Konzentrationsbereich verändern sich die Filmbildnereigenschaften drastisch (siehe Abbildungen 2.2 und 2.3). Der Glanz sinkt, die Durchlässigkeit für Wasserdampf wird stark erhöht. Auch andere Eigenschaften, insbesondere Festigkeitswerte ändern sich bei einer als **kritische Pigmentvolumenkonzentration (KPVK)** bezeichneten PVK. Die KPVK ist dann erreicht, wenn die Bindemittelanteile des getrockneten Films gerade noch die durch die Form der Pigmente vorgegebenen Zwischenräume bzw. Hohlräume auffüllen können. Wird die PVK weiter angehoben, so müssen bei der Filmbildung, also bei der Abgabe der Lösemittel zwangsläufig mit Luft gefüllte Hohlräume in der Beschichtung entstehen. Die sprunghaften Veränderungen der genannten Eigenschaften sind dadurch zu erklären.

Das Einstellen der richtigen Pigmentierungshöhe ist somit nicht nur für die optischen, sondern auch die mechanisch-technologischen Eigenschaften der Lackierung ausschlaggebend. So muss z.B. für wetterbeständige Lackierungen, die Pigmentierungshöhe unterhalb der KPVK liegen. Hingegen kann es bei einer wässrigen Dispersion für Anwendungen im Innenbereich aufgrund des gesteigerten Deckvermögens durchaus vorteilhaft sein, jenseits der KPVK zu pigmentieren.

Wie bereits in diesem Kapitel ausgeführt, werden für die Farbgebung und Deckfähigkeit von Lacken organische und anorganische Pigmente eingesetzt. Während die Deckfähigkeit anorganischer Pigmente als gut zu bezeichnen ist, sind organisch pigmentierte Lacke häufig nur lasierend, aber mit hoher Brillanz. Optimale optische Eigenschaften sind deshalb in vielen Fällen erst durch geeignete Kombinationen anorganischer und organischer Pigmente zu erreichen.

Die Pigmentvolumenkonzentration (PVK) hat einen großen Einfluss auf die optischen und mechanisch-technologischen Eigenschaften einer Lackierung. Oberhalb der kritischen Pigmentvolumenkonzentration (KPVK) ändern sich die Lackeigenschaften drastisch.

2.6.2.2 Umweltgerechte Beschichtungsstoffe

Die Lackzusammensetzung moderner emissionsarmer Lacksysteme unterscheidet sich vielfach von denen der konventionellen, also lösemittelhaltigen Beschichtungsstoffe. Siehe auch Kapitel 8.4.

High-Solids

High-Solids sind festkörperreiche Lacke und damit lösemittelarm. Wegen der dadurch bedingten geringeren Lösemittelabgabe bei der Filmbildung steigt die Viskosität gegenüber konventionellen Lacken weniger an. Aufgrund der sich daraus ergebenden stärkeren Läuferneigung an senkrechten Flächen müssen High-Solids thixotropiert werden (s. S. 215). Zur Auswahl stehen thixotrope Harze oder thixotropierende Additive. Da alle Thixotropiermittel mit steigender Temperatur ihre Wirkung verlieren, muss ein zusätzlicher Viskositätsanstieg gefunden werden. Das wird möglich, wenn reaktive Zweikomponentensysteme zum Einsatz kommen. Die viskositätserhöhende Vernetzungsreaktion setzt bei Zweikomponentenlacken schon bei Raumtemperatur ein, so dass auch bei dem anschließenden Erwärmen trotz des Abbaus der Thixotropie die Filmbildung nicht mehr negativ beeinflusst wird.

Wasserlacke

Bei Wasserlacken ist zwischen in Wasser gelösten Lacken und Dispersionen zu unterscheiden. Erstgenannte verlangen für das Lösen von wässerigen Harzen entsprechende Filmbildner mit polaren Gruppen. In den meisten Fällen handelt es sich um saure Polyester oder saure Polyacrylate. Diese sind mit Aminen zu neutralisieren, um sie in ionische und damit wasserlösliche Form zu überführen.

Speziell für **kathodische Elektrotauchlacke** haben sich die stark korrosionsschützenden, aminmodifizierten Epoxidharze bewährt. Zum Erreichen der für die kathodische Elektrotauchlackierung notwendigen Wasserlöslichkeit werden diese mit Säuren, in der Regel Essigsäure, neutralisiert.

Ganz anders erfolgt die Herstellung von **wässrigen Dispersionen**. Neutralisationsmittel sind hier überflüssig. Ein Lösen der in Wasser gleichmäßig verteilten winzigen „Kunststoffkügelchen“ muss vor der Verarbeitung unbedingt verhindert werden. Trotzdem soll nach der Verarbeitung ein geschlossener, möglichst porenfreier Film entstehen. Um das zu garantieren, verwendet der Lackhersteller kleine Mengen schwer flüchtiger, wassermischbarer organischer Lösemittel. Wässrige Dispersionen sind also nicht vollständig lösemittelfrei. Verdunstet während der Filmbildung das Wasser als Hauptbestandteil der flüssigen Komponente, nimmt die Menge der organischen Lösemittel relativ zum noch vorhandenen Wasser zu. Dadurch wird ein Erweichen der Filmbildnerkügelchen und die Verschmelzung zu einem gleichmäßigen Film möglich.

UV- und elektronenstrahlenhärtende (ESH)-Lacke

Will der Lackhersteller durch energiereiche Strahlung zu härtende Beschichtungsstoffe herstellen, muss er darauf achten, dass miteinander chemisch reagierende Harze und **Reaktivverdünner** (Lösemittel, die in die Lackschicht chemisch eingebaut werden) ausgewählt werden. Styrol oder Doppelbindungen enthaltende niedermolekulare Acrylsäureester sind geeignete Rohstoffe für den Reaktivverdünner. Bei den

Filmbildnern handelt es sich also entweder um ungesättigte Polyester oder Doppelbindungen enthaltende Polyacrylate.

Je nach Verarbeitungs- bzw. Härtungstechnik müssen Additive zugesetzt werden, die durch UV-Strahlen in **Radikale** (siehe Kapitel 10) überführt werden. Diese lösen dann die **chemische Härtung** aus. Bei der Vernetzung durch Elektronenstrahlen (ESH)[1] kann auf radikalbildende Additive verzichtet werden. Die zur Polymerisation notwendigen Radikale werden durch die energiereiche Strahlung selbst erzeugt.

Pulverlacke
Sind Rezepturen für **Pulverlacke** zu erarbeiten, ist wegen der fehlenden Lösemittel besonders auf das Fließverhalten der durch Erwärmen verflüssigten, zuvor festen Filmbildner zu achten. Die Erweichungstemperatur der Basisharze und die Viskosität der Schmelze sind für eine gute Pigmentdispergierung und einen guten Verlauf während der Filmbildung wichtige physikalische Kennzahlen. Beim fertigen Pulverlack sind, bezüglich der Lagerstabilität und der Rieselfähigkeit, die Kornform, -größe und -größenverteilung entscheidende Kennwerte.

Zur Ausarbeitung einer Lackrezeptur sind zusätzlich zu den Vorstellungen des Lackherstellers auch detaillierte Angaben des Lackverarbeiters über die Ansprüche an die Qualität, die Methoden der Verarbeitung und die geforderte Umweltgerechtigkeit einzubringen. Lackhersteller und Lackverarbeiter sind somit Partner auf dem Wege vom Rohstoff zur Lackierung.

2.6.3 Herstellen von Beschichtungsstoffen

2.6.3.1 Flüssiglacke
Die Herstellung von Klarlacken erfolgt lediglich durch Vermischen der flüssigen Einzelkomponenten. Sie stellt damit kein großes technisches Problem dar. Die Herstellung pigmentierter Beschichtungsstoffe ist dagegen wesentlich komplizierter.

Agglomerate und Aggregate
Die Teilchengrößen der Pigmente müssen für ein gutes Deckvermögen und hohe Farbstärken im Bereich der Wellenlänge des sichtbaren Lichtes, also zwischen

1 ESH = Elektronenstrahlhärtung

400 nm[2]) und 800 nm liegen. Solch kleine Teilchen (Primärteilchen) können sich derart nähern, dass zwischenmolekulare Anziehungskräfte wirksam werden. Hierdurch entstehen Pigmentanhäufungen der Primärteilchen. Sie werden je nach Anordnung als Agglomerate oder Aggregate bezeichnet.

Die Aufgabe des Lackherstellers ist es nun, die Agglomerate in die **Primärteilchen** zu zerteilen und die Oberflächen des Primärkorns mit einer geeigneten Harzlösung zu benetzen. Außerdem gilt es, eine Neubildung von Agglomeraten, auch als **Flokkulatbildung** bezeichnet, bei späterem Aufeinandertreffen einzelner Pigmentteilchen zu verhindern. Die in Pigmentpulvern ebenfalls vorhandenen Aggregate (Teilchen, in denen Primärkörner über gemeinsame Flächen fest miteinander verbunden sind) werden beim Dispergierprozess nicht zerteilt. Sie verbleiben als relativ große Pigmentkörnchen im Lack und sind qualitätsmindernd. Deshalb müssen sie durch Filtrieren entfernt werden. Für die optischen Eigenschaften einer Lackierung ist es von besonderer Bedeutung, dass bei der Zerteilung der Agglomerate das Primärkorn selbst nicht zerstört wird. Die Farbstärke würde bei weiterer Verringerung der Teilchengröße zwar steigen, das Deckvermögen wegen des geringeren Streueffekts aber abfallen. Damit würde das Deckvermögen verschlechtert. Der komplexe Prozess der Herstellung pigmentierter Beschichtungsstoffe setzt sich aus drei Einzelschritten zusammen:

→ Pigmentbenetzung

→ Dispergierung

und

→ Stabilisierung

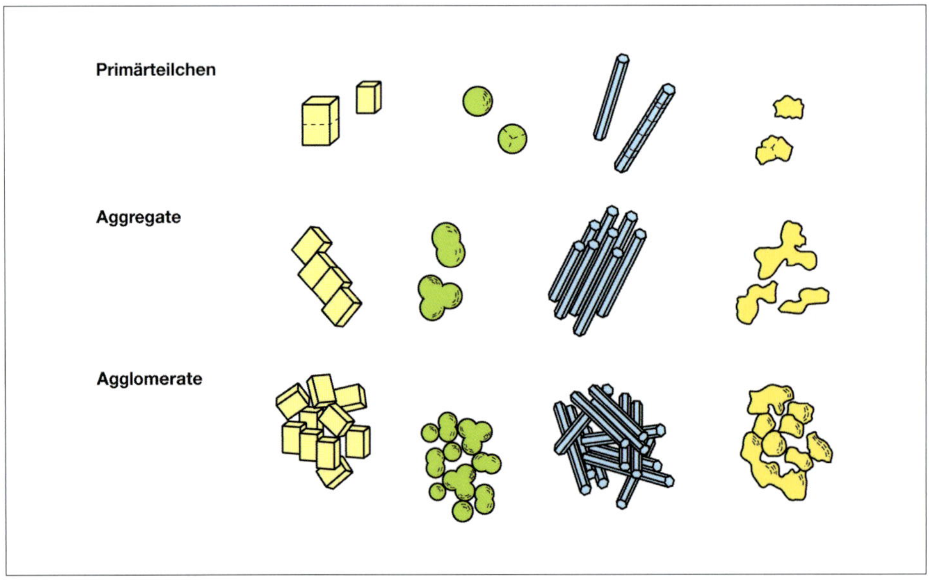

Abbildung 2.4: Primärteilchen, Agglomerate, Aggregate Quelle: BASF Handbuch Lackiertechnik

2 nm = Nanometer (10^{-9} Meter)

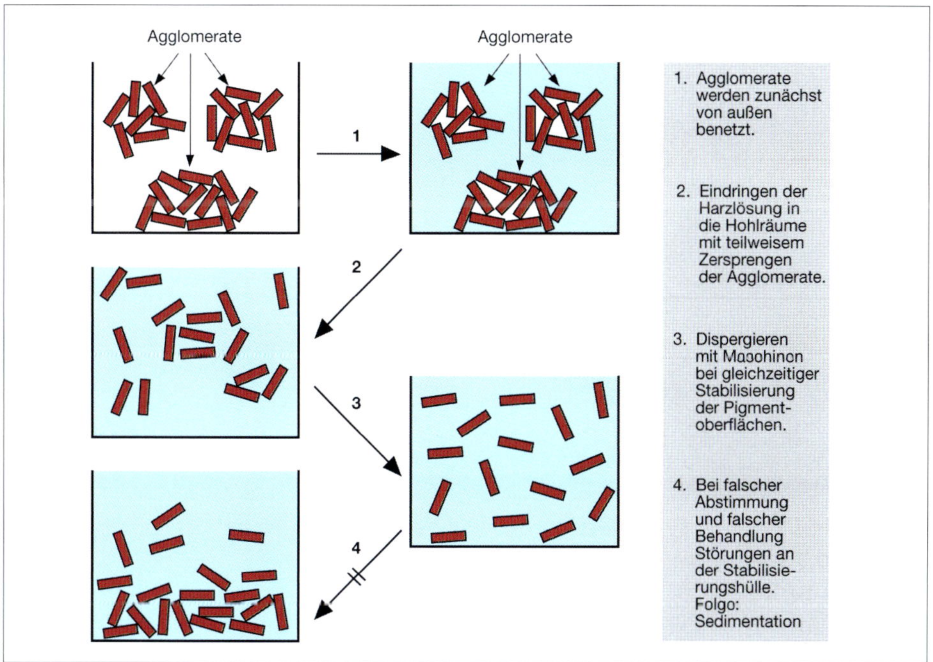

Abbildung 2.5: Einzelschritte bei der Herstellung pigmentierter Beschichtungsstoffe

Quelle: BASF Handbuch Lackiertechnik

Dabei ist unter Pigmentbenetzung die vollständige Umhüllung der Pigmente mit der Harzlösung, unter Dispergierung die Feinverteilung der Pigmente in der flüssigen Umgebung zu verstehen. Stabilisieren verhindert die Bildung neuer Agglomerate.

Pigmentbenetzung

Das Einarbeiten, d.h. das **Benetzen** der Pigmente in der flüssigen Harzlösung, ist ein grenzflächenphysikalischer Prozess. Er ist abhängig von der Anpassung der **Oberflächenspannungen** (s. Kapitel 7) von Harzlösung und Pigment. Optimale Verhältnisse liegen dann vor, wenn die Oberflächenspannung der Harzlösung nur wenig geringer ist als die der zu benetzenden Pigmente. Da die Oberflächenspannungen von Lösemitteln in der Regel niedriger sind als die der polareren Harze, ist es möglich, durch Erhöhen des Lösemittelanteils die Benetzungsfreudigkeit zu verbessern.

Der Lackhersteller nennt die Zusammensetzung eines bezüglich der Benetzbarkeit der Pigmente am günstigsten eingestellten Rohstoffgemisches **optimale Mahlgutformulierung**. Der Pigmentanteil ist in der optimalen Mahlgutformulierung sehr hoch und führt nach der Dispergierung zu Farbkonzentraten oder Pigmentpasten. Ein „Auflacken" der Pigmentpasten mit Klarlack ist für die Herstellung des verkaufsfähigen Lacks notwendig.

Die in einem Mahlansatz zu benetzenden Pigmentoberflächen können wegen der Feinteiligkeit der Pigmente mehrere Millionen Quadratmeter ausmachen. Ein einfaches Einrühren der Pigmente in die Filmbildnerlösung reicht zur Pigmentagglomeratzerteilung nicht aus. Es sind deshalb Dispergiermaschinen einzusetzen.

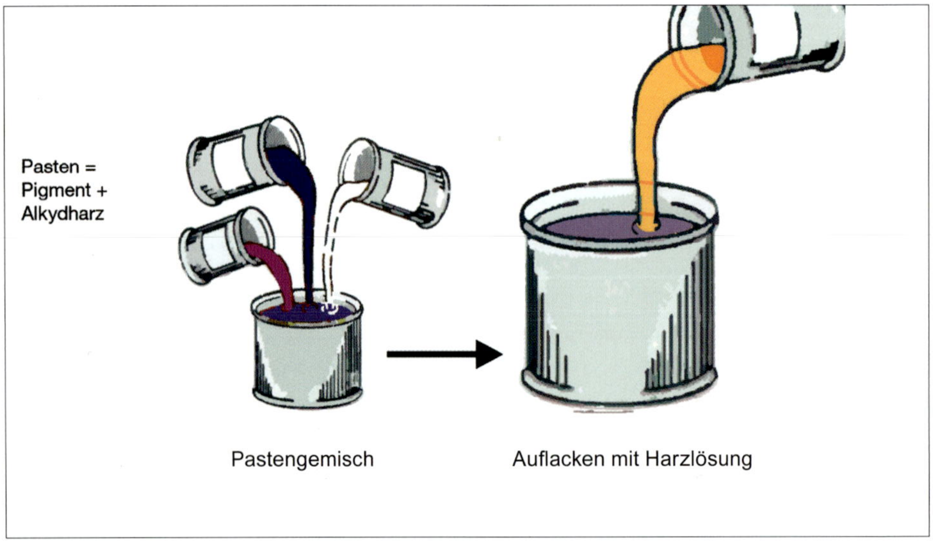

Abbildung 2.6: Produktionsschritte bei Anwendung des Pastensystems

Dispergieren (Feinverteilung der Pigmente)

Beim Dispergieren handelt es sich um ein mildes Zerkleinerungsverfahren, bei dem die Pigmentagglomerate in zähflüssigen Lösungen in das Primärkorn überführt werden. Im Gegensatz zum einfachen Rühren, wo nur ein gleichmäßiges Bewegen des Mahlgutes stattfindet, werden beim Dispergieren im Mahlgut durch laminare Strömungsgefälle starke **Scherkräfte** aufgebaut. **Laminares Fließen** bedeutet, dass alle im Scherbereich auftretenden Strömungen die gleiche Richtung aufweisen. Laminarität steht im Gegensatz zur Turbulenz, bei der die einzelnen Strömungen unabhängig voneinander die verschiedensten Richtungen einnehmen können. Dadurch werden im Falle des laminaren Fließens in zähflüssigen Harzlösungen Scherkräfte erzeugt. Tritt ein Pigmentagglomerat in den Bereich eines laminaren Schergefälles, beginnt es zusätzlich zu rotieren. Dadurch wird es, sofern die wirkenden Scher- und Zentrifugalkräfte ausreichen, in Primärkörner zerlegt.

Die Abbildung 2.7 zeigt die Scherbeanspruchung eines Pigmentagglomerats im Bereich eines Strömungsgefälles.

Zum Aufbau solcher Scherbereiche werden unterschiedliche Dispergiermaschinen eingesetzt. Sie arbeiten jedoch alle nach dem gleichen Prinzip. Sie übertragen Kräfte über zähflüssige Harzlösungen unter Verwendung unterschiedlich schnell aneinander vorbei gleitender Walzen oder Kugeln. Durch die auf das Mahlgut übertragenen Reibungskräfte werden bei Vorliegen laminarer Strömungsgefälle die Pigmentagglomerate zerteilt.

Dispergiermaschinen

Technisch wichtige Maschinen für die Pigmentdispergierung sind Dreiwalzen, Dissolver, Kugelmühlen und Rührwerkmühlen.

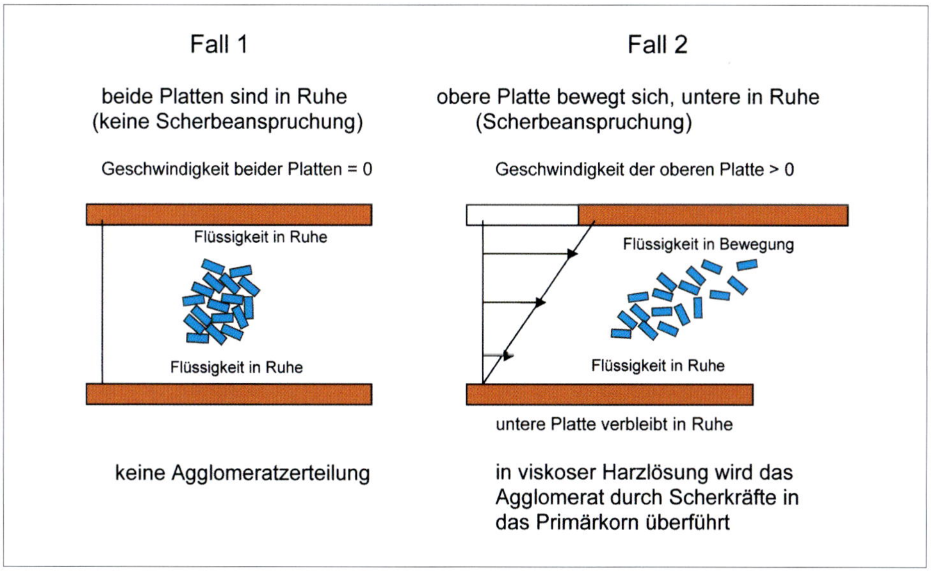

Abbildung 2.7: Mechanische Trennung der Pigmentagglomerate

Bei der **Dreiwalze** sind die Verhältnisse besonders übersichtlich. Bei einem Walzenabstand von ungefähr 100 mm und sich unterschiedlich schnell drehenden Walzen (im Verhältnis 1:3:9) können bei Verwendung hochviskoser Harzlösungen hohe Scherkräfte übertragen werden, ohne dabei das Primärkorn mechanisch anzugreifen und eventuell weiter zu zerkleinern. Dreiwalzen kommen besonders bei nadelförmigen oder oberflächenbehandelten und damit mahlempfindlichen Pigmenten zur Anwendung.

Äußerlich wenig verwandt mit der Dreiwalze, aber bei näherer Betrachtung im Dispergierprinzip identisch, arbeitet der **Dissolver**. Bestehend aus einer angetriebenen Rührscheibe und einem dem Rührwerkzeug angepassten Behälter handelt es sich eigentlich nur um ein Rührgerät. Unter ganz bestimmten Bedingungen kann sich der Dissolver aber in ein Dispergiergerät verwandeln. Bei angepasster Geometrie des Rührwerkzeugs mit dem Rührbehälter und entsprechender Füllhöhe des Dispergierguts wird der Dissolver dann zu dem Dispergiergerät. Zusätzliche Voraussetzungen sind eine dem Dissolver angepasste Materialviskosität und eine ausreichend hohe Drehzahl, um das geforderte laminare Strömungsgefälle aufzubauen. Die richtige Einstellung aller Größen ist anhand des **Doughnut-Effekts** erkennbar. Von oben betrachtet wird beim Dispergieren die blanke Rührscheibe sichtbar und der Lack bildet daneben einen Ring in Form eines Doughnuts. Durch das Anhaften des Mahlguts an der Rührscheibe und die bei der Rotation wirksame Zentrifugalkraft wird es nach außen geschleudert und danach wieder zur Scheibe zurückgeführt. Wegen der unterschiedlichen Wege der Strömungsfäden unterhalb und oberhalb der Scheibe und der damit verbundenen Reibungsunterschiede sind die Geschwindigkeiten auch unterschiedlich. Die Verhältnisse neben der Rührscheibe – hier entsteht das größte Schergefälle – entsprechen damit denen im Walzenspalt der Dreiwalze.

Nach einem ähnlichen Prinzip erfolgt die Pigmentdispergierung in der **Kugelmühle**. In einer sich drehenden Hohlwalze werden auf das durch Mahlkörper gescherte Mahlgut beim Vorbeigleiten der einzelnen Kugelschichten die zur Dispergierung notwendigen Kräfte übertragen. Die nur einige Zentimeter großen Mahlkugeln werden durch die sich drehende Trommel nach oben bewegt, um ab einer gewissen Höhe durch die Schwerkraft auf den unteren Schichten wieder nach unten zu laufen. Wegen der dazu notwendigen Masse der Kugeln und der damit verbundenen Größe ist der relative Anteil des Dispergierraumes bezogen auf das Kugelmühlenvolumen klein. Kugelmühlen sind deshalb im Vergleich mit anderen Dispergiermaschinen nicht wirtschaftlich und deshalb heute nur noch selten anzutreffen.

Moderne Dispergiermaschinen sind Rührwerkmühlen. Im Gegensatz zu den Kugelmühlen verwendet man in den Rührwerkmühlen wesentlich kleinere Mahlkörper. In Rührwerkmühlen übliche Mahlkörper haben einen Durchmesser von nur 0,8 bis 3 mm. Sie müssen deshalb künstlich bewegt werden. Zur gleichmäßigen Scherung des Mahlguts geschieht dies durch angepasste Rührwerkzeuge.

Im Gegensatz zur Kugelmühle arbeitet die **Rührwerkmühle** kontinuierlich. Das vorgemischte, häufig mittels eines Dissolvers auch schon vordispergierte Mahlgut durchläuft den Mahltrog von unten nach oben, um am oberen Ausgang durch Spaltsiebe oder Reibspalte von den Mahlkörpern befreit zu werden. Die Reibspalte in geschlossenen Rührmühlen machen es möglich, den Trog mit noch mehr Mahlkörpern zu füllen, um bei höheren Viskositäten des Mahlguts die Pigmente noch effektiver zu dispergieren.

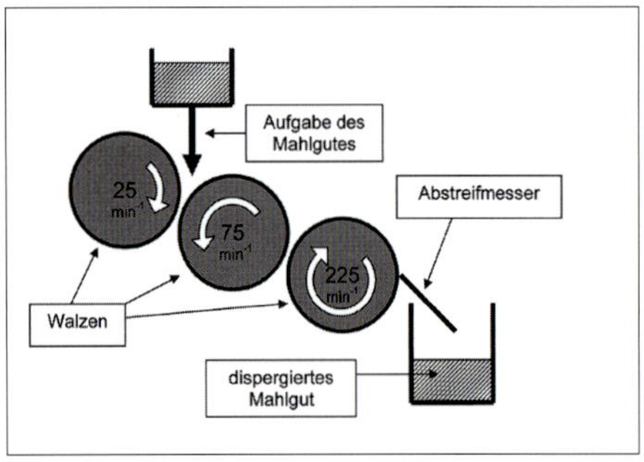

Abbildung 2.8: Schemazeichnung einer Dreiwalze

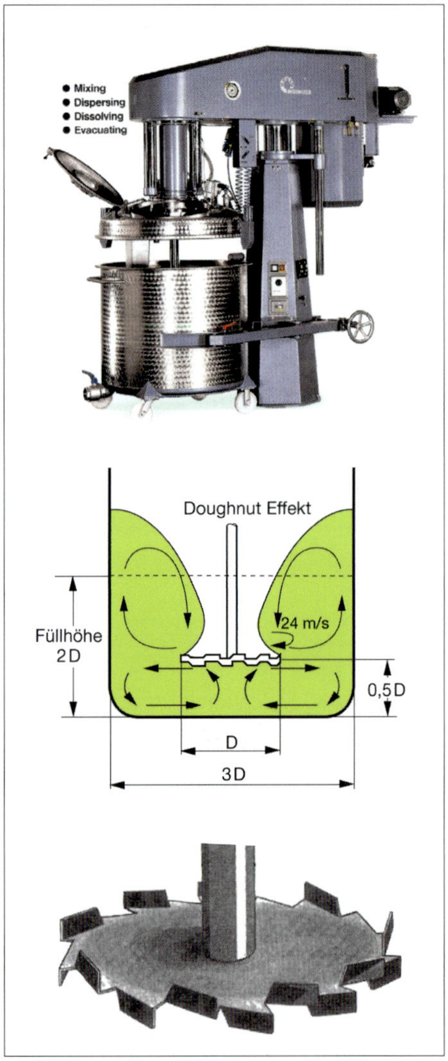

Abbildung 2.9: Bild und Schemazeichnung eines Dissolvers Quelle: BASF Handbuch Lackiertechnik

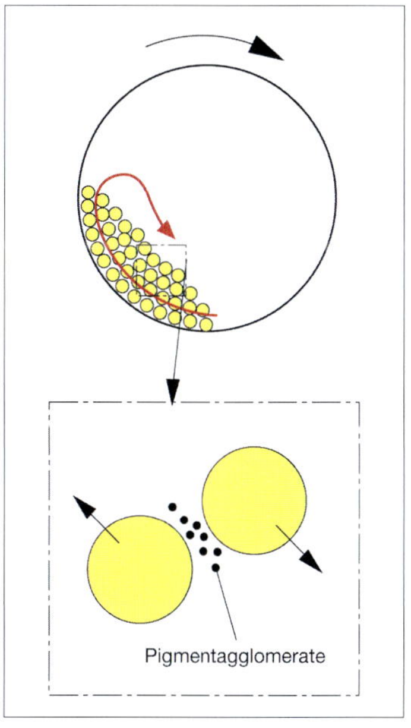

Abbildung 2.10: Schemazeichnung einer Kugelmühle

Quelle: BASF Handbuch Lackiertechnik

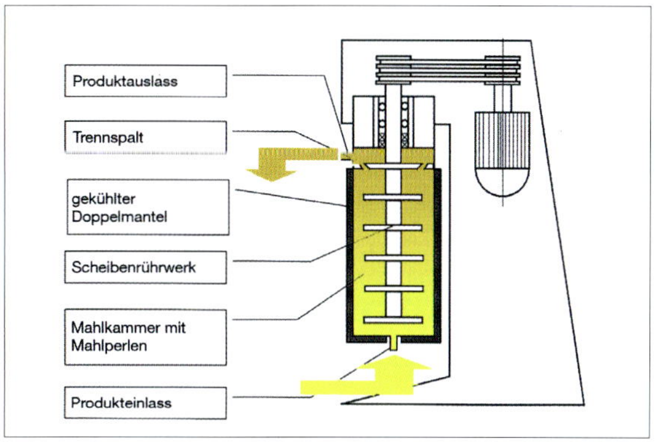

Abbildung 2.11: Schemazeichnung einer Rührwerkmühle

Quelle: BASF Handbuch Lackiertechnik

Eine neuere Entwicklung in der Familie der Rührwerkmühlen ist die **Ringspaltmühle**. Es handelt sich um einen **Rotor/Stator-Rührer**, bei dem der starre Außenmantel mit dem rotierenden inneren Rotor einen relativ engen Hohlraum bildet. Durch diesen wird das Mahlgut zusammen mit den Mahlkörpern gepumpt. Die Enge des Hohlraums ermöglicht die Übertragung hoher Scherkräfte bei gleichzeitig geringem Kammervolumen. Eine gleichmäßige Beanspruchung des Mahlguts wird dadurch garantiert.

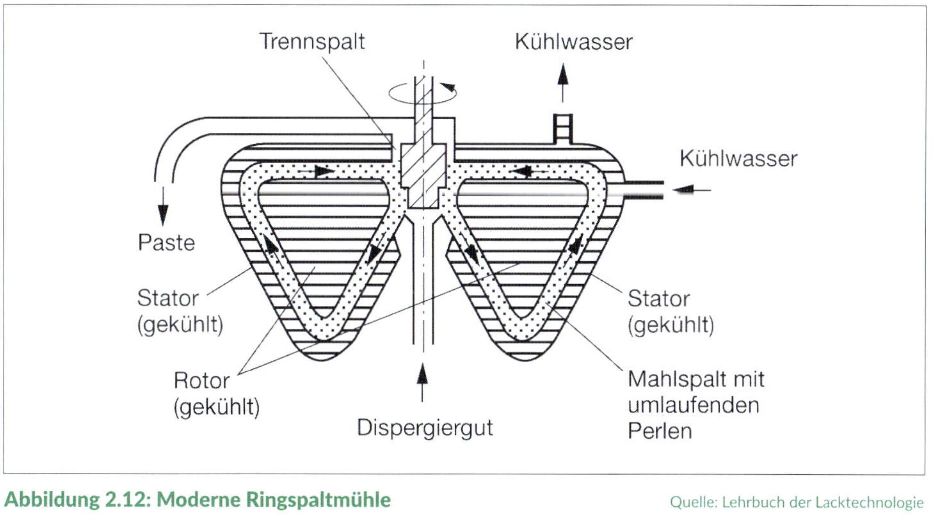

Abbildung 2.12: Moderne Ringspaltmühle

Quelle: Lehrbuch der Lacktechnologie

Das Fortschreiten der Dispergiergüte von flüssigen Lacken oder Pulverlacken kann durch die Abnahme der Teilchengröße und durch die **Erhöhung der Farbstärke** während des Dispergierprozesses verfolgt werden. Bei flüssigen Lacken wird die **Kornfeinheit** der Pigmente üblicherweise mit dem **Grindometer nach DIN EN ISO 1524** bestimmt. Dazu wird auf einem Prüfkörper mit keilförmiger Vertiefung der Lack mit einem Haarlineal aufgezogen. Es wird nun die Schichtdicke bestimmt, bei der die Pigmentkörner gerade aus dem Film herausragen. Eine Wiedervereinigung der Primärteilchen zu neuen Agglomeraten (Flokkulate) würde ein nicht gewünschtes Anwachsen der Teilchengröße bewirken. Durch eine Belegung der Pigmentoberfläche mit Filmbildnermolekülen kann bei Zusammenstößen der Pigmentteilchen eine Flokkulatbildung verhindert werden. Eine solche **Stabilisierung** der Pigmentteilchen wird entweder elektrisch oder entropisch herbeigeführt.

Alle Dispergiermaschinen arbeiten trotz großer Unterschiede in der Konstruktion und Bauform nach demselben Prinzip. Sie zerteilen Pigmentagglomerate durch die Übertragung von Scherkräften in laminaren Strömungsgefällen bis in die so genannten Primärkörner.

Zur **elektrischen Stabilisierung** werden die Pigmente in polaren Flüssigkeiten, wie z.B. Wasser, mit gleichartigen Ladungsträgern belegt. Es bildet sich dann eine pigmentumhüllende entgegengeladene Ionenwolke (siehe Abbildung 2.14). Bei Annäherung der Pigmente findet eine Abstoßung aufgrund gleichartiger Ladungen der Ionenhülle statt. In unpolaren Medien, wie z.B. in Benzin gelösten Filmbildnern, ist eine Stabilisierung der Pigmentkörner durch elektrische Abstoßung wegen mangelhafter Bildung von Ionen nicht möglich. In solchen Fällen werden die Pigmente

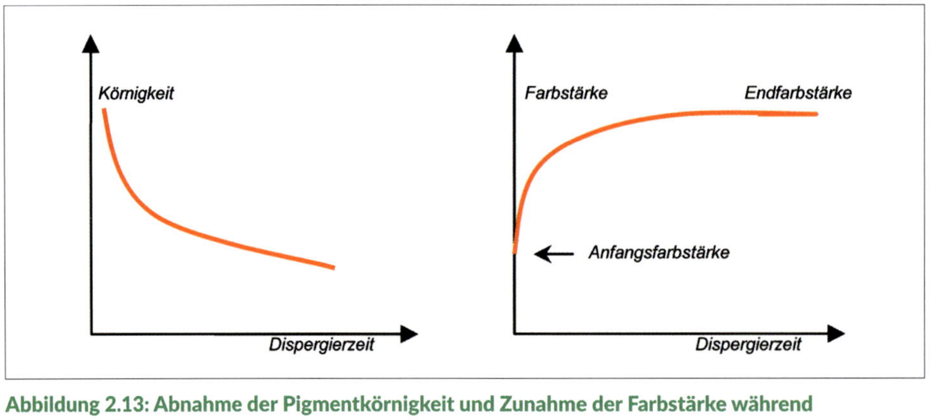

Abbildung 2.13: Abnahme der Pigmentkörnigkeit und Zunahme der Farbstärke während der Dispergierung

entropisch stabilisiert. Durch eine Belegung der Pigmentoberfläche mit frei beweglichen Filmbildnermolekülen wird bei Annäherung der Pigmentkörner aufgrund der Verringerung der freien Beweglichkeit der Stabilisierungshülle eine Abstoßungsbarriere aufgebaut. Das ist allerdings nur möglich, wenn Harzmoleküle als frei bewegliche Fäden nur an einem Ende an der Pigmentoberfläche fixiert sind. Die Abstoßung der Teilchen findet statt, da bei weiterer Annäherung der **Unordnungszustand (die Entropie)** abnehmen würde. Ein Vorgang, dem sich die Natur widersetzt. Vergleiche hier mit einem Beispiel aus dem Alltag: Die Unordnung in dem eigenen Zimmer nimmt immer von alleine zu. Nur durch arbeitsintensives Aufräumen kann dem entgegengewirkt werden, und die Unordnung nimmt ab.

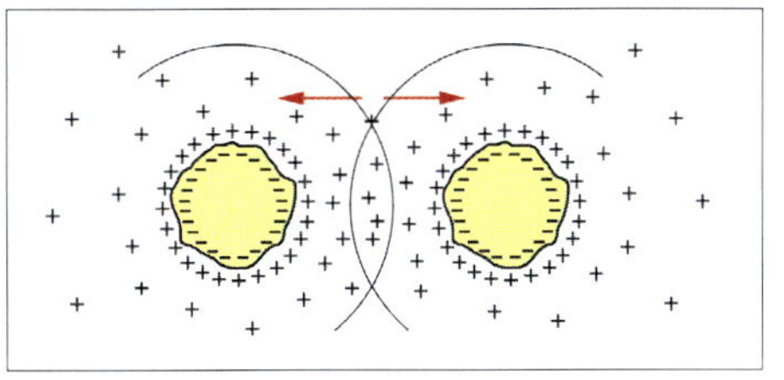

Abbildung 2.14: Ionenwolke zur elektrischen Stabilisierung von Pigmenten

Quelle: BASF Handbuch Lackiertechnik

Die Entropie nimmt bei freiwillig ablaufenden physikalischen Vorgängen immer zu.

Für eine dauerhafte entropische Stabilisierung ist darauf zu achten, dass eine feste Verknüpfung der Harzketten mit der Pigmentoberfläche vorliegt. Durch endständige polare Gruppen an den Stabilisierungsketten wird die notwendige Festigkeit der Verknüpfung mit den Pigmentteilchen erreicht. Ist die Stabilisierungshülle, unabhängig davon, ob elektrisch oder entropisch, nicht fest genug an der Pigmentoberfläche verankert, kann sie unter bestimmten Bedingungen zerstört werden. Eine Wiedervereinigung der Primärkörnchen kann dann stattfinden. Solche Veränderungen in der Pigmentverteilung bzw. Teilchengröße zeigen sich in einer Verringerung der Farbstärke und einer Zunahme der Absetzneigung.

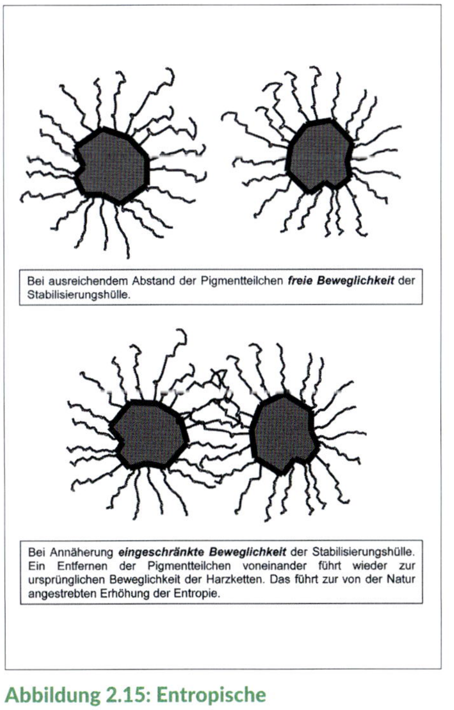

Abbildung 2.15: Entropische Pigmentstabilisierung

Das Phänomen einer solchen **Flokkulation** kann auch durch den **Rub-Out-Test** erkannt werden. Mit geringen Scherkräften aufgebrachte, nasse Filme (in der Regel durch Aufgießen) werden durch Verreiben mit dem Finger relativ stark geschert. Eine Flokkulation gibt sich dabei durch Veränderung der Farbstärke und bei Vorliegen von Pigmentmischungen durch Veränderung des Farbtons zu erkennen.

Farbstärke- oder Farbtonveränderungen durch Flokkulation können unter bestimmten Umständen auch trotz optimaler Stabilisierung auftreten, wenn bei der Herstellung oder Verarbeitung der Beschichtungsstoffe bestimmte Grundregeln nicht beachtet werden. Falsches Auflacken von pigmentreichen Mahlpasten sowie das fehlerhafte Einstellen fertiger Beschichtungsstoffe auf Verarbeitungsviskosität, können zu **Pigment-** bzw. **Lösemittelschocks** führen. In beiden Fällen wird die bei der Dispergierung hergestellte Stabilisierung zerstört, so dass die unerwünschte Flokkulation eintritt.

Wenn z.B. aus Gründen der wirtschaftlichen Nutzung der Dispergiermaschinen Farbpasten mit lösemittelreichen Harzlösungen aufgelackt werden müssen, kann es bei der Zugabe von lösemittelärmeren Auflacklösungen aufgrund hoher Konzentrationsunterschiede an der Grenzfläche zwischen Paste und Auflackharz zu unerwünschten Wanderungsprozessen der beweglicheren Lösemittelmoleküle kommen.

Beim Vermischen können an den Grenzflächen in Abhängigkeit von der Konzentrationsdifferenz der Lösemittel zwischen dem Filmbildner und der Auflacklösung durch osmotische Vorgänge die beweglichen Lösemittelmoleküle aus der schon pig-

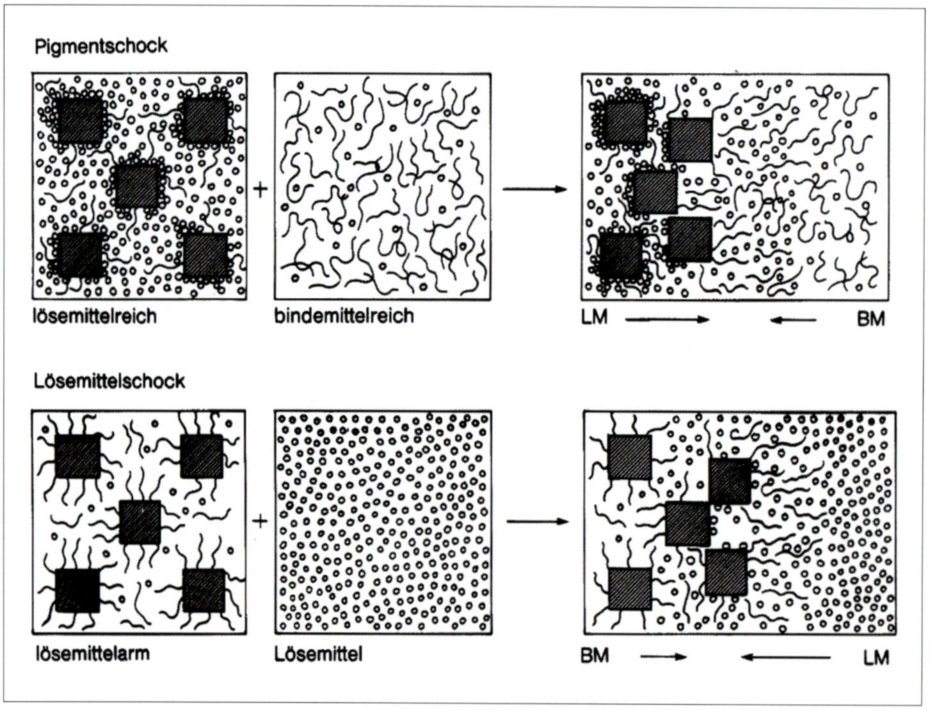

Abbildung 2.16: Pigment- und Lösemittelschock

mentreichen Paste zum Konzentrationsausgleich herauswandern. Die dadurch bewirkte Volumenverringerung der Pigmentpaste führt zu einer Zwangsannäherung der Pigmente. Beim Unterschreiten eines bestimmten Minimalabstandes werden dann Anziehungskräfte wirksam. Eine Flokkulation, d.h., die Abnahme der Farbstärke und die Bildung von Bodensatz sind die Folge. Solche **Pigmentschocks** sind Fehler bei der Lackherstellung (s. Abb. 2.16).

Ganz anders verläuft das Verdünnen von Beschichtungsstoffen auf Verarbeitungsviskosität. Hierbei werden ebenfalls an den Grenzflächen große Konzentrationsdifferenzen geschaffen. Die überaus hohe Lösemittelkonzentration auf der Seite der Verdünnung führt zu einer starken Wanderung der Lösemittelmoleküle in die Lackkomponente und bewirkt vornehmlich bei Verwendung falscher Lösemittel und bei zu langsamen Rühren ein „Abwaschen" der Stabilisierungsmoleküle von der Pigmentoberfläche. Eine Flokkulatbildung der nun nicht mehr stabilisierten Pigmente ist dann nicht mehr zu verhindern. **Lösemittelschocks** können beim Lackverarbeiter während des Einstellens von Beschichtungsstoffen auf die Verarbeitungsviskosität entstehen. Bei der notwendigen Lösemittelzugabe muss zur Vermeidung von Lösemittelschocks durch ständiges intensives Rühren der Konzentrationsunterschied schnell beseitigt werden.

Verfahrensablauf Lackherstellung mittels Pigmentpasten
Der technische Prozess der Herstellung von Nasslacken erfolgt unter Beachtung dieser Fakten in mehreren Einzelschritten. Wie im Fließbild einer Lackfabrik für Automobillacke gezeigt (Abb. 2.17), werden Lösemittel und Harzlösungen in zentralen Tanks gelagert, um von dort zu den Verbrauchsstellen zu gelangen.

Dort werden sie zusammen mit den Pigmenten in der für die Dispergierung günstigsten Zusammensetzung in einem Vormischer oder Dissolver vorhomogenisiert bzw. vordispergiert. Danach erfolgt der wichtigste Produktionsschritt, die endgültige Feinverteilung der Pigmente. Dieser Prozess der Überführung der Agglomerate in das Primärkorn erfolgt üblicherweise in kontinuierlich arbeitenden Rührwerkmühlen. Die fertig dispergierten Pigmentkonzentrate werden in Mischern bevorratet.

Das verkaufsfähige Endprodukt entsteht durch Mischen verschiedener Pigmentpasten und anschließendes Auflacken mit geeigneten Harzlösungen. Das Auflacken geschieht durch Hinzufügen der für die Ausbildung optimaler Endeigenschaften notwendigen Filmbildner und Additive.

Die Fertigung über Pasten als Zwischenprodukte erlaubt eine schnelle Produktion. Nachteilig ist jedoch die permanente Bevorratung von einer großen Zahl Farbpasten. Der fertige Lack bleibt dann bis zur Freigabe in den Vorratsmischern, erst dann wird er in Containern oder Dosen bei gleichzeitiger Siebung bzw. Filtration abgefüllt und gelangt so zum Verkauf.

Direktanmahlung
Bei der Herstellung von Grundierungen und Füllern wird häufig wegen der relativ hohen Pigment- und Füllstoffanteile der Fertigprodukte, der geringeren Farbenvielfalt und der überproportional großen Chargen auf eine Pastenproduktion verzichtet. Bei einer solchen Direktanmahlung werden die Rohstoffe in der Zusammensetzung des

Endprodukts vorgemischt und in Dispergiergeräten auf die geforderte Feinheit bzw. Farbstärke dispergiert.

Mischfarbensystem

Beim Mischfarbensystem werden im Gegensatz zu den Pasten keine Farbkonzen-trate, sondern bereits aufgelackte Beschichtungsstoffe hergestellt. Die einzelnen Mischfarben enthalten in der Regel nur ein Pigment. Durch Mischen mehrerer

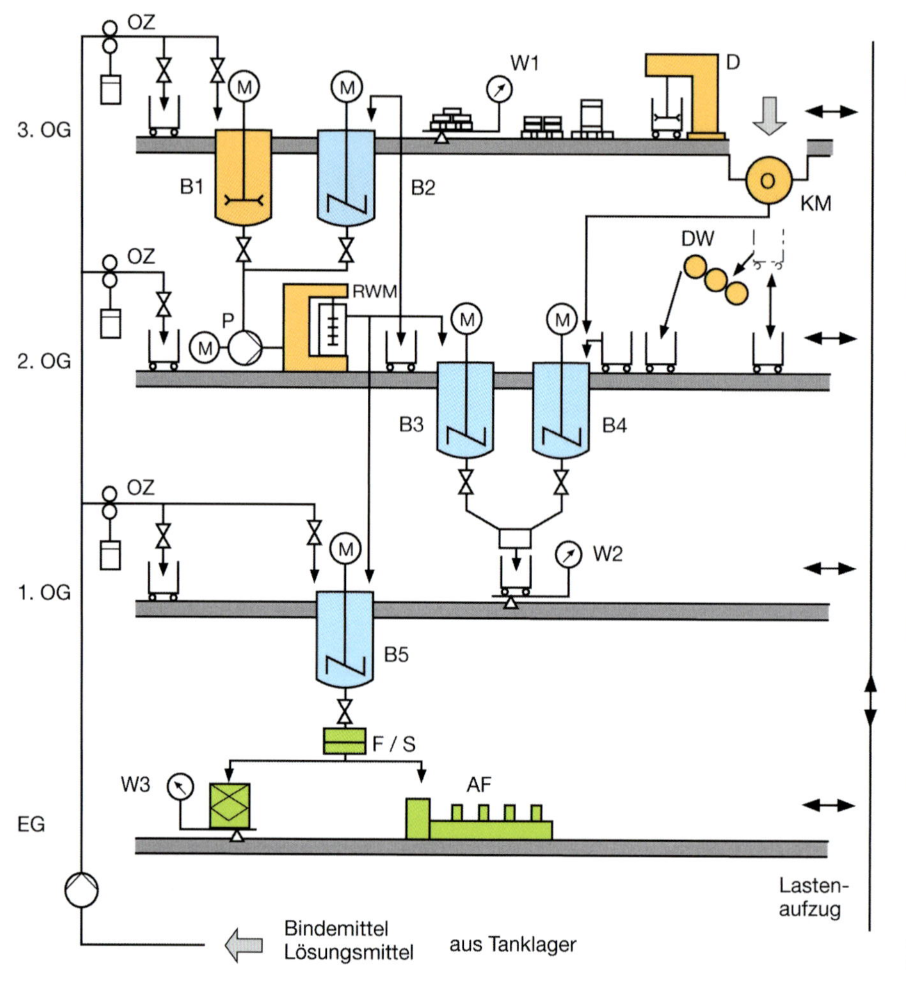

OZ = Ovalradzähler zum Dosieren von Filmbildnerlösungen und Lösemitteln
W 1,2,3 = Bodenwaagen zur gewichtsmäßigen Dosierung von flüssigen, pastösen und festen Einsatzstoffen
B 1–5 = Vor-, Pasten- und Fertigmischer
RWM = Rührwerksmühlen
D = Standdissolver
KM = Kugelmühle
DW = Dreiwalze
P = Pumpe für flüssige und pastöse Einsatzstoffe

Abbildung 2.17: Verfahrensablauf in einer Lackfabrik für Industrielacke

Quelle: BASF Handbuch Lackiertechnik

Mischfarben können nach vorgegebenen Mischrezepturen praktisch alle für die Praxis wichtigen Farbtöne hergestellt werden. Beim Fahrzeuglackieren im Reparaturbereich ist die Verwendung von Mischfarbensystemen üblich.

Bei der Lackherstellung kann bei der Nichtbeachtung von Grundregeln die Stabilisierungshülle der Pigmente zerstört werden. So sind beim Auflacken aus Farbpasten und generell beim Verdünnen zu große Konzentrationsunterschiede zu vermeiden. Eine Flokkulation der nicht stabilisierten Pigmentteilchen ist die Folge.

2.6.3.2 Herstellung von Pulverlacken

Die physikochemischen Grundlagen der Pigmentdispergierung von Pulverlacken entsprechen im Wesentlichen denen der Nasslacke. Wegen der unterschiedlichen Konsistenz der Filmbildner sind andere Wege der Pigmentdispergierung zu gehen. Fehlende Lösemittel und der feste Aggregatzustand der Filmbildner zwingen bei der Herstellung pigmentierter Pulverlacke zum Einsatz anderer Dispergiermaschinen. Die Filmbildner bzw. Filmbildnerkombinationen müssen als Feststoffe für eine bessere Vermischung mit den Pigmenten oder Füllstoffen zunächst gemahlen werden. Das Gemenge aus Harz, Pigment und diversen Additiven wird dann im Dispergiergerät für Pulverlacke, einem **heizbaren Extruder**, aufgeschmolzen und als hochviskose Flüssigkeit mit Transportschnecken zum Ausgang des Extruders geführt. Hierbei helfen die sich gleichzeitig drehenden und oszillierenden Schnecken, das Mahlgut zu dispergieren.

Da Pulverlacke häufig reaktive Harzmischungen enthalten, sollte die Temperatur der Schmelze nicht zu hoch sein, und die Erwärmung das Mahlgut auch nur kurzzeitig belasten. Deshalb wird das dispergierte Mahlgut sofort nach Verlassen des Extruders auf einem **Kühlband** auf Zimmertemperatur abgekühlt und zunächst in grobe Stücke gebrochen. Anschließend erfolgt die Feinzerteilung in entsprechenden Zerkleinerungsmaschinen. Daran schließen sich mehrere **Mahl- und Siebprozesse** an. Dadurch werden zu große und zu kleine Teilchen abgetrennt. Letzteres ist notwendig, um die für die Verarbeitung und Filmbildung beste Korngrößenverteilung zu erhalten. Die durchschnittlichen Teilchengrößen liegen bei 20 µm bis 30 µm. Trotz der

Trennprozesse verbleibt eine relativ hohe Verteilungsbreite. Dadurch wird bei niedrigen Schichtdicken der Verlauf beeinträchtigt.

Auch bei der Herstellung von Pulverlacken in geheizten Extrudern werden in der viskosen Harzschmelze zur Feinverteilung der Pigmente Scherkräfte übertragen.

Ob Pulverlack oder Flüssiglack, in beiden Fällen handelt es sich um Halbfabrikate, die erst nach einer gewissen Lagerzeit in der Regel an einem ganz anderen Ort zur Verarbeitung gelangen. Es ist deshalb von großer Bedeutung, neben den verarbeitungstechnischen, visuellen und mechanisch-technologischen Eigenschaften auch Details über die Lagerstabilität zu kennen. Einzelheiten über die dafür notwendigen Prüfmethoden findet der Leser in Kapitel 7.

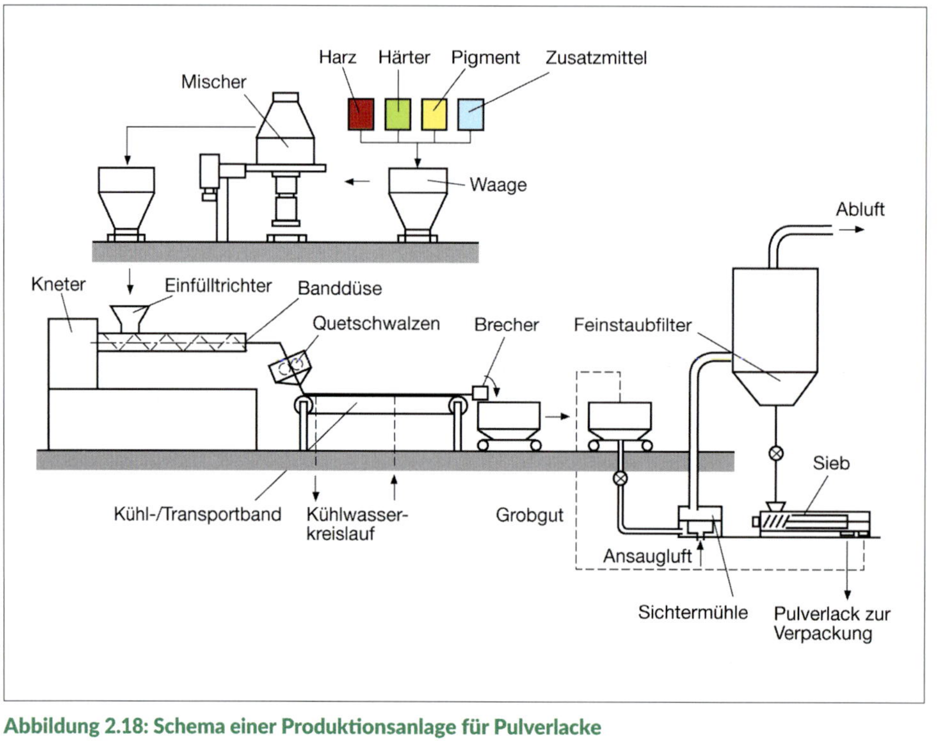

Abbildung 2.18: Schema einer Produktionsanlage für Pulverlacke

Quelle: BASF Handbuch Lackiertechnik

Prüfungsaufgaben

1. Beschreiben Sie mit eigenen Worten, was die Pigmentvolumenkonzentration angibt.
2. Was heißt KPVK?
3. Wie verändern sich die Eigenschaften Glanz, Korrosionsanfälligkeit, Wasserdampfdurchlässigkeit und Deckvermögen nach Überschreitung der KPVK?
4. Warum werden häufig anorganische und organische Pigmente nebeneinander in einem Beschichtungsstoff eingesetzt?
5. Welche Arten von Wasserlacken gibt es? Wie unterscheiden sie sich?
6. Warum erhalten wässrige Dispersionen in der Regel eine kleine Menge an organischen Lösemitteln?
7. Wie stellt man Klarlacke her?
8. Welche Probleme gibt es bei der Herstellung von pigmentierten Beschichtungsstoffen?
9. Was ist der Unterschied zwischen Aggregaten, Agglomeraten und Flokkulaten?
10. Was ist ein Schergefälle?
11. Fertigen Sie eine Tabelle über die im Text aufgeführten Dispergiermaschinen an. Geben Sie zu jeder Maschine Vor- und Nachteile für ihren Einsatz an. Überlegen Sie, wo sich bei den Dispergiermaschinen das Schergefälle zur Zerkleinerung der Agglomerate befindet.
12. Wie lässt sich überprüfen, wie weit der Dispergiervorgang fortgeschritten ist?
13. Welche Pigmentstabilisierungen gibt es?
14. Bei unzureichender Stabilisierung kommt es zur Bildung von Flokkulaten. Aber auch Verarbeitungsfehler bei der Lackherstellung und Verarbeitung können zur Flokkulation führen. Welche sind das? Was passiert?
15. Welche Dispergiermaschinen benutzt man bei der Pulverlackherstellung? Warum ist beim Dispergieren auf die Temperaturführung zu achten?
16. Was ist der Unterschied zwischen Pastensystem, Direktanmahlung und Mischfarbensystem?
17. Berechnen Sie aus der Lackrezeptur (Tabelle 2.8 und 2.9, s. S. 80) jeweils die prozentualen Lösemittel-, Pigment- und Bindemittelanteile der Farbpaste, des Klarlacks zum Auflacken und des fertigen Lacks.
18. Herr Werner arbeitet in der Lackfabrik SoloCoat in Echingen und erhält den Auftrag, eine Schulklasse bei einer Werksführung zu betreuen. Vor der Werksführung möchte er den Verfahrensablauf der Lackherstellung anhand von Abb. 2.17 erklären. Bereiten Sie eine Präsentation vor, in der die Lackherstellung mit Hilfe der Abbildung und anderen Materialien anschaulich dargestellt wird.

Tabelle 2.8: Rezeptur einer Farbpaste

Einzelbestandteile	Menge in %
Betone 34 (Additiv)	3
Ca-Oktoat 10%ig (Additiv in 90% Lösemittel)	0,5
Alftalat C 290 70%ig (Filmbildner in 30% Lösemittel)	29
Butylglycol (Lösemittel)	2
Ester (Lösemittel)	2
Xylol (Lösemittel)	5,5
Titandioxid (Pigment)	58

Tabelle 2.9: Rezeptur des fertigen Lacks

Einzelbestandteile	Menge in %
Farbpaste (Zusammensetzung siehe oben)	52
Alftalat AR 351 60%ig (Filmbildner in 40% Lösemittel)	23,5
Maprenal MF 700 55%ig (Filmbildner in 45% Lösemittel)	19
Butylglycol (Lösemittel)	1
Xylol (Lösemittel)	4,5

Literaturhinweise

[1] H. Römpp, J. Falbe, M. Regitz: „Römpp Lexikon Chemie“, 10. Auflage, Thieme Verlag, Stuttgart (1996)

[2] D. Stoye, W. Freitag (Hrsg.): „Lackharze”, C. Hanser Verlag, München (1996)

[3] H. Kittel: „Lehrbuch der Lacke und Beschichtungen, Band 2“, Hirzel Verlag, Leipzig, S. 204 (1998)

[4] H. Kittel: „Lehrbuch der Lacke und Beschichtungen, Band 3“, Hirzel Verlag, Leipzig, S. 239 (1998)

[5] J. M. Oyarzum: „Handbuch der Pigmentverarbeitung“, Vincentz Verlag, Hannover (1998)

[6] P. Nanetti: „Lackrohstoffkunde“, Vincentz Verlag, Hannover (1997)

3 Lackieruntergründe

Mirko trifft den Autoverkäufer Sven auf dem Weg zur Arbeit. Er trägt den Scheinwerfer eines Lkws unter dem Arm. Mirko nimmt den Scheinwerfer, um ihn genauer zu betrachten.

Mirko: Hey Sven, warum ist der Scheinwerfer denn so leicht, ist die Scheibe etwa aus Kunststoff?

Sven: Ja, die Scheibe ist aus Polycarbonat und damit der Kunststoff nicht verkratzt, wird er mit einem Klarlack überzogen.

Prüfungsaufgabe

1. Überlegen Sie sich weitere Gründe für das Lackieren von Untergründen wie Kunststoff, Metall und Holz.

3.1 Allgemeine Eigenschaften von Werkstoffen

Beschichten ohne Vorbehandlung, das geht nicht oder anders ausgedrückt: Keine Haftfestigkeit ohne Vorbehandlung. Jeder Werkstoff erfordert eine ihm angepasste Vorbehandlung. Diese dient:

→ der Entfernung von Fertigungsrückständen

→ der Entfernung von Transportverunreinigungen und anderen auf der Oberfläche haftenden Rückständen

→ der Vorbereitung der Oberflächenstruktur zur Verankerung der Beschichtung sowie

→ der Aufbringung einer Haftfestigkeit vermittelnden Schicht

Die zu beschichtenden Teile werden durch verschiedene Fertigungsverfahren als Rohteile hergestellt. Diese Verfahren sind vor allem Urformen, Umformen und Trennen oder Fügen. Dabei unterscheiden sie sich in der eingesetzten Werkstoffart, in der Rauheit der Oberfläche, in der Struktur der Oberflächenschicht, in den anhängenden Fremdschichten auf der Oberfläche und durch ihre Oberflächenfehler. Die zu beschichtende Werkstoffoberfläche wird in der Oberflächentechnik als „Sub-strat“ bezeichnet [1, 2].

Werkstoffe sind Arbeitsmittel rein stofflicher Natur, die in Produktionsprozessen der Fertigungstechnik aufgrund ihrer technischen und im Gebrauch verwertbaren Eigenschaften zur Herstellung von Werkstücken verwendet werden. Man unterscheidet im Allgemeinen folgende Werkstoffgruppen:

Metalle

→ Eisenwerkstoffe

- Eisengusswerkstoffe (z. B. Grauguss)
- Stähle (z. B. Baustähle)

→ Nichteisenmetalle

- Leichtmetalle (z. B. Aluminium)
- Schwermetalle (z. B. Kupfer)

Nichtmetalle

→ natürliche Werkstoffe (z. B. Holz)

→ künstliche Werkstoffe

- keramische Stoffe
- Kunststoffe

→ Sonstige

- Halbleiter (z. B. Silizium) und
- Verbundwerkstoffe (z. B. Faserverbundwerkstoffe)

Werkstoffe aus all diesen Werkstoffgruppen können beschichtet werden. Dabei gilt: Geht nicht, gibt's nicht! Denn passt ein Werkstoff nicht zu einem gewünschten Beschichtungsstoff, so beginnt der Lackierverantwortliche schon bei der Vorbehandlung, einen Beschichtungsstoff auszusuchen, der aufgrund der Eigenschaften des Werkstoffes und des Beschichtungsstoffes passt. Deshalb muss der Lackierverantwortliche den Werkstoff mit seinen vorgegebenen Eigenschaften kennen, um das Schichtmaterial passgerecht darauf abstimmen zu können.

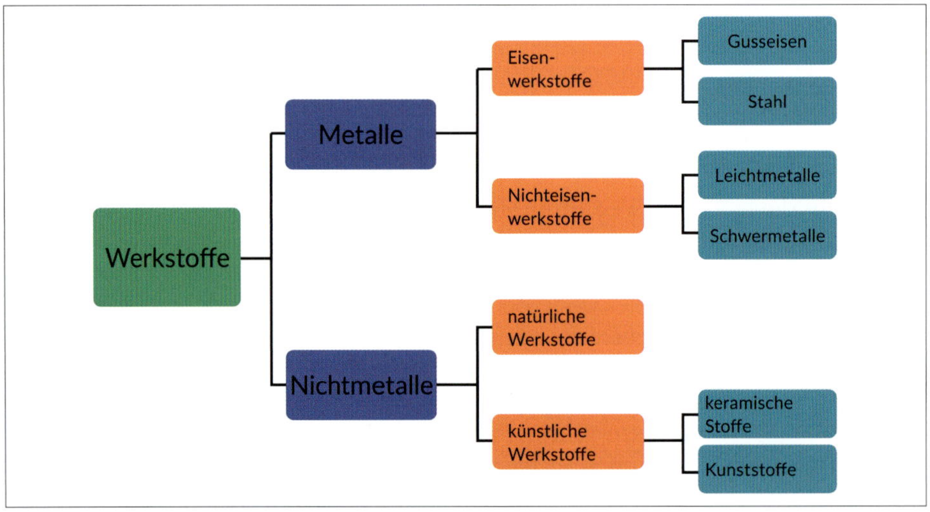

Abbildung 3.1: Einteilung der Werkstoffarten

Werkstoffe sind Arbeitsmittel rein stofflicher Natur, die im Produktionsprozess der Fertigungstechnik aufgrund ihrer technischen und im Gebrauch verwertbaren Eigenschaften zur Herstellung von Werkstücken verwendet werden.

Physikalische Werkstoffeigenschaften
Härte: Widerstand, den ein Werkstoff dem Eindringen eines Prüfkörpers entgegensetzt
Festigkeit: Innerer Widerstand gegen von außen wirkende Kräfte
Elastizität: Wenn ein Stoff nach einer Verformung wieder in seine alte Lage zurückkehrt
Plastizität: Wenn ein Stoff nach einer Verformung in der neuen Form bleibt
Dichte: Ist das Verhältnis von Masse und Volumen eines Körpers
Duktilität: Dehn- bzw. Verformbarkeit von Werkstoffen
Elektrische Leitfähigkeit: Fähigkeit eines Stoffes, elektrischen Strom zu leiten
Schmelzpunkt: Temperatur, bei der ein Werkstoff zu schmelzen beginnt
Wärmekapazität, spezifische: Gibt diejenige Wärmemenge an, die notwendig ist, um ein Kilogramm eines Stoffes um ein Grad Celsius (= ein Kelvin) zu erwärmen
Wärmeausdehnung: Ist die Änderung der geometrischen Abmessungen (Länge, Fläche, Volumen) eines Körpers, hervorgerufen durch eine Veränderung seiner Temperatur

Technologische Werkstoffeigenschaften
Beschichtbarkeit: Wie gut Beschichtungsstoffe auf dem Werkstoff haften.
Klebbarkeit: Wie gut sich verschiedene Stoffe durch eine erhärtende Zwischenschicht stoffschlüssig miteinander verbinden lassen
Lötbarkeit: Wie gut sich verschiedene Stoffe, ohne dass der zu lötende Werkstoff geschmolzen wird, miteinander verbinden lassen
Gießbarkeit: Einsatzfähigkeit eines Werkstoffes zur Herstellung eines Gussstücks
Schmiedbarkeit: Wie gut sich der glühende Werkstoff durch Schlag und Pressen in glühendem Zustand umformen lässt
Spanbarkeit: Wie gut ein Werkstoff sich spanend bearbeiten lässt.
Umformbarkeit: Fähigkeit, unter Einwirkung von Kräften bleibende Formänderung auszuhalten, ohne dass der Stoffzusammenhalt verloren geht

Chemische Eigenschaften
Korrosions- und Alterungsbeständigkeit: Eigenschaft von Stoffen, Witterungseinflüssen ohne Minderung des Gebrauchswertes zu widerstehen
Brennbarkeit: Chemische Eigenschaft von Stoffen, mit Sauerstoff unter Freisetzung von Strahlungsenergie bzw. Wärme zu reagieren

Löslichkeit: Molekulare oder atomare Verteilung eines Stoffes in einen anderen **Säurebeständigkeit:** Ist die Widerstandsfähigkeit gegenüber sauren Einwirkungen, sich nicht nachteilig zu verändern
Laugenbeständigkeit: Ist die Widerstandsfähigkeit gegenüber Einwirkungen von Laugen

Umwelteigenschaften
Recyclingfähigkeit: Wiederverwendbarkeit von Werkstoffen
Umweltgiftigkeit: Ob von Stoffen oder Stoffgemischen Gefahren für die Umwelt ausgehen

Verfahrensauswahl der Vorbehandlung
Die Verfahrensauswahl der Vorbehandlung hängt von verschiedenen Faktoren und den daraus resultierenden Fragen ab:

Nach dem **Werkstoff** des Werkstücks: Wodurch wird er angegriffen oder zerstört? Wie lässt sich seine Oberflächenstruktur verändern?

Nach der **Geometrie** des Werkstücks: Erreicht das Verfahren alle notwendigen Bereiche? Ist die Oberfläche sehr empfindlich? Wie rau ist die Oberfläche und wie rau darf sie werden?

Nach den anhaftenden **Fremdschichten:** Welche **Mengen** und welche **Rückstände** befinden sich auf der Oberfläche?

Nach dem **nachfolgenden** Beschichtungsverfahren: Welches Beschichtungsverfahren wird eingesetzt und wie sauber muss die Oberfläche sein? Welche Oberflächenbeschaffenheit muss nach der Vorbehandlung vorhanden sein? Wie und wodurch kann die Oberflächenqualität bestimmt werden?

Nach der Bedeutung des Verfahrens für die **Umwelt:** Welche Auswirkungen hat das eingesetzte Verfahren auf die Luft, das Wasser oder/und den Abfall? Welche gesetzlichen Regelungen müssen beachtet werden?

Nach den **Kosten** des Verfahrens: Welche grundsätzlichen Kosten fallen an (Investitionen, laufende Kosten und Entsorgungskosten)?

Prüfungsaufgaben

1. Erläutern Sie die folgenden Werkstoffeigenschaften: Elastizität, Plastizität, Dichte, Härte, Spanbarkeit, Korrosionsbeständigkeit und Brennbarkeit.
2. Beschreiben Sie das elastisch-plastische Verformungsverhalten eines Stabstahls, eines Kunststoffstabs aus Thermoplast und eines Stabs aus Vollholz (z. B. Kiefer).
3. Von welchen Faktoren hängt die Auswahl der Vorbehandlung ab? Erklären Sie diese anhand eines von Ihnen ausgewählten Werkstoffes.

3.2 Metalle und ihre Eigenschaften

Von den chemischen Elementen, die es auf der Erde gibt, sind mehr als die Hälfte **Metalle**. Alle Metalle sind unter Normalbedingungen fest, außer Quecksilber. Diese metallischen Werkstoffe teilt man in die Kategorien von Abbildung 3.2 ein. Der Vollständigkeit halber sei darauf hingewiesen, dass es noch weitere metallische Werkstoffe gibt, die als Beschichtungsuntergründe Verwendung finden.

Metalle besitzen im Allgemeinen folgende charakteristische Eigenschaften:

- → elektrische Leitfähigkeit
- → Formbarkeit
- → Festigkeit
- → Wärmeleitfähigkeit
- → Elastizität
- → Sprödigkeit
- → Zerspanbarkeit und
- → Oberflächenglanz

Für den Beschichter sind von den Werkstoffeigenschaften im Wesentlichen die Oberflächenzustände und das Korrosionsverhalten von Interesse.

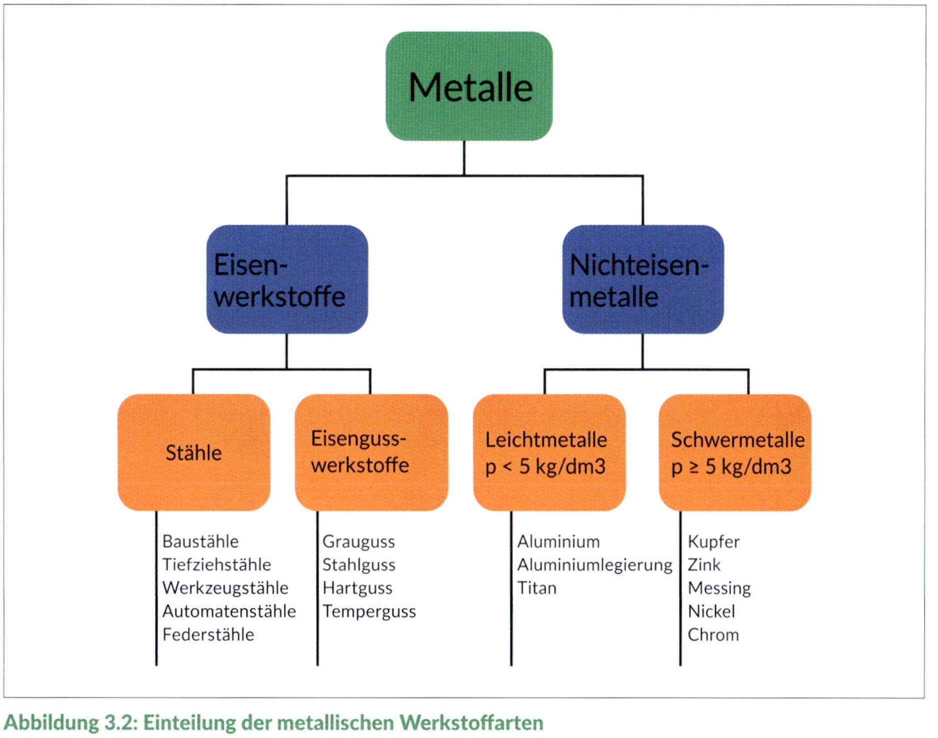

Abbildung 3.2: Einteilung der metallischen Werkstoffarten

3.2.1 Eisenmetalle

In der Natur kommt Eisen fast ausschließlich als Eisenerz vor. Dieses muss zerkleinert, von mineralischen Fremdstoffen, Verunreinigungen und anderen Beimengungen befreit und dann im Hochofen durch Reduktion in Roheisen umgewandelt werden. Dabei unterscheidet man in siliziumarmes weißes Roheisen (Stahlroheisen), in dem der Kohlenstoff an Eisenkarbid [3] chemisch gebunden vorliegt und siliziumreiches graues Roheisen mit elementarem Kohlenstoff, überwiegend in Form von Graphit [3], das meistens zu Gusseisen verarbeitet wird. Ihre endgültige Form erhalten die geschmolzenen Eisenmetalle durch Gießen in Formen und durch Walzen zu Profilen oder Blechen.

Eisenmetalle werden in Stahl und Gusseisenwerkstoffe eingeteilt:

Stahl
Als **Stahl** wird ein Werkstoff bezeichnet, bei dem der Masseanteil an Eisen größer ist als das jeden anderen Elements, und der weniger als 2% Kohlenstoff aufweist. Stähle können nach ihrer chemischen Zusammensetzung in die Hauptgruppen **unlegierte Stähle** und **legierte Stähle** eingeteilt werden. Ebenso kann eine Einteilung nach Hauptgüteklassen in Grundstähle, unlegierte Qualitätsstähle, unlegierte Edelstähle, legierte Qualitätsstähle und legierte Edelstähle erfolgen [4].

Gusseisen
Als **Gusseisenwerkstoffe** werden alle eisenhaltigen Legierungen mit einem Kohlenstoffgehalt von mindestens 2% bezeichnet. Gusseisenwerkstoffe werden unter anderem in folgenden Formen hergestellt: Strangguss (größere Längen mit beliebigen Querschnitten), Kokillenguss (in Metallform gegossene Gussstücke) und Formguss (in nach Modellen gebaute Formen gegossene Gussstücke). Gusseisen lässt sich in genormte Gusseisenarten gliedern: Gusseisen mit Lamellengraphit (Grauguss), Kugelgraphitguss (Sphäroguss), Temperguss sowie Hartguss.

3.2.2 Nichteisenmetalle

Nichteisenmetalle sind alle reinen Metalle mit Ausnahme des Eisens und seiner **Legierungen**. Sie sind bei hohem Reinheitsgrad sehr weich und von geringer Festigkeit. Diese Eigenschaften werden durch Legierungen erheblich verbessert. NE-Metalle werden nach ihrer Dichte in zwei Gruppen eingeteilt: Leichtmetalle und Schwermetalle. Die Grenze zwischen Leicht- und Schwermetallen liegt bei einer Dichte p von 5 kg/dm³. Leichtmetalle sind z.B. Magnesium, Aluminium und Titan. Schwermetalle sind Buntmetalle (Kupfer, Zink), Weißmetalle (Blei, Zinn), Edelmetalle (Silber, Gold, Platin) und Legierungsmetalle (Chrom, Kobalt).

i Metalle sind Werkstoffe mit bestimmten Eigenschaften und werden in Eisenmetalle und Nichteisenmetalle unterschieden.

3.2.3 Legierungen

Legierungen sind im Schmelzfluss gewonnene Stoffe aus mindestens zwei Komponenten (z.B. Messing, Bronze). Dabei muss mindestens eine Komponente ein Metall sein. Durch Legierungen können neben den physikalischen Eigenschaften die Bearbeitbarkeit, die Korrosionsbeständigkeit und das farbliche Aussehen beeinflusst werden.

3.2.4 Vorbehandlung von Metalloberflächen

Die **Vorbehandlung** von Metallen dient der Entfernung von Verunreinigungen auf der Oberfläche oder dem Abtragen des Oberflächenbereiches mit zerstörender Struktur (siehe Kapitel 3.2.4.1. Physikalische Vorbehandlungsverfahren), um eine Haftfestigkeit der Beschichtung zu ermöglichen.

→ Die Vorbehandlungsverfahren für Metalle sind:

→ physikalische Vorbehandlungsverfahren

→ physiko chemische Vorbehandlungsverfahren

→ elektrochemische Vorbehandlungsverfahren

3.2.4.1 Physikalische Vorbehandlungsverfahren

Mechanische Vorbehandlungsverfahren sind Trennverfahren, die die Oberfläche bis zu einer bestimmten Tiefe mit Hilfe eines Werkzeugs (z.B. Schleifkorn) abtragen. Durch die verschiedenen Herstellungsverfahren eines Rohteils bleiben auf der Oberfläche Unebenheiten, Riefen, Kratzer, Grate u.a.m. zurück. Diese müssen zu einer definierten Ausgangsoberfläche bearbeitet werden. Die Qualität der Ausgangsoberfläche bestimmt den Umfang der Arbeiten, um eine beschichtungsgerechte Oberfläche zu erhalten. Dabei sind die Forderungen des Umweltschutzes und des Arbeitsschutzes zu beachten. Zu den mechanischen Vorbehandlungsverfahren zählen:

→ Schleifen

→ Strahlen

→ Bürsten

→ Polieren

Schleifen

Das Schleifen ist ein Bearbeitungsverfahren (Trennverfahren), das mit geometrisch unbestimmter Schneide arbeitet, d.h. jedes Korn auf einem Schleifmittelträger hat dabei eine ganz bestimmte Schneidengeometrie. Beim Schleifen sind viele Schleifmittelkörner gleichzeitig im Einsatz und tragen so Späne von der Oberfläche ab. Die Schleifkörner sind auf harten Unterlagen befestigt (starr auf Schleifband oder Schleifscheibe), als Schleifpaste (loses Korn), in Öl (loses Korn) oder nur als loses Korn ohne Bindung im Einsatz. Mittlerweile gibt es Schleifgitter, bei denen die Schleifkörner auf einer Gitterstruktur befestigt sind, sodass der Schleifstaub beim Schleifen von lackierten Oberflächen während des Prozesses großflächig abgesaugt werden kann. Die Schleifmittel sind harte und scharfkantige Körner mit verschiedener Größe und verschiedenen Substanzen. Sie müssen härter als der zu bearbeitende Werkstoff sein. Die Härteeinteilung der Schleifmittel erfolgt nach der Mohs'schen Skala. Diese wurde entwickelt, um die Härte gefundener Minerale bestimmen zu können. Sie beginnt mit Talk als weichstes bis zum Diamanten als härtestes Mineral. Dabei ritzt das Mineral mit der höheren Härte alle, die eine geringere Härte besitzen.

Für aufeinander folgende Arbeitsgänge werden verschiedene Schleifmittel eingesetzt, die sich in ihrer Korngröße unterscheiden. Dabei nimmt die Feinheit des Schleifmittels mit steigender Kennzahl zu, d.h. eine Schleifkennzahl von 3000 weist auf eine feinere Körnung hin als das Schleifmittel mit der Kennzahl 1200.

Beim Schleifen beginnt man mit dem Grobschliff, um grobe Verunreinigungen und Unebenheiten zu beseitigen und eine einheitliche Ausgangsrauheit zu schaffen. Bei den aufeinander folgenden Zwischenstufen muss man die Korngröße so wählen, dass die nachfolgenden Stufen die Rauheiten der vorherigen ausschleifen. Beim Feinschliff (letzter Schleifgang) sind die Körner so zu wählen, dass bei Bedarf die erzeugten Schleifriefen durch nachfolgendes Bürsten, Vorpolieren und Polieren eingeebnet werden. Außer den Materialeigenschaften des Schleifkorns, wie seine Härte und Korngröße, gibt es noch weitere Faktoren, die zum Erfolg einer Bearbeitung durch Schleifen beitragen. Da sind zum Beispiel die Kornform (spitz oder in Blockform), die Art der Schleifmaschine (Handschleifmaschine oder stationäre Schleifmaschine) und die Wahl der einzustellenden Maschinenparameter (Arbeitsgeschwindigkeit oder Laufrichtung) zu nennen.

Strahlen

Das Strahlen ist eine mechanische Oberflächenbehandlung zum Reinigen, zum Entfernen von Rost, zum Entgraten, zum Entzundern oder zum Entfernen alter Beschichtungen. Hierbei werden Strahlmittel mit hoher Geschwindigkeit auf bzw. über die Werkstoffoberfläche geleitet, um zum Beispiel eine Aufrauung herbeizuführen, die die Haftfestigkeit der folgenden Beschichtung steigert. Gleichzeitig erfährt das Strahlmittel Veränderungen, denn durch seine Auftreffenergie auf das Werkstück oder in Strahlanlagen an den Schleuderrädern wird das Strahlmittel plastisch verformt oder es zerbricht. Für den Erfolg des Strahlens ist die richtige Auswahl des Strahlmittels mit entscheidend [5]. Das einfachste Strahlmittel ist unter hohem Druck stehendes Wasser, zum Beispiel bei der Entlackung von Gitterrosten aus Lackierkabinen mit Wasser; Hochdruckreinigung, Höchstdruckreinigung. Organische Stoffe, die der Druckluft zugesetzt werden, z. B. Nussschalen, Maisschrot oder Kunststoffstrahlmittel, verändern kaum die Oberfläche, bewirken aber eine sanfte Reinigung. Andere Strahlmittel, die dem Wasser oder der Druckluft zugesetzt werden, kann man in metallische (z. B. Hartguss, Steel-Shot oder Stahlkies) und in mineralische (z. B. Edelkorund, Glasperlen oder Keramikkugeln) Stoffe einteilen. Die Strahlmittel werden nicht nur nach ihrer Werkstoffart unterschieden, sondern auch nach den Formen: rund, kantig, scharfkantig (Schrot, Kies, zylindrisch) und der Größe. Das jeweilige Strahlmittel wählt man nach dem Zweck des Strahlens, der Werkstückart, dem Material des Werkstücks und der Werkstückgröße aus. Auch die spätere Beschichtung sowie die Schichtdicke der späteren Beschichtung spielen eine Rolle, da zum Beispiel bei zu grobem Strahlmittel in der Oberflächenrauigkeit Spitzen im Substrat entstehen, die durch die Lackschicht hindurchragen [1].

Anlagentechnisch unterschieden werden muss beim Strahlen in Druckstrahlanlagen, Injektorstrahlanlagen oder Schleuderradanlagen. Das Strahlen kann je nach Anwendungszweck per Hand in Strahlkabinen und Freistrahlhallen oder automatisch, zum Beispiel in Schleuderradanlagen oder Durchlaufstrahlanlagen, erfolgen.

Bürsten

Das Bürsten ist mit dem Schleifen eng verwandt [5]. Je nach Art des Schleifmittels und der Bürstenkonstruktion sowie des Andrucks werden mehr oder weniger starke Veränderungen des Rauheitsprofils herbeigeführt [1], um zum Beispiel Korrosionsprodukte auf Werkstückoberflächen zu entfernen. Bei stark profilierten Werkstücken passt sich die Bürste besser an die Form an als Schleifscheiben. Als Schleifmittel wird Schleifpaste verwendet. Sie dient beim Übergang vom Bürsten zum Vorpolieren dem Entfernen kleiner Schleifriefen. Als Schleifmittelträger werden Sisal-, Stahldraht- und Messingdrahtbürsten eingesetzt (siehe Unterpunkt „Schleifen").

Polieren

Durch das Polieren soll die Oberfläche eingeebnet werden. Dabei wird kein oder nur sehr wenig Material abgetragen. Die noch verbleibenden Bürstenstriche werden vollständig ausgeglichen. Die beim Polieren auftretende Wärme dient als Unterstützung zur Einebnung der Oberfläche. Dabei ist darauf zu achten, dass der Schmierfilm der Polierpaste zwischen Polierscheibe und Werkstück nicht abreißt. Als Poliermittel werden Polierscheiben aus unterschiedlichen Werkstoffen wie weicher Filz, Naturseide oder Flanell eingesetzt. Diese sind in Falten gelegt, gesteppt oder ungesteppt. Dadurch wird eine bessere Haftfestigkeit der Polierpaste erreicht.

3.2.4.2 Physiko-chemische Vorbehandlungsverfahren

Chemische Vorbehandlungsverfahren werden eingesetzt, um verschiedene Fremdschichten, die auf dem Substrat haften, zu entfernen. Diese Fremdschichten sind vor allem Rückstände wie Fette, Öle, Schmiermittel und Oxidschichten. Reiniger und Verfahren werden heute außer im Hinblick auf ihre Reinigungswirkung auch mit der eventuell verbundenen Umweltbelastung und möglichen Gesundheitsgefährdungen betrachtet und bewertet [5].

→ Für die Auswahl des Reinigers sind folgende Faktoren wichtig:

→ Werkstoffart und ihre Geometrie

→ Verschmutzungsart der anhaftenden Schicht

→ Reinigungsziel

→ Anforderung an die Oberfläche für Folgeprozesse

→ Anwendungsverfahren

→ Umweltrelevanz

Die typischen Anwendungsverfahren für eine Vorbehandlung zum Entfetten und Beizen sind:

→ Tauchen (Tauchentfetten)

→ Spritzreinigen (Spritzentfetten)

→ Ultraschallreinigung

Beim **Tauchentfetten** werden die Werkstücke unter Zuhilfenahme von Gestellen, Gehängen oder Körben in die Reinigungslösung (Entfettungslösung) gebracht. Hierbei wird die geringste Reinigungswirkung erzielt. Das Tauchen dient vor allem der Vorreinigung. Durch zusätzliche Bewegungen des Bauteils oder Umwälzen der Lösung lässt sich der Reinigungseffekt deutlich erhöhen.

Beim Spritzentfetten wird auf die zu bearbeitenden Teile durch Spritzen eine Reinigungslösung aufgebracht. Der Druck der auftretenden Spritzstrahlen erzeugt eine zusätzliche mechanische Unterstützung der Reinigungswirkung. Die abgespülten Verunreinigungen können gefiltert und aus dem Kreislauf entfernt werden.

Die Ultraschallreinigung ist eine Form der Tauchreinigung, wobei die Bewegung des Reinigungsmediums durch Schwingungen von Ultraschallgebern erzeugt wird. Durch das Auftreffen eines Wellenbergs auf die Werkstoffoberfläche entsteht ein Druck, der reinigungstechnisch ohne Wirkung ist. Erst das danach folgende Wellental erzeugt eine Kavität (Hohlraumbildung; Dampfblasenbildung im Reinigungsmedium, wobei die Flüssigkeit förmlich „zerreißt"), die durch die freiwerdende Energie zum Ablösen der Verunreinigung führt.

Entfetten
Den meisten Werkstücken haften Fette, Öle, Staub, Schleifmittel etc. an. Sie sind ein Hindernis für die Haftfestigkeit von Beschichtungen aller Art. Eine manuelle Entfettung, wie zum Beispiel das Abwischen mit Verdünnung oder Aceton ist sicher hinsichtlich der Qualität und der Reproduzierbarkeit nicht akzeptabel. Außerdem besteht eine hohe Gesundheitsgefahr und es kann schlecht beurteilt werden, ob die Oberfläche ausreichend gereinigt ist oder nicht. In der Vergangenheit wurden zur Reinigung und Entfettung lösemittelhaltige Systeme verwendet, und das mit sehr guten Reinigungsergebnissen. Sie sind aber aus Umwelt- und Arbeitsschutzgründen nur noch sehr eingeschränkt und mit strengen Auflagen einsetzbar. Als ökologisch vertretbare Methode hat sich die Reinigung und Entfettung in wässrigen Reinigungsmittellösungen (alkalisch, sauer oder neutral) bewährt. Der Reinigungsmechanismus findet in mehreren Schritten statt, die im Folgenden vereinfacht erläutert werden: Zuerst diffundieren die Tenside in die zu lösende Schicht. Die Verunreinigungen werden umspannt, ziehen sich zu Tröpfchen zusammen und rollen von der Oberfläche ab oder werden abgeschwemmt. Im zweiten Schritt wird nun die zurückgebliebene Verunreinigung über Verdrängungsvorgänge entfernt. Nun ist die Werkstoffoberfläche hydrophil (Wasser aufnehmend) und wird von der wässrigen Lösung benetzt, sodass die anderen Inhaltsstoffe des Reinigers ihre Aufgabe erfüllen können [6]. Der Aufbau wässriger Reiniger besteht aus anorganischen Salzen, dem Builder (Erbauer; einer Art Gerüststruktur), Tensiden und – falls erforderlich – Zusätzen wie zum Beispiel Komplexbildnern oder Inhibitoren. Die **Builder** sind Alkalien, sie dienen zur Verseifung von Fetten, besitzen ein hohes Emulgiervermögen und sind leicht abspülbar. Von Alkalien wie zum Beispiel den Alkalihydroxiden (Natrium- und Kaliumhydroxid), werden Bunt- bzw. Leichtmetalle angegriffen. Alkalien sollten daher nur zur Reinigung von Eisen und Stahl verwendet werden. Alkaliborate dagegen greifen Metalle nicht an und unterstützen die Reinigungswirkung.

Tenside bewirken, dass sich zwei nicht miteinander mischbare Flüssigkeiten wie zum Beispiel Öl und Wasser vermengen. Sie bestehen aus einem hydrophilen, wasserlöslichen Molekülteil und einem hydrophoben, wasserunlöslichen Molekülteil. Die hydrophilen Molekülteile werden nach ihrer Ladung in **anionische**, **kationische** und **nichtionische Tenside** unterschieden, wobei die **anionischen Tenside** zu starker Schaumbildung (Seifen) neigen und ein gutes Emulgiervermögen besitzen. Ihre Anwendung finden diese Tenside in Tauchentfettungsbädern.

Kationische Tenside sind zum Beispiel Neutralreinigern als Entschäumungsmittel zugesetzt oder werden zur antibakteriellen Wirkung eingesetzt. Ihre Reinigungswirkung ist nicht sehr gut. **Nichtionische Tenside** sind waschaktive Substanzen, sowohl schaumarm als auch schäumend mit guter Reinigungswirkung. Schaumarme nichtionische Tenside sind für den Einsatz beim Spritzreinigen geeignet. Da die Reiniger mehrere Aufgaben gleichzeitig erfüllen sollen, werden Kombinationen der Tenside eingesetzt.

Komplexbildner werden prozentual in sehr geringem Umfang eingesetzt. Sie helfen, unerwünschte Ausfällungen von Härtebildnern und die damit verbundene Fleckenbildung zu verhindern sowie eine Aktivierung von Metalloberflächen bei der gereinigten Oberfläche zu erzielen. **Inhibitoren** sind Zusatzstoffe, die unerwünschte Reaktionen verschiedener Art verlangsamen oder auch zu verhindern versuchen. Wenn keine starken Fett- oder Ölschichten zu entfernen sind, können **Beizentfetter** eingesetzt werden. Diese bestehen aus Tensiden und Mineralsäuren. Sie arbeiten im sauren Bereich und wirken durch ihren Tensidanteil entfettend und gleichzeitig wie eine Beize. Als Säuren werden vorzugsweise Salz- und Schwefelsäure eingesetzt, manchmal auch Phosphorsäure [6]. Durch das Beizen soll eine metallisch reine Oberfläche als Voraussetzung für eine einwandfreie Haftfestigkeit der aufzubringenden Schicht erreicht werden. **Beizen** beruht chemisch auf der Reaktion von Säuren/Laugen mit Metalloxiden [1]. Dabei werden die auf der Sub-stratoberfläche befindlichen Oxid- und Salzschichten in lösliche Salze überführt und von der Oberfläche entfernt oder in Lösung gebracht. Um auf einer Werkstückoberfläche gleichmäßig beizen zu können, muss das Werkstück vollständig fettfrei sein. Deshalb muss grundsätzlich vor dem Beizen entfettet werden. Je nach dem zu reinigenden Werkstoff sind Beizlösungen sauer oder alkalisch. Die Auswahl der Beizlösung und seiner Anwendungsbedingungen hängt vom Grundwerkstoff und dem Grad der Verunreinigungen ab. Bewährte Säuren für die Reinigung von Metallen wie Stahl sind Schwefelsäure, Salzsäure und Phosphorsäure. Für die alkalische Reinigung von Werkstoffen wie Aluminium hat sich Natronlauge bewährt. Zur Beizbehandlung werden dann die Werkstoffe in die Beizlösungen getaucht. Dabei sind die jeweiligen Anwendungsbedingungen wie Temperatur, Beizzeit und die jeweilige Konzentration der Beizmittel für das zu beizende Substrat zu beachten. Die durch den Beizangriff hervorgerufene Wasserstoffbildung und die damit verbundene Versprödung des Metalls kann durch Inhibitoren beherrscht werden [1].

3.2.4.3 Elektrochemische Vorbehandlungsverfahren

Elektrochemische Vorbehandlungsverfahren sind Verfahren, die durch den elektrischen Strom unterstützt werden. Das heißt, neben den Behandlungsmedien und dem Wasser muss jedem Werkstück Strom zugeführt werden. Die Zuführung geschieht dabei über metallische Gestelle. Der Strom ist Gleichstrom mit einer bestimmten niedrigen Spannung, der durch einen Gleichrichter aus dem Netzstrom erzeugt wird und so lange ungefährlich ist, wie kein Kurzschluss auftritt. Sollte es zu einem Kurzschluss kommen, werden die Anlagen bei einer Havarie automatisch abgestellt. Die elektrochemische Vorbehandlung kann oxidativ oder reduktiv unterstützt werden. Bei der oxidativen Unterstützung wird das Werkstück anodisch geschaltet und es erfolgt ein Metallabtrag. Das Werkstück wird elektrochemisch gebeizt oder geätzt. Die reduktive Unterstützung erfolgt durch eine kathodische Schaltung. Dabei werden die Oberflächenbeläge reduziert oder durch den gebildeten Wasserstoff abgesprengt.

Vorbehandlungsverfahren von Metalloberflächen werden in physikalische und chemische Verfahren unterteilt. Die Untergründe müssen von allen anhaftenden Verunreinigungen befreit werden, welche die Beschichtungsanhaftung beeinträchtigen können.

Prüfungsaufgaben

1. Warum werden Stähle legiert?
2. Was versteht man unter Korrosion?
3. Welche Grundvoraussetzungen müssen für eine haltbare Schutzschicht geschaffen werden?
4. Welche Aussage kann man treffen, wenn bei der Benetzungsprobe Wassertropfen von einer Metalloberfläche abperlen?
5. Mit welchen Mitteln kann man Ölrückstände von einer Metalloberfläche entfernen?

3.3 Kunststoffe

3.3.1 Kunststoff und seine Eigenschaften

Kunststoffe sind synthetisch erzeugte, organische Werkstoffe, die aus Rohstoffen, z. B. Erdgas, Erdöl und Kohle, durch chemische Umwandlung (Synthese) hergestellt werden. Sie werden als organische Stoffe bezeichnet, weil sie aus Verbindungen des Grundstoffes Kohlenstoff bestehen. Typische **Eigenschaften** eines Kunststoffes sind die geringe Dichte, die Härte, seine Elastizität, seine Witterungsbeständigkeit, seine glatte Oberfläche, die Formbarkeit und die Bearbeitbarkeit. Kunststoffe besitzen aber auch Eigenschaften, die ihre Einsetzbarkeit begrenzen. So ist gegenüber anderen Materialien wie Metallen eine geringere Wärmebeständigkeit vorhanden. Sie sind zum Teil brennbar und zum Teil unbeständig gegen Lösemittel. Durch die Auswahl des Ausgangsmaterials, des Herstellungsverfahrens und den Beimischungen von Zusatzstoffen lassen sich technische Eigenschaften von Kunststoffen wie Formbarkeit, Härte, Elastizität, Bruchfestigkeit und chemische Beständigkeit variieren. Diese Formmassen aus Kunststoff werden dann zu Formteilen weiterverarbeitet. Kunststoffe werden im Allgemeinen in folgende drei Gruppen eingeteilt:

→ Thermoplaste

→ Duroplaste und

→ Elastomere

Thermoplaste sind fadenförmige Makromoleküle, die keine gegenseitigen Vernetzungsstellen besitzen, sondern ineinander verschlungen sind. Typische Eigenschaften für Thermoplaste sind Schweißbarkeit und Schmelzbarkeit. Sie können mehrmals umgeformt und verformt sowie in verschiedenen Verfahren verarbeitet werden. Nachdem das jeweilige Werkstück abgekühlt ist, behält es seine Form. Dieser Prozess ist reversibel (wiederholbar). Die meisten heute verwendeten Kunststoffe fallen unter diese Gruppe. Für einfache Konsumwaren und Verpackungen werden häufig Polypropylen (PP), Polyethylen (PE) und Polystyrol (PS) eingesetzt. Technische Teile werden meistens aus Polyamid (PA) oder Polycarbonat (PC) gefertigt.

Duroplaste sind Kunststoffe, deren Makromoleküle sich bei der Verarbeitung räumlich eng vernetzen. Diese Vernetzung erfolgt chemisch zwischen den Molekülen der Ausgangsmaterialien. Dieser Vorgang ist nicht umkehrbar. Sobald ein derartiges Werkstück vernetzt ist, kann es nur noch mechanisch bearbeitet werden. Duroplaste sind nicht schmelzbar, nicht schweißbar und können nur einmal verformt werden. Meist sind sie hart und spröde. In diese Gruppe fallen alle Kunstharze wie beispielsweise Epoxide (EP).

Elastomere sind weitmaschig vernetzt und daher flexibel, zum Beispiel Naturkautschuk (NR). Elastomere werden beim Erwärmen nicht weich und sind in den meisten Lösemitteln nicht löslich (z. B. Chemikalienhandschuhe).

Kunststoffe werden in Thermoplaste, Duroplaste und Elastomere eingeteilt.

3.3.2 Vorbehandlung von Kunststoffoberflächen

Um Kunststoffe typgerecht vorbehandeln zu können, muss man u.a. die chemische Zusammensetzung, die verwendeten Prozesshilfsstoffe, beigemischte Bestandteile sowie physikalische und chemische Eigenschaften der Kunststoffe kennen. Beim **Beschichtungsprozess** von Kunststoffen kann es neben Störungen der Oberfläche (Lunker, Poren) zu Problemen kommen, deren Ursache im chemischen Aufbau des

Substrats (austretbare Inhalts- und Prozesshilfsstoffe) und bei den Teilherstellprozessen liegen können. Um eine ausreichende Haftfestigkeit der Beschichtung auf einer Kunststoffoberfläche zu erzielen, müssen physikalische (Aufrauen der Oberfläche) oder bei besonders kritischen Untergründen chemische Methoden angewendet werden. Bei Anwendung dieser Verfahren wird die Oberfläche des Kunststoffes in den ersten Molekularschichten verändert und ihre Polarität erhöht.

Herstellungsbedingte Oberflächendefekte wie Lunker, Poren oder Blasen werden schonend geschliffen oder gestrahlt. Der beim Schleif- bzw. Strahlabtrag entstehende Werkstoffabtrag ist dabei abhängig von:

- → der Elastizität und Härte des Kunststoffes
- → dem eingesetzten Schleif- bzw. Strahlmittel
- → den Schleif- bzw. Strahlmaschinenparametern
- → dem verwendeten Schleifwerkzeug und der Schleifunterlage
- → der dabei auf der Oberfläche entstehenden Temperatur

Während sich beim Schleifen von Metallen scharfe Späne und damit glatte Ränder bilden, entstehen bei Kunststoffen zerklüftete Oberflächen und je nach Bearbeitungstemperatur plastische Deformationen. Daher ist es wichtig, dass beim Schleifen die Erweichungstemperatur des Kunststoffes nicht erreicht wird. Das schnelle Zusetzen der Schleifmittel kann durch die Verwendung aufgelockerter Schleifkornstreuung und Schleifkornabsaugung sowie dem eingesetzten Arbeitsverfahren beeinflusst werden. Die beim Strahlverfahren zu berücksichtigenden Parameter wie Kornart, Kornform, Kornhärte und Auftreffenergie sind auf jeden Kunststofftyp speziell abzustimmen. Schleifen und Strahlen sind Bearbeitungsverfahren, die mit hohen mechanischen und damit teilweise auftretenden hohen thermischen Belastungen verbunden sind. Alle mechanischen Bearbeitungen sind daher mit möglichst geringem Abtrag der Werkstückaußenhaut durchzuführen. Zur Egalisierung von Vertiefungen und zum Ausgleich von Unebenheiten wird gespachtelt und angeschliffen.

Dadurch erhält die vorhandene und gespachtelte Oberfläche eine Aufrauung, die sich auf die nachfolgenden Bearbeitungsschritte positiv auswirkt. Das Reinigen von Kunststoffoberflächen, inklusive der durch die Herstellung der Teile enthaltenen und anhaftenden Trennmittel, geschieht durch das Reinigen mit Lösemitteln in Spritz- und Tauchverfahren oder wie bei den Metallen mittels wässriger Reinigungslösungen, dem Spülen mit vollentsalztem Wasser (VE-Wasser) und dem anschließenden Trocknen. Bestimmte Kunststoffe müssen vorher oder sogar zwischenzeitlich getempert werden. Getempert wird, um herstellungsbedingte Spannungen im Kunststoff abzubauen und so bei Einwirkung von organischen Lösemitteln bzw. Lacken eine Rissbildung zu vermeiden. Beim Tempern werden die Teile bis auf eine der Kunststoffart angepasste Temperatur erwärmt. Durch langsames Abkühlen können die Spannungen im Inneren des Kunststoffes abgebaut werden. Des Weiteren werden durch das Tempern Reste von Gasen bzw. Treibmitteln ausgetrieben, um eine spätere Enthaftung bzw. Blasenbildung bei der Trocknung im Ofen zu vermeiden.

Andere Verfahren zur Oberflächenbehandlung einer Kunststoffoberfläche sind:

→ Beflammen

→ Koronabehandlung

→ Plasmabehandlung und

→ Behandlung mit Fluor

Beim **Beflammen** wird mit Hilfe einer Flamme kontinuierlich, in einem bestimmt definierten Abstand, mit einer bestimmt vorgegebenen Zeit über eine Kunststoffoberfläche gefahren. Die Oberfläche wird oxidiert und dadurch polarer, das heißt, die Oberflächenspannung wird erhöht.

Die **Koronabehandlung** basiert auf einer Gasentladung (Glimmentladung), die von Elektroden mit Wechselspannung erzeugt wird und im Niederdruckverfahren ionisierte Teilchen erzeugt, um so die Oberfläche polarer zu machen.

Bei der **Plasmabehandlung** wird die Kunststoffoberfläche (ebenfalls im Niederdruckverfahren) in einer Vakuumkammer einem Prozess ausgesetzt, der ionisierte Teilchen enthält. Sie spalten beim Auftreffen auf die Oberfläche chemische Bindungen und erzeugen Radikalstellen. Das Plasma selbst ist ein Gas, das neben neutralen Molekülen und Atomen aus diesen Teilchen entstandene positive und negative Ionen enthält.

Die **Fluorierung** erfolgt ebenfalls in einer Vakuumkammer, in die eine definierte Konzentration eines Fluor-Stickstoffgemisches eingeleitet wird, das dann eine kurze Zeit auf das Kunststoffteil einwirkt. Bei dieser Methode werden Fluorionen in die Kunststoffoberfläche eingebaut, wodurch eine Polarisierung der Oberfläche stattfindet.

Um Kunststoffe typgerecht vorbehandeln zu können, muss man wichtige Parameter und Eigenschaften des zu bearbeitenden Kunststoffes kennen, um so das richtige Vorbehandlungsverfahren auszuwählen.

Prüfungsaufgaben

1. Nennen Sie Gründe, warum Kunststoffe vorbehandelt werden müssen.
2. Welche Kunststoffgruppen kann man unterscheiden? Wodurch unterscheiden sie sich voneinander? Nennen und beschreiben Sie zu jeder Gruppe zwei Kunststoffe.
3. Warum sollte man vor einer Vorbehandlung die Art eines Kunststoffes feststellen? Begründen Sie Ihre Aussage!
4. Wodurch lässt sich die Haftfestigkeit auf Kunststoffoberflächen verbessern?

3.4 Holz und Holzwerkstoffe

3.4.1 Holz (Vollholz) und seine Eigenschaften

Holz zählt zu den ältesten genutzten Rohstoffen als Bau- und Konstruktionswerkstoff und besteht im Wesentlichen aus 40 bis 50% Cellulose, aus 20 bis 30% Lignin, aus 15 bis 25% Holzpolyosen und in Mengen von ca. 5% kommen Harze, Öle, Wachse, Farbstoffe, Gerbstoffe und anorganische Säuren vor. Holz ist ein poröser, hygroskopischer Werkstoff, der in Abhängigkeit von der umgebenden relativen Luftfeuchte Wasser auf- oder abgeben kann. Dabei schwindet es bei Wasserabgabe, und bei der Aufnahme von Wasser quillt es. Quellung und Schwinden sind in den drei Hauptachsen longitudinal (in Faserrichtung), radial (in Richtung der Holzstrahlen) und tangential (in Richtung der Jahrringe) unterschiedlich. Somit ist Holz ein anisotroper Werkstoff. Das heißt, Holz besitzt die Fähigkeit, unter gleichen Bedingungen verschiedene Wachstumsrichtungen anzunehmen. Weiterhin zeigt Vollholz einen inhomogenen (nicht gleichen) Aufbau. Es gibt Früh- und Spätholzzonen, Zuwachszonen, Kern- und Splintholz sowie Wuchsanomalien.

Allgemeine Eigenschaften von Holz sind:

- → Textur und Farbe
- → Dichte und Rohdichte
- → Festigkeiten (Zug-, Druck-, Scher-, Torrosions-, Biegefestigkeit)
- → Härte und Widerstand gegen Abrieb
- → Plastizität
- → Elastizität
- → Biegsamkeit
- → Leit- und Dämmfähigkeit
- → Arbeiten des Holzes (Holzfeuchte)

3.4.2 Holzprodukte und Holzwerkstoffe

Holzwerkstoffe kann man am einfachsten anhand des Herstellungsprozesses unterscheiden (Tabelle 3.1)

Holzwerkstoffe sind standardisierte Produkte mit berechenbaren mechanischen Eigenschaften. Sie setzen sich zusammen aus Holzlagen unterschiedlicher Stärke, Holzstreifen, Holzspänen oder Holzfasern verschiedener Hölzer mit natürlichen und/oder synthetischen Bindemitteln und ggf. unter Zugabe weiterer Additive (zum Beispiel Hydrophobierungsmittel) im Zuge einer anschließenden Heißverpressung zu verleimten und verpressten Platten oder Formteilen. Durch die Verwendung von Holzwerkstoffen können die positiven Eigenschaften des Holzes besser genutzt werden. Sie ermöglichen eine industrielle Verarbeitung standardisierter Produkte mit

3.1: Definition der Holzwerkstoffe nach der Herstellung (beispielhaft)

Quelle: Prof. Mantau, Universität Hamburg

Zerlegen	Zwischenprodukt	Zusammensetzen	Halbfertigprodukt
Sägen	Leisten	Kreuzweise verleimen	Stabsperrholz
Schälen Messern	Furniere	Kreuzweise verleimen Schneiden u. kreuzweise verleimen Sternförmig verleimen	Furniersperrholz Stäbchensperrholz Sternholz
Hobeln	Holzwolle	Mineralisch binden und pressen	Holzwolleplatte
Zerspanen	Späne	Beleimen und stopfen Beleimen und pressen Beleimen und Kalanderpressen	Strangpressplatte Flachpressplatte Kalanderspanplatte
Zerfasern	Fasern	Entwässern Pressen Stark pressen	Poröse Faserplatte Mittelharte Faserplatte Harte Faserplatte

berechenbaren mechanischen Eigenschaften. Holzwerkstoffe sind gebräuchlich für die Herstellung von Möbeln und Bauprodukten. In Span- und Holzfaserwerkstoffen werden viele Abfälle aus der Holzindustrie verarbeitet, wie beispielsweise Äste und Späne. Durch die Verwendung von Plattenwerkstoffen und Furnieren können zudem wertvolle Ressourcen (z.B. Tropenhölzer) geschont werden. Sie sind also sehr wirtschaftlich und außerdem meistens wesentlich preisgünstiger als Vollholz. Man unterscheidet nach ihrem Aufbau folgende Arten:

- → Sperrholz oder Lagenholz
- → Verbundplatten
- → Holzspanplatten
- → Holzfaserplatten

3.4.2.1 Sperrholz oder Lagenholz

Als Sperrholz oder Lagenholz bezeichnet man Holzplatten, die aus mehreren übereinander verleimten Furnierlagen bestehen, die jeweils um 90° gedreht aufeinander geklebt sind. Man unterscheidet:

- → Furniersperrholz (FU) besitzt eine hohe Formbeständigkeit durch querverleimte Furniere
- → Kunstharzpressholz (KP) – dieser verdichtete Werkstoff weist besonders hohe Festigkeiten auf, ist hart sowie druck- und abriebfest und Durchschuss hemmend
- → Formlagenholz wird als Sperrholz oder als Schichtholzformteile u.a. im Möbel- und Gehäusebau verwandt, es ist sehr formstabil und hat eine höhere Festigkeit als Vollholz

3.4.2.2 Verbundplatten

Verbundplatten sind Holzwerkstoffplatten, die aus mindestens drei Lagen bestehen. Die Mittellage kann aus Vollholz oder anderen Werkstoffen bestehen. Zu ihnen gehören:

- → Stabsperrholz ST (Tischlerplatte)
- → Stäbchensperrholz STAE
- → Baustabsperrholz BST
- → Baustäbchensperrholz BSTAE

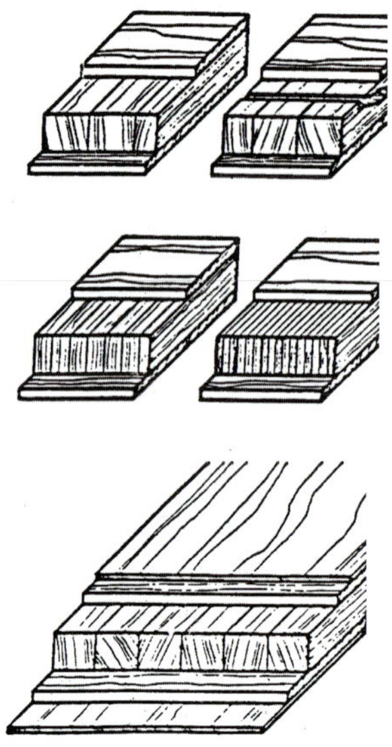

Abbildung 3.3: Tischlerplatten als Holzwerkstück Quelle: BASF Handbuch Lackiertechnik

Sie haben eine geringe Formänderung bei Feuchtewechsel, ein relativ geringes Gewicht im Vergleich zur Spanplatte, eine hohe Biegefestigkeit in Richtung der Mittellage und sind leicht zu bearbeiten. Die Absperrfurniere sind meist Schälfurniere aus Holzarten, die eine möglichst homogene Struktur und eine geringe Quell- und Schwindneigung aufweisen. Das Stäbchensperrholz (STAE), welches in der Mittellage schmale Streifen aus Schälfurnieren bis 8 mm aufweist, hat eine höhere Standfestigkeit und eine feinere Oberfläche als das Stabsperrholz. Baustabsperrholz (BST) und Baustäbchensperrholz (BSTAE) werden mit dickeren Absperrfurnieren aus widerstandsfähigen Holzarten und einer wasserfesten Verleimung hergestellt.

3.4.2.3 Holzspanwerkstoffe

Holzspanwerkstoffe oder Spanplatten werden aus Holzspänen und einem Kunstharzleim mithilfe von Wärme und Druck hergestellt. Als Klebesysteme werden vor allem Systeme aus verschiedenen Kombinationen von Harnstoff-, Melamin- und Phenol-Formaldehyd-Klebstoffen eingesetzt. Die unterschiedlichen Klebstoffe verleihen den Spanplatten unterschiedliche technologische Eigenschaften. Der einfachste und häufigste Typ von Spanplatten (nicht quellbeständig) wird mit einem preisgünstigen Harnstoff-Formaldehyd-Klebstoff, kurz UF-Klebstoff (U für Urea = Harnstoff und F für Formaldehyd) hergestellt. Für quellbeständige Typen werden melaminhaltige Harnstoff-Klebstoffe, kurz MUF-Klebstoffe (M für Melamin), eingesetzt. Man unterscheidet folgende Unterarten:

- → Flachpressplatte
- → Strangpressplatte
- → Spanholzformteile
- → Grobspanplatte OSB (oriented strand board)

Flachpressplatte
Die Flachpressplatte (FPY) und die Flachpressplatte mit besonders feinspaniger Oberfläche (FPO) bestehen aus Holzspänen und einem Klebstoff, wobei die Späne parallel zur Plattenebene liegen. Einschichtplatten bestehen aus einer homogenen Schicht, Dreischicht- und Mehrschichtplatten aus mehreren Schichten, wobei die Mittellage grob und die äußeren Schichten immer feiner werden.

Strangpressplatte
Im Gegensatz zu der Flachpressplatte liegen hier die Späne vorzugsweise rechtwinklig zur Plattenebene. Wegen dieser Querschnittstruktur besitzen sie aber nur eine sehr geringe Biegefestigkeit und werden deshalb fast immer, z. B. mit einem Furnier oder einer Holzfaserplatte, beplankt. Bei Strangpress-Röhrenplatten (SR) befinden sich bei der Herstellung mehrere Heizrohre längs der Pressrichtung im Presskanal. Durch den dadurch entstehenden Hohlraum werden diese Platten sehr leicht und finden z. B. in Türblättern oder Wandelementen Verwendung.

Spanholzformteile
Sie stellen eine Sonderform der Spanplatte dar und werden als Werkstoff für Tischplatten oder Fensterbänke eingesetzt.

Grobspanplatte
Grobspanplatten, auch OSB-Platten (oriented strand board – Platte aus ausgerichteten Spänen), sind Mehrschichtplatten, die aus langen, schlanken Spänen (strands) hergestellt werden. Die Biegefestigkeit ist durch die langen und schlanken Späne höher als bei normalen Flachpressplatten (Spanplatte). Sie werden als Bauplatten beim Hausbau, im Innenausbau und Möbelbau sowie für Verpackungen (Kisten) und als Schalung für Beton verwendet.

3.4.2.4 Holzfaserwerkstoffe
Holzfaserwerkstoffe werden aus Holz oder Holzabfällen, aber auch aus anderen holzfaserhaltigen Pflanzen wie Flachs oder Raps im Trockenverfahren mit Kunstharz als Bindemittel oder im Nassverfahren durch starkes Verpressen von verholzten Fasern ohne zusätzlichen Klebstoff hergestellt. Für die Oberflächenveredelung sind vor allem die Faserplatten nach dem Trockenverfahren interessant. Man unterscheidet hierbei zwischen hochverdichteten Platten (HDF), mitteldichten Faserplatten (MDF), leichten (LDF) sowie ultraleichten (ULDF) Faserplatten. In Europa liegt die Rohdichte bei Standardplatten zwischen 600 - 800 kg/m3. Größte Bedeutung haben die Holzwerkstoffe im Fußbodenbereich (HDF, MDF), Möbelbau (MDF) und Bauwesen (LDF, ULDF).

MDF-Platte
Die mitteldichte Holzfaserplatte oder MDF-Platte (medium density fiberboard) ist ein Holzfaserwerkstoff. Aufgrund der technischen Eigenschaften zählt MDF weltweit zu den am stärksten wachsenden Holzwerkstoffprodukten. Der Verwendungsbereich ähnelt dem der Flachpressplatte. Durch ihren feinen, nahezu homogenen Aufbau können die Kanten und Flächen profiliert und anschließend lackiert werden. Häufige Verwendung findet die MDF-Platte als Trägerplatte für Fußböden, insbesondere Laminatfußböden, und in der Möbelindustrie. Generell ist die MDF-Platte sehr vielseitig einsetzbar.

Harte Holzfaserplatte
Harte Holzfaserplatten sind meistens nur einseitig glatt. Ihre Rückseiten weisen eine so genannte Siebstruktur auf, die bei der Herstellung durch das Pressen in Sieben auf Mehretagenpressen entsteht. Daneben werden beidseitig glatte Platten hergestellt.

Holzwerkstoffe sind aus Holzspänen, Holzfasern, Furnieren oder Holzlagen unterschiedlicher bzw. gleicher Stärken mit Klebstoffen verleimte und unter Druck verpresste Platten oder Formteile.

3.4.3 Vorbehandlungsmaßnahmen von Holz und Holzwerkstoffoberflächen

Bevor Holz oder Holzwerkstoffe einer schichtbildenden Oberflächenbehandlung unterzogen werden, müssen sie je nach Ausgangszustand, Herkunft, Verwendungszweck und Weiterverarbeitung zahlreiche Vorbehandlungsstationen durchlaufen. Diese sind z.B. das Trocknen des Schnittholzes (zur Erzielung der Beschichtungsfeuchte), das Schleifen, das Entharzen, das Entfernen von Leimdurchschlägen, das Bleichen, das Wässern und das Beizen. Welche Vorbehandlung für die jeweilige Holzart und den jeweiligen Holzwerkstoff eingesetzt wird, ist von dem späteren Verwendungszweck abhängig.

3.4.3.1 Holztrocknung

Das Hauptanliegen der Holztrocknung ist es, das Holz auf eine Sollfeuchte zu trocknen, damit es während der Weiterverarbeitung die jeweils geeignete und vorgeschriebene Holzfeuchte aufweist. Es gibt die Freilufttrocknung (natürliche Trocknung) und die technische Trocknung (künstliche Trocknung). Bei der Freilufttrocknung wird das Holz im Freien unter Ausnutzung des natürlichen Klimas getrocknet. Dabei muss auf einen einwandfreien Stapelunterbau, Stapelbau, die Windrichtung und eine gute Durchlüftung geachtet werden. Für die industrielle Weiterverarbeitung ist die Freilufttrocknung nicht geeignet, da u.a. der Zeitaufwand zu hoch ist.

Bei der technischen Trocknung wird beim Trocknen die im Holz enthaltene Feuchte mit Wärme in Wasserdampf umgewandelt. Das Wasser verdampft im Holz, verdunstet an der Oberfläche und wird mit Hilfe verschiedener Verfahren (Kammertrocknung, Kondensationstrocknung, Hochfrequenztrocknung und Vakuumtrocknung) wirtschaftlich und schonend getrocknet. Durch die technische Holztrocknung ist der Holzverlust gering und die Trocknungszeit kann auf wenige Tage bzw. Stunden verkürzt werden. Trocknungsfehler (Rissbildung, Formänderung) sind in der Regel bei der künstlichen Trocknung auf falsche Bedienung oder Einstellung der Trockenanlage zurückzuführen.

3.4.3.2 Schleifen, Schleifmittel und -geräte

Gehobelte, gesägte oder gepresste Holz- und Holzwerkstoffoberflächen werden durch Schleifen eingeebnet (egalisiert), auf gleiche Dicke gebracht (kalibriert) sowie vor-, zwischen- oder nachgeschliffen. In vielen Fällen ist heute der Maschinenschliff an die Stelle des Handschliffs getreten. Der Schleifvorgang und die Schleifmittel sind im Abschnitt Schleifen von Metalloberflächen erläutert. Trotzdem sind noch einige Anmerkungen zum Schleifen von Holz zu machen.

Der Holzschliff ist die wichtigste Voraussetzung für eine beschichtungsgerechte Oberfläche. Dabei ebnet der Vorschliff die Oberfläche, entfernt leichte Leimdurchschläge und kleine Erhebungen. Der Nachschliff gibt dann die nötige Glätte und Sauberkeit. Beim Schleifen von Holz und Holzwerkstoffen wird ohne großen Druck gearbeitet, um hochstehende Fasern nicht nur niederzudrücken, sondern sauber abzuscheren. Holz und beschichtete Holzwerkstoffe (mit Furnier) sollten immer in Faserrichtung geschliffen werden, da sich beim Querschliff Schleifrillen (Riefen) ergeben. Diese auszuschleifen ist oft sehr schwierig und zeitaufwendig.

Es gibt Ausnahmen im Vorschliff. Hier hat sich eine Kombination aus einem schmalen, querschleifenden Band (geringer Andruck) und einem mit der Wuchsrichtung und gleichzeitig Durchlaufrichtung der Maschine schleifenden Breitband bewährt. So wird eine gleichmäßige und glatte Oberfläche geschaffen, die den hohen Anforderungen an einen Vorschliff gerecht wird. Nach jedem durchgeführten Schleifgang ist die Oberfläche zu reinigen, da die Poren mit Schleifstaub angereichert sind. Um ihn zu entfernen, werden in der industriellen Fertigung in der Verfahrensfolge Bürstenmaschinen mit Luftabsaugung eingesetzt. Je nach Fertigungsverfahren werden verschiedene Schleifmaschinen zum Einsatz gebracht, um eine glatte und ebene Oberfläche zu erhalten. Es werden Handschleifmaschinen (Handbandschleifmaschine, Schwingschleifer und Winkelschleifer) mit transportabler Absaugung und stationäre Schleifmaschinen (Breitbandschleifmaschine, Zylinderbandschleifmaschine, Kantenschleifmaschine und Bandschleifmaschine) mit stationärer Absaugung verwendet.

3.4.3.3 Wässern

Das Wässern folgt nach dem Schleifen. Beim Wässern werden das Holz sowie das auf Trägerplatten aufgeleimte Furnier mit warmem Wasser oder Wasserdampf benetzt, damit sich die eingedrückten Fasern aufstellen und leichte Druckstellen aufquellen. So werden nach dem Trocknungsvorgang der befeuchteten Flächen die aufgerichteten Fasern beim anschließenden Feinschliff abgetrennt und die aufgequollenen Druckstellen egalisiert. Weiterhin werden durch das Wässern die Poren frei vom Schleifstaub. Prinzipiell sollte vor dem Beizen gewässert werden, um ein Aufrichten der Holzfasern auf dem Holz oder dem Furnier erst beim Beizvorgang zu vermeiden. Ein Nachschleifen gebeizter Flächen ist nicht mehr möglich.

3.4.3.4 Entharzen

Harzreiche Hölzer müssen vor dem Beschichten entharzt werden, da das Harz sonst später auf der Oberfläche durchschlagen kann. Das Entharzen kann durch zwei Verfahren auf der schon geschliffenen Oberfläche erreicht werden.

→ Durch Verseifen: Hierzu wird eine Lauge (aus Holz-, Kern- oder Schmierseife) auf die Oberfläche aufgetragen, was die Harze verseift und dadurch wasserlöslich macht. Nach dem Auftragen wird die Lauge in Richtung der Faser eingebürstet und dann mit reichlich warmem Wasser nachgewaschen und anschließend getrocknet.

→ Durch Lösen der Harze: Hierbei werden Lösemittel wie Aceton, Terpentinöl und Alkohole auf die Oberfläche aufgebracht. Diese lösen das Harz an und es kann anschließend wie beim Verseifen entfernt werden. Die Tiefenwirkung der Entharzung ist mit weniger als einem Millimeter sehr gering. Aus diesem Grund darf nach dem Entharzen nur leicht nachgeschliffen werden.

3.4.3.5 Entfernen von Klebstoff- oder Leimrückständen

Klebstoff oder Leim, der beim Furnieren an die Oberfläche dringt oder beim Zusammenleimen aus den Fugen quillt und an der Oberfläche sichtbar wird, nennt man Klebstoff- oder Leimdurchschlag. Wenn man diese Flächen nur schleift, bleiben die Poren mit Klebstoff oder Leim gefüllt und können dadurch keine Beize aufnehmen. Daraus ergeben sich strukturelle und farbliche Störungen. An solchen Stellen können Beschichtungsstoffe nicht oder nur sehr schwer haften bleiben. Sie drohen dann leicht abzuplatzen. Das Entfernen der Rückstände ist immer von der Klebstoff- oder Leimart abhängig. Glutinleime werden mit einer Seifenlösung und dem darauf folgenden Abbürsten entfernt. PVAC-Leime werden, wenn der Leim noch nicht abgebunden ist, mit warmem Wasser oder Nitroverdünnung entfernt. Nach dem Aushärten ist es möglich, den Leim mit Aceton anzulösen und abzuwischen. Beim Entfernen muss damit gerechnet werden, dass der Leim schmiert und so noch mehr von der Oberfläche verschmutzt. Bei Kondensationsleimen ist ein Wiederanlösen nicht möglich.

3.4.3.6 Spachteln

Kleine Risse, offene Fugen, Unebenheiten und andere kleine Fehler auf einer Holz- bzw. Holzwerkstoffoberfläche werden mit verschiedenen Spachtelmassen oder Kitten vor einer Weiterverarbeitung ausgebessert. Spachtelmassen und Kitte, die zum Einsatz kommen, können zieh-, streich- oder spritzbar sein. Die Spachtelmasse bzw. der Kitt muss nach seinem Auftrag vollständig aushärten und anschließend zu einer glatten Oberfläche geschliffen werden.

3.4.3.7 Poren füllen

Vertiefungen von Holzporen können den Effekt polierter oder farbig beschichteter Flächen stören. Durch das Füllen der Poren soll eine geschlossene Oberfläche hergestellt werden, um ein sogenanntes Einfallen der Beschichtung in die Poren zu verhindern. Gefüllt wird mit einer Porenflüssigkeit oder Porenfüllpaste, die oft der jeweiligen Farbe der Holzoberfläche angepasst ist. Diese wird eingerieben und der Überschuss abgenommen. Nach dem Trocknen des Porenfüllers ist ein gründliches Schleifen und Absaugen für eine einwandfreie Beschichtungsfläche notwendig.

3.4.3.8 Bleichen

Holzoberflächen, die im Farbton verschieden sind, können durch Bleichen eine annähernd gleichmäßige Farbstruktur erhalten. Ferner werden Flecken entfernt und Flächen aufgehellt. Dabei wird unterschieden in Bleichen durch chemische Reduktion (Sauerstoffentzug) und Bleichen durch chemische Oxidation (Sauerstoffzufuhr). Beim Bleichen durch die chemische Reduktion werden die farbigen Bestandteile des

Holzes im Holz aufgelöst oder in farblose Verbindungen umgewandelt. Bleichmittel wie Zitronensäure oder Oxalsäure beruhen auf der Wirkung der chemischen Reduktion. Beim Bleichen durch die chemische Oxidation werden die farbigen Bestandteile des Holzes völlig zerstört. Das Bleichmittel, deren Wirkung auf chemischer Oxidation beruht, ist Wasserstoffperoxid. Die entsprechenden Bleichmittel werden mit dem Schwamm, dem Pinsel oder der Spritzpistole auf die Oberfläche aufgetragen. Man lässt sie über eine vom Hersteller vorgegebene Zeit einwirken, wäscht sie mit Wasser oder Wasserdampf nach und trocknet die Oberfläche zur Weiterverarbeitung.

3.4.3.9 Beizen

Das Beizen ist eine Oberflächenbehandlung von Holz und Holzwerkstoffen und nicht zu verwechseln mit dem Beizen als chemisches Vorbehandlungsverfahren von Metallen. Beizen dienen zum Anfärben des Holzes in der Faser. Die Färbung des Holzes wird durch lösliche Farbstoffe oder durch Pigmente bewirkt, die in die Holzstruktur eindringen bzw. sich auf dem Holz ablagern. Weiterhin können chemische Zusätze in der Beize, die mit den Inhaltsstoffen des Holzes reagieren, den Farbton des Holzes verändern.

Der Zweck des Beizens ist die farbliche Veränderung der Holzoberfläche unter Einhaltung der natürlichen Struktur und Eigenart des Holzes und eine Abdeckung von Holzunterschieden. Unterschieden werden Farbstoffbeizen, chemische Beizen, Kombinationsbeizen und Substratbeizen. Beizen werden durch Beizpinsel und Beizschwamm (handwerklich) sowie in der Serienproduktion im Spritzverfahren, dem Tauchverfahren und dem Walzverfahren aufgetragen. Eine Weiterverarbeitung geschieht dann erst nach völliger Durchtrocknung der gebeizten Oberfläche.

Holz und Holzwerkstoffe werden vorbehandelt, um die Schönheit des Werkstoffes hervorzuheben, den Werkstoff zu schützen und den Beschichtungsstoff besser anhaften zu lassen.

Prüfungsaufgaben

1. Erklären Sie die Begriffe Vollholz, Holzwerkstoff und Furnier.
2. Was versteht man unter „Arbeiten" des Holzes?
3. Welche Bedeutung haben die Holzinhaltsstoffe für die Vorbehandlung?
4. Welche Vorarbeiten sind notwendig, wenn Holz Vertiefungen aufweist oder grobporig ist?
5. Warum müssen Harze entfernt werden?
6. Müssen Holzwerkstoffe vorbehandelt werden? Begründen Sie Ihre Aussage.
7. Welche Vorteile hat eine MDF-Platte gegenüber einer normalen Flachpressplatte?

3.5 Glas

Glas spielt in unserem Leben eine wichtige Rolle. Es ist in den verschiedenen Farben, Formen und Ausführungen überall zu finden: Im Labor, als Teil von Haushalts- und Gebrauchsgegenständen, im Bauwesen und im Automobilbau. Glas wird aus Quarzsand, Kalk, Soda und Zusatzstoffen hergestellt. Die Rohstoffe werden fein gemahlen, miteinander vermischt und im Schmelzofen bei ungefähr 1600 °C geschmolzen. Die Glasschmelze wird auf ca. 1000 °C abgekühlt, um sie zu formen. Das fertig geformte Glas wird in Kühlbahnen langsam auf Normaltemperatur gebracht. Eine zu schnelle Kühlung würde Spannungen im Glas erzeugen, die die mechanische Widerstandskraft stark beeinträchtigen. Kühlbahnen sind beheizte Öfen, die eine kontrollierte Abtemperung erlauben. Die bedeutendste Eigenschaft von Glas ist seine Durchsichtigkeit. Die optischen Eigenschaften sind so vielfältig wie die Anzahl der Glassorten. Weitere Eigenschaften sind die Beständigkeit gegen Luft, Wasser und viele Chemikalien. Glas ist hart, spröde, zerbrechlich und leitet Wärme sowie Strom schlecht. Es gibt verschiedene Verfahren der Glasherstellung z. B.:

- → Schwimmverfahren oder Floatverfahren
- → Gieß- und Walzverfahren
- → Ziehverfahren
- → Blasverfahren
- → Pressverfahren und
- → Schaumverfahren

Die **Beschichtung** von Glas bietet die Möglichkeit, diesem Werkstoff spezielle Eigenschaften zur Erhöhung des Gebrauchswertes zu verleihen. Die Beschichtung kann hierbei dekorativen Zwecken dienen und funktionelle Aufgaben zum Schutz des Glases vor mechanischen und chemischen Belastungen übernehmen. Ein eigentlicher Vorteil des Glases – es ist schwer angreifbar – ist für die Oberflächentechnik ein Nachteil. Um eine Beschichtung gut zu verankern, muss man die Oberfläche angreifen. Um Beschichtungen aufzutragen, wie zum Beispiel Verspiegelungen durch chemische und physikalische Gasphasenabscheidung oder ein Farbauftrag im keramischen Siebdruck, muss die Oberfläche mit Lösemitteln gereinigt oder angeätzt werden, z. B. durch Flusssäure. Eine „einfache" Art, Glas zu gestalten, ist das Einfärben.

i Glas wird aus Quarzsand, Kalk, Soda und Zusatzstoffen hergestellt. Bei einer Temperatur von ca. 1600 °C werden die fein gemahlenen Rohstoffe geschmolzen und durch verschiedene Verfahren in bestimmte Formen gebracht. Durch Beschichtungen kann sein Gebrauchswert erhöht werden.

3.6 Keramik

Keramische Werkstoffe sind nichtmetallische, anorganische Werkstoffe aus gebranntem Ton bzw. kaolinhaltigen Massen (Porzellanerde). Die Grundbestandteile der keramischen Massen sind Tonerde, Quarz und Feldspat. Hinsichtlich der Verwendung wird zwischen Bau-, Geschirr-, Haushalts-, Sanitär-, Kunst-, Dental- und technischer Keramik unterschieden. Die Herstellung der **keramischen Werkstoffe** geht von pulverisierten Ausgangsstoffen aus und umfasst die folgenden Fertigungsschritte:

- Mahlen und Mischen des pulverisierten Ausgangsstoffes zur Ausgangsmasse
- Formgebung der Rohteile, auch Grünlinge genannt, durch Formpressen, Spritzgießen oder Extrudieren
- Brennen der Rohlinge bei Temperaturen von 1400 °C bis 2500 °C. Dabei sintern (= zusammenbacken) die Pulverteilchen zum Werkstück und werden einer geforderten Endbearbeitung, zum Beispiel dem Schleifen, zugeführt.

Günstige Eigenschaften von keramischen Werkstoffen sind die große Härte und Druckfestigkeit, eine gleitfähige Oberfläche mit hoher Verschleißfestigkeit, eine hohe Temperaturbeständigkeit, eine geringe Dichte, eine gute Korrosions- und Chemikalienbeständigkeit sowie eine gute elektrische Isolierfähigkeit. Jedoch sind keramische Werkstoffe nicht verformbar, können keine Zugbelastungen tragen und sind gegen starke Schlageinwirkung empfindlich. Aufgrund der Eigenschaften erfüllen Bauteile aus keramischen Werkstoffen meistens Sonderaufgaben oder werden neben den schon erwähnten allgemeinen Einsatzgebieten als Spezialbauteil in Baugruppen eingebaut. Dort übernehmen sie dann zum Beispiel Verschleiß- oder Hochtemperaturaufgaben.

Keramische Werkstoffe sind nichtmetallische, anorganische Werkstoffe, die aus einer Rohmasse geformt werden und durch einen Sintervorgang im Ofen bei hohen Temperaturen ihre Werkstoffeigenschaften erhalten.

Die vorrangigen Einsatzgebiete sind der Maschinenbau (Gleitlager), der chemische Anlagenbau (Schutz- und Isolierrohre), die Elektrotechnik (Isolatoren) sowie die Medizintechnik (Labortechnik). Eine Sonderaufgabe übernehmen keramische Beschichtungen auf Stahlbauteilen, die zum Beispiel durch Plasmaspritzen aufgebracht werden.

3.7 Fertigungsverfahren und beschichtungsgerechte Konstruktion

3.7.1 Fertigungsverfahren

Mit Hilfe zahlreicher, unterschiedlicher Verfahren und unter fertigungstechnischen sowie wirtschaftlichen Gesichtspunkten werden Stoffe urgeformt, umgeformt, getrennt, gefügt, beschichtet oder Stoffeigenschaften geändert. Durch diese Prozesse werden aus Werkstoffen Werkstücke geschaffen. Die Fertigungsverfahren werden eingeteilt in sechs Hauptgruppen:

- → 1. Hauptgruppe: Urformen (Zusammenhalt schaffen)
- → 2. Hauptgruppe: Umformen (Zusammenhalt beibehalten)
- → 3. Hauptgruppe: Trennen (Zusammenhalt vermindern)
- → 4. Hauptgruppe: Fügen (Zusammenhalt vermehren)
- → 5. Hauptgruppe: Beschichten (Zusammenhalt vermehren)
- → 6. Hauptgruppe: Änderung der Stoffeigenschaft

Durch das Urformen wird aus einem formlosen Stoff eine Form geschaffen und dabei der Zusammenhalt des Materials hergestellt. Dies geschieht aus dem gas- oder dampfförmigen, flüssigen, teigigen, plastischen, körnigen, pulverförmigen oder ionisierten Zustand. Dabei treten die Werkstoffeigenschaften erstmals in Erscheinung (Beispiele: Gießen, Metalldampfen, Extrusion). Bei den Verfahren des **Umformens** wird ohne den Zusammenhalt zu verändern die Form durch Druck-, Zugdruck-, Zug- oder Biegedruckformen verändert. Das Volumen des Rohteils ist gleich dem Volumen des Fertigteils (Beispiele: Schmieden, Walzen, Falten, Tiefziehen, Biegen [9]). Mit dem **Trennen** wird aus der vorhandenen Form eine neue geschaffen. Durch das Entfernen von Teilen am Werkstück wird der Zusammenhalt örtlich aufgehoben. Die **Trennverfahren** werden untergliedert in zerteilende, spanende und abtragende Verfahren (Beispiel: Sägen, Feilen, Drehen, Fräsen, Bohren [9]). Beim Fügen werden mehrere Werkstoffe formschlüssig, kraftschlüssig oder stoffschlüssig miteinander verbunden (Beispiele: Zusammensetzen, Anpressen, Einpressen, Schweißen, Löten, Kleben). Durch das **Beschichten** wird ein formloser Stoff aus dem flüssigen, pulverförmigen, pastenförmigen, gasförmigen, dampfförmigen, festen, ionisierten oder körnigen Zustand als festhaftende Schicht auf ein Werkstück aufgebracht. Die Form wird nicht verändert, der Zusammenhalt vermehrt (Beispiel: Lackieren, Galvanisieren, Feuerverzinken [9]). Bei den **Änderungen der Stoffeigenschaften** werden durch Umlagern, Aussondern oder Einbringen von Stoffteilchen die Stoffeigenschaften geändert (Beispiel: Härten, Glühen).

Der Beschichtungstechniker sollte diese Verfahren kennen, da die Verfahren der Hauptgruppe eins, zwei, drei, vier und teilweise fünf die Oberflächen vorgeben, welche behandelt werden müssen. Des Weiteren erhält man durch Kenntnisse der Verfahren Informationen über die Form, die Rauheit, die Rautiefe, mögliche Fertigungsrückstände und mögliche Arten von Fehlern, die auf der Oberfläche auftreten können.

Prüfungsaufgaben

1. Beschreiben Sie die Hauptgruppen eins bis sechs der Fertigungsverfahren von Werkstücken.
2. Beschreiben Sie je ein Verfahren einer Hauptgruppe.

3.7.2 Beschichtungsgerechte Konstruktion

Das Konstruieren von Formteilen ist eine komplexe Tätigkeit. Der Konstrukteur muss neben dem Design vor allem die funktionalen Faktoren, wie Fertigung und Montage, die Kriterien der Eignung des Materials, seine Stärken und Schwächen, die vorgesehenen Funktionen sowie die Anforderungen der Oberflächentechnik an das Bauteil kennen und für die **Konstruktion** berücksichtigen und umsetzen. Für eine beschichtungsgerechte Konstruktion sind einige Forderungen zu stellen:

- → keine scharfen Kanten (von denen der Lack abzieht)
- → Beachtung der Außen- und Innenradien (möglichst groß)
- → nicht zu stark profiliert
- → keine schöpfenden Teile (bei Tauchprozessen gibt es u.a. Verschleppungen)
- → Vermeiden von engen Spalten und Überlappungen (hier kann der Beschichtungsstoff nicht eindringen)
- → Vermeiden von Höhlräumen (oder zugänglich für den Beschichtungsstoff machen sowie Ablaufmöglichkeiten für eindringende Feuchtigkeit schaffen)

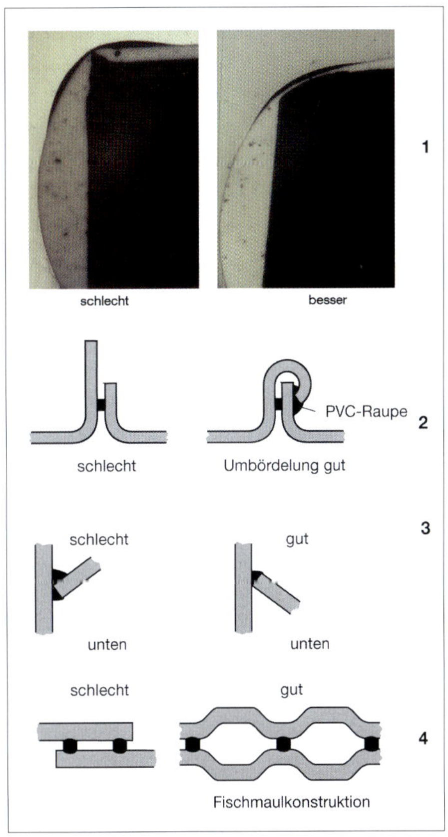

Abbildung 3.4: Beispiele für lackiergerechte Konstruktionen (1–4)

Quelle: BASF Handbuch Lackiertechnik

Des Weiteren sollten folgende Aspekte wie

- → Art des Beschichtungssystems
- → Applikationstechnik
- → Besonderheiten (Gewinde, Bohrungen, Verschlüsse etc.) sowie
- → mögliche Bauteilaufhängungen

beachtet werden.

Diese Forderungen und Aspekte, abhängig vom Werkstück und Werkstoff, müssen schon bei der Konstruktion der Teile beachtet und geklärt werden. Ein weiterer Punkt für die beschichtungsgerechte Konstruktion ist die Umweltverträglichkeit und Recyclingfähigkeit. Der Beschichtungsstoff, der auf das Werkstück appliziert wird, soll mit einer hohen Ausbeute und wenigen Emissionen verarbeitet werden.

Prüfungsaufgaben

1. Auf einer Ausbildungsmesse kommen interessierte Jugendliche auf Sie zu und wollen erkunden, welches Wissen ein Verfahrensmechaniker für Beschichtungstechnik über Vollholz und Holzwerkstoffe haben muss.

   In Ihrer Vorbereitung auf diese Messe haben Sie in Tabellenform Folgendes vorbereitet:

   → **Wuchsanomalien** am Vollholz (Name, Merkmale und Ursachen)

   → **Ursachen** für einen tierischen oder pflanzlichen Schädlingsbefall (Schädling, Schädigung und Erkennungsmerkmale)

   → **Aufbau**, Herstellung, Eigenschaften und Verwendung von Holzwerkstoffen

2. Sie haben den Auftrag, Kunststoff vorzubehandeln und zu beschichten. Ihr Chef möchte, dass Sie zusätzlich ein Informationsblatt über den Aufbau und die Eigenschaften des zu bearbeitenden Kunststoffs anfertigen, welches er dann an seine Kunden weitergeben kann. In dem Informationsblatt sollen der Aufbau, die Eigenschaften sowie weitere Verwendungsmöglichkeiten beschrieben werden.

Literaturhinweise

[1] A. Goldschmidt, H.-J. Streitberger: „BASF Handbuch der Lackiertechnik“, Vincentz Network, Hannover (2002)

[2] T. Brock, M. Groteklaes und P. Mischke: „Lehrbuch der Lacktechnologie“, Vincentz Verlag, Hannover (2000)

[3] E. Ignatowitz: „Chemie für Schule und Beruf“, Europa Lehrmittel, 4. Auflage, S. 144 (1999)

[4] U. Fischer et al: „Tabellenbuch Metall“, Europa Lehrmittel 42. Auflage, S. 115 (2002)

[5] J. Pietschmann: „Industrielle Pulverbeschichtung“, Vieweg Verlag, Wiesbaden, S. 228-231 (2003)

[6] J. Pietschmann: „Industrielle Pulverbeschichtung“, Vieweg Verlag, Wiesbaden, S. 228-231 (2003)

[7] www.feuerverzinken.com/

[8] http://www.alutecta.de/

[9] http://de.wikipedia.org

4 Grundlagen der Lackapplikation

Die Firma Kaiser Coatings, bei der Mirko als Auszubildender im Beruf Verfahrensmechaniker für Beschichtungstechnik arbeitet, will expandieren und einen Teil der Beschichtungsobjekte mit Pulver beschichten. Er unterhält sich darüber mit dem Juniorchef der Firma, Andreas Kaiser.

Herr Kaiser: Du, Mirko, hast du schon gehört, dass wir demnächst noch eine Pulverabteilung dazu bekommen?

Mirko: Ja, Alexander, mein derzeitiger Vorarbeiter, hat mir davon erzählt. Jetzt weiß ich auch, wofür Sie das neue Gebäude gleich neben der alten Haupthalle gebaut haben.

Herr Kaiser: Richtig. Hast du dich schon mal gefragt, ob das nicht ein interessanter neuer Arbeitsbereich für dich sein könnte? Du bist ja nun im dritten Ausbildungsjahr und mein Vater hat auch schon darüber nachgedacht, dich nach der Prüfung zu übernehmen.

Mirko: Sie meinen, dass man noch einen Fachmann für das Pulverlackieren gebrauchen könnte? Wow, das wäre es doch! Klar mache ich das, und wenn sich dadurch noch die Chancen für eine Übernahme erhöhen...

Herr Kaiser: Das wird mein Vater gerne hören. Lass uns mal überlegen, wie wir die Sache angehen können. Wie wäre es, wenn du dich erst einmal eingehend mit der Pulverlackapplikation beschäftigst und dann unseren anderen Azubis, mir und meinem Vater eine Präsentation vorträgst?

Mirko: Toll, das mache ich, dann bin ich der Experte.

Herr Kaiser: Du könntest vorher vielleicht auch mal für zwei oder drei Wochen in eine andere Firma gehen, die Pulverlackierungen macht?

Mirko: Mhh..., ich arbeite zwar lieber hier, aber in Ordnung. Und danach halte ich den Vortrag.

Herr Kaiser: Gut, ich rufe sofort Herrn Wegner von der Firma „Wegner + Müller Pulverbeschichtungen" an, ich bin gleich wieder hier....

Beschichtungsstoffe werden üblicherweise als viskose Flüssigkeiten auf das Lackierobjekt übertragen. Ausnahmen bilden die modernen umweltfreundlichen Pulverlacke. Diese bei der Verarbeitung festen Produkte werden als feingemahlene Feststoffpartikel auf das zu lackierende Objekt aufgebracht, um nach dem anschließenden

Erwärmen des Werkstücks aufzuschmelzen, den Untergrund zu benetzen und danach einen geschlossenen Film zu bilden, der sich nach dem Abkühlen verfestigt.

4.1 Verfahrenstechnische Grundlagen bei der Verarbeitung von Nasslacken

Der flüssige Lack kann auf zahlreiche Arten auf die zu beschichtenden Werkstücke aufgetragen werden. Man kann dabei in direkte und indirekte Verfahren unterscheiden. Zu den direkten Verfahren zählen das Tauchen, Walzen, Gießen oder Streichen. Dies sind Verfahren, bei denen der flüssige Lack direkt auf das Werkstück aufgebracht wird. Bei den indirekten Verfahren wird der Beschichtungsstoff zunächst in feine Tropfen zerteilt, um danach durch mechanische oder elektrische Kräfte auf die zu lackierende Oberfläche übertragen zu werden. Die indirekten Verfahren haben den großen Nachteil der unvollständigen Überführung des Lackes auf das Lackierobjekt.

Bei der Auswahl und vergleichenden Bewertung der Spritzverfahren ist deshalb die Übertragungsrate eine wichtige Entscheidungshilfe. Sie ist ein Kriterium für Wirtschaftlichkeit und Umweltverträglichkeit des Verfahrens. Ein geringer Materialverbrauch mit wenig Abfall reduziert die Emission und Feststoffverluste. Die Übertragungsrate (oft auch als Transferrate, Auftragswirkungsgrad oder Beschichtungsrate bezeichnet) beschreibt das Verhältnis zwischen dem auf einer Oberfläche abgeschiedenen und dem verspritzten Festkörperanteil eines Beschichtungsmaterials und wird in Prozent angegeben:

Übertragungsrate [%] = Abgeschiedene Festkörpermasse [g]/
Verspritzte Festkörpermasse [g] * 100 [%]

Durchschnittliche Auftragswirkungsgrade:

→ Konventionelles Hochdruckspritzen:		35 – 50 %
→ HVLP:		55 – 60 %
→ Hydraulisches Spritzen:		50 – 65 %
→ Elektrostatik	mit Druckluft:	60 – 85 %
	ohne Druckluft:	80 – 95 %

Im Vergleich dazu: beim Elektrotauchlackieren werden Auftragswirkungsgrade von 90 – 98 % erreicht.

Man spricht von einem Spritzvorgang, wenn der überwiegende Anteil der Zerstäubung durch mechanische Kräfte erzielt wird. Dagegen handelt es sich um einen Sprühvorgang, wenn die Zerstäubung maßgeblich durch elektrostatische Kräfte erzeugt wird.

Bei den Spritzverfahren kann grundsätzlich zwischen luftzerstäubenden (pneumatisches Spritzen) und luftlosen Verfahren (hydraulisches Spritzen, Airless) unterschieden werden. Bei den luftzerstäubenden Verfahren wird das Lackmaterial durch einen Luftstrom angesaugt und zur Düse befördert. Dort wird das Lackmaterial von der Zerstäuberluft zerrissen und aus der Pistole tritt ein Lack-Luft-Gemisch aus.

Beim Airless-Verfahren wird dagegen Druck auf das Lackmaterial ausgeübt, wodurch es in eine Leitung gedrückt wird. Durch die Verengung im Düsenbereich baut sich dann Druck auf. An der Düsenöffnung wird durch den niedrigeren Druck der Umgebung der Lack zerrissen. Es handelt sich hier ausschließlich um Lacktropfen und nicht um ein Lack-Luft-Gemisch.

Man unterscheidet zwischen den folgenden Verfahren:

- → Niederdruckspritzen: 0,5 bis 1,0 bar
- → HVLP: 0,7 bar
- → Hochdruckspritzen: 4 bis 8 bar
- → Höchstdruckspritzen (Airless): 100 bis > 200 bar

Während bei den luftzerstäubenden Verfahren ein Lack-Luft-Gemisch nach Austritt aus der Düse vorliegt, verlassen beim Airless-Verfahren nur Lacktröpfchen den Düsenbereich.

4.1.1 Herkömmliche Spritzverfahren

4.1.1.1 Druckluftspritzen (pneumatisches Spritzen)

Beim Druckluftspritzen wird der Lack nach dem Austritt aus einer Düse mit Hilfe von beschleunigter Luft in kleine Tropfen zerteilt. Je nach wirksamem Luftdruck wird zwischen dem Niederdruck-Verfahren (0,5 bis 1 bar) und dem Hochdruckspritzen (4 bis 8 bar) unterschieden. Druckluft und Beschichtungsstoff werden in der Spritzpistole durch getrennte Leitungen zur Düse geführt. Betätigt man den Abzug, öffnet sich die Düse und Lack tritt aus. Ohne Druckluft könnte der Lack zwar hinausfließen, eine Zerstäubung würde jedoch nicht erfolgen. Dies wird durch den so genannten **Ringspalt**, rund um den eben beschriebenen Bereich, ermöglicht. Dort strömt Luft mit so hoher Geschwindigkeit aus, dass sie den Lack heraussaugt und anschließend in kleinste Tröpfchen zerreißt.

Bei der Hochdruckzerstäubung sind grundsätzlich die Lacktröpfchen umso feiner, je höher die Geschwindigkeit der Luft ist. Weitere Faktoren sind neben der Luftgeschwindigkeit auch die Luftmenge und die Konsistenz des Lacks.

Versuch: Mit einem einfachen Versuch kann man diesen Effekt auch im Klassenzimmer darstellen. Ein dünner Trinkhalm wird in zwei Teilstücke zerschnitten. Ein Teilstück wird senkrecht in ein Wassergefäß getaucht, das andere im rechten Winkel an der Öffnung platziert. Pustet man nun in den horizontal gehaltenen Halm, dann steigt die Flüssigkeit im senkrechten Halm auf und wird im Luftstrom zerrissen.

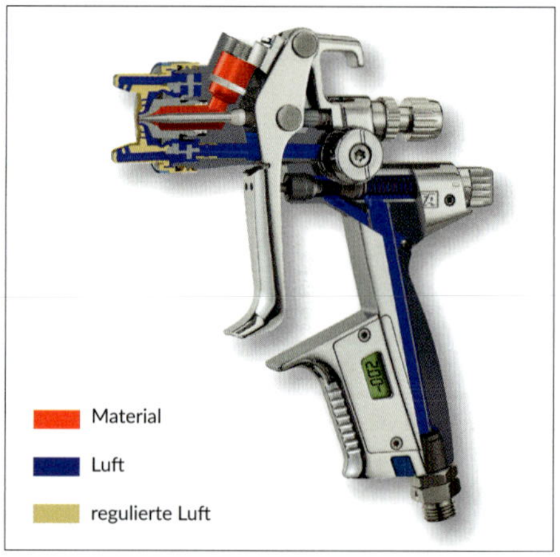

Abbildung 4.1: Schnittbild einer Spritzpistole

Quelle: Fa. SATA

Das Zerstäubungsprinzip beruht darauf, dass ein Lackstrahl mit geringer Geschwindigkeit aus der Düse austritt. Die Zerstäuberluft entweicht dagegen mit sehr hoher Geschwindigkeit. Durch diesen Geschwindigkeitsunterschied wird der Lackstrahl in kleine Tröpfchen zerrissen, die einen Spritzstrahl ergeben. Je höher die Geschwindigkeit der Luft ist, desto feiner werden die Lacktröpfchen.

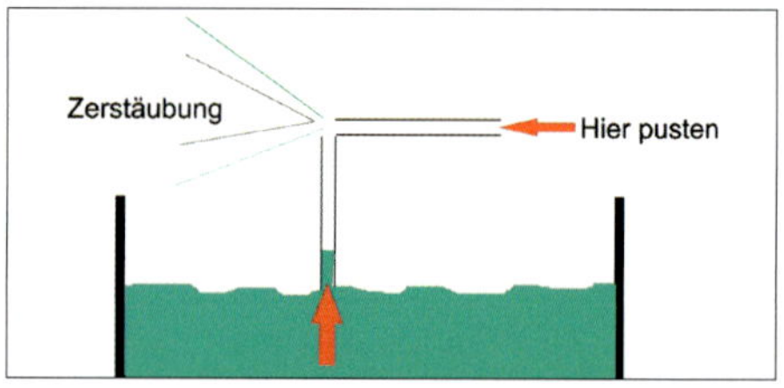

Abbildung 4.2: Versuchsaufbau zum Prinzip der Spritzpistole

Eine herkömmliche Spritzpistole arbeitet mit einem Zerstäuberdruck von 3,5 bis 4 bar. Die an der Düse austretende Luft hat eine Geschwindigkeit von 250 bis 290 m/s [1] und erreicht somit beinahe die Schallgeschwindigkeit [2]. Der aus der Düse austretende Lack hat dabei noch eine Geschwindigkeit von 2 bis 4 m/s. Die hohe Differenzgeschwindigkeit bewirkt auf der einen Seite zwar die feine Zerstäubung, sorgt aber auf der anderen Seite für einen hohen Anteil an Overspray. Die Form des entstehenden Spritzkegels wäre in diesem Fall rund.

Der Düsenkopf hat jedoch noch andere Öffnungen, die wie die Hörner eines Stieres hervorstehen. Durch diese so genannten **Hornluftbohrungen** kann zusätzlich Luft strömen, deren Menge an der Pistole einzustellen ist. Diese seitlich auf den Spritzstrahl treffende Luft (Querluftströme) kann den vorher runden Spritzstrahl flach zusammendrücken. Man spricht nun von einem Flachstrahl.

Mit der Zuschaltung der Hornluft entstehen Querluftströme, die den Spritzstrahl zusammendrücken. Man spricht von einem Flachstrahl.

Pistolen für die Nasslackapplikation mit verbesserter Materialübertragungsrate: HVLP, LVLP

Bedingt durch immer strengere Umweltauflagen wird die Verwendung von konventionellen Hochdruck-Lackierpistolen in immer mehr Ländern eingeschränkt oder sogar verboten. Die Pistolenhersteller haben darauf reagiert und setzen auf HVLP- oder andere Technologien. Beschichtungstechniker müssen sich deshalb mit Begriffen wie Materialübertragungsrate, Auftragswirkungsgrad, Materialnutzungsgrad befassen.

HVLP ist die Abkürzung für **H**igh **V**olume **L**ow **P**ressure. Bei diesem Verfahren liegt der Düseninnendruck bei maximal 0,7 bar, was zu Übertragungsraten von deutlich über 65% führen kann. Dabei wird anstatt mit hohem Luftdruck, die Lackzerstäubung mit großen Luftmengen bewirkt. Die verminderte Luftgeschwindigkeit erreicht am Werkstück einen vergleichbar geringeren Luftrückprall, wodurch die Lackpartikel weniger stark abgelenkt werden. Der Auftragswirkungsgrad wird dadurch erhöht. Die beim HVLP-Verfahren erzeugten Lacktröpfchen sind zudem gröber. Erst durch Reduzierung der Ausflussrate ist ein dem konventionellen Hochdruckspritzen vergleichbares Tropfenspektrum zu erzeugen. Aufgrund der Massenträgheit lassen sie sich weniger stark ablenken, was zu einer zusätzlichen Reduzierung des Spritznebels führt.

Bezüglich des Spritzabstands zum Werkstück bedeutet dies, dass dieser aufgrund des geringeren Düseninnendrucks auf ca. 15 bis 18 cm verringert werden muss, damit das Material ausreichend auf das Objekt transportiert wird. Beim Hochdruckspritzen beträgt der Spritzabstand im Vergleich dazu 20 bis 25 cm. Bei der Verarbeitung muss der Anwender ferner beachten, dass er gegebenenfalls stärker überlappend spritzen muss.

Beim HVLP-Spritzverfahren wird die Lackzerstäubung mit großen Luftmengen bei geringerem Luftdruck bewirkt. Die geringere Luftgeschwindigkeit verursacht einen geringeren Lackrückprall, wodurch sich die Übertragungsrate erhöht.

Als Vorteile beim HVLP-Spritzverfahren sind insbesondere die Reduzierung des Lackverbrauchs von bis zu 25% und die gleichzeitige Reduzierung der Lösemittelemission von bis zu 25% zu erwähnen. Zudem wird durch den höheren Materialwirkungsgrad die Abfallmenge deutlich verringert (seltenere Filterwechsel, weniger Lackschlamm). Erfahrene Beschichter beklagen jedoch auch Mängel wie geringere Lackiergeschwindigkeit und die Bildung von Orangenhaut bei höheren Materialviskositäten und gleichzeitig hoher Ausflussrate.

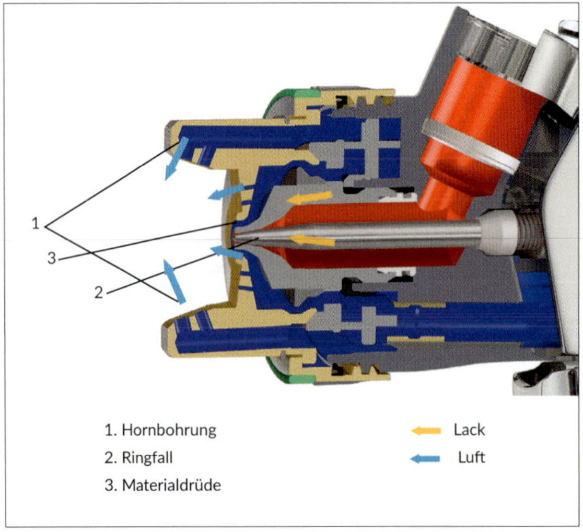

Abbildung 4.3: Schema und Wirkungsweise der Hornbohrungen Quelle: Fa. SATA

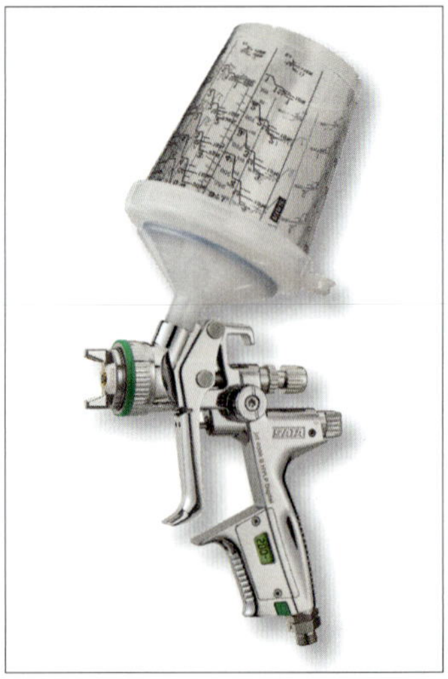

Abbildung 4.4: HVLP-Pistole Quelle: Fa. SATA

Das **High Volume Low Pressure-Spritzverfahren** (HVLP) wurde zu einer **Low Volume Low Pressure-Technik (LVLP)** weiterentwickelt. Wie an der Bezeichnung zu erkennen ist, zeichnet sich das Verfahren durch eine erhebliche Reduzierung der erforderlichen Luftmenge aus. So können bis zu 40% bzw. 150 l/min Spritzluft gegenüber dem Verbrauch herkömmlicher HVLP-Spritzpistolen von ca. 400 l/min eingespart werden [2].

Grundsätzlich trifft die Luft, die von der Pistole zum Transport und zur Zerstäubung des Lackes verwendet wird, auf das Objekt und strömt am Objekt vorbei. Wird ein Verfahren eingesetzt, bei dem noch weniger beschleunigte Luft benötigt wird, streicht demnach auch weniger Luft am Objekt vorbei, was zu einer nochmaligen Reduzierung des Oversprays führt.

Die RP-Technologie (Reduced Pressure) vereint die Wirtschaftlichkeit der HVLP-Pistolen mit der Schnelligkeit der konventionellen Hochdruck-Spritzpistolen, der Auftragswirkungsgrad ist jedoch deutlich höher. Der Düseninnendruck beträgt bei der RP-Technologie 1,5 – 1,8 bar, der Eingangsdruck 2,5 bar. Die bei der HVLP-Technik übliche Verringerung des Spritzabstands zum Beschichtungsobjekt und die damit verbundene Arbeitsweise werden bei der RP-Technik überflüssig. Der Auftragswirkungsgrad liegt zwar ca. 8% unter dem HVLP-Verfahren, ein Auftragswirkungsgrad von 65% und mehr wird allerdings erreicht.

Spritzpistolen und ihre Materialzufuhrsysteme
Unter Materialzufuhrsystem versteht man die Art und Weise, auf welchem Weg der Lack zur Pistole gelangt. Dabei wird grundsätzlich zwischen der Fließbecherpistole, der Saugbecherpistole und Druckpistolen unterschieden.

Die **Fließbecherpistole** besitzt einen Becher aus Metall oder Kunststoff, in den das Material gefüllt wird. Durch die Schwerkraft und den Unterdruck – hervorgerufen durch den Luftstrom – gelangt das zu verspritzende Material zur Farbdüse. Wird der Abzughebel betätigt, strömt Luft über den Luftverteiler in die Luftdüse. Anschließend gibt die sich zurückbewegende Farbnadel die Farbdüse frei. Das Material tritt aus und wird zerstäubt.

Bei der **Saugbecherpistole** befindet sich der Farbbecher unterhalb der Pistole. Auch hier wird durch die an der Farbdüse vorbeiströmende Luft ein Unterdruck erzeugt, wodurch der Lack angesaugt wird. Der Luftverbrauch einer Saugbecherpistole ist entsprechend höher.

Druckbecherpistolen erhalten den Lack über eine Schlauchleitung von einem Materialdruckbehälter, einem von der Pistole getrennten Farbgefäß. Eine andere Möglichkeit besteht darin, einen Druckbecher unterhalb der Pistole anzubringen, dem ein Teil der Spritzdruckluft zugeführt wird. Es bildet sich ein unter Druck stehendes Luftkissen, welches das Lackmaterial zur Farbdüse drückt.

Bei den Spritzpistolen unterscheidet man je nach Materialzufuhrsystem zwischen Fließbecherpistolen, Saugbecherpistolen und Druckbecherpistolen.

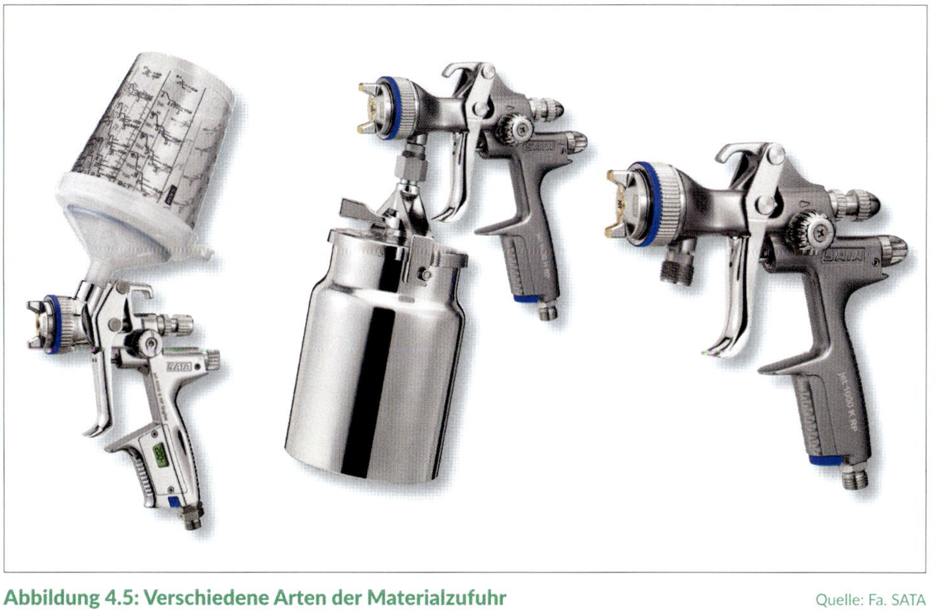

Abbildung 4.5: Verschiedene Arten der Materialzufuhr Quelle: Fa. SATA

4.1.1.2 Hydraulisches oder Airless-Spritzen

Beim hydraulischen Zerstäubungsverfahren, das auch unter dem Namen Airless- oder Höchstdruckverfahren bekannt ist, wird mit wesentlich höheren Materialdrücken als bei den pneumatischen Spritzverfahren gearbeitet. Das Lackmaterial wird hier mit Drücken über 200 bar durch eine Düse gepresst. Die Zerstäubung erfolgt, weil der Lack mit hoher Geschwindigkeit auf die sich nicht bewegende Umgebungsluft trifft und dadurch aufgrund der hohen Relativgeschwindigkeit von Lack und Umgebungsluft zerrissen wird. Druckluft ist weder zur Zerstäubung noch zum Transport der Lacktröpfchen erforderlich. Die **Airless-Pistole** hat eine Vorzerstäuberdüse, die für eine Vorverwirbelung des Lacks sorgt. Die als Schlitzdüse ausgebildete Zerstäuberdüse reguliert die Breite des Spritzstahls.

Der Abstand zwischen Spritzpistole und Lackierobjekt sollte ca. 30 cm betragen. Der Sprühstrahl ist scharf begrenzt. Eine Dosierung der Durchflussmenge an der Pistole ist während des Spritzvorgangs nicht möglich. Als Pumpen werden beim Airlessverfahren meist druckluftbetriebene Kolbenpumpen verwendet [3].

Beim Airless-Spritzen wird mit Materialdrücken über 200 bar gearbeitet. Daher besteht eine erhöhte Unfallgefahr!

Vorteile beim Airlessspritzen sind hohe Filmdicken, hohe Ausflussraten und damit ein hohes Arbeitstempo, weniger Spritznebel und dadurch auch weniger Overspray. Eher negativ ist der sehr stark abgegrenzte Spritzstrahl zu bewerten. Hierdurch entstehen Probleme bei Überlappungen. Durch die hohen Drücke und die damit verbundene hohe Austrittsgeschwindigkeit des Lacks bei Ausflussraten von mehr als 1 l/min ist außerdem ein hoher Düsenverschleiß zu benennen. Wegen der hohen Ausflussrate und der damit verbundenen relativ groben Materialzerstäubung erhält die Beschichtung zudem eine orangenschalenähnliche Lackoberfläche.

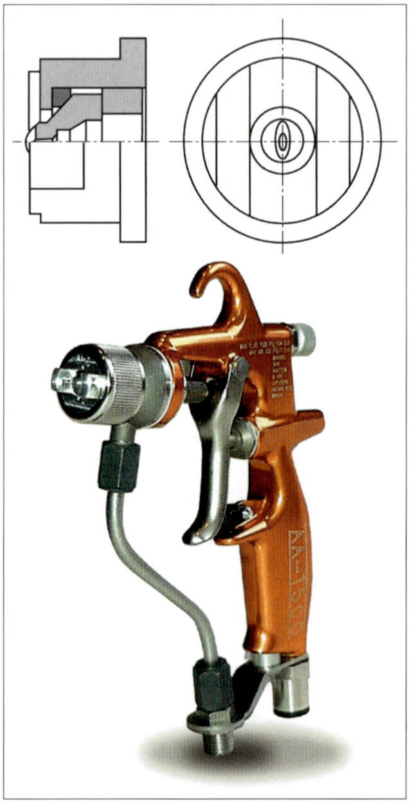

Abbildung 4.6: Schemazeichnung einer Airless-Düse und Bild einer Airless-Pistole

Quelle: BASF Handbuch Lackiertechnik

Aufgrund dieser Vor- und Nachteile wird das Airlessverfahren schwerpunktmäßig bei Werkstücken wie Fahrgestellen und Containerarbeiten in der Nutzfahrzeuglackierung sowie dem Beschichten großer Flächen, z.B. bei Schiffen, eingesetzt.

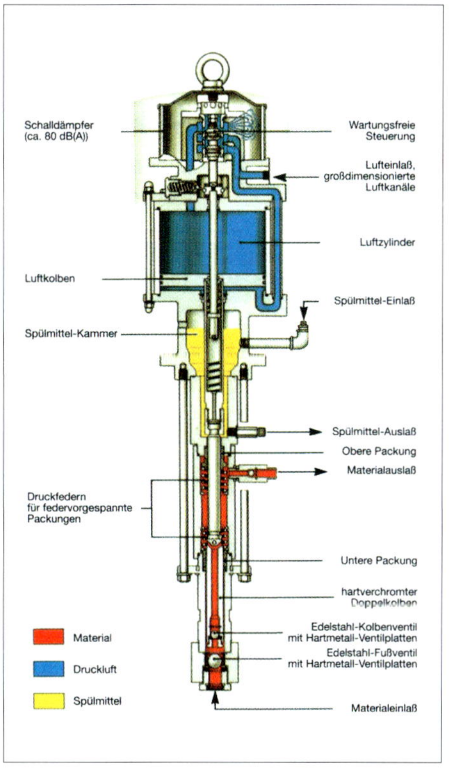

Abbildung 4.7: Schemazeichnung einer Airlesspumpe Quelle: BASF Handbuch Lackiertechnik

4.1.1.3 Airmix

Bei der Airmix-Spritzpistole werden die Verfahren Airlesszerstäubung (druckluftlose Zerstäubung) und Luftzerstäubung kombiniert. Der Lack wird zuerst mit hohem Druck von ca. 40 bis 120 bar durch eine Airlessdüse gepresst. Er erreicht dabei eine Material-Austrittsgeschwindigkeit von 0,7 m/s [4]. Bei der Airmix-Spritzpistole (luftunterstütztes Airlessverfahren) wird der Spritzkegel mit zwei zusätzlichen Luftströmen beaufschlagt. Durch diesen wird der Strahl noch flacher gedrückt. Als Nebeneffekt erhält man beim Airmixverfahren eine weichere Begrenzung des Spritzkegels, so dass die Übergänge viel gleichmäßiger gespritzt werden können. Auch das Airmix-Verfahren lässt sich nur sinnvoll einsetzen, wenn größere Mengen Lackmaterial ohne häufige Änderung der Applikationsparameter verarbeitet werden.

4.1.1.4 Heißspritzverfahren

Neben der Möglichkeit, die Viskosität des Lacks mit Lösemitteln spritzfertig einzustellen, lassen sich Lacke durch Erwärmen niedrigviskoser machen. So wie man Kerzenwachs mit einer Flamme verflüssigen kann, lassen sich auch Lacke durch Erwärmung in ihrer Viskosität beeinflussen. Durch die aufgrund einer Temperaturerhöhung erniedrigte Viskosität kann man entweder den Festkörperanteil anheben oder auch den Spritzdruck senken. Beide Varianten führen zu einer Reduzierung von Emissionen und Overspray. Der Lack kann entweder am Boden eines Fließbechers oder in einem „Durchlauferhitzer" erwärmt werden. Da dabei normalerweise der Flammpunkt der Lösemittel überschritten wird, sind die Anlagen explosionsgeschützt auszurüsten.

4.1.2 Elektrostatische und elektrostatisch unterstützte Verfahren

Beim elektrostatischen Lackieren wird zwischen dem Hochspannung führenden Sprühgerät und dem an Erdpotenzial liegenden Werkstück ein elektrisches Feld erzeugt. Die Tropfenbildung erfolgt entweder allein durch elektrostatische Kräfte oder durch Unterstützung anderer Zerstäubungsverfahren wie Hochrotations-, Druckluft- oder Airless-Zerstäubung. Die elektrisch aufgeladenen Lacktröpfchen werden dann

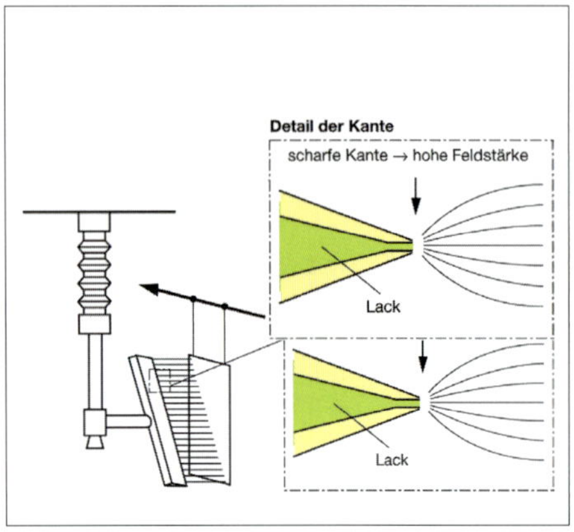

Abbildung 4.8: Schema des Sprühspaltes
Quelle: BASF Handbuch Lackiertechnik

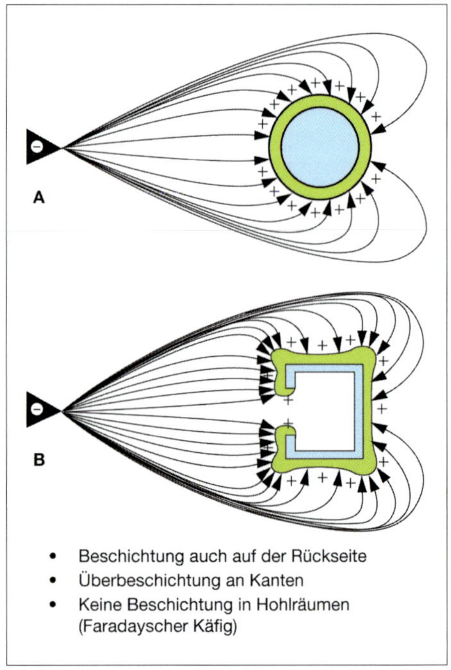

Abbildung 4.9: Schichtdickenverlauf elektrostatisch lackierter Teile
Quelle: BASF Handbuch 2014

durch die Feldkräfte in Richtung des Werkstücks gelenkt. Durch die Konzentration des elektrischen Felds und damit des Sprühstrahls auf das geerdete Werkstück hat man beim elektrostatischen Lackieren wesentlich geringere Mengen an Overspray, d.h. weniger Lacktröpfchen, die sich nicht auf dem Werkstück absetzen.

4.1.2.1 Lackzerstäubung durch elektrische Feldkräfte

Bei dem älteren Beschichtungsverfahren des rein elektrostatischen Versprühens von Lacken erfolgt die Tropfenbildung von einem unter Hochspannung stehenden Sprühspalt. Das Lackmaterial wird nur dann aus dem Spalt abgezogen, wenn das geerdete Werkstück an ihm vorbeigeführt wird. Zusätzliche mechanische Kräfte, hervorgerufen durch Luftdruck etc., sind nicht notwendig. Der Auftragswirkungsgrad ist mit nahezu 98 % hervorragend. Allerdings können Kanten und Ecken unter Umständen überbeschichtet werden [5]. Da bestimmte Lackmaterialien wie z. B. Metallic- oder Wasserlacke besonders leitfähig sind, können sie auf diese Weise nicht verarbeitet werden. Klassische Vertreter dieses Verfahrens sind der so genannte „AEG Spalt" oder die langsam drehende Glocke „Ransburg Nr. 2". Beide Verfahren arbeiten mit sehr hohen Wirkungsgraden (s.o.).

4.1.2.2 Elektrostatisch unterstützte Verfahren

Hochrotationszerstäubung

Beim Hochrotationsverfahren erfolgt die Zerstäubung des Lackmaterials durch die Einwirkung von Fliehkräften (Zentrifugalkräften). Wir alle kennen diese Kraft vom Karussell- oder Autofahren, wenn man in Kurven „nach außen“ weggedrückt wird.

Das Lackmaterial wird tangential von der Kante weggeschleudert. Bei den hohen Rotationsgeschwindigkeiten bilden sich am Glockentellerrand feine Lackfäden, die in Tröpfchen zerfallen. Die Hochgeschwindigkeits-Rotationszerstäuber verfügen über eine Luftdusche, durch die der Sprühkegel enger gebündelt werden kann. Die Luftdusche ist ein Düsenring, der direkt hinter der Glocke angebracht ist und aus dem Luft ausströmt.

Elektrostatisch unterstützte Druckluft- und Airlessverfahren

Seitdem man von den hohen Lackeinsparungen bei den elektrostatischen Verfahren wusste, wollte man auch die herkömmlichen Druckluft- und Airlessverfahren von dieser Technologie profitieren lassen. Also begann man, den Lack entweder vor der Zerstäubung in der Pistole (Innenaufladung) oder nachdem die Lacktropfen die Pistole verlassen haben (Außenaufladung) aufzuladen. Sie Die Aufladung erfolgt durch die Luftionisation an spannungsführenden Spitzen im Bereich der Pistole. Die Auftragswirkungsgrade sind, bedingt durch die hohen mechanischen Kräfte, nicht ganz so hoch wie beim Hochrotationsverfahren oder der Lackzerstäubung ausschließlich durch elektrische Feldkräfte, sie verbessern jedoch die Werte erheblich.

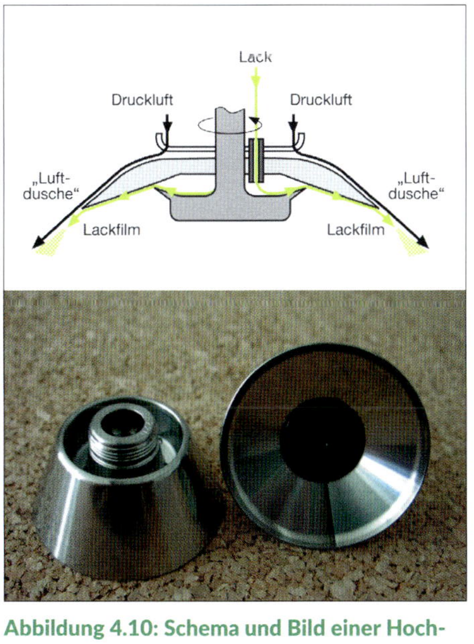

Abbildung 4.10: Schema und Bild einer Hochrotationsglocke Quelle: BASF Handbuch Lackiertechnik

Abbildung 4.11: Glatte und gerändelte Kanten von Glockentellern

Quelle: BASF Handbuch Lackiertechnik

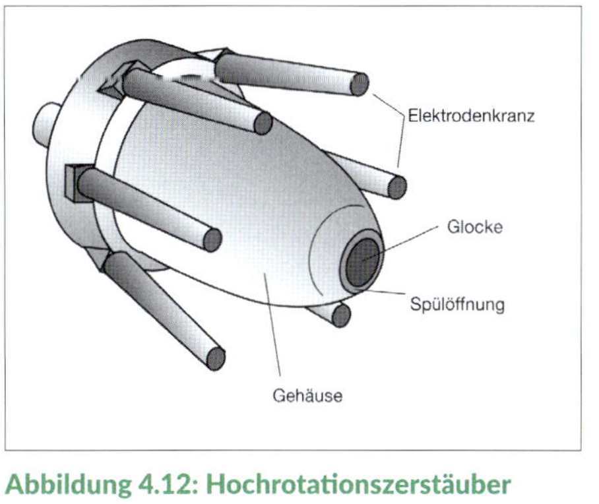

Abbildung 4.12: Hochrotationszerstäuber

Quelle: BASF Handbuch Lackiertechnik

Beim Hochrotationsverfahren erfolgt die Zerstäubung des Lackmaterials durch die Einwirkung von Fliehkräften (Zentrifugalkräften). Das Lackmaterial wird tangential von der Kante der Glocke weggeschleudert und durch Lenkluft sowie elektrische Kräfte zum Objekt geführt. Bei den hohen Rotationsgeschwindigkeiten bilden sich am Glockentellerrand feine Lackfäden, die in Tröpfchen zerfallen.

4.1.3 Tauchverfahren

4.1.3.1 Allgemeines

Beim Tauchlackieren kann prinzipiell zwischen drei verschiedenen Techniken unterschieden werden. Diese sind das konventionelle Tauchen, das Elektrotauchen und die Autophorese.

Beim **Autophoreseverfahren** werden die gereinigten Teile für 60 bis 120 s in eine wässrige Emulsion getaucht, die ein schichtbildendendes Polymer (Latex), eine Säure und auch ein Oxidationsmittel enthält. Die freie Säure des Bades reagiert mit der Stahloberfläche und oxidiert Eisen zu Eisen(II)-Ionen. Die Emulsion koaguliert an der Grenzfläche und scheidet sich damit an der des Beschichtungsobjektes ab. Bedingt durch die zunehmende Schichtdicke reduziert sich die Geschwindigkeit der Abscheidung auf Grund der notwendigen Diffusionsvorgänge.

4.1.3.2 Konventionelles Tauchen

Tauchverfahren, bei denen zur Abscheidung an der Werkstückoberfläche keine chemische Umwandlung des Bindemittels stattfindet, werden als **konventionelles Tauchen** bezeichnet. Um Massenartikel oder Gegenstände mit einer komplizierten Konstruktion möglichst ökonomisch vollständig beschichten zu können, werden Werkstücke mit geringen Korrosionsanforderungen (ohne elektrostatische Hilfe) in ein Lackbad getaucht. Nach der vollständigen Benetzung mit Lack werden die Teile wieder herausgezogen. Der überschüssige Lack muss dabei so ablaufen können, dass Läufer, so genannte Gardinen und Tropfen, vermieden werden. Das kann auch geschehen, wenn der Verfahrensmechaniker die Oberfläche vor dem Antrocknen elektrostatisch mit Hilfe einer Gitterelektrode abzieht. Werkstücke mit geeigneter Geometrie (Scheiben, Teller etc.) können auch nach dem Austauchen mit hoher Rotationsgeschwindigkeit gedreht werden. Dabei wird überschüssiger Lack durch die Zentrifugalkraft weggeschleudert. Die Ein- und Austauchgeschwindigkeit muss dabei niedrig sein. Um Blasen zu verhindern, darf beim Eintauchen nicht zuviel Luft mitgerissen werden.

Tabelle 4.1: Geschichtliche Entwicklung der Tauchlackierverfahren

	Konventionelles Tauchen mit Lösemittellacken	Elektrotauchverfahren ANODISCH	Elektrotauchverfahren KATHODISCH
Definition	Das klassische Verfahren, wobei die Teile lediglich ein- und wieder ausgetaucht werden und die Oberfläche vollständig mit Lack benetzt wird, eine chemische Umwandlung des Lacks findet dabei nicht statt	Elektrotauchlackieren (ETL) – Hierbei wird durch elektrischen Stromfluss im Tauchbecken der Lack an der Werkstückoberfläche umgewandelt und abgeschieden (elektrochemisches Verfahren)	
Einsatz	ca. 1930	ab ca. 1966	ab ca. 1976
Anwendung	Werkstücke mit einfacher Oberflächenstruktur und geringen Korrosionsanforderungen	Hausgeräte, Blechteile	Hausgeräte, Pkw-Karosserien, Blechteile
Positiv	Konnte geringe Spuren von Öl- und Fettresten überdecken, dadurch wurde auf eine qualitativ hochwertige Vorbehandlung verzichtet, einfache Technik	Guter Korrosionsschutz, geringe Beschichtungskosten, umweltverträglich, sehr geringe Brand- und Explosionsgefahr	Sehr guter Korrosionsschutz bei extremen Belastungen, sehr umweltverträglich, sehr geringe Brand- und Explosionsgefahr
Negativ	Schlechter Korrosionsschutz, Brand- und Explosionsgefahr durch hohen Lösemittelanteil	Höhere Investitionskosten (Anlagentechnik!), Vorbehandlung zwingend notwendig, aufwändige technische Einrichtungen notwendig	Hohe Investitionskosten (sehr aufwändige Anlagentechnik!), zur Vorbehandlung ist eine Zinkphosphatierung notwendig

Nachteile des konventionellen Tauchens:

- → Brandgefahr (bei lösemittelhaltigen Systemen)
- → ungleichmäßige Schichtdicken
- → Kantenflucht
- → Läuferneigung
- → limitierte Anzahl von Farbtönen

Die Oberflächenqualität von konventionell getauchten Oberflächen ist eher niedrig. Beim Tauchen mit lösemittelhaltigen Lacken verdunsten – bedingt durch die große Oberfläche des Lackbads – ständig Lösemittel, was eine hohe Brandgefahr darstellt. Umso strenger sind die Sicherheitsvorschriften bei der Konzipierung und dem Betrieb der Anlagen. So werden ab einer bestimmten Badgröße Absaugungen, Löscheinrichtungen und Abdeckungen vorgeschrieben. Sicherheitsprobleme dieser Art gibt es dagegen kaum beim Tauchlackieren mit wasserverdünnbaren Lacken. Die

Verwendung von wasserverdünnbaren Lacken führt jedoch zu anderen Problemen. So neigen Wasserlacke zum Schäumen. Außerdem sind sie nur in einem bestimmten, eng begrenzten pH-Bereich stabil und zudem sehr empfindlich gegen eingeschleppte Verunreinigungen aus der Vorbehandlung.

Im Gegensatz zu den Elektrotauchverfahren hat der Beschichtungstechniker beim konventionellen Tauchen nur begrenzt Einfluss auf die Verfahrensparameter. So ist die erreichbare Schichtdicke nur eingeschränkt über die Lackviskosität einstellbar.

Bei der Auswahl der Lacke ist darauf zu achten, dass sie ausreichend stabil sind und nur geringe Neigung zur Sedimentation aufweisen. 2K-Lacke scheiden selbstverständlich aufgrund der hohen Standzeiten der Bäder aus.

Unter konventionellem Tauchen versteht man Verfahren, bei denen zur Abscheidung an der Werkstückoberfläche keine chemische Umwandlung des Bindemittels stattfindet.

4.1.3.3 Elektrotauchlackierung

Allgemeines
Das Verfahren des Elektrotauchens findet hauptsächlich für Massengüter mit hohen Stückzahlen wie z.B. in der Pkw- und Lkw-Serienfertigung Anwendung. Der Lack wird durch elektrische Kräfte im Lackbad zum Werkstück transportiert. Elektrotauchlacke müssen deshalb wasserlöslich sein. Sie enthalten nur eine geringe Konzentration an organischen Lösemitteln. Die Elektrotauchverfahren werden nach der Polung des Werkstücks unterschieden:

- → anodisches Elektrotauchen (ATL): Werkstück als Pluspol
- → kathodisches Elektrotauchen (KTL): Werkstück als Minuspol

Elektrotauchverfahren haben viele Vorteile gegenüber anderen Verfahren:

- → sehr geringe Lackverluste
- → vollständige Lackierung der Werkstücke (innen und außen)
- → sehr hohe Wirtschaftlichkeit bei entsprechend hohen Durchsätzen
- → gute Automatisierbarkeit
- → kein Auswaschen des abgeschiedenen Lacks in Hohlräumen

Nachteilig sind die gegenüber dem konventionellen Tauchen hohen Investitionskosten.

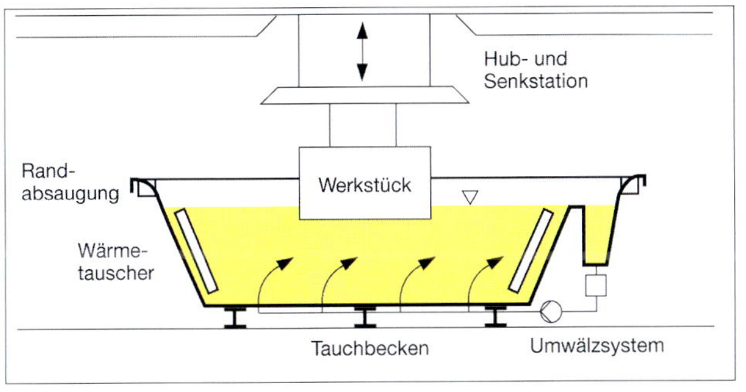

Abbildung 4.13: Tauchlackierbecken für das konventionelle Tauchen

Quelle. BASF Handbuch Lackiertechnik

Wie in Tabelle 4.1 (s. Seite 117) zu erkennen ist, wurden in der Automobilindustrie die anodisch abscheidbaren Tauchlacke (ATL) seit Mitte 70er Jahre des vorherigen Jahrhunderts durch kathodisch abscheidbare Systeme (KTL) größtenteils abgelöst. Das KTL-Verfahren hat gegenüber dem ATL-Verfahren zahlreiche Vorteile. Das Werkstück aus Stahl wird elektrochemisch nicht angegriffen. Außerdem ist wegen der hohen Applikationsspannung und des hohen Schichtwiderstands der Umgriff des Lacksystems deutlich besser. Dies bedeutet, dass auch schlechter zugängliche Flächen beschichtet und dadurch geschützt werden.

Bei der Elektrotauchlackierung (ETL) wird der Lack durch einen elektrischen Stromfluss im Lackbad zum Werkstück transportiert. Elektrotauchlacke sind wasserlöslich und enthalten nur geringe Konzentrationen an organischen Lösemitteln.

Bei der **kathodischen Tauchlackierung** ist das Bauteil negativ gepolt (Kathode). Gesonderte Anodenbleche im Bereich der Beckenwand bilden die Anode. Die verwendeten Lacke sind bei der KTL positiv geladen und scheiden sich deshalb auf der Kathode ab. Bei der **anodischen Tauchlackierung** verhält es sich umgekehrt. Das Bauteil ist positiv gepolt, es bildet die Anode. Die zur Abscheidung benötigten Lackmaterialien besitzen daher eine negative Ladung.

Bei der kathodischen Tauchlackierung ist das zu beschichtende Teil negativ gepolt (Kathode). Bei der anodischen Tauchlackierung ist es positiv gepolt, es bildet die Anode.

Für die kathodisch abscheidbaren Bindemittel und mit basischen Neutralisationsmitteln für anodisch abscheidbare Bindemittel werden Wasserlack-Dispersionen mit organischen Säuren verwendet. Dadurch ist bei der ATL die Materialeinstellung des Badmaterials basisch und bei der KTL sauer.

Elektrochemische Grundlagen bei der KTL

Wie alle flüssigen Lacke setzen sich auch KTL-Materialien aus Pigmenten, Bindemittel und Lösemittel zusammen.

Die kathodische Tauchlackierung basiert auf bekannten physikalischen und chemischen Prozessen. Die zunächst in Wasser unlöslichen Lackharze sind für das Elektrotauchen wasserlöslich zu machen. Dies erfolgt durch chemische Umsetzung der Lackharze. Ihre mit Säuren oder Basen reaktiven funktionellen Gruppen werden durch Neutralisation in Ionen überführt. Der Filmbildner wird dadurch zu einem polymeren Salz mit zahlreichen elektrischen Ladungen. Beim kathodischen Tauchlack werden die funktionellen Gruppen mit Essigsäure neutralisiert und dabei in wasserlösliche, positiv geladene polymere Ionen überführt. Sie bilden also polymere Kationen und werden deshalb auch kationische Harze genannt. Da die kationischen Polymere an der negativ geladenen Kathode abgeschieden werden können, bezeichnet man die Lacke als kathodische Elektrotauchlacke (KTL).

Tabelle 4.2: Verfahrensunterschiede KTL/ATL

Anodische Tauchlackierung (ATL)	Kathodische Tauchlackierung (KTL)
Das Werkstück ist die Anode (+), an dieser entsteht gasförmiger Sauerstoff	Die Karosserie ist die Kathode (–), an dieser entsteht gasförmiger Wasserstoff (H_2)
Lackmaterial ist alkalisch (pH 6,8 bis 7,5)	Lackmaterial ist sauer (pH 5,6 bis 6,1)
Energiebedarf zur Beschichtung (Oberfläche ca. 80 m²) P_{el} 17,0 kWh	Energiebedarf zur Beschichtung (Oberfläche ca. 80 m²) P_{el} 5,5 kWh
Anodisch abscheidbare Bindemittel mit sauren Gruppen	Kathodisch abscheidbare Bindemittel mit alkalischen Gruppen
Neutralisationsmittel: Aminverbindungen (Triethylamin, Diethylamin)	Lösemittel: Butylglykol Neutralisationsmittel: z. B. Essigsäure, Ameisensäure
Tauchbecken wirkt als Kathode, gesonderte Kathodenbleche nicht erforderlich (Stahlblech)	Tauchbecken muss isoliert sein, gesonderte Anodenbleche erforderlich (in Dialysezellen eingebaut)
Kein Dialysekreislauf erforderlich	Separater Dialysekreislauf mit abgeschlossenen Anoden erforderlich
Normalstahl für das Becken ausreichend	Korrosionsgeschützte Materialien für das Becken wie Edelstähle und Kunststoff erforderlich. Lackkompensation mit Einkomponenten- und Zweikomponentenmaterial, Festkörpergehalt (Pigmentpaste) ca. 40%
Einbrenntemperatur 160 bis 170 °C	Einbrenntemperatur 170 bis 180 °C

Außerdem gibt es Polymerlösungen, die nicht durch Säure, sondern durch Alkali, in der Praxis durch Amine, in Ionen überführt werden. Solche Stoffe nennt man anionische Harze. Sie bilden die anodischen Elektrotauchlacke (ATL), werden an der positiv geladenen Anode abgeschieden.

So wie durch Zugabe von Säure bei den kathodischen Harzen die Wasserlöslichkeit der Polymer herbeigeführt werden kann, ist durch Zugabe von Alkali die Rückführung in die Wasserunlöslichkeit möglich. Es handelt sich hierbei also um das reversible Lösen und Ausfällen durch pH-Wert-Änderung.

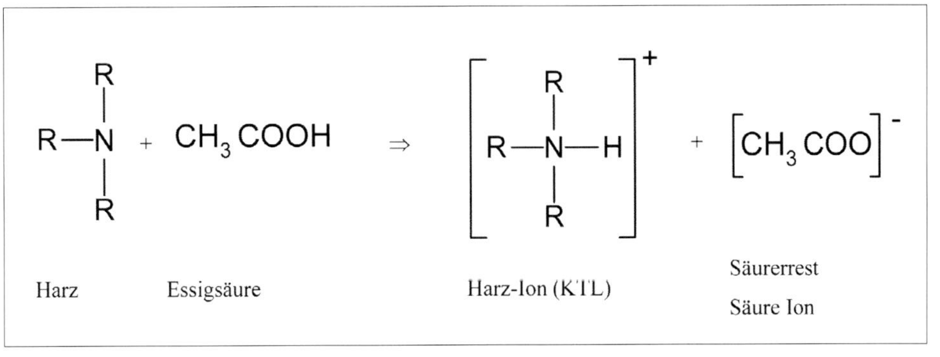

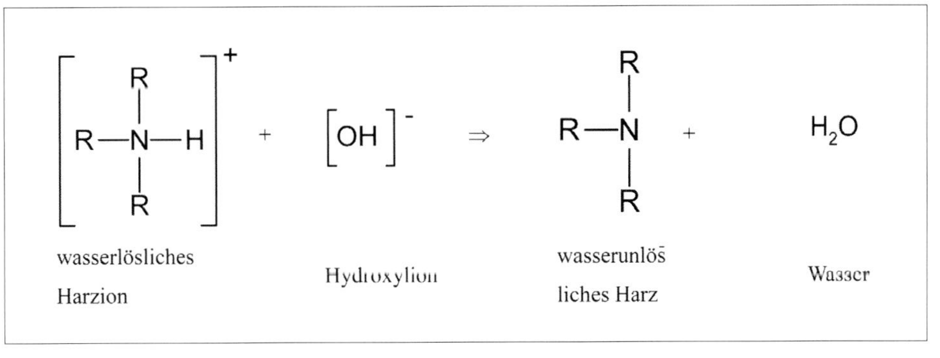

Gelingt es nun, nach Eintauchen eines Lackierobjekts in ein Tauchbecken mit kationisch gelösten Harzen (KTL) im unmittelbaren Bereich des zu lackierenden, als Kathode geschalteten Objekts eine alkalische Grenzschicht zu schaffen, so wird das Polymer im Bereich dieser Grenzschicht neutralisiert und damit wasserunlöslich. Die Polymerionen des Bades verbleiben außerhalb des alkalischen Bereichs hingegen in Lösung. Das eigentliche Ziel des Elektrotauchens besteht somit darin, eine möglichst dünne **saure** oder **alkalische Grenzschicht** am Lackierobjekt zu schaffen. Dies wird durch das ständige, intensive Umwälzen der Badflüssigkeit erreicht. So verbleibt bis auf die nur wenige 100 µm dicke Grenzschicht die gesamte Badflüssigkeit in Lösung.

Bei der Elektrotauchlackierung finden folgende physiko-chemischen Prozesse statt:

- → Elektrolyse
- → Elektrophorese
- → Elektrokoagulierung
- → Elektroosmose

Elektrolyse von Wasser
Das im Elektrotauchbad befindliche Wasser wird durch die angelegte Gleichspannung und den dann einsetzenden Stromfluss durch Abgabe bzw. Aufnahme von Elektronen in Wasserstoff und Sauerstoff zerlegt. Gleichzeitig entstehen an der Anode H^+-Ionen und an der Kathode OH^--Ionen.

Kathodenreaktion (–) Anodenreaktion (+)

$4\,H_2O + 4\,e^- \rightarrow 4\,OH^- + 2\,H_2$ $2\,H_2O \rightarrow 4H^+ + O_2 + 4\,e^-$

Da bei angelegter Gleichspannung auch durch das wässrige KTL-Material ein Strom fließt, findet dieser Vorgang auch bei der Beschichtung im KTL-Bad statt. Das Wasser wird wie beschrieben gespalten und bildet Wasserstoffgas an der Kathode sowie Sauerstoffgas an der Anode. Der „Nebeneffekt" der Ionenbildung, also die Bildung positiv geladener Hydrogen-(Wasserstoff-)Ionen an der Anode und die von negativ geladenen Hydroxyl-Ionen (OH-Ionen) an der Kathode, ermöglichen somit erst die Abscheidung von Lack und damit die Bildung eines anschließend in Wasser unlöslichen Films.

Elektrokoagulierung
Bei der KTL trifft das lösliche Harz-Ion an dem Werkstück auf die alkalische Grenzschicht der Hydroxylionen. Diese Hydroxylionen reagieren mit dem Harz-Ion und führen es in seine ursprüngliche unlösliche Form zurück.

Bei der ATL trifft das lösliche Harz-Ion an der Anode auf die saure Schicht der Wasserstoffionen, die bei der Wasserelektrolyse entstanden ist. Diese Wasserstoffionen reagieren mit dem Harz-Ion und führen es in seine ursprüngliche unlösliche Form zurück.

Der Lackfilm wird also gebildet, indem das lösliche Harz auf der Elektrode koaguliert (Lat.: koagulare = gerinnen). Die **Schichtbildung** des nicht elektrisch leitenden koagulierten Films ist dort am intensivsten, wo die Feldliniendichte zwischen den Elektroden am größten ist. Dies führt dazu, dass während der Beschichtung der elektrische Widerstand an den beschichteten Stellen ansteigt. Das hat wiederum zur Folge, dass die Feldliniendichte an Stellen geringer Beschichtung, d.h. höherer elektrischer Leitfähigkeit, zunimmt, so dass dann auch an den elektrisch schwer zugänglichen Stellen (Hohlräume, usw.) eine Abscheidung stattfindet. Im Gegensatz zum konventionellen Auftrag des Lackmaterials (Streichen, Spritzen ohne Elektrostatik u.a.), bei dem der Lackfilm durch das Fließverhalten des Lacks an Kanten am dünnsten wird (= **Kantenflucht**), ergibt sich beim Elektrotauchverfahren eine andere Situation: Durch die starke Ausprägung der elektrischen Feldlinien an den Kanten entsteht dort eine bessere Beschichtung.

Elektroosmose

Beim **elektrochemischen Koagulieren** entsteht zunächst ein schwammiger, stark wasserhaltiger Film. Noch nicht neutralisierte, also zur Elektrode gezogene Polymermoleküle drücken dann einen Großteil der noch im Film vorhandenen Wassermoleküle heraus. Dieser Effekt des Entwässerns und die damit verbundene Verfestigung des Films wird durch den elektrostatisch verursachten Abtransport von Ionen aus der Nähe der gleichgeladenen Elektrode unterstützt (**Elektroosmose**). H^+-Ionen, die an der Anode (+) entstehen, stoßen sich von dieser ab und nehmen Wassermoleküle „mit". OH^--Ionen, die an der Kathode (–) entstehen, stoßen sich entsprechend von dieser ab und entziehen dem abgeschiedenen Film Wasser (gleichnamige Ladungen stoßen sich ab). Das Lackmaterial im Lackbecken besteht zu ca. 80 % aus Wasser. Der abgeschiedene/koagulierte Lackfilm wird durch die Elektroosmose entwässert und zusätzlich verfestigt, so dass beim Austauchen aus dem Lackierbad der Film nur noch einen Wassergehalt von weniger als 10 % besitzt. Anschließend erfolgt direkt eine Spülung der Werkstücke, um raue Oberflächen durch anhaftende, nicht abgeschiedene Lackbestandteile zu vermeiden.

Die durch die Elektrolyse des Wassers verursachte pH-Wertänderungen in den Grenzschichten der Elektroden bewirken ein Koagulieren der Polymerionen. Die Elektroosmose sorgt für eine Entwässerung des abgeschiedenen Films.

Materialkompensation

Während des Betreibens von Elektrotauchbecken wird im Laufe des Lackierprozesses permanent Material ausgetragen. Um das Lackangebot konstant zu halten, ist in regelmäßigen Abständen neues Lackmaterial dem Becken zuzuführen (**Kompensation**). Da das Neutralisationsmittel im Becken verbleibt, steigt seine Konzentration bei der Kompensation mit bereits vorneutralisiertem Kompensationsmaterial kontinuierlich an. Aus diesem Grunde wurde in der Vergangenheit mit nicht neutralisiertem, also noch nicht in Wasser löslichem **Nachfüllmaterial** gearbeitet. Schwierigkeiten bei der Einarbeitung, Stippen- und unerwünschte Koagulatbildung haben dazu geführt, doch die verfahrenstechnisch kompliziertere Variante der Kompensation mit vollneutralisierten KTL-Lacken zu bevorzugen. Verfahrenstechnisch kompliziert, weil die während des Betriebs der Anlage ansteigende Menge an Neutralisationsmittel Essigsäure für eine konstante Badführung dem Becken wieder entzogen werden muss. Dies geschieht bei der KTL durch **Anodenboxen** in Verbindung mit einem Anolytkreislauf, durch den die überschüssige Essigsäure aus dem Becken entfernt wird.

Die Anodenboxen sind Kästen, die die Anodenbleche umhüllen. Durch geeignete Membrane als Wände der Anodenboxen (Dialysezellen) wird der elektrochemische

Prozess der Lackabscheidung aufrecht erhalten. Die überschüssige Essigsäure verbleibt innerhalb der Boxen und kann aus diesen durch Wasser herausgespült werden. Dies geschieht durch Zulauf von Wasser bei gleichzeitigem Abziehen der überschüssigen Säure aus den Boxen. Diese wird verdünnt und anschließend als Anolytflüssigkeit wieder in die Anodenbox geleitet (siehe hierzu Kapitel 6).

ETL-Materialen

Ein ETL-Material enthält Filmbildner, Pigmentpaste, wassermischbare, organische Lösemittel und Wasser. Bindemittel und Pigmentpaste machen den Hauptanteil des etwa 15 bis 25%igen Feststoffgehalts des Lacks aus. Lösemittel ist bis auf 1 bis 2% organischem Lösemittel Wasser. Außerdem enthält der Elektrotauchlack noch Neutralisationsmittel und Additive. Filmbildner für die kathodische ETL sind in erster Linie aminmodifizierte Epoxidharze. Diese werden durch Zugabe von Säure in eine wasserdispergierbare Form gebracht. Die nach der Abscheidung thermische Behandlung in einem Trockner führt zu einer chemischen Vernetzung unter Bildung des den Anforderungen entsprechenden Eigenschaftsbildes.

Zu den technischen Aspekten der Tauchlackieranlagen siehe Kapitel 6.

Prüfungsaufgaben

Aufgaben zum Thema Thema „Konventionelles Tauchen“

1. Was muss im Hinblick auf die Arbeitssicherheit beachtet werden?
2. Welches Problem ergibt sich durch eingetragene Luft beim Eintauchen?
3. Welche Vor- und Nachteile haben wasserverdünnbare Lacke beim Tauchen?
4. Welche Lacke sind auf keinen Fall einsetzbar?
5. Vervollständigen Sie die Tabelle:

Tabelle 4.3: Übersicht „Konventionelles Tauchen“

Vorteile des konventionellen Tauchens
Wie können die Verhältnisse im Bad konstant gehalten werden?
Bedeutung der Sauberkeit bei der Vorbehandlung
Was ist bei Hohlräumen des Beschichtungsstückes zu beachten?

Versuchsbeschreibung zum konventionellen Tauchen

Aus Pappe werden Beschichtungsobjekte mit unterschiedlichen, ca. 10 x 10 cm großen Oberflächen und einem Griff gebastelt. Anschließend sollen diese in einen stark lösemittelhaltigen Lack getaucht werden. Es sollte darauf geachtet werden, dass die zu tauchenden Oberflächen unterschiedlich ausfallen (z. B. ein Teil mit glatter Struktur, eines mit hervorstehenden Ecken, Hohlräumen, Löchern ...). Alternativ können die Objekte auch aus Metall oder Kunststoff in der Lehrwerkstatt oder in den Betrieben vorbereitet werden. Die Ergebnisse sollen in Tabelle 4.4 eingetragen werden. Dabei ist u.a. zu vermerken, wo Störungen wie Läufer oder andere Probleme zu beobachten sind.

Tabelle 4.4: Versuch „Konventionelles Tauchen“

	Probe a	Probe b	Probe c	Probe d
Zeichnerische Darstellung der Oberfläche im Querschnitt				
Beschreibung des Versuchsergebnisses				
Problemvermeidung durch konstruktive Veränderungen möglich?				

Aufgaben zum Thema „Verfahrensunterschiede“

1. Was kann über den pH-Bereich beider Verfahren (KTL und ATL) ausgesagt werden? Was passiert bei einer versehentlichen Vermischung von KTL- und ATL-Lacken?
2. Was ist aufgrund der elektrischen Schaltung bei der KTL für das Tauchbecken zwingend erforderlich? Was würde ansonsten passieren?
3. Was wird durch den Anolytkreislauf mit Dialysezellen verhindert?
4. Was kann über das Material des Tauchbeckens bei der ATL und der KTL ausgesagt werden?

Aufgaben zum Thema „Elektrochemische Grundlagen der KTL“

1. Woraus setzt sich der Lack beim kathodischen Tauchlackieren zusammen?
2. Was versteht man unter der Wasserelektrolyse? Welcher Nebeneffekt zeigt sich bei der Wasserelektrolyse?
3. Was sagt ein niedriger/hoher pH-Wert aus? Was hat dieser mit den Wasserstoffionen zu tun?
4. Was bildet sich an der Anode außer Sauerstoff beim kathodischen Tauchlackieren noch?
5. Was versteht man unter Acidität?
6. Was wissen Sie über Hydroxylionen?
7. Auf welchen Prozessen basiert die KTL?
8. Wie kann man das KTL-Harz dispergierfähig machen?
9. Was hat die KTL-Beschichtung mit der Elektrolyse zu tun?
10. Beschreiben Sie den grundlegenden Unterschied bei der Beschichtung von Kanten beim konventionellen Beschichten und bei der KTL-Beschichtung.
11. Was ergibt sich aus dem Umstand, dass der Lackfilm der KTL elektrisch nicht leitend ist?

4.1.4 Sonstige Verfahren im Überblick

4.1.4.1 Gießen

Ebene bzw. nahezu ebene Werkstücke (z.B. in der Möbelindustrie) können durch einen fließenden Lackvorhang („Curtain") transportiert werden und erhalten dadurch auf der oben liegenden Fläche einen gleichmäßigen Lackauftrag. Dieses Verfahren wird vornehmlich bei der Beschichtung von Holz- und Spanplatten, aber auch zur Papier- und Pappenlackierung eingesetzt. Die ausströmende Lackmenge kann durch Verstellen der Gießspaltbreite im Gießkopf dosiert werden. Eine bessere Feineinstellung erfolgt durch einen Unterdruck im Gießkopf. Überschüssiges Lackmaterial wird aufgefangen und über den Vorratsbehälter, den Gießkopf, wieder zugeführt. In den meisten Fällen sind Gießbeschichtungsanlagen mit zwei Gießköpfen ausgestattet, was einen Auftrag von zwei Nass-in-Nass-Schichten ermöglicht.

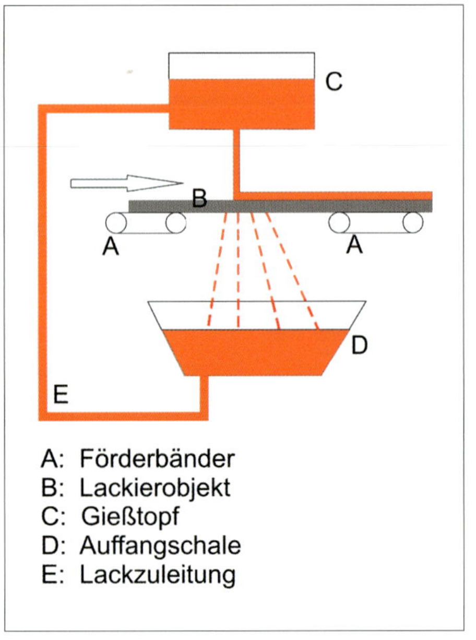

Abbildung 4.14: Gießen von Lack

Beim Gießverfahren werden die Werkstücke durch einen fließenden Lackvorhang („Curtain") transportiert.

4.1.4.2 Walzen

Im **Walzverfahren** werden lange Flachteile (Tafeln, Platinen, Bänder) sowohl ein- als auch beidseitig beschichtet. Der Lackauftrag erfolgt bei Metallbändern (Coils) direkt beim Bandhersteller. Mit Hilfe rotierender Gummiwalzen wird die Auftragsmenge über einen verstellbaren Spalt zwischen der Auftragswalze und einer Dosierwalze dosiert. Die Walzverfahren können je nach Qualitätsanforderung mit unterschiedlichen Prinzipien eingesetzt werden:

- → **Gleichlaufprinzip**, d.h. Auftragswalze und Werkstücke laufen in die gleiche Richtung
- → **Gegenlaufprinzip** (Reverseprinzip), d.h Auftragswalze läuft gegen die Werkstücktransportrichtung

Die Vorteile des Walzsystems sind eine gleichmäßige Schichtdicke, porenfreie Oberflächen und hervorragendes Aussehen der Beschichtung. Die beschichteten Bänder können z. B. als Fassadenverkleidungen oder Verkleidungsbleche in der Lkw-Anhängerfertigung weiterverarbeitet werden.

Beim so genannten **Coil Coating-Verfahren** (coil = Spule, Rolle) werden Blechrollen in einem fortwährenden Verfahren abgewickelt, entfettet, vorbehandelt, lackiert, gehärtet und wieder aufgewickelt. Damit der Prozess nicht unterbrochen werden muss, werden in Schlaufentürmen Bandreserven gelagert, die erst dann verwendet werden, wenn ein neues Coil an das Ende des vorherigen Bandes angeschweißt werden muss.

Beim Walzverfahren werden lange Bänder mit Hilfe rotierender Gummiwalzen beschichtet. Die Auftragsmenge wird über einen verstellbaren Spalt zwischen der Auftragswalze und einer Dosierwalze dosiert.

4.1.4.3 Rakeln

In der Papier- und Textilindustrie wird das Rakeln vor allem zum Beschichten endloser Bänder bzw. Bahnen eingesetzt. Ein Rakelmesser drückt dabei das Beschichtungsmaterial auf das durchlaufende Band. Gleichzeitig wird überflüssiges Material abgestreift und die Oberfläche geglättet.

4.1.4.4 Streichen, Rollen

Der Lackauftrag mit dem Pinsel ist eines der ältesten Beschichtungsverfahren. Dieses den handwerklichen zuzuordnende Lackierverfahren wird jedoch für Spezialaufgaben auch heute noch in der Industrie eingesetzt, vor allem

- → für Gitter- und Rohrkonstruktionen
- → zum Ausbessern und Nachlackieren von Lackierfehlern und Beschädigungen.

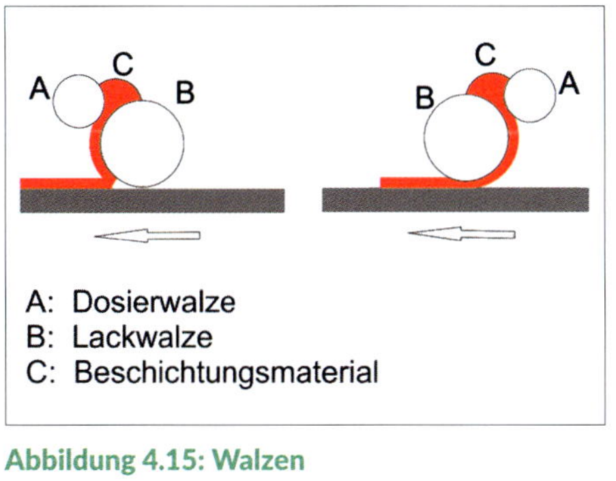

Abbildung 4.15: Walzen

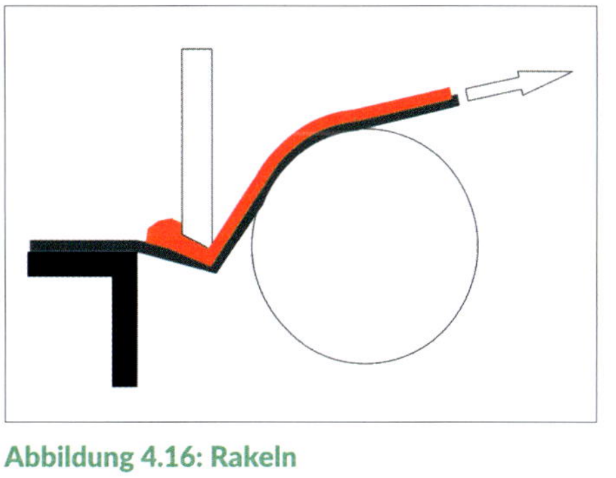

Abbildung 4.16: Rakeln

Modernere Beschichtungsverfahren haben den Pinsel, außer im handwerklichen Bereich, nahezu vollständig verdrängt. Große, ebene Flächen werden immer mehr mit einer Rolle beschichtet. Man unterscheidet zwischen Schwamm-, Fell-, Kurz- und Langhaarrolle, die dem Untergrund entsprechend angewendet werden.

4.1.4.5 Fluten

Beim Fluten wird das Lackmaterial aus Düsen über die Werkstücke gegossen (geflutet). Der überschüssige Lack läuft ab, wird in einer Wanne aufgefangen und mit Hilfe von Pumpen den Flutdüsen erneut zugeführt. Die Flutdüse(n) wird (werden) je nach Werkstückform und Qualitätsanforderung manuell, durch Roboter bzw. an Stativen mit definierter Ausrichtung eingesetzt.

4.1.4.6 Trommelverfahren

Das Trommelverfahren kommt vornehmlich bei der Beschichtung von Kleinteilen zur Anwendung. Die zu lackierenden Teile werden in eine Trommel gegeben, der man anschließend den dünnflüssigen Speziallack hinzu gibt. Durch das Rotieren der Trommel setzt sich der Lack auf allen Beschichtungsobjekten ab. Nach dem Herausnehmen und Abtropfen der Teile werden diese getrocknet.

4.1.4.7 Vakuumlackieren

Flüssiger Lack wird in eine Anlage gefüllt, die unter reduziertem Druck steht. Dies wird durch einen kräftigen Luftsog bewirkt. Dadurch wird der Lack in entsprechenden Kammern nach oben gerissen und vernebelt. Durch den so entstehenden Lacknebel hindurch wird das Beschichtungsobjekt transportiert.

4.1.4.8 Zentrifugieren

Kleine Massenteile werden in eine Drahttrommel gefüllt und anschließend in ein Lackbad getaucht. Danach wird der Behälter aus dem Lackbad gezogen und in Rotation versetzt. Dabei entsteht durch die schnelle Drehung eine Fliehkraft, durch die das überschüssige Lackmaterial abgeschleudert wird. Bei diesem Verfahren können sehr dünnflüssige Lacke verarbeitet werden.

4.1.4.9 Rotationsbeschichtung (Spin-Coating)

Die Rotationsbeschichtung, auch Spin-Coating oder Schleuderlackierung genannt, ist ein Verfahren zum Auftragen von gleichmäßigen und dünnen Schichten. Im Gegensatz zum Hochrotationsverfahren wird hier nicht das Beschichtungsorgan, sondern das Beschichtungsobjekt selbst gedreht. Brillengläser, Compact Disks und

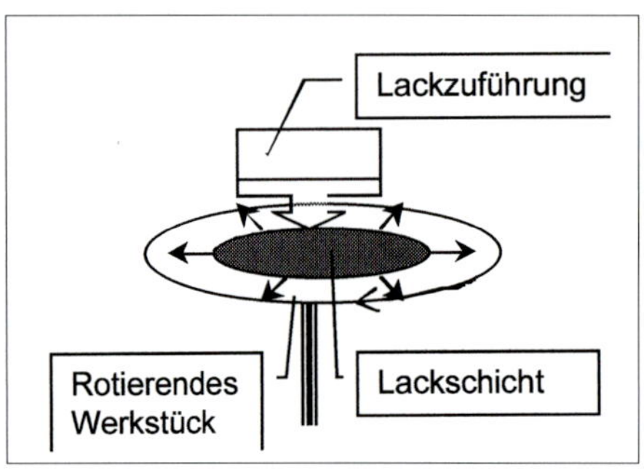

Abbildung 4.17: Schleuderlackieren
Quelle: Jahrbuch 2017

andere Werkstücke werden dabei auf einem Drehteller mittels Vakuumansaugung an der Unterseite fixiert. Der Lack (oder auch Sol-Gel-Material, eine anorganische Netzwerkstruktur auf Basis von Silizium für z.B. kratzfeste Beschichtungen von Kunststoff) wird dann über dem Rotationsmittelpunkt aufgetragen. Die Fliehkraft, die wir alle vom Karussell fahren her kennen, sorgt dafür, dass der Lack nach außen über das Werkstück geschleudert wird und es dabei beschichtet. Die Schichtdicke lässt sich über die Drehzahl und die Zeit einstellen. Eventuell überschüssiges Material wird abgeschleudert.

4.1.5 Anorganische und metallische Beschichtungen

4.1.5.1 Emaillieren

Das Emaillieren unterscheidet sich von den anderen Beschichtungsverfahren weniger durch ein anderes Auftragsverfahren, sondern durch die Materialeigenschaften des Emails. Während es sich bei Lacken um z.B. aus Erdölprodukten hergestellte, also organische Beschichtungsstoffe handelt, ist die Emaillierung ein fest haftender, anorganisch-glasiger Überzug. Ein emaillierter Gegenstand aus dem täglichen Leben ist eine Bade- oder Duschwanne. Spätestens, wenn man alte Badewannen auf den Weiden als Trinkgefäße für die Kühe entdeckt, kennt man den großen Vorteil emaillierter Gegenstände: emaillierte Metalloberflächen sind dauerhaft korrosionsgeschützt, da beim Emaillieren ein neuer Verbundwerkstoff entsteht. Zu den emaillierfähigen Metallen zählen Stahl, Grauguss, Aluminium und Edelstahl. Darüber hinaus gibt es noch die so genannten Schmuckemaillierungen auf Kupfer, Silber oder Gold. Durch völliges oder teilweises Schmelzen entsteht eine glasartige Masse bestehend aus anorganischen Oxiden, die in einer oder mehreren Schichten mit ver-

Abbildung 4.18: Badewannenemaillierung durch einen Spritzroboter
Quelle: Bette GmbH & Co.KG

Abbildung 4.19: Emaillieren (Handapplikation) Quelle: Fa. Kaldewei

schiedenen Zusätzen aufgetragen und danach bei Temperaturen über 450 °C geschmolzen werden.

Die Grundstoffe zur Emaillierung sind **Emailfritten**. Bei Temperaturen von rund 1200 °C werden die Rohstoffe Quarz, Feldspat, Borax, Soda, Pottasche, Aluminiumoxid und haftungsbildende Metalloxide geschmolzen. Dieser Schmelzprozess erfolgt in rotierenden Trommelöfen oder in großen Wannenöfen. Abhängig vom Abschreckvorgang der Schmelze entstehen bei der Kühlung schuppenförmige Flakes zwischen den Walzen oder körnige Granalien beim Abschrecken in Wasser. Auf den Untergrund wird schließlich der Emailschlicker aufgetragen. Der Emailschlicker ist eine Suspension, die entsteht, wenn Emailfritten mit Ton, Quarz, Stellsalzen und eventuell Farbkörpern nass vermahlen werden. Elektrostatisch abscheidbare Pulver werden durch eine Trockenvermahlung der Emailfritten hergestellt. Aufgetragen wird Email in einer oder mehreren Schichten nass (mit Emailsuspensionen) oder trocken (mit Emailpulver oder -puder). Der Nass-Emailauftrag kann durch Spritzen (siehe Spritzverfahren), Fluten oder Tauchen von Hand oder maschinell erfolgen. Für die Serienbeschichtung können automatisierte Auftragsverfahren wie die Elektrotauchlackierung (ETE) oder elektrostatische Beschichtungsverfahren zum Einsatz kommen.

Die Emaillierung ist ein fest haftender, anorganisch-glasiger Überzug.

4.1.5.2 Plasmaspritzen

Ein Beschichtungsverfahren für das Aufbringen dünner Metallschichten, das sich insbesondere bei der industriellen Beschichtung von Kesseln und Rohren (vor Ort oder beim Beschichter) bewährt hat, ist das Plasmaspritzen. Dabei wird die zum Aufschmelzen des Spritzwerkstoffes notwendige Energie durch ein Plasma erzeugt. Im vorderen Gehäuseteil der Plasmapistole wird ein Lichtbogen gezündet. Über einen Injektor wird ein Gas zugeführt, welches sich dabei aufheizt. Bei diesem Gas handelt es sich entweder um Argon oder, bei der Verarbeitung spezieller Werkstoffe, zusätzlich um Helium, Wasserstoff oder Stickstoff. Bedingt durch die Gasaufheizung werden Ionisierungsvorgänge bewirkt, die ein elektrisch leitfähiges Gas entstehen lassen, das **Plasma** genannt wird. Durch den Ionisierungsvorgang vergrößert sich außerdem das Volumen des Gases um ungefähr das Hundertfache. Durch die Geometrie der düsenförmigen Kupferanode werden vom Plasmastrahl Geschwindigkeiten bis zur zweifachen Schallgeschwindigkeit erreicht. Die Temperatur des Plasmastrahls beträgt beim Einsatz von Argon ca. 18.000 °C. Bei solch hohen Temperaturen ist eine intensive Kühlung mit Wasser bei einem hohen Druck (ca. 18 bar) notwendig. Das Plasma verlässt die Pistole als Strahl und der aufzubringende, pulverförmige Werkstoff wird über einen Argon-Gasstrom zugeführt, durch diesen aufgeschmolzen und zur Beschichtungsfläche hin beschleunigt [6].

4.1.5.3 Verzinkung

Zink eignet sich aufgrund seiner elektrochemischen Eigenschaften und der Bildung von dichten Oxidschichten hervorragend als anorganisches Überzugsmittel für Werkstoffe aus Stahl. Wegen seiner hohen Elektronegativität „opfert" sich Zink, wenn ungeschütztes Eisen sich in einer chemischen Wechselwirkung mit Sauerstoff und Wasser befindet. Das Prinzip des Korrosionsschutzes beruht auf der elektrochemischen Spannungsreihe. In dieser ist aufgeführt, dass Zink unedler als Eisen bzw. Stahl ist. Das heißt, dass Zink unter korrosionsfördernden Bedingungen eher in Lösung geht als Eisen (Prinzip der Opferanode). Die dabei entstehenden Zink-Ionen bilden mit Wasser und Sauerstoff eine sehr dichte, gut haftende Schicht, die das Eisen vor Korrosion schützt. Bei Beschädigungen an einer **verzinkten Oberfläche** gibt also Zink Elektronen ab und schützt damit das Eisen so lange vor Korrosion, bis es vollständig verbraucht ist. An mechanisch verletzten Stellen bildet sich Zinkoxid [7].

Das Überziehen des Werkstücks mit Zink kann auf verschiedene Arten erfolgen. Besonders feste, dünne Zinkschichten entstehen, wenn das metallische Zink aus Zinksalzbädern elektrochemisch auf der Eisenoberfläche abgeschieden wird. Werden hingegen hohe Schichtdicken (<50 µm) verlangt, ist die Methode des Feuerverzinkens vorzuziehen. Für das **Feuerverzinken** muss eine saubere Stahloberfläche, die frei ist von Farbrückständen einer alten Lackierung oder Rückständen wie Rost und Zunder, vorliegen. Vor der eigentlichen Feuerverzinkung wird das Objekt deshalb entsprechend vorbehandelt. Dies geschieht mithilfe von Strahl- und Schleifverfahren (mechanische Vorbehandlung) oder mit mithilfe von Säuren (chemische Vorbehandlung). Zur Vorbereitung des Werkstücks werden zudem Löcher für Zu- und Abfluss des Zinks in Hohlräume gebohrt. Würde dies nicht geschehen, würde sich das Zink in den Hohlräumen sammeln und Luft sowie Feuchtigkeit eingeschlossen werden, was zu gefährlichen Überdrücken und Explosionen im Zinkbad führen würde [8]. Danach durchläuft das zu verzinkende Objekt mehrere Entfettungsbäder. Im Anschluss an die Entfettung wird das Beschichtungsobjekt durch verschiedene Beizbäder (Vorbeize, Feinbeize) gefahren. Dazwischen werden die Objekte ebenfalls wieder abgespült. Die Beizbäder sorgen für eine leicht angeätzte Oberfläche und entfernen leichte Korrosionsschichten. Zwischen den einzelnen Bearbeitungsstationen werden die Werkstücke immer wieder abgespült, um eine Vermischung der Badmaterialien zu vermeiden. Das garantiert eine gute Haftfestigkeit der späteren Feuerverzinkung. Danach wird das zu beschichtende Objekt aus Eisen oder Stahl in geschmolzenes Zink (450 °C) getaucht. Durch das Tauchen werden auch Innenteile, Schweißnähte und unzugängliche Stellen gut erreicht. Bei der anschließenden Abkühlung an der Luft bildet das Zink sofort eine harte, widerstandsfähige Schicht. Die Schichtdicke liegt zwischen 50 und 150 µm. Nach der Beschichtung ist die Zinkschicht glänzend und danach eine Zeitlang metallisch-kristallin. Infolge der Korrosion vergraut die Zinkschicht im Laufe der Zeit. Eine weitere Lackbeschichtung (das so genannte „Duplex- System") verbessert den Korrosionsschutz, wenn der Lack für Zinkuntergründe geeignet ist. Eine verzinkte Oberfläche muss vor einer nachfolgenden Beschichtung entsprechend vorbehandelt werden (z.B. durch Strahlen; Sweepen3). Die Feuerverzinkung hat ein sehr breites Anwendungsspektrum. So werden zum Beispiel Leitplanken, Balkongeländer, Treppenanlagen, komplette PKW-Karosserien und Rohre voll verzinkt. Es ist ebenfalls möglich, komplette Stahlbänder (Coils) industriell zu verzinken. Dieses Verfahren nennt sich kontinuierliche Bandverzinkung.

4.1.5.4 Eloxieren/Anodisieren

Bei diesem Verfahren handelt es sich um einen Beschichtungsprozess, der ausschließlich für die Aluminiumbeschichtung genutzt wird. **Eloxal** steht für **El**ektrolytische **Ox**idation von **Al**uminium mit der internationalen Bezeichnung Anodisieren. Im Normalfall bildet Aluminium eine schützende Oxidschicht (ca. 0,1 bis 0,5 µm dick). Durch das Eloxal-Verfahren lässt sich dieser Prozess optimieren. Die anodische Oxidation (Eloxierung) wandelt die Metalloberfläche in eine dichte und sehr harte Oxidschicht um, die fest mit dem Grundmaterial verbunden ist und damit für einen guten Korrosionsschutz sorgt. Desweiteren bietet die Anodisation aufgrund der dünnen Schicht die Möglichkeit, dem Aluminium eine durch Interferenz farbgebende Beschichtung zu verleihen. Sie bietet Schutz gegen mechanische Einflüsse, ist witterungs- und korrosionsbeständig. Da die Oxidschicht transparent ist, bleibt das charakteristische metallische Aussehen des Materials erhalten. Es ist auch möglich, der Eloxalschicht farbige Metalloxide beizumischen, um so noch vielfältigere farbige Oberflächen zu erhalten. Dabei lagert sich der Farbstoff in die Schicht ein und bleibt so vor schädlichen Umwelteinflüssen geschützt.

Im Vorfeld der Eloxierung muss das Aluminiumobjekt entsprechend vorbehandelt werden. Hierbei unterscheidet man die chemische Vorbehandlung durch Beizen in alkalischer Lösung und die mechanische Vorbehandlung, z.B. durch Bürsten, Schleifen oder Polieren. So können unterschiedliche Oberflächeneffekte erzielt werden (Mattierung, Schliff, Glanz). Zudem wird mithilfe des Beizverfahrens die Oberfläche leicht angeätzt, um eventuell vorhandene Schmutzpartikel und Oxidschichten zu entfernen. Erzeugt wird die Eloxalschicht in einem mit Elektrolyten (z.B. Schwefelsäure) gefüllten Bad (im Tauchverfahren) mit elektrischer Leitfähigkeit. In dem Bad wird das zu eloxierende Material als Anode (positiv) geschaltet. Die Kathode (negativ) befindet sich am Badrand [9]. In einer sehr komplexen elektrochemischen Reaktion entsteht die gewünschte Eloxalschicht als Aluminiumoxid. Zuerst bildet sich eine eher dünne, aber geschlossene Sperrschicht. Wächst die Schicht weiter an, entstehen kapillarähnliche Poren. Die nach dem Eloxalbad offenporige Oberfläche bietet die einzigartige Möglichkeit, unterschiedliche Farbstoffe in diese Poren einzulagern. Die Farbstoffe lagern also nicht auf der Oberfläche, sondern in der Eloxalpore und sind somit völlig geschützt. Der letzte Verfahrensschritt ist das Verdichten der Poren. Hier entsteht unter Einwirkung von vollentsalztem Wasser bei 100 °C Aluminiumhydroxid. Das transparente Aluminiumhydroxid bildet sich in der Pore und verschließt sie hermetisch, so dass die Farbstoffe zusätzlich geschützt sind. Eloxierungen im Bereich von 20 bis 25 µm Schichtdicke finden vor allem im Bereich des Korrosionsschutzes ihre Einsatzgebiete, so zum Beispiel in der Bauindustrie, im Bereich der Automobilteile und der Haushaltsgegenstände. Liegen die Schichtdicken im Bereich von 8 bis 20 µm, dienen diese Beschichtungen vor allem dekorativen Zwecken (z.B. Türbeschläge).

4.2 Pulverbeschichtung

4.2.1 Grundlagen der elektrostatischen Pulverbeschichtung

Abbildung 4.20: Automatische Pulverlackieranlage Quelle: Coatinc Compony Holding

Beim elektrostatischen Pulverbeschichten wird ein elektrisch leitfähiger Werkstoff mit Pulverlacken beschichtet. Die Pulverteilchen werden bei der Verarbeitung – das sind feinstgemahlene, feste Polymere, je nach Einsatzgebiet mit und ohne Pigment und Füllstoff – durch **Hochspannung** oder **Reibung** elektrostatisch aufgeladen. Eine weitere Möglichkeit ist das Eintauchen eines erhitzten Werkstücks in fluidisiertes Pulver (vgl. Kap. 4.2.3).

Das elektrostatische Pulverbeschichten gehört zu den umweltverträglichsten und wirtschaftlichsten industriellen Beschichtungsverfahren. Nachdem man in den 40er und 50er Jahren des letzten Jahrhunderts Produkte mit dem Wirbelsinterverfahren beschichtet hatte, wurden bereits in den sechziger Jahren des letzten Jahrhunderts Pulverlacke elektrostatisch appliziert. Der eigentliche Siegeszug begann in den frühen 70er Jahren, auch wenn das Wachstum des Pulverlackmarktes bis 1980 zunächst nur gering war. Der Grund hierfür war, dass die Anlagen bis dahin zu teuer waren. Zudem waren die Schichtdicken für eine wirtschaftliche Anwendung in der Regel zu hoch. Bedingt durch verbesserte Herstellungs- und Applikationsverfahren, aber auch durch verschärfte Umweltgesetzgebung wuchs der Markt für Pulverlackierungen seit den frühen 80er Jahren stetig. Auch wurden neue Anwendungsgebiete (Coil Coating, MDF-Beschichtung u.a.) erschlossen, so dass die Pulverbeschichtung auch in den kommenden Jahren an Bedeutung gewinnen wird.

Als Vorteile von Pulverlacken sind unter anderem zu nennen:

- → Umweltfreundlichkeit
- → hoher Festkörpergehalt
- → Lösemittelfreiheit
- → einfache Verarbeitung und Verarbeitungssicherheit
- → Wirtschaftlichkeit
- → keine Nachhärtung

4.2.2 Elektrostatische Verarbeitung

4.2.2.1 Corona-Aufladung

Beim Corona-Sprühsystem wird die (negative) Aufladung der Pulverteilchen durch Anlagerung freier Elektronen und Luftionen bewirkt, die in einem angelegten Hochspannungsfeld mit einer Elektrode im Innern der Pistole oder beim Pulveraustritt erzeugt werden. Die Luftionen und Elektronen lagern sich hauptsächlich durch „Elektronenbeschuss" in der Region der Elektrode, dem Bereich der **„Corona"**, an den Pulverpartikeln an. Die geladenen Pulverteilchen wandern nun entlang den Feldlinien zum entgegengesetzt geladenen Beschichtungsobjekt. Dieses ist das erste geerdete Teil, das die Pulverteilchen erreichen. Hier bleiben die ionisierten Teilchen haften und erzeugen eine Gegenladung. Da das elektrisch negativ geladene Pulver nicht leitend ist, kann eine Ladung vom Pulver nicht abfließen. Dies hat zur Folge, dass im elektrisch leitenden Werkstück die frei beweglichen Elektronen – wegen der Abstoßung gleicher Ladungen – zur Erde abgeleitet werden. Die so entstehenden **Bildkräfte** bewirken über einen langen Zeitraum starke Anziehungskräfte zwischen Pulverlack und Lackierobjekt. Auch an senkrechten Flächen bleiben diese Kräfte bis zum Einlauf in den Trockner erhalten.

Beim Corona-Sprühsystem wird die (negative) Aufladung der Pulverteilchen durch Anlagerung freier Elektronen und Luftionen bewirkt, die in einem angelegten Hochspannungsfeld mit einer Elektrode im Innern der Pistole oder beim Pulveraustritt erzeugt werden.

Am häufigsten werden Pistolen mit Außenaufladung eingesetzt. Hier werden die Pulverteilchen erst nach dem Verlassen der Pistole geladen, mit dem Vorteil, dass es kaum Verschmutzungen der Pistole gibt. Pistolen mit Innenaufladung benötigen neben der Aufladeelektrode zusätzlich eine Erdung im Pistolenkörper, die wiederum leicht verschmutzen kann.

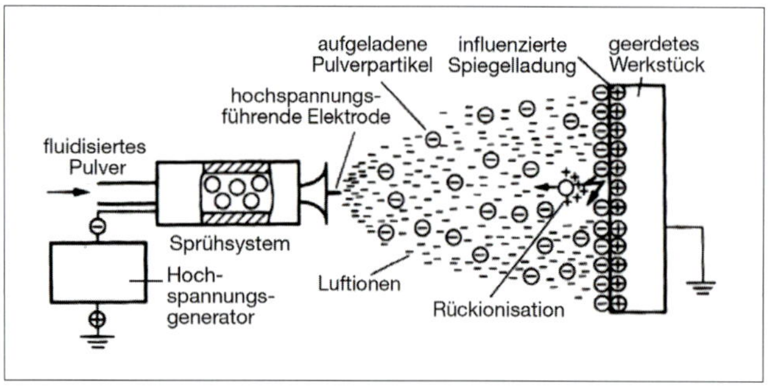

Abbildung 4.21: Schema der Sprühpistolen mit Außenaufladung
Quelle: BASF Handbuch Lackiertechnik

Abbildung 4.22: Corona-Handapplikation
Quelle: Wuppermann Systemtechnik GmbH

4.2.2.2 Triboaufladung

Bei der Triboaufladung **(Reibungsaufladung)** erfolgt der Übergang von Ladungsträgern zwischen dem Pulverlackteilchen und einer Reibfläche im Pulverrohr. Dies geschieht auf Grund grenzflächenspezifischer Ladungsverschiebungen, die unabhängig von einem äußeren elektrischen Feld sind. Der Pulverlack durchläuft mit hoher Geschwindigkeit einen Kunststoffkanal aus „Teflon" (PTFE). „Teflon" wird auch als Antihaftbeschichtung für Bratpfannen verwendet. Es hat eine sehr unpolare, glatte Oberfläche und verhindert das Anhaften. Das Pulver kann sich also bei hoher Geschwindigkeit an dieser Oberfläche reiben, ohne ‚festzukleben'. Die Pulverlackteilchen geben dabei Elektronen ab, so dass der Beschichtungsstoff positiv geladen ist.

Der zu durchströmende Kanal muss so beschaffen sein, dass alle Pulverteilchen für eine ausreichend lange Zeit dieser Reibung ausgesetzt sind. Luftturbulenzen müssen diesen Vorgang so verstärken, dass die Oberfläche möglichst aller Partikel gestreift wird. Bei der Ladungsübertragung wird auf der ladenden Oberfläche eine hohe Gegenladung erzeugt, die zur Unterbrechung des Prozesses führen würde. Aus diesem Grund ist dafür zu sorgen, dass diese Gegenladung zur Erde abfließen kann.

Bei der Triboaufladung (Reibungsaufladung) erfolgt der Übergang von Ladungsträgern zwischen den Pulverlackteilchen und einer Reibfläche im Pulverrohr.

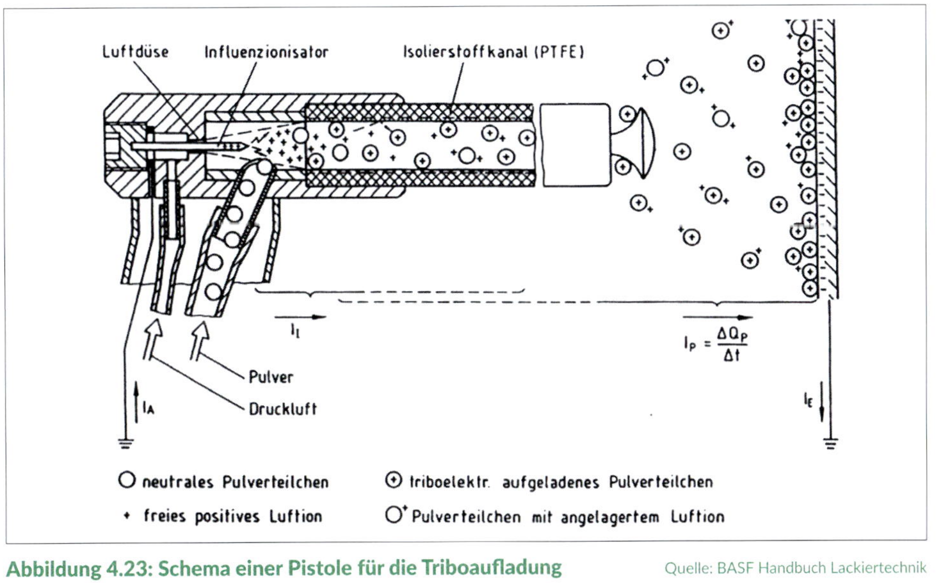

Abbildung 4.23: Schema einer Pistole für die Triboaufladung Quelle: BASF Handbuch Lackiertechnik

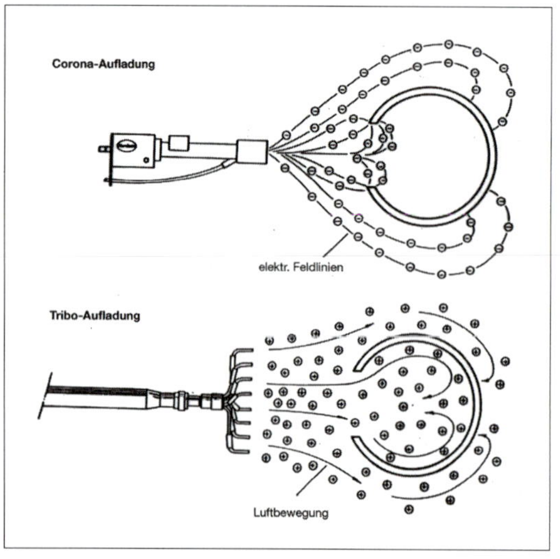

Abbildung 4.24: Abscheidung der Pulverteilchen bei Corona- und Triboaufladung

Quelle: BASF Handbuch Lackiertechnik

4.2.2.3 Vergleich Corona- und Triboaufladung

Im Gegensatz zur Corona-Applikation spielt das Triboverfahren in der Praxis eine untergeordnete Rolle. Ein wichtiger Grund hierfür ist die geringere Leistungsfähigkeit. Der Materialausstoß ist geringer und häufig sind bei größeren Flächen mehrere Pistolen notwendig. Ebenso nachteilig ist die stärkere Beeinflussung durch Luftströmungen, weil hier das äußere Feld fehlt. Abgesehen davon, können nicht alle Pulvermaterialien eingesetzt werden.

Ein Vorteil des Triboverfahrens ist, dass Nischen und Hohlräume problemloser zu beschichten sind, weil elektrische Feldlinien fehlen und nur der Luftstrom selbst die Richtung des Pulverwegs beeinflusst.

Probleme mit dem Triboverfahren können aber dann auftreten, wenn unkontrollierte Luftströme in der Kabine den Transportweg von der Pistole zum Beschichtungsobjekt kreuzen.

Abbildung 4.25: Corona-Pistole

Quelle: Wagner Group

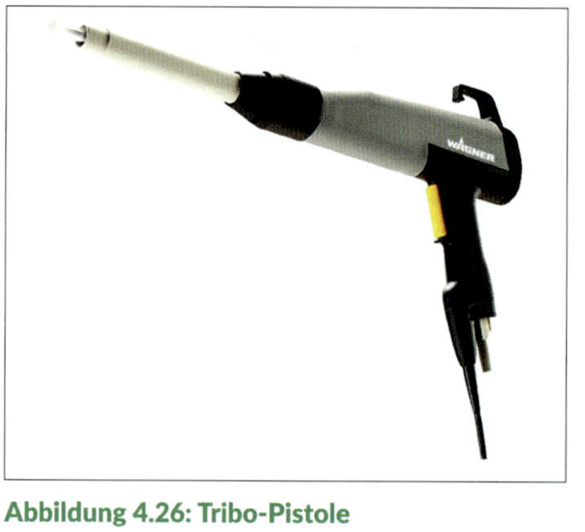

Abbildung 4.26: Tribo-Pistole

Quelle: Wagner Group

Fazit: Sollen große Flächen möglichst schnell beschichtet werden, ist die Coronaaufladung vorzuziehen. Wenn bei der Beschichtung nicht die Schnelligkeit im Vordergrund steht und das Lackierobjekt zu beschichtende Hohlräume und Vertiefungen aufweist, stellt die Tribotechnik meist eine sinnvolle Alternative dar.

Die anlagentechnischen Voraussetzungen sind zudem eher gering. Zu den weiteren Bestandteilen einer Pulverbeschichtungsanlage für die automatische Beschichtung gehören normalerweise eine Vorbehandlung, ein Wassertrockner, die Beschichtungszone, der Einbrennofen sowie das Fördersystem. Kleine Lohnbeschichtungsunternehmen mit geringen Stückzahlen kommen häufig mit einer kleinen Kabine zur Handbeschichtung aus. Diese kann vom Platzbedarf her in jeder Produktionsstätte platziert werden. Verwendung findet die Pulverbeschichtung u.a. bei Aluminiumfassaden, Möbeln, Regalsystemen, (Alu-)Fenstern, Gehäusen, Gartenmöbeln, Fahrrädern und Zäunen.

4.2.3 Wirbelsinterverfahren

Alternativ kann das Pulver durch Wirbelsintern aufgebracht werden. Bei diesem heute eher selten angewendeten Verfahren wird ein über die Schmelztemperatur des Pulverlacks erhitztes Werkstück kurz in ein mit Hilfe von Druckluft fluidisiertes (durch Luft aufgelockertes) Pulver, in der Regel Thermoplaste, getaucht. Durch die Hitze des Werkstücks schmilzt das an der Oberfläche haften gebliebene Pulver und überzieht die Oberfläche mit einer geschlossenen Lackschicht.

Beim Wirbelsintern wird ein erhitztes Werkstück kurz in ein mit Hilfe von Druckluft fluidisiertes (flüssigkeitsähnliches) Pulver getaucht.

Prüfungsaufgaben

Aufgaben zum Thema „Druckluftspritzen/Airless-Spritzen"

1. Beschreiben Sie mit Hilfe von Abbildung 4.2 (Schnittbild einer Spritzpistole), welche Möglichkeiten der Einstellung (Spritzkegelform, Materialmenge und Luftdruck) ein Verfahrensmechaniker für Beschichtungstechnik bei einer Druckluft-Spritzpistole hat.
2. Was wissen Sie über den Spritzabstand bei einer Hochdruck-Spritzpistole im Vergleich zu einer HVLP-Spritzpistole. Wie ist der Unterschied zu erklären?
3. Vergleichen Sie den Luftverbrauch einer Saugbecherpistole mit dem einer Druckbecherpistole.

Aufgaben zum Thema „Elektrostatische und elektrostatische Verfahren“

1. Was wissen Sie über die Beschichtung von Ecken und Kanten bei den elektrostatischen Beschichtungsverfahren? Wie kommt es dazu?
2. Warum werden Hohlräume beim elektrostatischen Beschichten nicht bzw. nur sehr schwach beschichtet?
3. Überlegen Sie, warum bei den Hochrotationsglocken die Kanten unterschiedliche Rändelungen aufweisen (vgl. Abb. 4.11).

Aufgaben zum Thema „Pulverbeschichtung“

1. Erläutern Sie die Unterschiede zwischen dem Corona- und dem Triboverfahren. Benennen sie die Vor- und Nachteile bei der Beschichtung mit dem Tribo- und dem Coronaverfahren.
2. Überlegen Sie, wie es möglich gemacht werden könnte, auch nichtleitende Substrate elektrostatisch mit Pulver zu beschichten.

Aufgaben zum Thema„Beschichtungsverfahren (allgemein)“

1. Fertigen Sie auf einem Poster eine Tabelle mit allen in diesem Buch beschriebenen Beschichtungsverfahren an. Die Tabelle soll die folgenden Punkte enthalten:
   - → Name des Verfahrens
   - → Art des Verfahrens (handwerkliches/industrielles Verfahren)
   - → Auftragsrichtung (Beschichtungsmaterial zum Objekt oder umgekehrt)
   - → Skizze des Verfahrens
   - → Vorwiegende Beschichtungsobjekte (z. B. Möbel)
   - → Kurzbeschreibung des Verfahrens
2. Führen Sie eine Bewertung der Verfahren unter umweltspezifischen Gesichtspunkten durch. Überlegen Sie dabei:
   - → Wird Beschichtungsstoff verschwendet?
   - → Kann man Beschichtungsstoff, der nicht auf dem Objekt bleibt, wieder verwenden?
   - → Wie viel Energie wird schätzungsweise verbraucht?
3. Benennen Sie den wesentlichen Unterschied zwischen handwerklichen und industriellen Beschichtungsverfahren und begründen Sie damit, warum der Beruf Verfahrensmechaniker für Beschichtungstechnik dadurch besonders wichtig ist.
4. Welches Beschichtungsverfahren wird Ihrer Meinung nach das Verfahren der Zukunft werden?

Projektaufgabe zum Thema „Pulverlack“

Wie man dem einführenden Dialog zum Kapitel 4 entnehmen konnte, soll Mirko einen Fachvortrag über das Thema Pulverlack und Pulverbeschichtung halten.

Bereiten Sie eine Präsentation zum Thema Pulverlack und Pulverbeschichtung vor. Suchen Sie dazu im Text sowie in anderen Quellen die dafür notwendigen Informationen heraus. Alle im Vortrag zu erwähnenden Punkte können individuell festgelegt werden. Abschließend soll die Präsentation im Betrieb oder in der Schule vorgestellt werden.

Möglichkeiten der Präsentation:

- → Beamerpräsentation mit Hilfe entsprechender Programme, wie z. B. Powerpoint
- → Präsentation mit Hilfe eines Tageslichtprojektors und Folien
- → Präsentation mit Hilfe eines selbst gestalteten Infoposters

Projektaufgabe zum Thema „industrielle Applikationsverfahren“

Bei der industriellen Beschichtung gibt es eine Fülle von Auftragsverfahren. Der Verfahrensmechaniker für Beschichtungstechnik sollte auch die Verfahren kennen, die in seinem Betrieb keine Berücksichtigung finden.

Gestalten Sie eine Broschüre, in der die wesentlichen industriellen Beschichtungsverfahren dargestellt werden. Jede Beschichtungstechnik soll im Heft wie folgt dokumentiert werden:

- → mindestens eine Doppelseite pro Technik (Heft dementsprechend einteilen)
- → für jede Beschichtungstechnik soll ein Piktogramm entworfen werden
- → es soll jeweils deutlich werden, welche Objekte hauptsächlich mit dem Verfahren beschichtet werden
- → jedes Verfahren soll mit Hilfe von Texten, Zeichnungen, Bildern etc. dargestellt werden
- → die Titelseite darf frei gestaltet werden
- → die beiden ersten Seiten sollen eine kurze Einführung in das Thema enthalten
- → Die Hefte können mit Hilfe des PC gestaltet werden (keine Auflage).

Literaturhinweise

[1] A. Goldschmidt, H.-J. Streitberger: „BASF Handbuch der Lackiertechnik“, Vincentz Network, Hannover, S. 534 (2002)

[2] http://www.lackieren-und-umwelt.de

[3] http://www.glasurit.com

[4] http://www.kremlin.ch/de/wichtigesfuerlackierer/techniken/airmix.php (5/2013)

[5] A. Goldschmidt, H.-J. Streitberger: „BASF Handbuch der Lackiertechnik“, Vincentz Network, Hannover, S. 549 (2002)

[6] http://www.haeuser-co.de (5/2013)

[7] A. Goldschmidt, H.-J. Streitberger: „BASF Handbuch der Lackiertechnik“, Vincentz Network, Hannover, S. 466 (2002)

[8] http://www.feuerverzinken.com

[9] http://www.alutecta.de

5 Filmbildung

Ein Auto mit Orangenhaut?

Mario zeigt Mirko sein neues Auto.

Mario: Hey, Mirko, hast du schon mein tolles neues Auto gesehen?

Mirko: Meinst du das mit der Perlglanzlackierung?

Mario: Genau, tolle Lackierung was?

Mirko: Der Glanz ist nicht schlecht, aber der Verlauf hätte besser sein können!

Mario: Hä, was meinst du denn damit?

Mirko: Sieh dir mal das Spiegelbild von dem Fenster auf der Lackierung an.

Mario: Die Rahmen sehen ja ganz wellig aus.

Mirko: Genau, und so was nennt man Orangenhaut, das sind großwellige Verlaufsstörungen. Weißt du, bei der Filmbildung, also wenn der nasse Beschichtungsstoff aufgebracht wird, muss dieser zu einem glatten Film verlaufen. Da der Lack in der Regel versprüht wird, entstehen Lackberge und Täler bei der Vereinigung der kleinen und großen Tropfen.

Mario: Heißt das, dass mein Lack nach der Verarbeitung nicht ausreichend verlaufen ist?

Mirko: Ja, dafür gibt es vielfältige Gründe.

Prüfungsaufgabe

Vervollständigen Sie Mirkos Antwort, indem Sie mögliche Gründe für die entstandene Orangenhaut angeben.

5.1 Allgemeines

Die sich an die Verarbeitung der Beschichtungsstoffe anschließende Filmbildung ist ein komplexer, verfahrenstechnischer, physikalischer und chemischer Prozess.

Wegen der unterschiedlichen Qualitätsanforderungen, der verschiedenen Verarbeitungsverfahren und der zahlreichen Werkstoffe bzw. konstruktionsbedingten Unterschiede ist es schwierig, Filmbildeprozesse einheitlich zu beschreiben.

Alle Lackierungen gehen bei ihrer Entstehung trotz unterschiedlicher Ansprüche den gleichen Weg. Sie verwandeln sich nach ihrer Verarbeitung in einen geschlossenen Film, um sich anschließend zu verfestigen. Dabei muss ein glatter, elastischer, mechanisch fester und gleichzeitig gut haftender Film entstehen. Die Fließeigenschaften des Beschichtungsstoffes sind deshalb nicht nur auf die Verarbeitung des Beschichtungsstoffes, sondern in gleicher Weise auch auf die sich anschließende Filmbildung abzustimmen. Unter dem Begriff **Filmbildung** verbirgt sich also das nach der Lackapplikation stattfindende:

- → Benetzen
- → Verlaufen
- → Verfestigen durch physikalische Trocknung und/oder chemische Härtung

5.2 Benetzen und Verlaufen

Das direkt nach der Spritzapplikation entstandene Tropfengebirge – bestehend aus Lacktälern und -bergen – muss zunächst niedrigviskos sein, um alle bei der Vereinigung der Lacktröpfchen verbleibenden Hohlräume zu verschließen und gleichzeitig oder anschließend zu einem glatten Film zu verlaufen. Oberflächenspannung und Viskosität sind in diesem Zusammenhang wichtige **Benetzungs**- und **Verlaufsgrößen.**

Bei dem verflüssigten Beschichtungsmaterial, sei es durch Zugabe von Lösemitteln oder Erwärmen, muss die Oberflächenspannung niedrig genug sein, um ein Spreiten (Benetzen) der auf das Lackierobjekt auftreffenden Tropfen zu bewirken. In vielen

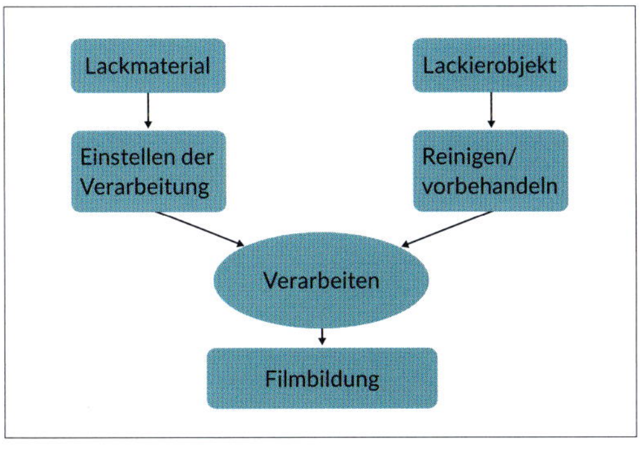

Abbildung 5.1: Optimale Filmbildung durch Anpassung von Lack und Werkstück

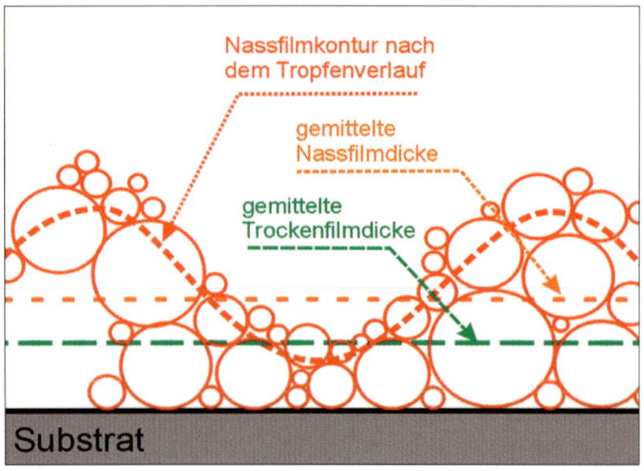

Abbildung 5.2: Anfangszustand eines durch Spritzapplikation hergestellten Films

Fällen ist es deshalb notwendig, zur Verbesserung der Benetzbarkeit die Oberfläche des Lackierobjekts entsprechend vorzubehandeln. Dies kann dadurch geschehen, dass dem eigentlichen Lackierprozess eine Entfettung und bei Metallen zusätzlich ein Beizprozess mit anschließender Phosphatierung vorgeschaltet wird.

Wichtig ist, dass das Lackierobjekt dadurch und durch den sich anschließenden Beschichtungsvorgang keine weiteren physikalischen und chemischen Veränderungen erfährt. Das gilt im Besonderen für die Lackierung von thermoplastischen Kunststoffen, die durch zahlreiche Lösemittel angequollen, im Extremfall sogar angelöst werden können.

Für den Filmbildeprozess selbst ist es nachteilig, dass die bei der Spritzapplikation entstehenden Tropfen uneinheitlich sind. Das Aufeinandertreffen von mehreren zufällig großen oder mehreren zufällig kleinen Tropfen ist demzufolge immer mit der Bildung eines Tropfengebirges verbunden. Erst durch das Verlaufen, d.h. das Absenken der Berge und Zunehmen der Täler, werden glatte Filme gebildet. Geschieht dies nicht oder nur unzureichend, zeigen sich nach der Verfestigung Mängel in den optischen Eigenschaften:

- → kurzwellige Strukturen führen zu matten Oberflächen,
- → langwellige Verlaufstörungen zur so genannten Orangenhaut.

Nicht nur Materialkenngrößen wie Viskosität und Oberflächenspannung beeinflussen das Lackierergebnis. Viel sensibler für einen guten Verlauf sind die **Lacktropfengrößen** und die Schichtdicke, beides verfahrensabhängige Einflussgrößen (Abbildung 5.3). Aus diesen Gründen ist die optische Attraktivität einer Lackierung das Ergebnis der Wechselwirkung von Materialeigenschaften und Verarbeitungsbedingungen.

i Die Qualität einer Lackierung ist immer ein Gemeinschaftswerk von Lackherstellern und Lackverarbeitern.

Das unterschiedliche Verhalten des sich bildenden Films bezüglich des **Verlaufens** an waagerechten und senkrechten Flächen ist ein grundsätzliches Problem. Trotz bester Anpassung beider physikalischer Größen ist es nicht möglich, an allen Flächen identische Oberflächenstrukturen zu erzeugen.

1. Materialvariablen

Viskosität:
Anstieg verschlechtert den Verlauf,
aber Ablaufneigung wird geringer

Oberflächenspannung:
hohe Werte verschlechtern die Benetzung,
aber Verlauf wird besser
Kantenflucht (bei niedriger Viskosität stärker ausgeprägt)

2. Verfahrensbedingte Einflussgrößen

Tropfengröße:
große Tropfen verschlechtern den Verlauf erheblich
(langwellige Orangenhaut)
zu kleine Tropfen erhöhen den Materialverlust durch
Overspray

Schichtdicke:
dicke Schichten verbessern den Verlauf,
niedrige verschlechtern ihn erheblich

Abbildung 5.3: Einflussgrößen auf den Verlauf

Das Lackierergebnis ist wegen des Einflusses der Schwerkraft immer ein Kompromiss zwischen Verlaufen und Ablaufen. Durch den Einfluss der Oberflächenspannung wird das Verlaufen und Ablaufen zusätzlich durch die so genannte **Kantenflucht** überlagert. Es handelt sich dabei um das Bestreben des flüssigen Beschichtungsstoffs, sich von den stark gekrümmten Flächen im Bereich von Kanten und Ecken unter Verkleinerung der Oberfläche wegzuziehen. Die Schichtdicke nimmt im Bereich der Kanten ab, während sie an der angrenzenden senkrechten Fläche zunimmt. Dies führt zur Ausbildung von Läufern.

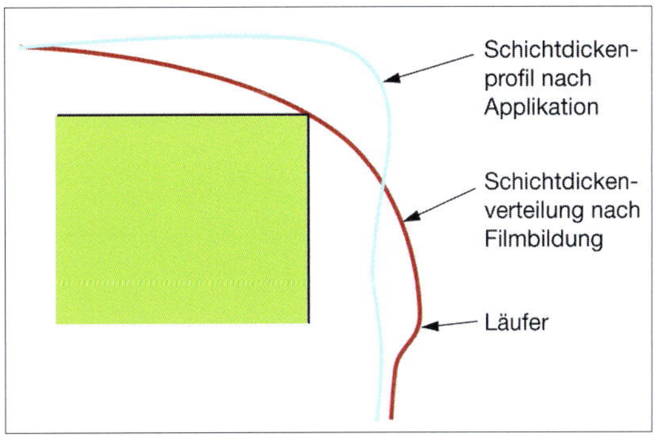

Abbildung 5.4: Läuferbildung durch Kantenflucht

Quelle: BASF Handbuch Lackiertechnik

Kantenflucht ist deshalb nicht nur vom Fließverhalten der entstehenden Lackierung, sondern auch von den konstruktiven Gegebenheiten des Lackierobjekts abhängig. Derartige Abhängigkeiten werden in der Praxis häufig zu wenig beachtet. In vielen Fällen ist die Kantenflucht durch eine Lackanpassung nicht zu beseitigen. Dann helfen nur konstruktive Maßnahmen, wie z.B. die Abrundung zu scharfer Kanten am Lackierobjekt.

Weiterhin ist zu beachten, dass sich die Viskosität während der Filmbildung ständig ändert. In Abbildung 5.5 wird der Viskositätsverlauf während der Filmbildung in Abhängigkeit von der Zeit dargestellt. Bei flüssigen Einbrennlacken steigt zunächst die Viskosität durch das Verdunsten der Lösemittel, um nach Einlauf in den Trockner durch Erwärmen wieder abzunehmen. Im Anschluss daran ist wegen der durch die chemische Härtung einsetzenden Molekülvergrößerung ein enormer Anstieg der Viskosität zu verzeichnen. Ähnlich verläuft die Änderung der Viskosität bei der Filmbildung von Pulverlacken. Die Abnahme der Viskosität erfolgt im Gegensatz zu den Flüssiglacken nicht durch Verdünnen mit Lösemitteln, sondern durch das Aufheizen des Pulverlackes. Die dann niedrigviskose Schmelze steigt in ihrer Viskosität entsprechend den Flüssiglacken durch chemische Vernetzung stark an.

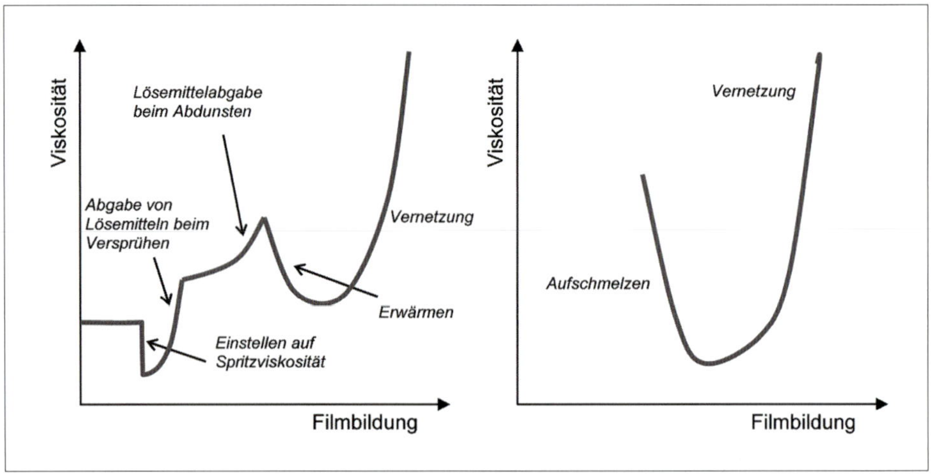

Abbildung 5.5: Viskositätsverlauf während der Filmbildung von Einbrennlacken und Pulverlacken

5.3 Verfestigung

Der zur Filmbildung notwendige Anstieg der Viskosität bis in Bereiche der mechanischen Festigkeit ist auf zwei Wegen zu erreichen. Zum einen wird durch Verdunsten der Lösemittel eine Erhöhung der Filmbildnerkonzentration erreicht. Die Molekülketten nähern sich und erhöhen durch ineinander Verknäueln ihre gegenseitige Wechselwirkung. Diese Art der Verfestigung wird als **physikalische Trocknung** bezeichnet. Auf der anderen Seite kann durch eine chemische Reaktion die durchschnittliche Molekülgröße des Filmbildners im entstehenden Film vergrößert werden. Damit einher geht eine Viskositätserhöhung. Die dadurch hervorgerufene Verfestigung wird als **chemische Härtung** bezeichnet.

5.3.1 Physikalische Trocknung

Bei physikalisch trocknenden Lacksystemen verwendet man langkettige Filmbildner. Durch Lösemittelzugabe werden sie in einen verarbeitungsfähigen dünnflüssigen Zustand überführt. Da mit zunehmender Molekülgröße die Löslichkeit der Filmbildner abnimmt, kann die Molmasse physikalisch trocknender Filmbildner nicht beliebig groß sein. **Physikalische Trocknung** bedeutet lediglich Abgabe von Lösemitteln. Eine Veränderung der Molekülgröße findet nicht statt. Damit sind physikalisch trocknende Lacke lediglich von begrenzter Qualität. Durch Einwirkung von Lösemitteln oder Wärme lässt sich der physikalisch getrocknete Lack reversibel wieder verflüssigen und wird deshalb auch als **Thermoplast** bezeichnet. Ein weiterer Nachteil physikalisch trocknender Lacksysteme liegt wegen der langen Filmbildnerketten in dem hohen Anteil an Lösemitteln im Verarbeitungszustand. So enthalten beispielsweise die physikalisch trocknenden Cellulosenitratlacke, fälschlich als „Nitrolacke“ bezeichnet, einen Lösemittelanteil von bis zu 70 %.

Bei physikalisch trocknenden Lacken kommen langkettige Filmbildnermoleküle zum Einsatz. Zum Lösen dieser „großen" Moleküle wird vergleichsweise viel Lösemittel benötigt. Deshalb haben gelöste, physikalisch trocknende Lacke einen hohen Lösemittelanteil.

5.3.2 Chemische Härtung

Wird eine zusätzliche Beständigkeit gegenüber Lösemitteln und aggressiven Chemikalien gefordert, muss sich eine chemische Härtung, d.h. eine zusätzliche **Vernetzung** der Filmbildnermoleküle nach der Verarbeitung des Lackes anschließen. Durch den Einsatz kleinerer Harzmoleküle, die sich bei der Härtung durch chemische Reaktion vergrößern, kann auf einen beträchtlichen Teil der Lösemittel verzichtet werden. Handelt es sich um lösemittelhaltige Lacke oder Wasserlacke, findet neben der chemischen Härtung wegen der Abgabe von Lösemitteln oder Wasser immer auch eine physikalische Trocknung statt. Ausschließlich chemische Härtung erfolgt nur bei Pulverlacken und Lacken, die als Lösemittel Reaktivverdünner enthalten, also solche, die den Film deshalb nicht verlassen können, weil sie mit dem Filmbildner chemisch verknüpft werden. Die chemische Härtung führt, je nach Anzahl der reaktiven Gruppen (mehr als zwei im Mittel) pro Grundbaustein zu einer mehr oder weniger engmaschigen chemischen Verknüpfung mit erheblicher Vergrößerung der Moleküle. Aufgrund der Stabilisierung in alle drei Raumrichtungen, verlieren solche Filme ihre Thermoplastizität und werden zusätzlich resistent gegen Lösemittel und Chemikalien. Man erhält **Duromere**. Dadurch wird verständlich, dass Beschichtungen mit höchster mechanischer und chemischer Stabilität ausnahmslos aus chemisch härtenden Reaktionslacken hervorgehen. Der Nachteil der notwendigen Energiezufuhr für den Start der Vernetzungsreaktionen und der zusätzliche apparative Aufwand müssen dabei in Kauf genommen werden. Die zu erzielende Qualität rechtfertigt jedoch diesen Weg.

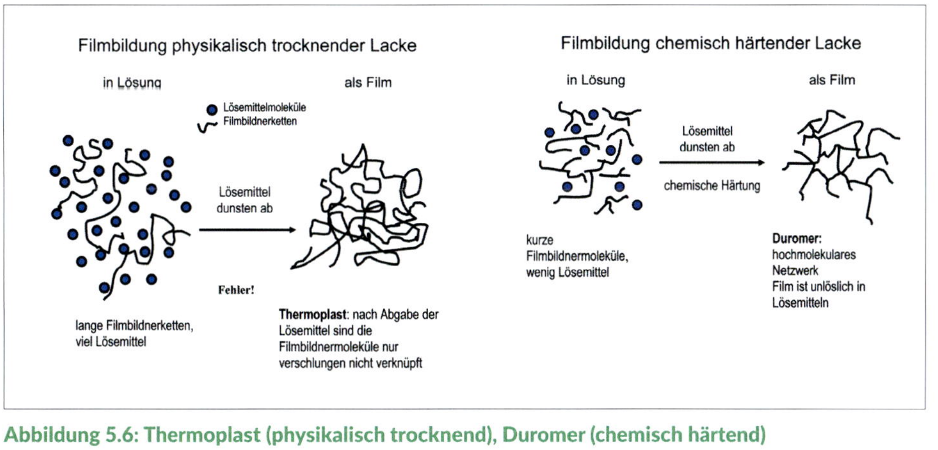

Abbildung 5.6: Thermoplast (physikalisch trocknend), Duromer (chemisch härtend)

Es gibt drei unterschiedliche chemische Vernetzungsmechanismen, nach denen die chemische Härtung ablaufen kann:

→ die Polyaddition

→ die Polykondensation und

→ die Polymerisation (siehe auch Kapitel 9.3)

Zum besseren Verständnis der Polyreaktion sollen die Abbildungen 5.7-5.9 dienen. Die Männchen symbolisieren die Moleküle der Ausgangsstoffe. Die zur Verknüpfung der Ausgangsstoffe notwendigen funktionellen Gruppen sind durch Haken, Ösen und verschränkte Arme (Kohlenstoff-Kohlenstoff-Dopplbindung) gekennzeichnet. Handschuhe stellen Schutzgruppen dar, die erst durch Erwärmen abgespalten werden können (Polykondensation). Bei der Polymerisation sind die einarmigen Figuren die Startermoleküle (Radikale).

5.3.2.1 Polyaddition

Die Polyaddition beschränkt sich wegen der hohen Reaktivität ausschließlich für Zweikomponentenlacke wie Polyurethane oder Epoxid-Lacke. Die Vernetzungsreaktion setzt sofort nach Mischen des Stammlacks mit dem Härter ein. Polyaddierend härtende Beschichtungsstoffe sind demzufolge Lacke, die nach Vermischen der beiden Reaktionspartner nur eine begrenzte Verarbeitungszeit besitzen (Topfzeit). Dem Nachteil der genauen Einhaltung des Mischungsverhältnisses und der notwendigen guten Vermischung beider Komponenten stehen die Vorteile einer guten Vernetzung und der damit besseren Qualität gegenüber.

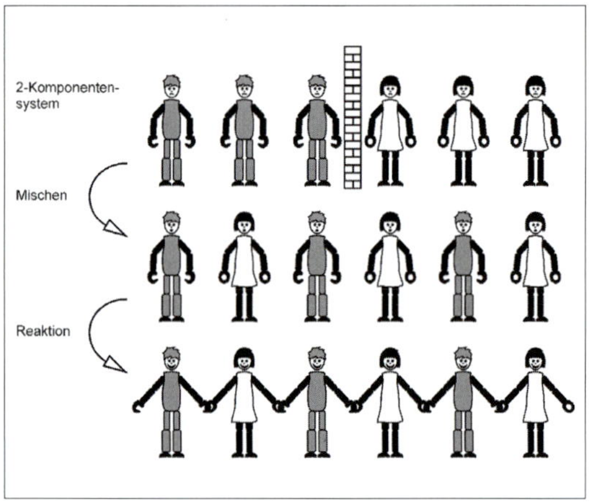

Abbildung 5.7: Reaktionsprinzip der Polyaddition

5.3.2.2 Polykondensation

Klassische **Einbrennlacke** vernetzen in der Wärme unter Bildung von flüchtigen Reaktionsprodukten **(Spaltprodukte)**, die bei der Verfestigung den Lackfilm verlassen. Die hierbei ablaufende Reaktion bezeichnet man als **Polykondensation**. Konkret hervorzuheben sind die in der allgemeinen Industrie häufig eingesetzten Alkyd/Melamin- oder Acrylat/Melamin-Lacke.

Wie aus Abbildung 5.8 ersichtlich, erlaubt die **Polykondensationsreaktion** durch Absenken der chemischen Reaktionsfähigkeit mit Hilfe von Schutzgruppen ein Mischen der Reaktionspartner schon bei der Herstellung der Beschichtungsstoffe. Es handelt sich also um Einkomponentenlacke, deren Vernetzung in der Regel durch Erwärmen eingeleitet wird. Nachteilig ist bei der Polykondensationsreaktion die

Abspaltung der Schutzgruppen. Um Filmstörungen zu vermeiden, müssen diese Spaltprodukte durch erhöhte Frischluftzufuhr aus dem Trockner entfernt werden. Damit verbunden ist ein zusätzlicher Verlust an Wärmeenergie.

Da polykondensierend härtende Einbrennlacke ein höheres Angebot an reaktionsfähigen Gruppen besitzen müssen, als in der vorgegebenen Zeit von üblicherweise 30 Minuten zur Reaktion gebracht werden können, sind die Härtungszeiten und Härtungstemperaturen von besonderem Einfluss auf den Vernetzungsgrad und damit auf die mechanisch-technologischen Eigenschaften der Beschichtungen. Zu hohe Temperaturen und zu lange Härtungszeiten lassen das System durch Übervernetzen verspröden, zu niedrige Temperaturen bzw. zu niedrige Härtungszeiten vermindern die für den Gebrauch der Lackierung notwendige Härte. Das Einhalten der experimentell ermittelten optimalen Einbrennbedingungen ist deshalb für die beste Qualität der Lackierung von besonderer Bedeutung.

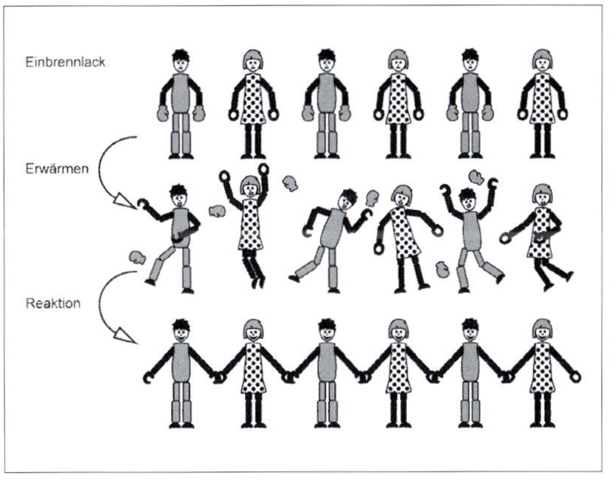

Abbildung 5.8: Reaktionsprinzip der Polykondensation

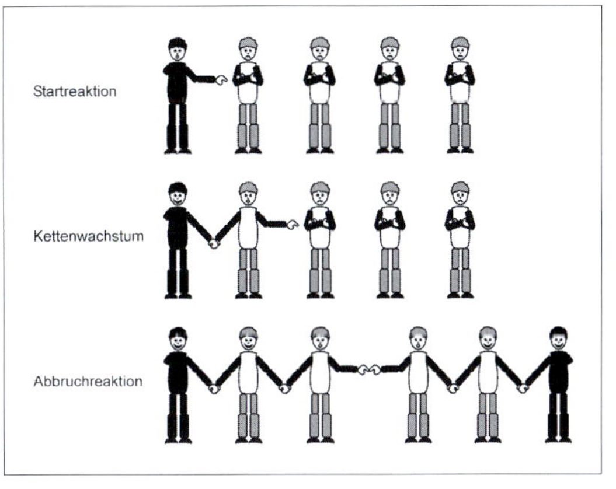

Abbildung 5.9: Reaktionsprinzip der Polymerisation

5.3.2.3 Polymerisation

Vernetzungsreaktionen nach dem Mechanismus der **Polymerisation** verlaufen in Form einer **Kettenreaktion**, die durch **Radikale** gestartet wird. Radikale sind sehr reaktive Stoffe, die bei UV-härtenden Lacken durch die energiereiche UV-Strahlung gebildet werden oder durch Zumischen von Radikalbildnern entstehen.

Die Polymerisation ist der wichtigste Reaktionstyp bei der chemischen Härtung von UV- und elektronenstrahlhärtenden Lacken (ESH). Im Einzelnen zu erwähnen sind die ungesättigten Polyester oder entständige Doppelbindungen enthaltenden Acrylatharze.

5.4 Physikalische Trocknung von Dispersionen und gelösten Lacken im Vergleich

Bei physikalisch trocknenden Lacken ist zwischen der Verfestigung durch Lösemittel- oder Wasserabgabe aus gelösten Lacken und aus Dispersionen zu unterscheiden.

5.4.1 Dispersionen

Bei **Dispersionen** handelt es sich um eine gleichmäßige Verteilung kleinster Kunststoffkügelchen (Filmbildner) in einer Flüssigkeit. Diese ist in der Regel das umweltfreundliche Wasser. Die Durchmesser der in Wasser verteilten Kunststoffkügelchen liegen im Bereich von ca. 0,1 µm und weniger. Damit die einzelnen Teilchen sich nicht so nahe kommen können, dass sie sich wieder vereinigen – dieser Effekt zeigt sich auch beim Gerinnen von Milch – müssen die Polymerteilchen mit einer **Stabilisierungshülle** umgeben werden. Wegen der Polarität von Wasser besteht diese Stabilisierungshülle aus gleichartig geladenen Ionen, die in der Umgebung der dispergierten Teilchen eine abstoßende Barriere aufbauen.

Abbildung 5.10: Filmbildung von Dispersionen, Schemazeichnung und Bilder

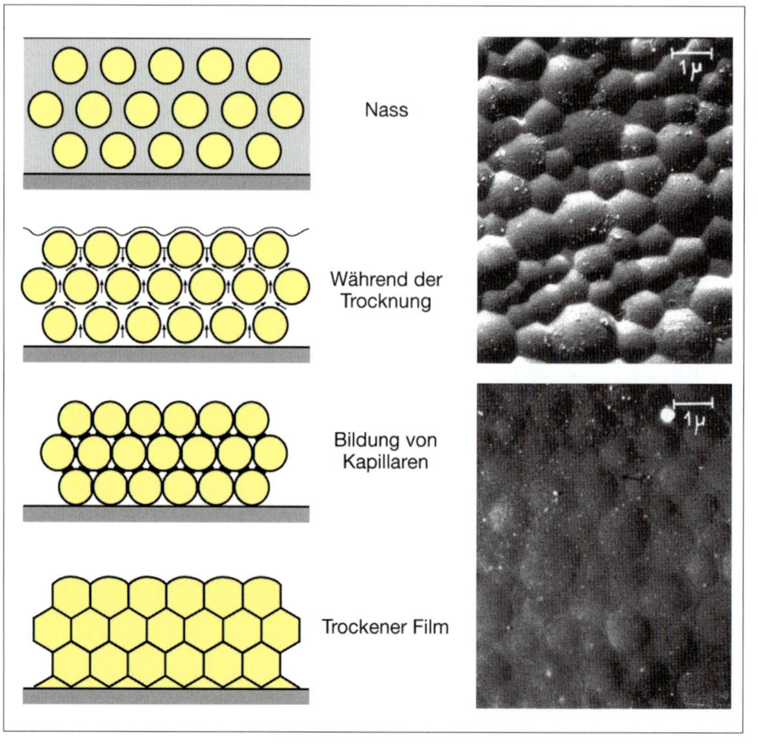

Bei der Filmbildung aus Dispersionen ist die nach dem Verdunsten des Wassers einsetzende **Polymerkügelchenverschmelzung** der qualitätsbestimmende Schritt. Das Zusammenwachsen der nicht gelösten, also in der flüssigen Phase fein verteilten und zusätzlich stabilisierten Harzteilchen beginnt, wenn diese sich wegen der Wasserabgabe näher kommen müssen. Dadurch übersteigen ab einem gewissen Abstand ihre Anziehungskräfte die durch die Stabilisierungshülle erzeugten AAbstoßungskräfte. Im Augenblick der Teilchenberührung werden Oberflächenkräfte wirksam, die auf eine weitere Verringerung der Gesamtoberfläche hinzielen. Zusätzlich entstehen durch die noch vorhandenen Hohlräume feinste Kanäle, in denen durch Kapillarkräfte die Annäherung der Polymerkügelchen noch unterstützt wird.

Das Verfilmen von Dispersionen ist somit durch Verringerung der Gesamtoberfläche mit einem Energiegewinn verbunden. Da die genannten Einzelkräfte mit abnehmendem Durchmesser der Kunststoffkügelchen zunehmen, sind Filmbildekräfte dann besonders hoch, wenn die in Wasser verteilten Teilchen besonders klein sind. Bei einer Teilchengröße von ca. 0,05 µm errechnen sich Kohäsionsdrücke von mehr als 100 bar. Bedingt durch diese enormen Kräfte werden die Polymerkügelchen unter gleichzeitiger Verschmelzung der Grenzfläche zusammengedrückt. Elektronenmikroskopische Aufnahmen bestätigen diese Theorie der Filmbildung. Eine vollständige Verschmelzung der Einzelteilchen kann allerdings nur einsetzen, wenn eine für jede Dispersion charakteristische **Mindestfilmbildetemperatur (MFT)** nicht unterschritten wird.

5.4.2 Gelöste Lacke

Bei einem **gelösten Lack** sind praktisch alle Filmbildnermoleküle von Lösemittel umgeben. Die Wechselwirkung der Harzmoleküle untereinander ist demzufolge gering. Nach der Verarbeitung wird diese mit zunehmender Lösemittelverdunstung kontinuierlich verändert. Die gegenseitige Beeinflussung der Harzmoleküle nimmt zu. Die Makromoleküle verknäueln schließlich. Durch Ausbildung von Raumstrukturen verfestigt sich das System bei weiterer Lösemittelabgabe mehr und mehr. Damit verbunden ist eine weitere Verfilzung der Molekülketten des Filmbildners. Der ursprüngliche Verteilungszustand und die Geschwindigkeit der Filmbildung haben somit einen Einfluss auf die Festigkeitseigenschaften der Lackschicht. Die Abbildung 5.11 zeigt, dass die großen Filmbildnermoleküle durch ihre Wechselwirkung mit dem Lösemittel beim Abdunsten unterschiedliche Ordnungszustände annehmen. Bei guten Lösern werden deshalb bessere mechanische Eigenschaften erzielt. Während bei Lösungslacken der Verdunstungsprozess der Lösemittel die Qualität der Lackierung beeinflusst, ist bei Dispersionen die Lösemittelabgabe von nur geringerem Einfluss auf das Eigenschaftsbild.

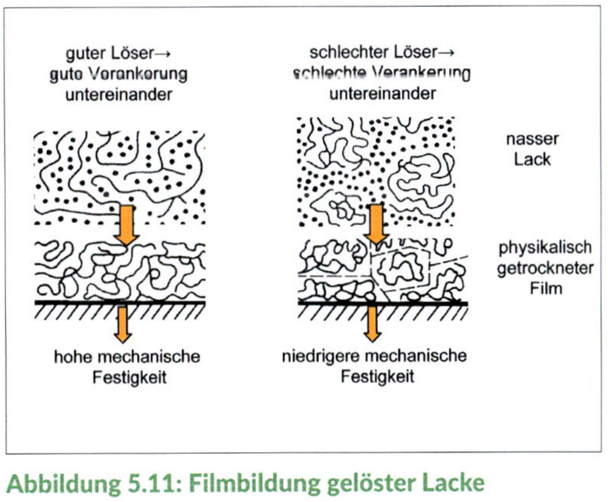

Abbildung 5.11: Filmbildung gelöster Lacke

5.5 Sekundäreffekte bei der Filmbildung

Die Eigenschaft von Beschichtungsstoffen zu einer störungsfreien Oberfläche auszuspannen, ist für die optische Attraktivität einer Lackierung von ganz besonderer Bedeutung.

Begleitend mit der Glättung der Filmoberfläche, läuft ein durch die Lösemittelabgabe und Abspaltung von Spaltprodukten bedingter **Volumenschrumpf** ab. Dieser kann sich nur in einer Abnahme der Schichtdicke zeigen. Das Abbilden von Untergrundunebenheiten ist nicht nur von der Menge der im Lack befindlichen Lösemittel, sondern auch von der Menge der bei Polykondensationsreaktionen entstehenden Spaltprodukte abhängig. Die Abbildung 5.12 veranschaulicht die durch Lösemittelabgabe und Spaltprodukte hervorgerufene Volumenverminderung.

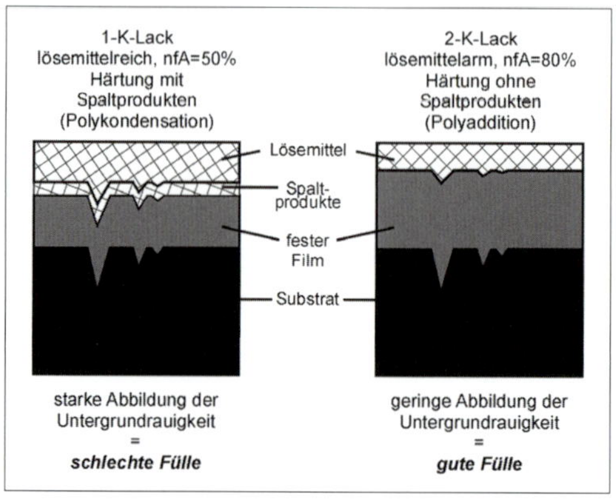

Abbildung 5.12: Schrumpf in Abhängigkeit von Festkörper und Spaltprodukten

Bei chemisch härtenden Lacken ist im Vergleich zu physikalisch trocknenden Lacken wegen der geringeren Lösemittelanteile auch geringerer Schrumpf zu verzeichnen. Lösemittelarme Beschichtungsstoffe führen deshalb zu glatteren und damit glänzenderen Lackierungen. Dieser Effekt ist bei polyaddierenden Systemen wegen der fehlenden Spaltproduktbildung noch stärker ausgeprägt (siehe Abbildung 5.12).

Ein weiteres erwähnenswertes Problem bei der Filmbildung ist die ungewollte Bildung von **Bénardzellen**. Das sind Oberflächenstörungen hervorgerufen durch Strömungen im entstehenden Film. Wegen der durch Lösemittelabgabe an der Oberfläche einsetzenden Dichteerhöhung versinken die noch beweglichen Lackanteile in den leichteren unteren Bereichen der Lackschicht. Im selben Maße werden lösemittelhaltige, leichtere Lackanteile nach oben gedrückt. Auch durch Veränderungen in der Ober- flächenspannung werden untere Bereiche der noch flüssigen Schicht nach oben transportiert. Dadurch treten lokal vertikale und horizontale Strömungen auf, die zur Ausbildung von Vertiefungen und Überhöhungen in der Filmoberfläche führen.

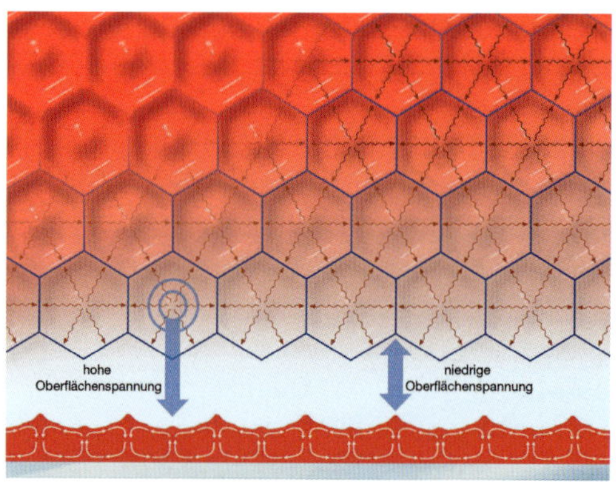

Abbildung 5.13: Bénardzellen

Quelle: BASF Handbuch Lackiertechnik

Derartige Störungen treten nur auf, wenn eine falsche Abstimmung der Viskosität mit der Flüchtigkeit der Lösemittel vorliegt. Durch geeignete Lösemitteleinstellung und einen schnellen Viskositätsanstieg der Filmbildnerlösung durch Additive kann dieser Effekt verhindert werden.

Enthält das Lackmaterial unterschiedlich große oder unterschiedlich schwere Pigmente, so können diese wegen ihrer uneinheitlichen Beweglichkeit bei Auftreten von Bénardzellen **Ausschwimmeffekte** zeigen. Eine Pigmentseparierung bei gleichzeitiger Flokkulation führt zu Veränderungen des Farbtons und der Farbstärke. Durch den Rub-Out-Test (s. Kapitel 2) kann dieser Effekt messtechnisch erfasst werden.

Der Übergang eines Lacks in eine Lackierung ist ein von vielen gleichzeitig oder nacheinander ablaufenden physikalischen und chemischen Einzelschritten geprägter Vorgang. Die Gründe für Fehllackierungen liegen sehr häufig in der Unkenntnis bzw. Nichtbeachtung dieser komplizierten Abhängigkeiten.

5.6 Physikalische Grundlagen von Trocknung und Härtung

5.6.1 Allgemeines

Will man den Filmbildeprozess beschleunigen und versucht man, Abhängigkeiten der Lösemittelabgabe von der Zeit mengenmäßig vorherzusagen, stößt man bei gelösten Lacken auf große Schwierigkeiten. Gründe dafür liegen u.a. darin, dass die Lacklösemittel Gemische sind, deren Zusammensetzung sich bei der Trocknung kontinuierlich ändert. Der Übergang der Lösemittel aus dem Lackfilm in den Dampfraum wird auch durch die sich während des Abdunstens ändernde Wechselwirkung mit den Filmbildnermolekülen beeinflusst.

Zur Darstellung der wirklichen Verhältnisse bei der Filmbildung müssen die Temperaturabhängigkeiten der Viskosität, des Dampfdrucks und damit des Lösemitteltransports in den Dampfraum ebenfalls berücksichtigt werden. Wegen der schwer überschaubaren Situation beim Abdunsten der Lösemittel beinhaltet dieser Ausschnitt der Filmbildung auch die meisten Quellen für eine Fehllackierung. Kocher, Läufer, Krater, mangelnder Glanz, schlechter Verlauf, sind die Folgen einer ungenügenden Abstimmung der komplex ablaufenden Vorgänge bei der Trocknung und Härtung. Sie müssen deshalb genauestens analysiert, überwacht und dem Lackmaterial angepasst werden. Nur so ist die bestmögliche Qualität zu erreichen.

5.6.2 Geschwindigkeit der physikalischen Trocknung

Die Geschwindigkeit der physikalischen Trocknung durch Lösemittelabgabe, bezogen auf die zu lackierende Fläche – vom Verfahrenstechniker als **Stoffstrom** bezeichnet – hängt von dem Konzentrationsunterschied der Lösemittel im turbulenten Dampfraum c_1 und dem unmittelbaren Bereich oberhalb des Lackfilms (Diffusionsgrenzschicht) c_2 ab.

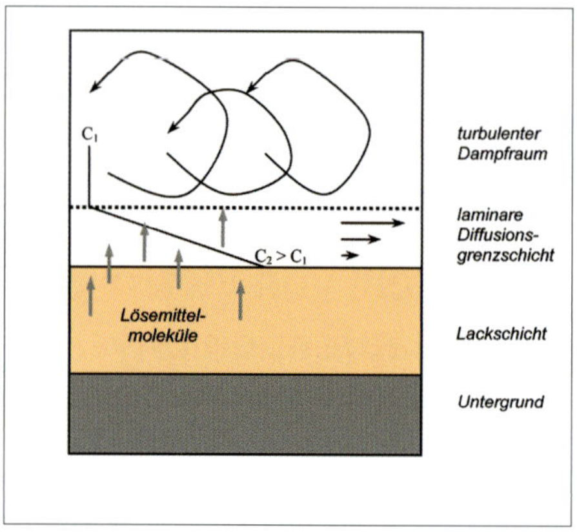

Abbildung 5.14: Stoffübergänge (Verdunsten der Lösemittel)

Hohe Lösemittelkonzentrationen an der Lackoberfläche sind gegeben, wenn viele Lösemittelmoleküle den flüssigen Film verlassen können. Das ist der Fall, wenn durch Temperaturerhöhung die Lösemittelmoleküle leichter von der flüssigen in die gasförmige Umgebung überwechseln können. Interessanterweise spielt auch die Luftbewegung im Trockner eine große Rolle für das Verdunsten der Lösemittel (**Stoffaustausch**). Das ist dadurch zu erklären, dass in Abhängigkeit von der Luftgeschwindigkeit an der Filmoberfläche eine unterschiedlich dicke, **ruhende Diffusionsgrenzschicht** verbleibt. Mit Schichtdicken von weniger als 100 µm ist sie zwar sehr dünn, aber trotzdem geschwindigkeitsbestimmend für die Lösemittelabgabe. Während im turbulenten Dampfraum die Lösemittelmoleküle durch die bewegte Luft mitgenommen werden (Geschwindigkeiten ungefähr 0,5 m/s), bleibt den aus dem Lack in den Dampfraum überführten Molekülen keine andere Wahl, als durch Diffusion, d.h. durch Eigenwanderung, durch die Grenzschicht zu gelangen. Die Wanderungsgeschwindigkeit hängt von der Größe der transportierten Teilchen ab. Sie liegt bei den üblichen Lösemitteln erheblich niedriger als die Geschwindigkeit der im turbulenten Dampfraum bewegten Luft. Da die Diffusionsgrenzschicht die Geschwindigkeit des Abdunstprozesses festlegt, ist anzustreben, die Dicke dieser Schicht durch künstliche Luftbewegung zu reduzieren. Trockner, in denen die Lösemittelabgabe durch künstliche Luftbewegung beschleunigt wird, bezeichnet man als **Konvektionstrockner**. Hohe Stoffströme werden also durch hohe Luftgeschwindigkeiten an der Filmoberfläche (Anströmgeschwindigkeit) und große Konzentrationsunterschiede zwischen Lackoberfläche und dem turbulenten Bereich erreicht. Das ist der Fall, wenn neben einer hohen Anströmgeschwindigkeit auch hohe Umlufttemperaturen vorliegen. Ersteres erniedrigt die Dicke der Diffusionsgrenzschicht und ein Temperaturanstieg erhöht den Dampfdruck der Lösemittel und damit ihre Konzentration in der Grenzfläche. Deshalb wird in technischen Trocknern die Umluft nicht nur erhitzt, sondern gleichzeitig auch umgewälzt. Durch den Einbau von Düsen für den Einlass der heißen Luft in den Trockner wird eine **Anströmgeschwindigkeit** der zu trocknenden Beschichtung von bis zu 20 m/s angestrebt. Größere Luftmengen bzw. Luftgeschwindigkeiten würden durch Filmstörungen (Schmutzeinflüsse, Vermattung, Kocher) die Qualität der Lackierung beeinträchtigen.

Für den Praktiker ist auch der Einfluss der Schichtdicke auf die Lösemittelabgabe von Bedeutung. Es ist einleuchtend, dass höhere Schichtdicken längere Abdunstzeiten hervorrufen. Bemerkenswert ist, dass die Zunahme der Filmdicke die Abdunstgeschwindigkeit nicht linear, sondern überproportional verringert und sich die Aufenthaltsdauer der Lackierung in einem Trockner somit entsprechend verlängern muss.

Eine Verdoppelung der Schichtdicke ist mindestens mit einer Vervierfachung der Trocknungszeit verbunden.

5.6.3 Geschwindigkeit der chemischen Härtung

5.6.3.1 Konvektionstrocknung

Die für technische Prozesse geforderte Wirtschaftlichkeit setzt voraus, dass diese in möglichst kurzer Zeit ablaufen. Deshalb wird durch Zufuhr von Wärmeenergie nicht nur die Lösemittelverdunstung als physikalische Trocknung, sondern in gleicher Weise auch die chemische Härtung beschleunigt. Wärmeenergie, übertragen durch künstlich bewegte erwärmte Luft (Konvektionswärme) oder „verpackt“ in Wärme erzeugende Infrarotstrahlen, soll die chemische Härtung einleiten und vor allem die Geschwindigkeit der Lösemittelabgabe erhöhen. Ein solcher Energieübergang setzt voraus, dass Wärmeenergie von der Beschichtung aufgenommen und über das Lackierobjekt auch an andere, für Konvektionswärme und Infrarotstrahlung schwer zugängliche Partien des Lackierobjektes weitergeleitet wird.

Zum Aufheizen von Werkstücken wird bei der Konventionstrocknung die notwendige Energie durch die in den Trockner gebrachte, erwärmte Luft übertragen. Durch Wärmeabgabe an das zu lackierende Objekt wird sie wieder abgekühlt. Wird die nun kühlere Luft wieder aufgeheizt, kann diese zum weiteren Erwärmen des Lackierobjekts benutzt werden. Durch die künstliche Bewegung des Wärmeträgers Luft wird, wie bereits beschrieben, eine turbulente Strömung in der Umgebung des aufheizenden Körpers herbeigeführt. Das für den Wärmeübergang wirksame Temperaturgefälle bezieht sich deshalb auf die bereits beim **Stoffaustausch** beschriebene dünne Diffusionsgrenzschicht zwischen dem Objekt und dem turbulenten Gasraum. In dieser Schicht wird die Wärme im Gegensatz zur angrenzenden, künstlich bewegten Luft lediglich durch Übertragung von Molekül zu Molekül transportiert. Die gasförmige Diffusionsgrenzschicht ist somit wie beim Stoffaustausch geschwindigkeitsbestimmend für die Übertragung von Wärme. Ziel muss es also auch bei Wärmeübergängen sein, diese Schicht besonders niedrig zu halten.

Bedingt durch die bei kompliziert geformten Teilen unterschiedlichen Bedingungen beim **Wärmeübergang** ist auch die Temperaturverteilung auf und im Lackierobjekt unterschiedlich. So ist beispielsweise die für den Wärmeübergang entscheidende Dicke der nicht bewegten Grenzschicht in Hohlräumen oder nach innen gerichteten Bereichen höher als bei den für die Trocknerluft gut zugänglichen Außenbezirken (siehe Abbildung 5.15). Zusätz-lich wird die Temperaturverteilung auch durch den unterschiedlichen Abtransport der auf die Oberfläche übertragenen Wärmeenergie in die inneren Bereiche beeinflusst. So leiten Metalle Wärme erheblich besser als Kunststoffe. Bei der heute im Automobilbau üblichen Gemischtbauweise entstehen durch die ungleiche Verteilung der Wärme bei den Einbrennlacken auch unterschiedliche Vernetzungsgrade und damit unterschiedliche mechanisch-technologische Eigenschaften. Problemlösungen können nur durch Beachtung der Wechselwirkung verfahrenstechnischer, konstruktiver und materialspezifischer Gegebenheiten gefunden werden.

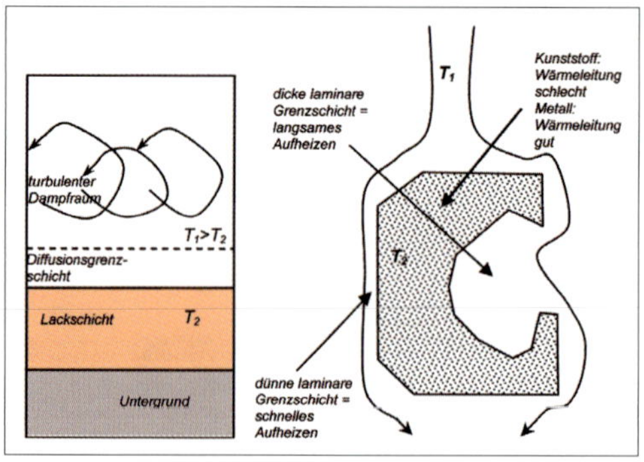

Abbildung 5.15: Wärmeübergänge und Temperaturverteilung an kompliziert geformten Lackierobjekten

Dieser Tatbestand macht deutlich, dass der vornehmlich mit der Verarbeitung von Lacken befasste Verfahrensmechaniker über die Abhängigkeiten der Qualität einer Lackierung vom Beschichtungsstoff, vom Verarbeitungsverfahren, vom Werkstoff und der Konstruktion der zu lackierenden Gegenstände genauestens Bescheid wissen muss.

5.6.3.2 Wärmeübertragung durch Infrarotstrahlen

Der im Prinzip umständliche Weg des Wärmetransports über den Überträger Luft kann auch direkt durch **elektromagnetische Strahlung** erfolgen Es ist allgemein bekannt, dass Sonnenstrahlen nicht nur Licht, sondern auch Wärme transportieren. Verantwortlich dafür sind die langwelligen, nicht sichtbaren Anteile der Strahlung. Weil sie sich an den langwelligen Rotbereich des Sonnenspektrums anschließen, werden sie als **Infrarot-** oder kurz **IR-Strahlen** bezeichnet. Die Strahlung befindet sich in dem Wellenlängenbereich, in dem die vom Strahler ausgehenden elektromagnetischen Wellen in einem Empfänger, hier die Lackschicht oder das Substrat, Molekülschwingungen anregen können. Durch die verstärkte Molekularbewegung und die damit verbundene

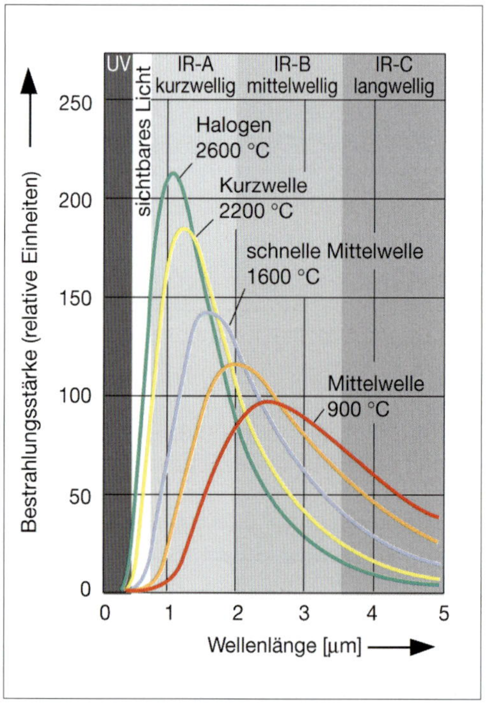

Abbildung 5.16: Spektrale Verteilung von diversen IR-Strahlern
Quelle: BASF Handbuch Lackiertechnik

innere Reibung wird eine Erwärmung auch ohne aufgeheizte Luft möglich. Da der optimale Wellenlängenbereich für die Wärmeerzeugung zwischen 1 µm und 5 µm liegt, das Sonnenlicht diesen Bereich aber in nur geringer Intensität anbietet, ist es sinnvoll, Strahler zu verwenden, deren Strahlungsmaximum in dem oben genannten Gebiet liegt. Die Energieverteilungskurve solcher natürlicher Strahler besitzt ein Maximum bei einer bestimmten Wellenlänge innerhalb des genannten Bereichs. Dieses wird mit steigender Temperatur zu kleineren Wellenlängen verschoben und ist umso intensiver, je höher die Temperatur des Strahlers ist. Somit ist durch eine Änderung der Strahlerleistung die gewünschte Wellenlänge des Strahlers einzustellen.

Der Vorgang der Energieübertragung verlangt neben einem geeigneten Strahler und einer gegebenen Strahlungsdurchlässigkeit der Trocknerluft auch die Aufnahmefähigkeit der Strahlung durch die zu verfestigende Lackschicht oder den Untergrund. Durch die Absorptionsfähigkeit des Untergrundes bei gleichzeitiger Durchlässigkeit der Lackierung wird eine bessere Lösemittelabgabe erreicht. Einbrennfehler wie z.B. die Bildung von Kochblasen können dadurch vermieden werden.

Wird die Strahlung von der Lackschicht aufgenommen, härtet diese von oben nach unten; wird die Strahlung durchgelassen und vom Untergrund aufgenommen, härtet die Lackschicht von unten nach oben.

Abbildung 5.17 zeigt ein typisches Infrarot-Absorptionsspektrum eines Beschichtungsstoffes. Es enthält Bereiche hoher Absorption, aber auch Bereiche mit hoher Durchlässigkeit für die IR-Strahlen. Auffällig ist die geringe Absorptionsfähigkeit im Bereich von 4 bis 5 µm. Strahlen mit Wellenlängen dieser Größenordnung können deshalb am direkten Aufheizen des Lackes nicht teilhaben. Mit Hilfe solcher Absorptionsspektren kann eine Abstimmung von abgestrahlter Energie und der Aufnahmefähigkeit der Lackschicht oder des Untergrundes vorgenommen werden.

Da die Wellenlänge des Strahlers indirekt proportional mit der Strahlertemperatur verknüpft ist, bedeutet eine Temperaturerhöhung eine Verkürzung und eine Temperaturerniedrigung eine Verlängerung der Wellenlängen. Durch Absenken der Strahlertemperatur sinkt die Strahlerleistung enorm. Eine Verschiebung der Strahlung in den längerwelligen Bereich ist deshalb nicht sinnvoll. Neuere Varianten der IR-Technologie nutzen den Vorteil der höheren Energieübertragungsrate durch höhere Strahlertemperaturen. Sie verschieben durch entsprechend hohe Temperaturen die Wellenlängen in den Bereich von 0,8 bis 3 µm.

IR-Trocknung von Wasserlacken

Da bei 3 µm eine starke Absorptionsbande von Wasser liegt, ist in diesem Bereich mit einem schnellen Aufheizen von Wasserlacken zu rechnen. Das ist nur bei vorder-

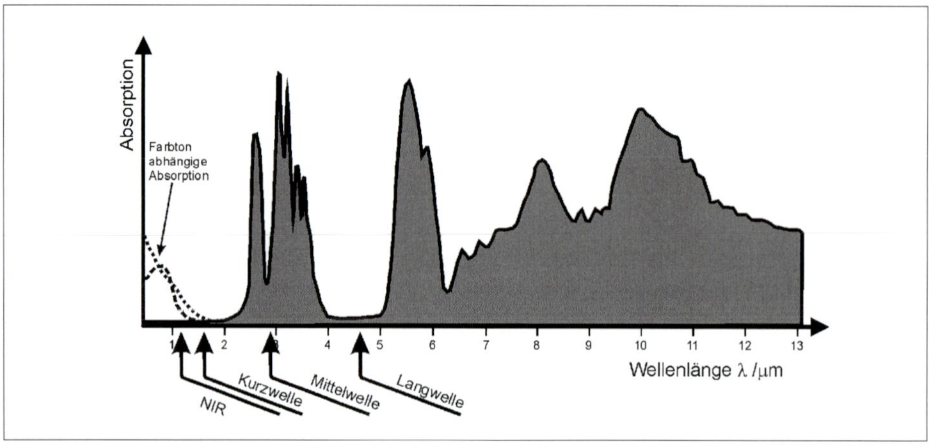

Abbildung 5.17: Infrarot-Absorptionsspektrum eines Beschichtungsstoffes

gründiger Betrachtung richtig. Bedenkt man, dass das während der Filmbildung verdunstende Wasser bereits im Dampfraum aufgeheizt wird und dadurch ein Großteil der verwertbaren Strahlungsenergie für die Erwärmung des zu lackierenden Objekts verloren geht, wird klar, dass für die Härtung von Wasserlacken nur Strahler mit Wellenlängen unter 2 µm, also in Bereichen mit für Wasserdampf geringerer Absorption, sinnvoll sind.

Strahler mit einem Strahlungsmaximum im nahen Infrarot bei Wellenlängen von 1 µm und weniger, sog. **NIR-Strahler**, sind deshalb zur Härtung von Wasserlacken besonders geeignet. Das extrem hohe Energieangebot erlaubt Härtungszeiten im Sekundenbereich. Eine komplizierte Temperatursteuerung ist wegen der hohen Energie und der damit verbundenen Gefahr des Überbrennens unbedingt notwendig.

Auch der Einfluss der Trocknerluft ist bei der Optimierung von Trocknern mit IR-Strahlern zu berücksichtigen, weil sich diese, sollte sie im IR-Bereich absorptionsfähig sein, erwärmen könnte und somit die Effektivität für eine Direktübertragung der Energie abfiele.

Nun sind Gase im Gegensatz zu den Feststoffen und Flüssigkeiten über weite Wellenlängenbereiche völlig durchlässig. Störend für die Infrarottrocknung sind lediglich in der Luft vorhandenes Kohlendioxid und der bereits erwähnte Wasserdampf. Wegen der geringen Konzentration des Kohlendioxids in der Trocknerluft fällt dieser Nachteil für die Praxis nicht ins Gewicht. Wasserdampf kann sich bei hoher relativer Feuchte auch bei der Verarbeitung konventioneller Lacke störend bemerkbar machen. Da trockene Luft nur wenig absorptionsfreudig ist, ist eine Entfeuchtung der Trocknerluft für einen optimierten Wärmeübergang durch IR-Strahlen unter Umständen sinnvoll.

Vor- und Nachteile der IR-Trocknung
Die Energieübertragung durch Infrarotstrahlen eröffnet gegenüber der reinen Konvektionstrocknung zahlreiche Vorteile. Die mit weniger als 70 °C nur unwesentlich aufgeheizte Ofenabluft und das wesentlich schnellere Aufheizen des Lackierobjekts

sind nur einige davon. Letzteres gilt allerdings nur für Bereiche am Lackierobjekt, die der IR-Strahlung direkt zugänglich sind. Sog. Schattenbereiche werden lediglich durch Wärmeleitung im Lackierobjekt aufgeheizt. Technische Lacktrocknung erfolgt deshalb häufig in Konvektionstrocknern, die mit IR-Strahlen kombiniert werden. In vielen Fällen werden die IR-Strahler wegen der schnellen Wärmeübertragung den Konvektionstrockner vorgeschaltet.

5.6.3.3 Chemische Härtung durch UV-Strahlung

Neben dem thermischen Start der chemischen Härtung haben sich auch andere Energieübertragungstechniken in der Praxis bewährt. Bei Verwendung von Harzen, die zu einer **Polymerisationsreaktion** befähigt sind, kann die zur Vernetzung notwendige Aktivierungsenergie auch durch **„kalte Strahlung"** herbeigeführt werden. Die hierfür geeignete Strahlung liegt mit Wellenlängen unterhalb von 400 nm im UV-Bereich des Sonnenlichts. Mit speziell für die UV-Härtung konstruierten Strahlern ist es möglich, bei entsprechend hoher Strahlungsenergie eine vollständige Vernetzung von Reaktionslacken in Sekundenschnelle herbeizuführen, ohne dabei das Substrat zu erwärmen. Auch durch beschleunigte Elektronen (Elektronenstrahlen) ist eine kalte Vernetzung von Lacken möglich.

Die **UV- oder Elektronenstrahlhärtung** bietet für die industrielle Lackiertechnik zahlreiche Vorteile. Der äußerst niedrige Energieverbrauch, die kurzen Härtungszeiten, der hohe Vernetzungsgrad und die qualitativ hochwertige Beschichtung thermolabiler Substrate sind nur einige. Strahlenhärtende Lacke sind wegen der „kalten" Vernetzung emissionsarm und damit umweltfreundlich.

Die Eigenschaften einer entstehenden Lackierung werden sehr wesentlich durch die Bedingungen während der Vernetzung beeinflusst. So ist es auch für den Lackverarbeiter wichtig, sich mit den chemischen Grundlagen der Filmbildung auseinander zu setzen, um Qualitätsmängel zu vermeiden.

Nachteilig hingegen ist, dass die Vernetzungsreaktion nur dort stattfinden kann, wo Strahlung mit ausreichender Intensität aufgenommen wird. Kompliziert geformte Lackierobjekte mit sog. Schattenbereichen scheiden somit für eine ausschließlich durch kurzwellige Strahlung ausgelöste Härtung aus. In solchen Fällen werden Hybridlacke eingesetzt. **Hybridlacke** sind in diesem Falle solche, die über die Härtung durch energiereiche Strahlen hinaus zu weiteren chemischen Vernetzungen durch andere Reaktionsmechanismen befähigt sind (siehe hierzu Kapitel 8.3.3.).

Prüfungsaufgaben

Aufgaben zum Thema „Filmbildung“ (allgemein)

1. Was ist unter dem Begriff Filmbildung zu verstehen?
2. Nennen Sie die einzelnen Stationen auf dem Weg vom Lack zur Lackierung!
3. Welche verfahrenstechnischen Größen und welche materialbedingten Größen spielen bei der Filmbildung eine Rolle?
4. Warum ist es mit Nasslacken nicht möglich, auf waagerechten und senkrechten Flächen den gleichen Verlauf zu erzielen?
5. Erklären Sie den Begriff Kantenflucht? Wodurch wird der Effekt hervorgerufen?
6. Erklären Sie den Viskositätsverlauf während der Filmbildung im Konvektionstrockner für einen lösemittelhaltigen Lack anhand der Abbildung 5.5.

Aufgaben zum Thema „Physikalische Trocknung, chemische Härtung“

1. Was ist der Unterschied zwischen physikalischer Trocknung und chemischer Härtung?
2. Warum enthalten physikalisch trocknende Lacke relativ viel Lösemittel?
3. Welche drei Vernetzungsreaktionen gibt es? Welche Vernetzungsreaktion findet bei Zweikomponenten-Lacken statt?

Aufgaben zum Thema „Trocknung von Dispersionen und gelösten Lacken“

1. Wie verläuft die physikalische Trocknung bei wässrigen Dispersionen?
2. Warum müssen die einzelnen Kunststoffkügelchen einer Dispersion Stabilisierungshüllen tragen und was passiert, wenn sie fehlen?
3. Welche Arten der Stabilisierung von Dispersionen unterscheidet man?

Aufgaben zum Thema „Sekundäreffekte bei der Filmbildung“

1. Wodurch wird bei der Filmbildung ein Volumenschrumpf hervorgerufen?
2. Was bedeutet der Filmschrumpf für die Oberflächenqualität der Lackierung?
3. Kann bei einem Pulverlack auch ein Filmschrumpf stattfinden?
4. Was sind Bénardzellen? Wie kann man sie verhindern?

Aufgaben zum Thema „Geschwindigkeit der Trocknung und Härtung“

1. Durch welche Größen lässt sich die Geschwindigkeit der Lösemittelverdunstung beeinflussen? Welche Rolle spielt hierbei die Diffusionsgrenzschicht?
2. Warum trocknet der Lack auf Kunststoffoberflächen langsamer als auf Metalluntergründen?
3. Welche Rolle spielt die Diffusionsgrenzschicht bei der Wärmeübertragung im Konvektionstrockner?
4. Welche Vor- und Nachteile bietet die Wärmeübertragung durch IR-Strahlen?
5. Wann härtet der Lack bei der IR-Härtung von unten nach oben, wann von oben nach unten?
6. Welchen Vorteil bietet die Härtung von unten nach oben?

7. Wie lässt sich beim IR-Strahler das Strahlungsmaximum verschieben?
8. Was ist ein NIR-Strahler? Wofür wird er eingesetzt?
9. Was ist mit kalter Strahlung gemeint? Welche Lacke können so gehärtet werden?

Projekt für den Unterricht

Der Anlagenhersteller Josef Stahlmann AG möchte für seine Kunden eine Broschüre zum Thema „Beschichtungsfehler, die durch die Trocknung/Härtung verursacht werden“ erstellen. Sie erhalten den Auftrag, diese Broschüre anzufertigen. Untersuchen Sie dafür die im Kapitel 7.5 (Fehler und Ursachen) genannten Beschichtungsfehler. Stellen Sie diese in der Broschüre dar. Ergänzen Sie diese durch geeignete Abbildungen. Ggf. können dazu auch Beschichtungsproben erstellt werden, die den jeweiligen Fehler erklären. Abschließend soll in der Broschüre deutlich werden, wie die Fehler vermieden bzw. korrigiert werden können.

Literaturhinweise

[1] T. Brock, M. Groteklaes und P. Mischke: „Lehrbuch der Lacktechnologie“, Vincentz Verlag, Hannover (1998)

[2] A. Goldschmidt, H. J. Streitberger: „BASF-Handbuch Lackiertechnik“, Vincentz Verlag, Hannover (2002)

6 Technische Aspekte der Vorbehandlung und Lackverarbeitung

Mirko lernt auf einem Lehrgang der DFO Bernd kennen, der bei einem großen Autoserienhersteller arbeitet. Bernd ist dort als Verfahrensmechaniker für Beschichtungstechnik für die KTL-Anlage zuständig.

Mirko: Sag mal Bernd, musst du in einer so großen Firma eigentlich noch arbeiten, oder geht bei euch alles von allein?

Bernd: Natürlich muss ich noch arbeiten, wir haben zwar sämtliche Abläufe automatisiert, dennoch muss jemand auch kontrollieren, ob alles richtig läuft.

Mirko: Mhh...und was musst du z. B. machen?

Bernd: Im Moment bin ich für die KTL-Anlage eingeteilt.

Mirko: Viel Technik also.

Bernd: Ja, bei der kathodischen Tauchlackierung erhalten die Karosserien ihre Grundierung.

Mirko: Aha. Und was sind konkret deine Aufgaben?

Bernd: Ganz wichtig ist es, die Badparameter zu kontrollieren.

Mirko: Bad...Was??

Bernd: Nun ja, ich muss zum Beispiel darauf achten, dass die Umwälzpumpen funktionieren, der Säuregehalt nicht zu stark ansteigt, die Filter wechseln...

Mirko: Oha, also doch viel mehr Arbeit als ich mir vorgestellt habe.

Bernd: Stimmt. Aber es macht Spaß, die Technik immer besser zu beherrschen. Nächste Woche komme ich dann in den Bereich der Decklackierung. Das wird bestimmt spannend mit den vielen Robotern...

Mirko: Stimmt. Na dann weiterhin viel Spaß in deiner Firma.

Die Aufgabenbereiche des Verfahrensmechanikers für Beschichtungstechnik sind sehr vielschichtig. Neben Kenntnissen über Beschichtungsstoffe, Beschichtungsverfahren und den immer höher werdenden Anforderungen an Qualität, Umwelt, Arbeitssicherheit und nicht zuletzt an die wirtschaftliche Effizienz, muss er alle Prozessschritte, von der Vorbehandlung über die Beschichtung bis zur Trocknung, kennen und beherrschen. In diesem Kapitel werden deshalb die technischen Zusammenhänge bei den einzelnen Prozessschritten erläutert.

6.1 Vorbehandlungsanlagen

Es gibt immer noch einige Beschichter, für die eine ordnungsgemäße Vorbehandlung zweitrangig ist. Ein Grund für eine fehlende bzw. unzureichende Vorbehandlung ist in den meisten Fällen ein **mangelhaftes Wissen** über die Zusammenhänge zwischen der Haftfestigkeit einer Beschichtung zum Untergrund und der Vorbehandlung. Außerdem kostet die Vorbehandlung natürlich Zeit und Geld. Daher hört man in der Praxis immer noch Aussagen wie: „Der Lack muss die Haftfestigkeit bringen. Der kann dann ruhig ein paar Euro mehr kosten!“ oder „Die Bleche sind doch sauber. Das sieht man doch. Da braucht man keine Vorbehandlung ...“. Fakt ist, dass man mit dem bloßen Auge nicht sehen kann, ob ein Untergrund lackierfähig ist oder nicht (siehe auch Kapitel 7.4.3.2).

Wesentliche Voraussetzungen für eine gute Haftfestigkeit des Lackes sind:

- benetzbare (fettfreie) Untergründe (hohe Oberflächenspannung)
- saubere (staub- und schmutzfreie) Werkstücke
- der Untergrund muss frei von Verunreinigungen wie Fetten, Ölen und Korrosionsrückständen sein (Rost bei Eisen, Al2O3 bei Aluminium etc.)

Der zu beschichtende Untergrund muss frei von Fett, Staub, Schmutz und Korrosionsrückständen sein. Da den Werkstücken nach dem Fertigungsprozess Staub, Schleif und Poliermittel, Fettreste, Schmier- und Korrosionsschutzöle anhaften, muss vor einer Beschichtung ein Reinigungsprozess stattfinden.

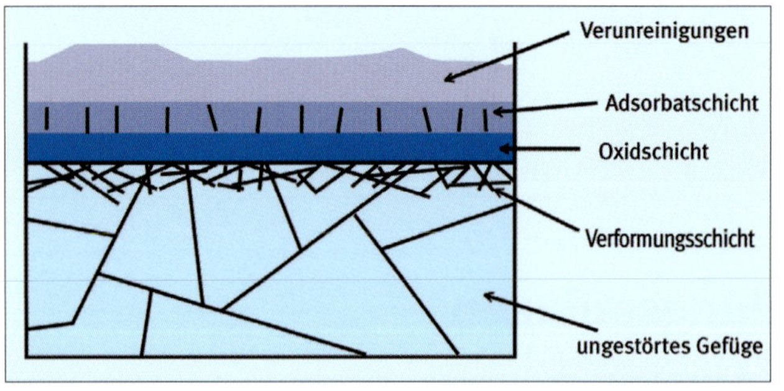

Abbildung 6.1: Schematischer Aufbau einer verunreinigten Oberfläche
Quelle: Kollek „Reinigen und Vorbehandeln" (1996)

Die folgenden Verunreinigungen können auftreten:

Tabelle 6.1: Verunreinigungen und ihre Herkunft

Verunreinigung	Herkunft/Entstehung
Korrosionsschutzöle, -fette und -wachse	Werden zum Schutz während der Lagerung und des Transports auf die Werkstücke aufgebracht
Handschweiß, Hallenstaub und Korrosionsprodukte	Sind durch Berührung etc. während des Lagerns und des Transports und im Laufe der Fertigung auf die Oberfläche gelangt
Schmierstoffe, Schleifmittel und deren Rückstände	Sind von der spanenden und spanlosen Formgebung auf der Oberfläche verblieben
Verharzte und gecrackte Öle und Fette, Ruß sowie salz- und harzhaltige Lötmittelreste	Entstammen von langdauernder Lagerung, von einer Wärmebehandlung oder von Schweiß- und Lötoperationen am Bauteil
Farbtinten und -kreiden	Sind zum Kennzeichnen für die weitere Bearbeitung aufgebracht worden
Metalloxidbeläge, wie Anlauffarben oder Zunderschichten	Haben sich bei Warm- bzw. Glühprozessen gebildet; oder Rost (auf Eisen und Stahl), Weißrost (auf Zink), Aluminiumoxide usw., die durch atmosphärische Korrosion auf den Werkstückoberflächen entstanden sind

6.1.1 Reinigung von Metalloberflächen mit wässrigen Lösungen

Es ist bekannt, dass sich Fette und Öle leicht mit Lösemitteln (z. B. Waschbenzin) entfernen lassen. Leider hat dies den entscheidenden Nachteil, dass der Einsatz von Lösemitteln aus umwelttechnischen Gründen so weit wie möglich vermieden werden muss. Ohne geeignete Maßnahmen werden Verunreinigungen nur großflächig verteilt.

Geeignete Maßnahmen, um Fette vom Untergrund zu lösen, kennt jeder aus dem täglichen Leben: beim Geschirrspülen verwendet man am besten warmes Wasser und zusätzlich ein Geschirrspülmittel. Ähnlich geht man auch bei der industriellen Vorbehandlung vor. Die Reinigung von Metalloberflächen mit wässerigen

Reinigerlösungen ist mittlerweile die in Bezug auf Fett- und Feststoffentfernung wirkungsvollste Methode und gleichzeitig ökologisch und ökonomisch vertretbar. Bei den Reinigern handelt es sich um pulverförmige oder flüssige Zubereitungen, die in wässriger Lösung oder Verdünnung eingesetzt werden. Zunächst umhüllen Tenside die Öl- und Fettschichten auf der Werkstückoberfläche. Dann gelangen die Tenside an die verunreinigte Metalloberfläche (siehe Kapitel 3.2.4.2 „Entfetten").

Die Reinigung mit wässrigen Reinigerlösungen ist die in Bezug auf gleichzeitige Fett- und Festkörperentfernung wirkungsvollste und ökologisch sowie ökonomisch vertretbare Methode.

6.1.2 Anlagen für die Vorbehandlung

In der Praxis haben sich Spritz- und Tauchanlagen bewährt. Ob eine Spritz- oder Tauchvorbehandlung zur Anwendung kommt, hängt von der Form und Oberfläche des zu beschichtenden Werkstückes ab. Häufig werden beide Verfahren miteinander kombiniert.

6.1.2.1 Spritz-Vorbehandlung

Beim Spritzspülen wird das Behandlungsmedium unter Druck (0,8 bis 2,0 bar) aus Düsen auf die Werkstückoberfläche gespritzt. Die Werkstücke durchlaufen eine tunnelartige Waschmaschine, die viele an eine Autowaschstraße erinnert. Die Werkstücke hängen dabei an einem Förderer. Bei manchen Anlagen werden die Teile auch auf ein Transportband gelegt.

Spritz-Vorbehandlungsanlagen bieten gegenüber Tauchvorbehandlungsanlagen den Vorteil der zusätzlichen mechanischen Wirkung des Spritzmittels. Dadurch lassen sich deutlich kürzere Behandlungszeiten bei niedrigeren Badtemperaturen erzielen.

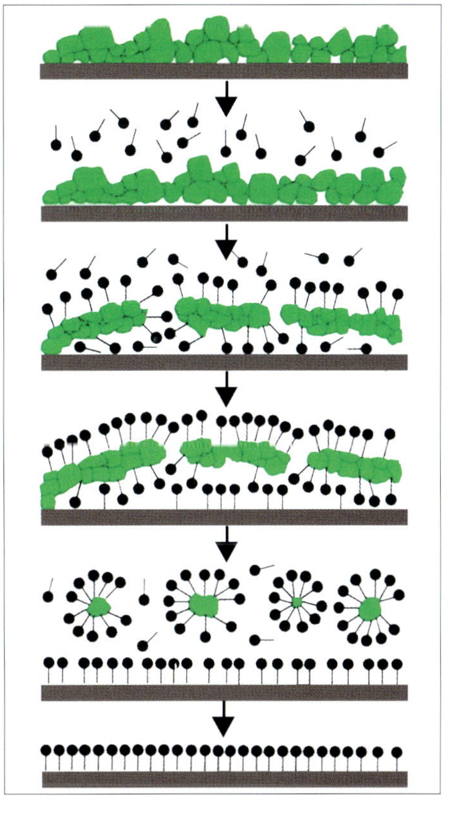

Abbildung 6.2: Wirkungsweise der Tenside wässriger Reinigungsmittel

Quelle: BASF Handbuch Lackiertechnik

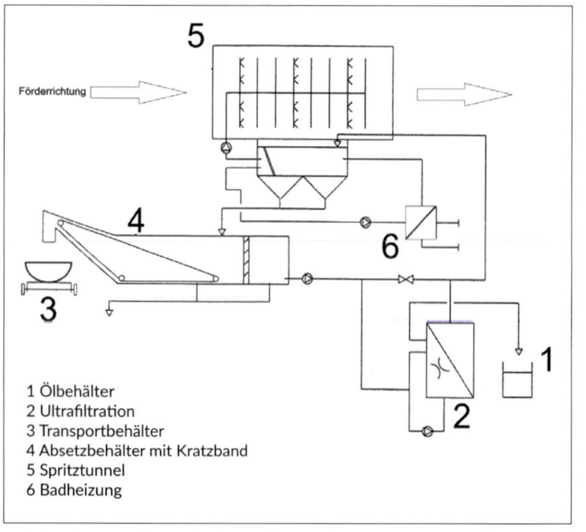

Abbildung 6.3: Spritzentfettungsanlage

Damit das Werkstück von der Vorbehandlungsflüssigkeit an allen Seiten erreicht wird, müssen die Düsen des Spritzsystems entsprechend ausgerichtet werden. Um die Düsen bei der Reinigung schnell wechseln zu können, werden sie meist über Schnellkupplungen an den Sprührohren befestigt. Die Anlage kann wahlweise über Warm- oder Heißwasser, Sattdampf, Wärmeleitöl oder auch direkt mit Öl bzw. Gas beheizt werden. Als Wärmetauscher werden Rohr-in-Rohr-Wärmetauscher, Rohrbündel-Wärmetauscher, Heizschlangen oder Plattenapparate im Gleich- oder Gegenstrom verwendet. Damit die Werkstücke für die anschließenden Beschichtungsverfahren auch in Falzen, Bohrungen usw. frei von Wasserresten sind, wird der Vorbehandlung in der Regel ein Umluftofen als Haftwassertrockner nachgeschaltet. Dieser wird bei einigen Anlagen durch eine Blaszone ersetzt. Auch durch die Art der Aufhängung kann man den Wasserablauf und damit die Trocknung unterstützen. Wegen der Ag-gressivität der eingesetzten Chemikalien wird immer häufiger für den gesamten Vorbehandlu-ngsbereich Edelstahl als Werkstoff eingesetzt.

Durch die zusätzliche mechanische Wirkung des Spritzmittels bei der Spritz-Vorbehandlung lassen sich im Vergleich zur Tauch-Vorbehandlung kürzere Behandlungszeiten bei niedrigeren Badtemperaturen erzielen.

6.1.2.2 Tauch-Vorbehandlung

Tauch-Vorbehandlungsanlagen erfordern im Vergleich zu Spritz-Vorbehandlungsanlagen längere Behandlungszeiten und höhere Badtemperaturen. Mehrere hintereinander angeordnete Tauchbecken (Kaskaden) werden meistens über vollautomatische, programmgesteuerte Beschickungsautomaten angesteuert. Solche Beschickungsautomaten transportieren die Werkstücke taktweise quer zur Förderrichtung und führen sie senkrecht den verschiedenen Stationen zu. Einzelteile werden auch über handbetätigte Seilzüge in die Tauchbäder befördert. Kleinteile können lose in Körben transportiert und behandelt werden. Die Gehängerahmen decken in einigen Anlagen gleichzeitig das Becken ab. Dadurch werden Energie- und Materialverluste durch Verdunsten reduziert.

Tauch-Vorbehandlungsanlagen werden in der industriellen Serienfertigung z. B. für Profile und andere sehr lange Werkstücke eingesetzt. Sie sind dann sinnvoll, wenn schwer zugängliche Oberflächen, wie z. B. Innenbereiche und Hohlräume zu reinigen sind. Volltauchanlagen für Automobilkarosserien werden meistens mit Spritzzonen kombiniert. Neuerdings werden hier auch Rotationstauchanlagen eingesetzt, bei dem die Karosserien im Tauchbad purzelbaumartig gedreht werden („RoDip"-Verfahren und „Vario Shuttle"). Hierdurch werden die Hohlräume noch besser durchspült.

Natürlich kann durch einfaches Eintauchen in ein Tauchbecken allein keine hochklassige Vorbehandlung durchgeführt werden. Zusätzlich ist durch eine entsprechende Badführung dafür zu sorgen, dass die Teile beim Austauchen durch aufschwimmende Schmutz- und Fettschichten im Nachhinein nicht wieder verschmutzt werden. An den Spülzonen-Beckenrändern müssen dafür Frischwasser-Sprührohre angeordnet werden. Durch die Strömungen im Becken wird die Reinigungswirkung beim Tauchen weiter verbessert.

Bei der Tauchentfettung entsteht aufgrund der hohen Arbeitstemperaturen gegenüber der Spritzreinigung eine erhöhte Dampfentwicklung. Deshalb muss über die gesamte Länge der Anlage eine Absaugung installiert werden. Alternativ dazu werden Tauchbeckenanlagen z. T. auch mit geschlossenen Kabinen versehen [1].

Tauch-Vorbehandlungsanlagen sind sehr gut für schwer zugängliche Oberflächen, wie z. B. in Innenbereichen und Hohlräumen geeignet. Vorteilhaft ist die Tauchentfettung auch für die Reinigung von Profilen und anderen sehr langen Werkstücken.

Abbildung 6.4: „Vario Shuttle" für die Tauch-Vorbehandlung
Quelle: Eisenmann SE

Chemikaliendosierung
Die zur Reinigung notwendigen Reiniger und Tenside werden direkt in die Bäder gegeben. Sie können z. B. durch Membranpumpen angesaugt und zudosiert werden. Die Menge der zuzuführenden Reinigungsstoffe hängt von der Anzahl der zu beschichtenden Werkstücke und dem Verschmutzungsgrad ab. Sie wird aus den gemessenen Badparametern berechnet.

Spülwasserrecycling
Um die Standzeit der Reinigungsbäder zu verlängern, müssen die vom Werkstück eingeschleppten Verunreinigungen wieder entfernt werden. Dabei wird zwischen der Festkörper- und Ölabscheidung unterschieden.

Für die Schmutzabscheidung haben sich zahlreiche Verfahren bewährt:

Bei der **Zentrifugalabscheidung** werden Feststoffpartikel, die nicht zu klein und zu leicht sind, mit Hilfe von Zentrifugalkräften aus Flüssigkeiten abgeschieden. Dabei wird das mit Feststoffen belastete Wasser in einen so genannten Separator gepumpt. Die schwereren Feststoffe werden durch die Fliehkräfte der rotierenden Flüssigkeit an die Wand gepresst. Die Feststoffe setzen sich im unteren Bereich ab und werden dort diskontinuierlich ausgespült und in Bandfiltern separiert.

Beim Einsatz von Magnetfiltern umströmt die Flüssigkeit die sich im **Magnetfilter** befindenden Magnetstäbe. Metallische Verunreinigungen bleiben dabei an der Umhausung haften. Die gereinigte Flüssigkeit fließt anschließend über einen Wärmetauscher wieder zurück.

Eine weitere Alternative der Schmutzseparierung ist die Behandlung mit einem Kratzband. In einem Kratzbandbehälter wird die verschmutzte Flüssigkeit beruhigt. Bedingt durch die Schwerkraft setzt sich der schwerere Schmutz am Boden ab (Sedimentation) und kann von einem Kratzband in einen Schlammcontainer ausgetragen werden. Die klare Flüssigkeit im oberen Bereich läuft über ein Trennblech zurück in einen Puffertank.

Bei der **Ultrafiltration** wird die mit Ölen und Fetten verschmutzte Reinigungsflüssigkeit an dünnen Membranen vorbeigeleitet. Während Wasser, Lösemittel und Salze die Membran passieren können, hält diese höhermolekulare Substanzen wie Öle und Fette zurück. Kleine Moleküle, hier also Wasser, können durch die Mem-branen durchfließen. Das gefilterte Medium wird als Permeat (Klarwasser) bezeichnet. Natürlich steigt bei dem kontinuierlichen Entzug von Permeat die Ölkonzen-tration im Kreislaufbehälter an, was zu einem gleichzeitigen Abfall der Filtratleistung (Fluxrate) führt. Wird diese festgelegte Filtratleistung unterschritten, unterbricht der Trennvorgang. Das eingedickte Konzentrat muss anschließend aus dem Kreislaufbehälter zur Ölentsorgung gepumpt werden.

6.1.3 Anlagen für chemische Vorbehandlungen (Konversionsbeschichten)

6.1.3.1 Phosphatieren

Um die Haftfestigkeit von Beschichtungen und damit den Korrosionsschutz zu verbessern, werden Oberflächen aus Eisen, Zink und deren Legierungen sowie einiger Aluminiumlegierungen phosphatiert. Beim Phosphatieren wird eine nicht-metallische, anorganische Schicht gebildet, die als Konversionsschicht bezeichnet wird. Da die Schicht direkt auf das Metall aufkristallisiert, haftet sie sehr gut auf dem Untergrund. Die Phosphatschicht verlangsamt die Diffusion von korrosiv wirkenden Gasen [2] und erzeugt zusätzlich eine Feinstrauigkeit für eine optimale Haftfestigkeit der nachfolgenden Lackierung.

Oberflächen aus Eisen, Zink und deren Legierungen sowie einige Aluminiumlegierungen werden phosphatiert, um die Haftfestigkeit von Beschichtungen und den Korrosionsschutz zu verbessern.

Eisenphosphatieren

Beim kostengünstigeren Eisenphosphatieren enthält die Badlösung unter anderem Alkaliphosphate (z. B. in Form einer sauren Natriumphosphatlösung), die die erforderlichen Anionen zur Ausbildung der Schicht liefern [3]. Das Kation (z. B. Eisen) wird dabei vom zu behandelnden Metall geliefert. Die Bildung der Konversionsschicht erfolgt in zwei Schritten:

→ Beizreaktion (hervorgerufen durch die anwesenden Wasserstoffionen) und

→ Schichtbildungsreaktion

In der ersten Phase wird durch das Alkaliphosphat ein Teil des Oberflächenmetalls in lösliche Phosphate umgewandelt. Im zweiten Schritt reagiert diese neue Verbindung weiter mit dem Alkaliphosphat, wobei unlösliches Metallphosphat auf der

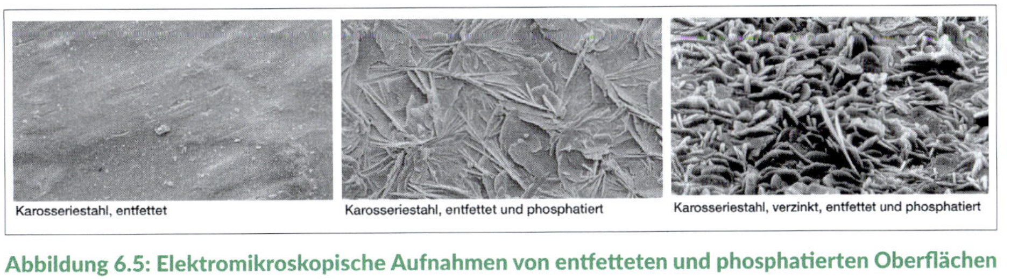

Abbildung 6.5: Elektromikroskopische Aufnahmen von entfetteten und phosphatierten Oberflächen

Quelle: BASF Handbuch Lackiertechnik

Werkstückoberfläche auskristallisiert. Wegen des schwach sauren Milieus (pH-Wert 4 bis 5) ist der Materialabtrag durch die einsetzende Beizreaktion nur gering.

Die blau- bis gelbgrau schimmernde Eisenphosphatschicht bietet einen temporären Korrosionsschutz und ist zudem ein guter Haftgrund für die nachfolgenden Beschichtungen. Die erzeugbaren Konversionsschichten sind mit 0,5 bis 0,8 µm sehr dünn. Damit sich eine ausreichende Schicht bilden kann, müssen die Teile 60 bis 120 s im Spritzverfahren und 3 bis 5 min im Tauchverfahren bei Arbeitstemperaturen von 40 bis 60 °C behandelt werden. Dieses Phosphatierverfahren wird allgemein als „nicht schichtbildend" bezeichnet, weil die erzeugte Schicht kaum messbar (unter 1 µm dünn) ist.

Die Eisenphosphatierung kann entweder in zwei Schritten oder einem Arbeitsgang erfolgen, also Entfetten und Phosphatieren nacheinander oder beide Schritte zugleich mit einem sogenannten Kombimittel. Eisenphosphatierungen werden hauptsächlich bei Werkstücken angewendet, die nicht im Außenbereich bestimmt sind, also keiner extremen Korrosionsbeanspruchung ausgesetzt sind. Die Flächengewichte liegen bei 0,2 bis 0,4 g/m² **(Dünnschichtphosphatierungen)** bzw. 0,6 bis 1,0 g/m2 **(Dickschichtphosphatierungen)**.

Zinkphosphatieren

Das Zinkphosphatieren ist aufwändiger und entsprechend kostspieliger, genügt dafür aber hohen Anforderungen bezüglich der Korrosionsschutzeigenschaften, weshalb es bevorzugt für Werkstoffe und Beschichtungssysteme für Produkte bei Außenanwendungen eingesetzt wird. Der Mechanismus der Schichtbildung verläuft ähnlich wie oben beschrieben. Allerdings wird das Grundmetall nicht am Schichtaufbau beteiligt. In der Phosphatierlösung ist das schichtbildende Kation (Zink) bereits enthalten. Das Anion (Phosphat) stammt aus der in der Phosphatierlösung enthaltenen Phosphorsäure. Dadurch stellt sich ein pH-Wert des Bades von etwa 2 ein. Die Beizreaktion ist hier dementsprechend stärker. Als Reaktionsprodukt entsteht neben der Phosphatschicht **Eisenphosphatschlamm**. Dieser setzt sich ab, um danach mechanisch entfernt zu werden.

Das Zinkphosphatieren ist aufwändiger und kostspieliger, genügt dafür aber hohen Anforderungen bezüglich der Korrosionsschutzeigenschaften, weshalb es bevorzugt für Werkstoffe und Beschichtungssysteme für Produkte bei Außenanwendungen eingesetzt wird.

Das Zinkphosphatierverfahren wird als schichtbildend bezeichnet, weil ein höheres Flächengewicht (1 bis 6 g/m²) und somit höhere Schichtdicken erreicht werden. Diese grauen, relativ dicken Phosphatschichten stellen ebenfalls alleine bereits einen

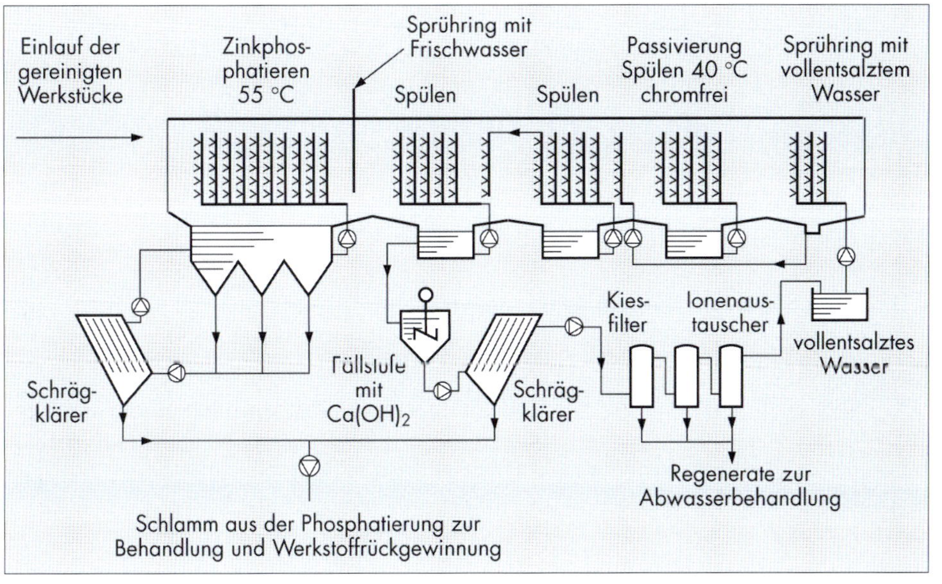

Abbildung 6.6: Zinkphosphatierung im Spritzverfahren Quelle: M. Obst „Lackierereien planen und optimieren"

temporären Schutz vor Korrosion dar. Durch die **Zinkphosphatschicht** wird der Korrosionsschutz von Werkstücken durch das mit einem nachfolgend aufgetragenen Beschichtungssystem erheblich gesteigert. Zur Anwendung kommt die Zinkphosphatierung hauptsächlich für die Metalle Eisen und Zink.

Weitere Maßnahmen bei der Zinkphosphatierung

Aktivieren

Dem technischen Prozess der Phosphatierung muss eine Aktivierung der Werkstücke vorgeschaltet werden. Beim **Aktivieren** wird die Werkstückoberfläche in einen reaktionsfähigeren Zustand versetzt. Zudem wird eine bessere und gleichmäßigere Ausbildung der Kristallisationskeime bei der Phosphatierung auf der Oberfläche erreicht. Das Aktivierungsbad enthält neben VE-Wasser im Wesentlichen Titanphosphate [4].

Schlammentsorgung

Wie bereits oben dargestellt, entsteht während der Zinkphosphat-Schichtausbildung Eisenphosphatschlamm. Um Schlammablagerungen auf der zu behandelnden Oberfläche zu vermeiden, muss der Schlamm kontinuierlich aus dem Bad entfernt werden. Andernfalls könnten Qualitätsprobleme im weiteren Vorbehandlungs- und Lackierprozess auftreten. Der Eisenphosphatschlamm aus dem Phosphatierbecken wird üblicherweise durch Sedimentation in Spitzkegeln oder direkt über Filterpressen entfernt. Eine Pumpe saugt am Einlauf des Phosphatierbeckens die Phosphatierflüssigkeit an und pumpt sie direkt zur Filterpresse. Nach Verlassen der Filterpresse wird die Klarphase in einem Pufferbehälter gesammelt und von dort zur Abwasseranlage geleitet. Ist ein vorher eingestellter Druck in der Filterpresse erreicht, wird der Filtriervorgang abgebrochen.

Ein niedriger Schlammgehalt in den Phosphatierbädern bewirkt eine hochqualitative Phosphatschicht. Die Qualität der Vorbehandlung, speziell der Phosphatierung, ist wesentlich abhängig von einem betriebssicheren, sorgfältig gepflegten Badzustand. Die Badparameter müssen von den verantwortlichen Technikern streng überprüft und eingehalten werden. Um Ablagerung von Phosphatschlamm an den Innenwänden des Wärmetauschers zu verhindern, muss der Wärmetauscher regelmäßig gespült werden.

Spülen nach dem Phosphatieren

Nach der Phosphatierung ist eine effektive Spülung notwendig. Dabei sollen alle noch anhaftenden Reste aus der Phosphatierlösung entfernt werden.

Passivieren

Um den Korrosionsschutz der Oberfläche noch zu erhöhen, ist es üblich, dem Zinkphosphatieren eine Passivierung anzuschließen. Bei der Zinkphosphatschicht bleiben in der kristallinen Oberfläche immer Poren, die durch das Passivieren geschlossen werden. Die Qualitätsverbesserung im Hinblick auf den Korrosionsschutz ist dabei erheblich. Während des Betriebs von Passivierungsanlagen muss eine Nachdosierung mit **Passivierlösung** erfolgen. Diese wird durch eine elektrische Dosierpumpe in das Bad gesaugt. Den Abschluss der schichtbildenden Phospatierung bildet eine erneute Spülung mit VE-Wasser. Sie dient der Reduzierung des Leitwertes.

6.1.3.2 Chromatieren

Für Untergründe aus Aluminium oder Zink ist als Vorbehandlung das Chromatieren besonders geeignet. Bei der Chromatierung zur Erzeugung eines Haftgrundes für nachfolgende Schichten wird zwischen Transparent-, Gelb- und Grünchromatierung unterschieden. Durch die **Gelbchromatierung** werden die höchsten Korrosionsschutzeigenschaften erzielt, weshalb ihr gegenüber den anderen Chromatierungen der Vorzug zu geben ist. Bei der Chromatierung wird das Werkstück im Tauchbad Chromsäure ausgesetzt. Als Folge entstehen bei einem pH-Wert unter 4 amorphe Chromatschichten auf der Oberfläche. Durch Zugabe weiterer Substanzen erhält man die unterschiedlichen Chromatschichten, die aufgrund ihrer Eigenschaften in unterschiedlichen Bereichen Verwendung finden.

Da Chrom-VI-Verbindungen gesundheitsschädlich sind, werden für die Vorbehandlung von Aluminium eine Reihe von alternativen Ersatzstoffen erprobt und angeboten. Diese liefern bei einigen speziellen Anwendungen inzwischen vergleichbare Ergebnisse. Durch eine Beizreaktion im sauren, phosphorsäurehaltigen Bad bei gleichzeitiger Komplexierung der entstehenden Aluminiumionen mit Natriumfluorid erhält man chromfreie titan-, zink- oder zirkonhaltige Schichten [5].

6.1.3.3 Alternative Vorbehandlungsverfahren

Seit nahezu einem Jahrhundert gelten Phosphatierungen als Standardverfahren bei der industriellen Vorbehandlung. Aus ökologischer Sicht waren die herkömmlichen Verfahren jedoch aus verschiedenen Gründen verbesserungswürdig.

Ein wesentlicher Grund ist sicherlich, dass Nickel, Chrom(VI) und andere Schwermetalle heute kaum mehr eingesetzt werden dürfen. Darüber hinaus bereitet die Beseitigung der Phosphatschlämme immer häufiger Probleme.

Ein weiterer Grund für den Ersatz von Phosphatierungen ist eine hohe Anzahl von Prozessstufen und viele Aktivbäder. Auch ist die für viele Lohnbeschichter besonders wichtige Multimetallfahrweise bei den herkömmlichen Verfahren sehr schwierig bzw. sehr aufwändig.

Als Alternativen kommen Produkte wie z.B. „Oxsilan", „Bonderite-NT" oder „Tec-Talis" in Frage. Diese Produkte erfüllen sehr hohe Korrosionsschutzanforderungen und gewährleisten die Haftfestigkeit des Lacks. Die Bäder sind darüber hinaus frei von Phosphaten und toxischen Schwermetallen. Bei diesen Verfahren entfällt die bisher notwendige Passivierung und Aktivierung, was u.a. zu erheblichen Wassereinsparungen führt. Darüber hinaus wird keine Badheizung benötigt, da der Prozess bei Raumtemperatur abläuft. Da während der „Oxsilan"- oder „Bonderite"-Behandlung kein Phosphatschlamm entsteht, ist der Aufwand bei der Anlagenreinigung und Wartung deutlich geringer.

Prüfungsaufgaben

Aufgaben zum Thema „Vorbehandlungsanlagen"

1. Ein Mitarbeiter behauptet, dass die in Ihrer Firma zu beschichtenden Bleche sauber sind und nicht vorbehandelt werden müssen. Erklären Sie ihm mit Hilfe der Abb. 6.1, welche Störschichten sich in der Regel auf einer Oberfläche befinden.
2. Welche Rolle spielen Tenside bei der Vorbehandlung? Beschreiben Sie die Wirkungsweise der Tenside mit Hilfe von Abb. 6.2
3. Wie kann die für die Phosphatierung übliche hohe Anzahl an Prozessstufen und Aktivbädern heute vermieden werden?

Projekt für den Unterricht

Lernsituation: Gestalten Sie ein Ausstellungsmodul für eine Messe zum Thema: Die Bedeutung der Vorbehandlung für eine qualitativ hochwertige Beschichtung und für den Korrosionsschutz.

Die Firma „Clean it" stellt Anlagen für die Vorbehandlung her. Herr Dipl. Ing. Sodenthal plant eine Aktion und erläutert seinen Mitarbeitern das neueste Projekt.

Sodenthal:„Es gibt immer noch viel zu viele Beschichter, die nicht wissen, dass eine gute Vorbehandlung eine wichtige Rolle für eine hochwertige Beschichtung spielt. Man muss den Kunden verdeutlichen, dass sich Investitionen in diesen Bereich auf lange Sicht lohnen. Mir geht es darum, auf Infopostern darzulegen, dass sich durch eine Reinigung und Vorbehandlung die Adhäsion einer späteren Beschichtung vergrößert und wie sich eine Konversionsschicht auf das Korrosionsverhalten auswirkt. Die Firma „Clean it" wird diese Infoposter auf Messen und Ausstellungen präsentieren".

Projektideen

1. Ein unbehandeltes Stahlblech, ein verzinktes Stahlblech und ein phosphatiertes Stahlblech werden „künstlich bewittert", indem man es wiederholt mit Wasser beträufelt (zu bestimmten Jahreszeiten reicht ein Lagern unter freiem Himmel). Dokumentieren Sie die Veränderungen. Welche Rostgrade können festgestellt werden?

2. Ein gereinigtes und ein ungereinigtes Stahlblech werden beschichtet. Die Unterschiede werden dokumentiert und die Gründe für das Ergebnis erläutert. Die Schichtdicke einer Phosphatschicht wird ermittelt und die Oberfläche beschrieben (Sichttest). Auch andere Messverfahren können durchgeführt werden.

Durchführung des Projekts

Die Schüler arbeiten in kleinen Gruppen (maximal vier Personen) an den Ausstellungsmodulen. Einzelne Gruppen können Themenschwerpunkte bearbeiten, diese sollten jedoch vor Beginn der Arbeit klar definiert werden.

Herr Sodenthal erwartet von seinen Mitarbeitern, dass sie ihre Arbeiten in einer Teamsitzung präsentieren. Die Schüler bereiten eine Präsentation vor und erläutern und diskutieren ihre Arbeiten. Dies kann z. B. in Form eines Rollenspiels erfolgen. Die Dokumentationen sowie die Gestaltung (z. B. die Entwicklung eines Firmenlogos für die Firma Clean it) können mit dem EDV-Unterricht verknüpft werden.

Lernsituation: Wie nötig ist eine Vorbehandlung vor dem Beschichten?

Der Kollege Esserwisser in Ihrem Beschichtungsbetrieb ist dafür bekannt, für alle Probleme eine schnelle Lösung zu haben. Diesmal äußert er sich bei der Planung zu einer neuen Anlage wie folgt über die Vorbehandlung:

Esserwisser: „Die Vorbehandlung kostet viel Geld und bringt nichts!

Ein paar Korrosionsreste bemerkt der Kunde nicht!

Bei der Vorbehandlung entsteht später noch mehr Korrosion!

Die Kohäsion ist sowieso wichtiger!

Der Azubi kann doch mit der Hand schleifen!

Bei der Vorbehandlung wird doch nur mit klarem Wasser gereinigt!

Bei uns in der Firma gibt es keinen Staub!

Der Lack muss die Haftfestigkeit bringen!

Die Bleche sind doch sauber. Das sieht man doch!

Der Fettfilm auf dem Blech verbindet sich mit dem Beschichtungsstoff und führt zu optimaler Haftfestigkeit!

Metalluntergründe sind sehr rau!

Der Randwinkel eines Lacktropfens ist bei einem fettigen Blech sehr klein!

Früher ging es auch ohne diesen Quatsch!"

Nun gilt es, diese Argumente zu entkräften. Je zwei Schüler schreiben eine der Äußerungen auf eine Karteikarte. Sollten die Äußerungen nicht ausreichen, kann man sich neue Behauptungen ausdenken und die Kärtchen ergänzen. Anschließend werden die gesammelten Äußerungen gemischt und an die Gruppen verteilt. Die Aufgabe besteht darin, ein Rollenspiel zu schreiben und anschließend in der Klasse vorzuspielen. Dabei sollte ein Gruppenmitglied in die Rolle des Herrn Esserwisser schlüpfen und die anderen Gruppenmitglieder mit den Behauptungen konfrontieren. Jedes Gruppenmitglied sollte in der Lage sein, der Behauptung mit stichhaltigen Argumenten entgegenzutreten.

Variante

Im Anschluss an die Rollenspiele können die Kärtchen neu gemischt werden und zur Wiederholung an verschiedene Schüler verteilt werden. Diese können nun mündlich oder schriftlich die Behauptung des Kollegen widerlegen.

6.2 Lackieranlagen für die Spritzapplikation

Für den technischen Lackierprozess mit Hilfe der Spritzapplikation haben sich zahlreiche Lackzerstäubungsverfahren bewährt. Die Prinzipien der Tropfenbildung werden in Kapitel 4 beschrieben. Wegen der Abgabe von Lösemitteln und der Entstehung von gesundheitlich bedenklichen Spritznebeln, dürfen Zerstäubungsverfahren nur in entsprechenden Lackierkabinen durchgeführt werden.

Als **Lackierkabine** bezeichnet man den Bereich einer Lackieranlage, in dem Lack auf die zu lackierenden Werkstücke aufgebracht wird. Den zu beschichtenden Teilen entsprechend haben diese Kabinen unterschiedliche Abmessungen. Es gibt relativ kleine Anlagen, die eher auf den handwerklichen Einsatz ausgerichtet sind (Fahrzeugreparaturlackierung) und Lackieranlagen für die industrielle Serienlackierung mit derartigen Dimensionen, dass große Teile lackiert und entsprechende Stückzahlen erreicht werden können. Je nach Anforderungen können in Lackieranlagen Spritz- und Trockenzonen sowie Vorbehandlungs-, Ionisierungs- und Abdunst-/Abkühlzonen integriert sein. Daneben gibt es Spritzstände, -wände und -kabinen für die manuelle Lackapplikation. Auch diese gibt es in unterschiedlichen Größen und Ausführungen, sowohl mit mobiler Absaugeinrichtung als auch als fest installierte **Spritzwand**. Wenn in derselben Kabine lackiert und getrocknet werden soll, benutzt man so genannte Kombikabinen. Sie kommen jedoch vornehmlich dort zum Einsatz, wo es weniger auf eine hohe Stückzahl ankommt. Das Lackierobjekt verbleibt nach dem Lackierprozess in der Kabine und wird dort anschließend dort auch zur Trocknung der Lackierung erwärmt. Durch Umschalten wird vom Spritzbetrieb in den Trocknungsbetrieb gewechselt.

Bei der industriellen Serienlackierung kommen dagegen komplexere Lackierstraßen zum Einsatz. So durchlaufen z. B. Pkw-Karosserien beim Hersteller Vorbehandlungs-, Lackier- und Trockenstationen. Die Rohkarosserien werden dabei über ein vollautomatisches Transportsystem, wie z. B. Schienen- oder Hängeförderer, zu den einzelnen Stationen transportiert. Bei der Planung einer Lackieranlage müssen unterschiedliche Aspekte wie Rentabilität, Umweltschutz und auch Arbeitsbedingungen beachtet werden. Vor der Errichtung oder Übernahme eines Lackierbetriebs muss eine genaue Planung erfolgen, damit Arbeitsabläufe sinnvoll ablaufen können. Die Hersteller von Lackieranlagen sind dabei in der Regel behilflich.

Abbildung 6.7: Eine moderne Großraum Lackierkabine
Quelle: Wolf Anlagen-Technik GmbH & Co. KG

Es gibt Anlagen, die eher auf den handwerklichen Einsatz ausgerichtet sind und Lackieranlagen und Lackierstraßen für die industrielle Lackierung. Letztere sind so angelegt, dass große Stückzahlen erreicht werden können. Daneben gibt es Spritzstände, -wände und -kabinen für die manuelle Lackapplikation.

6.2.1 Luftströme in der Lackierkabine

Lackier- und Trockenkabinen enthalten zusätzlich zum eigentlichen Lackierraum Aggregate zur Lufterwärmung, zur Luftumwälzung, und zur Farbnebelabsaugung. Von außen wird dabei Frischluft in die Anlage transportiert. Diese durchläuft zunächst Vorfilter, der die die Luft von groben Verschmutzungen reinigen. Ein Wärmetauscher sorgt dafür, dass die Luft die vorher eingestellte Temperatur erreicht. Durch einen Feinfilter in der Kabinendecke strömt die erwärmte Luft nun von oben in die Kabine. Auf dem Weg von oben nach unten, in einigen Fällen auch von oben zur Seite, nimmt die Luft den Farbnebel mit und gelangt anschließend in den Abluftkanal. Um zu verhindern, dass von außen Schmutz- und Staubpartikel in die Kabine eindringen können, steht der gesamte Innenbereich der Kabine unter einem leichten Überdruck. Im Gegensatz zur **Kombikabine**, bei der nach jedem Lackiervorgang zum Trocknen wieder aufgeheizt werden muss, kann bei einer separaten Lackierkabine die Temperatur konstant gehalten werden. Dies bedeutet einen wesentlich geringeren Energieaufwand.

Lackier- und Trockenkabinen enthalten Aggregate zur Luftumwälzung, zur Farbnebelabsaugung und Lufterwärmung.

6.2.2 Farbnebelabscheidung

Um der Umweltgesetzgebung gerecht zu werden, muss die beim Lackieren entstehende, schadstoffhaltige Abluft vor dem Verlassen der Spritzanlage von Lacknebel- und Lösemittelresten befreit werden. Aber auch prozesstechnische Gründe sprechen für eine **Entfernung von Lacknebel**. Vagabundierende Spritznebel können sich auf die noch frische Lackierung als Beschichtungen niederschlagen, was zu Filmfehlern wie Kraterbildung führt. Auch aus diesen Gründen muss der Spritznebel entfernt werden. Hierzu gibt es zum einen die Trocken- und zum anderen die Nassabscheidung.

6.2.2.1 Trockenabscheidung

Bei der Trockenabscheidung wird die Abluft mittels Filtermatten gereinigt. Diese bestehen aus unterschiedlichen, vliesartigen Materialien. Sie werden unter den Gitterrosten im Abluftschacht angebracht und dort von der Luft durchströmt, die vorher das Lackierobjekt umströmt und überschüssigen Farbnebel mitgenommen hat. Die Farbnebel setzen Filtermatten mit der Zeit zu. Dementsprechend wird es für die Luft immer schwerer, die Filter zu durchströmen, was sich dann in einem verstärkten Überdruck bemerkbar macht. Die Filtermatten sind also rechtzeitig zu wechseln.

Durch verschmutzte Filter erhöht sich zudem die Brandgefahr, die bei feinfasrigen Filtern wegen der verhältnismäßig großen Oberfläche ohnehin recht groß ist. Um die Standzeiten der Filtermatten zu verlängern, werden ihnen Matten, häufig Prallbleche, vorgeschaltet. Aufgrund der Trägheit der Lacktropfen wird so bereits ein Teil des Spritznebels abgetrennt.

Eine weitere Möglichkeit der **Trockenabscheidung** ist die Verwendung von Zyklonen. Dabei werden die Festkörper aus dem Overspray an Abscheidewände geschleudert und in einem Behälter gesammelt. Diese Auffangbehälter sind mit einer Antihaftbeschichtung versehen, was die Reinigung erheblich erleichtert. Neben diesen Verfahren wird auch noch die Abscheidung mit selbstreinigenden Umlauffiltern praktiziert.

6.2.2.2 Nassabscheidung

Bei der Nassabscheidung befindet sich im Absaugkanal für die Abluft eine größere Wassermenge, die ständig bewegt und filtriert wird. Der Abluftstrom wird nun durch die wasserbeladenen Abscheider geleitet. Durch Verringerung des Rohrquerschnitts wird die Abluft derart beschleunigt, dass eine intensive Vermischung von Wasser und Spritznebel erfolgt (Venturi-Prinzip). Im Gegenstromprinzip findet dabei eine Auswaschung der Lackpartikel statt. Dem Wasser werden vorher **Koagulierungsmittel** hinzugefügt, durch die Lackreste nach der Abscheidung ausflocken und so vom Wasser getrennt werden können. Die hierbei anfallenden Lackschlämme gelten als Sondermüll, während getrocknete Filtermatten je nach Art des Lacks auf herkömmliche Art entsorgt werden können [6].

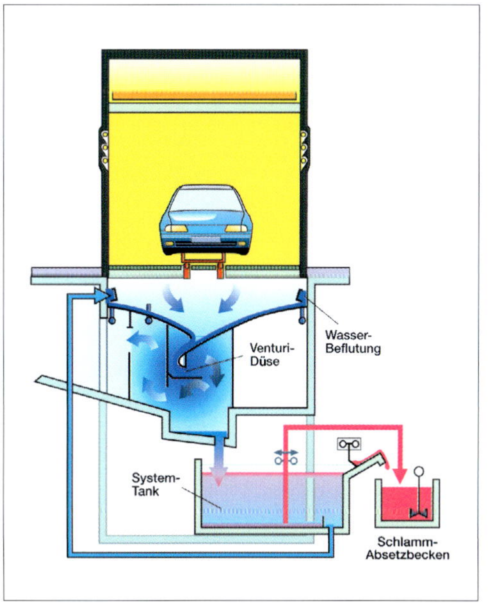

Abbildung 6.8: Prinzip der Nasslackabscheidung
Quelle: BASF Handbuch 2014

Bei der Trockenabscheidung wird die Abluft mittels Filtermatten gereinigt. Bei der Nassabscheidung wird der Abluftstrom durch wasserbeladene Abscheider geleitet. Durch die Verwirbelung von Spritznebel und Wasser erfolgt die Auswaschung der Lackpartikel.

6.2.2.3 Alternative Systeme der Lacknebelabscheidung

Der hohe Energieaufwand bei der Farbnebelabscheidung hat zu einem Umdenken bei der Auswahl neuer Verfahren geführt.

Mit dem „E-Scrub"-Verfahren ist es möglich, CO2-Emissionen durch Senkung des Energiebedarfs zu verringern. Darüber hinaus wird der Wasserverbrauch um bis zu 86%, der Chemikalienverbrauch um etwa 75% gesenkt. Von größter Bedeutung ist jedoch der Energieverbrauch, der um bis zu 75% reduziert werden kann. Außerdem ist eine Verminderung der Feinstaubemission um den Faktor 35 möglich.

Beim „E-Scrub"-Verfahren befindet sich ein elektrostatisches Farbnebelabscheidesystem unterhalb des Gitterrostes in der Spritzkabine. Der Lacknebel wird angesaugt und durch ein Abscheidesystem geführt. Die sich darin befindenden Abscheidemodule bestehen aus Hochspannungsdrähten und Abscheideplatten. Diese müssen vorher mit einem Trennmittelfilm benetzt werden. Die Hochspannungsdrähte führen zu einer Ionisierung die Luftmoleküle in der Umgebung und die Lackpartikel nehmen diese Ladung im Vorbeiströmen an. Die geerdete Abscheideplatte zieht nun die Lackpartikel an, die Lackpartikel werden gebunden und durch das Trennmittel entklebt. Trennmittel und Overspray fließen abschließend in einen Auffangbehälter.

Eine umweltschonende und günstige Methode zur Abscheidung von nassem Lack-Overspray stellt der „EcoDryScrubber" dar. Während bei der herkömmlichen Nassabscheidung überschüssige Lackpartikel mit Wasser unter Zusatz von Chemikalien ausgewaschen werden, wird beim „EcoDryScrubber" ein speziell aufbereitetes Kalksteinmehl als Bindemittel verwendet, welches in Filtermodulen im Unterbau der Kabine aufgewirbelt wird. Es setzt sich auf allen Flächen und den Filterelementen als schützende Schicht ab. Der Overspray, der aus der Spritzkabine einströmt wird angesaugt und verbindet sich auf deren Oberfläche mit dem Kalksteinmehl. Durch Umkehrung der Strömungsrichtung kann der so entstehende Filterkuchen abgesprengt werden.

6.2.3 Lackschlammaustrag

Die koagulierten Lackschlämme sedimentieren oder schwimmen nach oben. Sie müssen möglichst umgehend ausgetragen bzw. abgeschöpft werden. Mit Hilfe von Zentrifugen oder Filterpressen wird der entstandene Lackschlamm so gut wie möglich entwässert, um bei der Deponierung oder Weiterverwertung möglichst wenig

Gewicht und Volumen einzunehmen. Da **Lackschlämme** einen hohen Anteil an organischen Stoffen enthalten, sollten sie nicht deponiert, sondern in einer thermischen Nachbehandlung [7] als Brennstoffzuschlag oder Ersatzbrennstoff dienen, um so zusätzlich Wärmeenergie zu liefern. Ein weiteres Einsatzgebiet ist die Nutzung als Zuschlag bei der Zementherstellung [8].

6.2.4 Abluftreinigungsverfahren

Die von Lackieranlagen ausgehenden Emissionen können durch verschiedene Verfahren reduziert werden. Für hohe Belastungen der Abluft, meist erst durch Vorkonzentration gegeben, kann eine **thermische Nachverbrennung (TNV)** erfolgen. Sie beruht auf der vollständigen Verbrennung der organischen Inhaltsstoffe zu Wasser und Kohlendioxid unter Bildung von Stickoxiden. Letztere müssen durch Nachreinigungsanlagen beseitigt werden. Da zur vollständigen Verbrennung Temperaturen von 700 bis 900 °C erreicht werden müssen, werden Zusatzbrennstoffe der Verbrennungskammer zugeführt. Eine weitere Möglichkeit der Emissionsreduzierung ist die **regenerative Nachverbrennung (RNV)** [9]. Die Wärmeenergie des Reingases wird hier in einer Wärmespeichermasse gespeichert. Diese befindet sich direkt in der Oxidationszone und steht dem Oxidationsprozess damit unmittelbar zur Verfügung. Neben der TNV und der RNV findet man vereinzelt auch noch die **katalytische Nachverbrennung (KNV)**. Auch dabei wird eine Oxidation der organischen Inhaltsstoffe zu Wasser und Kohlenioxid bewirkt, durch geeignete Katalysatoren wird die Aktivierungsenergie auf 350 bis 500 °C herabgesetzt. Probleme treten bei diesem Verfahren auf, da die Inhaltsstoffe bei Lackieranlagen die Katalysatoren häufig kontaminieren und inaktivieren. Wegen der ohne vorherige Konzentrationserhöhung der organischen Anteile sehr niedrigen Konzentration organisch verbrennbarer Anteile in der Spritzkabinenluft beschränkt sich die thermische Nachverbrennung in der Praxis im Wesentlichen auf die Nachreinigung der stärker mit Lösemitteln beladenen Ofenabluft.

Für die Nachreinigung von Spritzkabinen geeigneter sind Adsorptionsverfahren. Dabei werden die organischen Stoffe aus der Gasphase an der Feststoffoberfläche angelagert und damit dem Abluftstrom entzogen. Als Träger für die Lösemittelabsorption wird in Lackieranlagen meistens Aktivkohle verwendet. Die mit Lösemitteln beladene Aktivkohle wird in einer Desorptionsanlage mit überhitztem Dampf oder sauerstoffarmer Luft wieder von den Lösemitteln befreit. Abschließend werden die Lösemittel durch Abkühlen auf Raumtemperatur in die flüssige Phase überführt.

6.2.5 Zusätzliche Aggregate für Lackieranlagen

6.2.5.1 Kompressoren

Kompressoren sind wichtige Bestandteile einer Lackieranlage. Sie dienen zum Erzeugen der beim Lackieren und der zum Antrieb pneumatischer Werkzeuge wie z. B. Schleifmaschinen benötigten Druckluft. In Industrielackierbetrieben werden in der Regel ortsfest eingebaute Typen verwendet. Es gibt sie jedoch auch in trag- bzw. fahrbaren Versionen. Der Antrieb der **Kompressoren** kann über Verbrennungs- und Elektromotoren erfolgen. Gekühlt werden sie meistens durch Luft. Man unterscheidet zwischen:

- → **Kolbenkompressoren**, bei denen ein Kolben die Luft zunächst ansaugt und später wieder durch ein Ventil in den Druckkessel abgibt
- → **Schraubenkompressoren**, bei denen die Luft durch die Bewegung zweier schraubenähnlicher Wellen verdichtet wird
- → **Rotationsverdichter**, die die Luft mittels eines in einem zylindrischen Gehäuse exzentrisch gelagerten Rotors verdichten und
- → **Membrankompressoren**, Aggregate, die Luft durch eine schwingende Membran in Bewegung setzen und dadurch verdichten

Je nach Anzahl der Verdichtungsaggregate spricht man von ein- oder mehrstufigen Kompressoren. Bei mehrstufigen Verdichtern wird die im ersten Schritt verdichtete Luft in den Folgeschritten weiter auf den benötigten Enddruck komprimiert. Nach dem Komprimieren (= Pressen) der Luft wird diese in einem Druckkessel gespeichert, wodurch ein Vorrat an Druckluft gleichmäßigen Drucks entsteht. Bei der Planung einer Lackieranlage spielt die Auswahl des richtigen Kompressors eine wichtige Rolle. Bei steigender Luftentnahme z.B. bei wachsender Auftragslage und dem Anschluss mehrerer Pistolen oder anderer druckluftbetriebener Werkzeuge wird bei falscher Auslegung schnell mehr Luft entnommen, als vom Kompressor komprimiert werden kann. Die Folge sind Drucksenkungen während des Beschichtens.

Abbildung 6.9: Kolbenkompressor
Quelle: Kaeser Kompressoren SE

Abbildung 6.10: Schraubenkompressor Quelle: Fa. Atlas

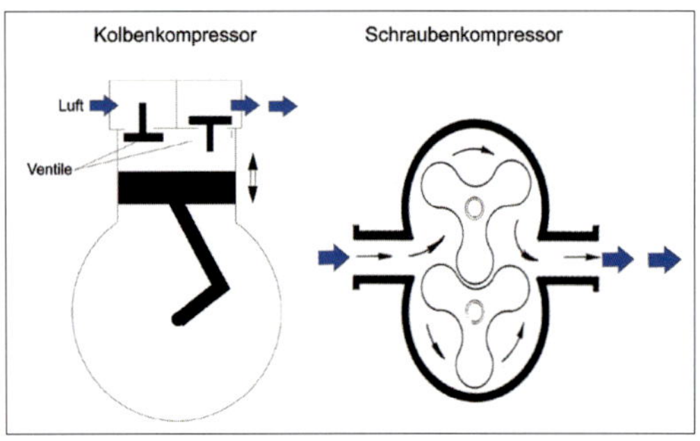

Abbildung 6.11: Aggregate zur Luftverdichtung
Quelle: Christian John (2013)

Kompressoren dienen zum Erzeugen der beim Lackieren und der zum Antrieb pneumatischer Werkzeuge wie z. B. Schleifmaschinen benötigten Druckluft. Man unterscheidet Kolbenkompressoren, Schraubenkompressoren, Rotationsverdichter und Membrankompressoren.

6.2.5.2 Öl- und Wasserabscheider

Bei der Erzeugung von Druckluft entsteht durch das Verdichten der Luft Kondenswasser. Zudem gelangt Schmieröl in den Druckkessel des Verdichters. Diese Verunreinigungen der Druckluft können zu schwerwiegenden Beschichtungsfehlern führen (siehe Kapitel 7.5, Fehlererkennung und Ursachen: Krater). Des Weiteren kann die Luft Staub und andere Schmutzteilchen enthalten. Öl- und Wasserabscheider sorgen dafür, dass solche Verunreinigungen nicht in der Spritzluft verbleiben. Durch einen Sinterbronzefilter und Feinfilterpatronen werden diese Substanzen aus der Luft entfernt. Die ausgefilterten Stoffe werden über das Kondensat-Ablassventil ausgeschieden. Bei längeren Leitungsnetzen wird empfohlen, alle 10 bis 15 m einen Wasserabscheider einzubauen, um kondensatfreie Spritzluft zu erhalten. In den meisten Druckluftanlagen wird der Luft vor dem Einspeisen in das Leitungsnetz durch Kältetrockner das Wasser durch Kondensieren entzogen. Direkt vor einer Entnahmestelle sollten zusätzlich ein Feinstfilter und ein Wasserabscheider angebracht sein.

6.2.5.3 Materialversorgung durch Ringleitungssysteme

Während im handwerklichen Bereich die Spritzpistolen meist über einen Fließ- bzw. Saugbecher oder kleinere Druckgefäße mit Lack versorgt werden, ist bei industriellen Anlagen mit Lackdurchsätzen von mehr als 200 kg pro Tag ein Leitungssystem erforderlich. Solche **Ringleitungen** haben den Vorteil, dass gleichzeitig mehrere Applikationsorte mit dem gleichen Material versorgt werden können.

Der Beschichtungsstoff muss im Vorratsbehälter stets umgerührt werden. **Farbumlaufpumpen** bringen den Lack auf 10 bis 20 bar Materialdruck und drücken ihn so durch die Rohrleitungen. Damit sich in den Rohrleitungen keine Pigmente anlagern können, muss die Fließgeschwindigkeit mindestens 0,2 bis 0,3 m/s betragen. So erreicht der Lack schließlich die Lackabnahmestellen und kann appliziert werden. Überschüssiges Material passiert ein Rücklaufkontrollventil und gelangt über ein Umschaltventil zurück in den Vorratsbehälter.

Bei 2K-Lacken erfolgt die Lackversorgung durch getrennte Ringleitungen für Stammlack und Härter. Diese werden erst kurz vor der Verarbeitung vermischt [10].

Molche

Durch die Verwendung von Molchsystemen ist es möglich, Lackmaterialien zurückzugewinnen, Spülmittel zu reduzieren und hohe Entsorgungskosten von Abwässern zu verringern.

Im Vor- und Rücklauf der Ringleitungen können Molchstationen installiert sein. Beim Molchen wird ein passgenauer zylindrischer Laufkörper (Molch) mit Lösemittel durch eine Ringleitung gedrückt. Im Rücklauf kann dieser entnommen werden. Materialrückstände können so nahezu vollständig aus der Leitung entfernt werden.

6.2.6 Wartung von Lackierkabinen

Eine Lackierkabine stellt für den industriellen Lackierbetrieb eine der größten Einzelinvestitionen dar. Die Qualität der Lackierung hängt in einem hohen Maße von der einwandfreien Funktion dieses Bereiches ab. Dementsprechend muss der Anlagenführer in der Lage sein, die Kabinenwartung und -pflege fachgerecht durchzuführen.

Eine regelmäßige **Innenreinigung** der Kabine sollte in Abhängigkeit von der Benutzungsintensität durchgeführt werden. Die Wände können mit abziehbaren Lacken überzogen werden, so dass niedergeschlagener Farbnebel bei der Kabinenreinigung entfernt werden kann. Der Einsatz solcher Klebelacke verhindert auch, dass abgelagerte Staubpartikel von den Wänden gelöst werden.

Auch die Kontrolle bzw. der Austausch der **Leuchtstoffröhren** sollte gewissenhaft durchgeführt werden. Die meisten Betriebe wechseln lediglich defekte Röhren. Aber auch ältere Leuchtstoffröhren sollten wegen abnehmender Leuchtkraft nach einer bestimmten Zeit gewechselt werden.

Eine sehr wichtige Wartungsarbeit ist das Wechseln der **Filter**. Moderne Anlagen zeigen einen notwendigen Filterwechsel an. Vorfilter müssen dabei häufiger gereinigt werden als die Hauptfilter. Das Fahren der Anlage mit verschmutzten Filtern führt zu einer höheren Belastung der Aggregate. Dies bedeutet letztlich einen vorzeitigen Verschleiß teurer Anlagenteile.

Eine weitere wichtige Wartungsarbeit stellt das Reinigen der Abluftschächte dar. Diese werden von oben nach unten vom Material befreit, das sich dort ablagert.

Prüfungsaufgaben

1. Welche Aufgaben erfüllen Aggregate in Lackier- und Trockenkabinen?
2. Was ist bei der Planung der Kompressoranlage hinsichtlich der Größe zu beachten?
3. Was entsteht bei der Komprimierung von Luft und kann zu Lackierfehlern führen?

Der Verfahrensmechaniker für Beschichtungstechnik muss in der Lage sein, die Kabinenwartung und -pflege fachgerecht durchzuführen.

4. Beschriften Sie das Schema einer kombinierten Lackier- und Trockenkabine und zeichnen Sie die Luftströmungen
   a) im Lackiermodus und b) im Trocknermodus ein.

   Die folgenden Begriffe werden für die Beschriftung benötigt:
   Umschaltklappe, Zuluftgerät, Abluftgerät, Farbnebelabscheider, Luftkanäle, Brenner, Spezialheizgerät, Beleuchtung, Vorfilter, Deckenfilter
5. Beschreiben Sie die im Text genannten Möglichkeiten zur Farbnebelabscheidung.
6. Welche Argumente sprechen für ein regelmäßiges Wechseln der Filter?
7. Welche Wartungsarbeiten müssen vom Verfahrensmechaniker für Beschichtungstechnik in einer Lackieranlage verrichtet werden?

Projekt für den Unterricht

Die Firma Brennemann Lackierungen KG plant eine neue Lackieranlage. Fertigen Sie eine Liste mit allen Punkten an, die bei der Planung berücksichtigt werden müssen.

Herr Brennemann hat einen Anlagenhersteller eingeladen. Erstellen Sie einen Dialog, in dem ein Beratungsgespräch simuliert wird und verwenden Sie dabei die Punkte aus der ersten Prüfungsaufgabe.

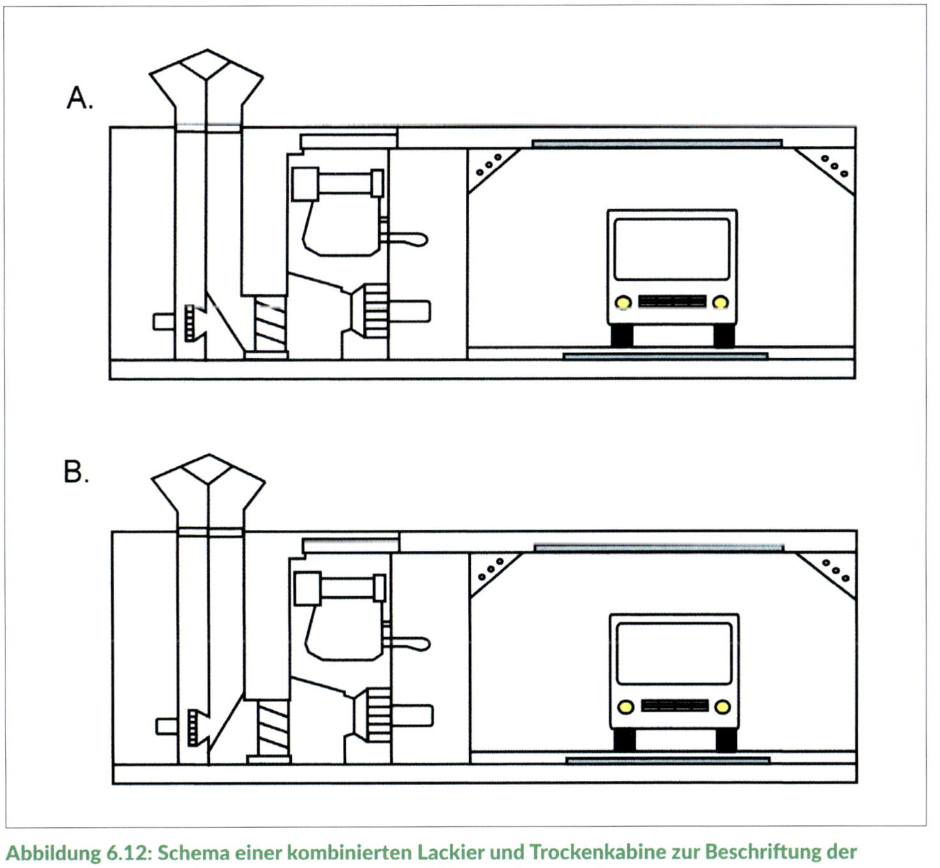

Abbildung 6.12: Schema einer kombinierten Lackier und Trockenkabine zur Beschriftung der Prüfungsaufgabe 4 a) im Lackiermodus und 4 b) im Trocknermodus

6.3 Elektrotauchlackieren

Aufbauend auf den Ausführungen über die Grundlagen der Elektrotauchlackierung in Kapitel 4 sollen im folgenden Abschnitt die anlagentechnischen Details der kathodischen Tauchlackierung beispielhaft behandelt werden.

6.3.1 Elektrotauchlackieranlagen

Die wesentlichen Bestandteile der Elektrotauchlackieranlagen sind

- → Tauchbecken (mit den Elektroden)
- → Gleichrichter (zur Versorgung der Anlage mit Gleichspannung)
- → Umwälzsystem (für eine gleichmäßige Durchmischung des Lacks)
- → Wärmetauscher
- → Filteranlagen (zur Entfernung von eingetragenem Schmutz)
- → Lackversorgung/Nachdosierung (Kompensation)
- → Anolytkreislauf
- → Ultrafiltrationsanlagen (zum Versorgen des Systems mit Spülmedium)
- → Einbrennofen
- → Transportsystem

6.3.1.1 Tauchbecken

Um eine Isolierung des Beckens und damit eine Trennung der elektrischen Anlagenteile zu garantieren, bestehen Tauchbecken für die KTL-Lackierung aus organisch beschichtetem Stahl oder aus Kunststoffen. Die Beckengröße hängt von der Größe des zu beschichtenden Objekts ab und liegt zwischen 0,1 und 500 Kubikmetern. Zur Verhinderung von **Sedimentation** wird das Lackmaterial im Tauchbecken umgewälzt. An der Oberfläche des Bades bildet sich durch die Gasentwicklung bei der Wasserelektrolyse Schaum. Am Auslauf des Tauchbeckens befindet sich ein kleines Überlaufbecken. Durch die Badströmung treibt der Schaum an der Oberfläche in Richtung dieses Überlaufs. Dort läuft er über eine Kante und sammelt sich im Überlaufbecken.

Die Folgen von angetrocknetem Schaum auf dem Werkstück wären Qualitätsfehler auf der Oberfläche.

6.3.1.2 Stromquelle und Gleichrichter

Gleichrichter wandeln Wechselspannung in Gleichspannung. Gleichspannung ist zur Abscheidung von Elektrotauchlacken nötig.

Zu Beginn der Abscheidung kommt es zu hohen Stromdichten, die zu Beschichtungsfehlern führen können. Um Stromspitzen zu vermeiden, wird ein Spannungsprogramm gefahren. Während bei **Taktanlagen** dazu ein einzelner Gleichrichter ausreicht, wird in **Durchlaufanlagen** dazu ein zusätzlicher Gleichrichter benötigt. Eine andere Möglichkeit, bei Durchlaufanlagen die Spannung langsam anzuheben,

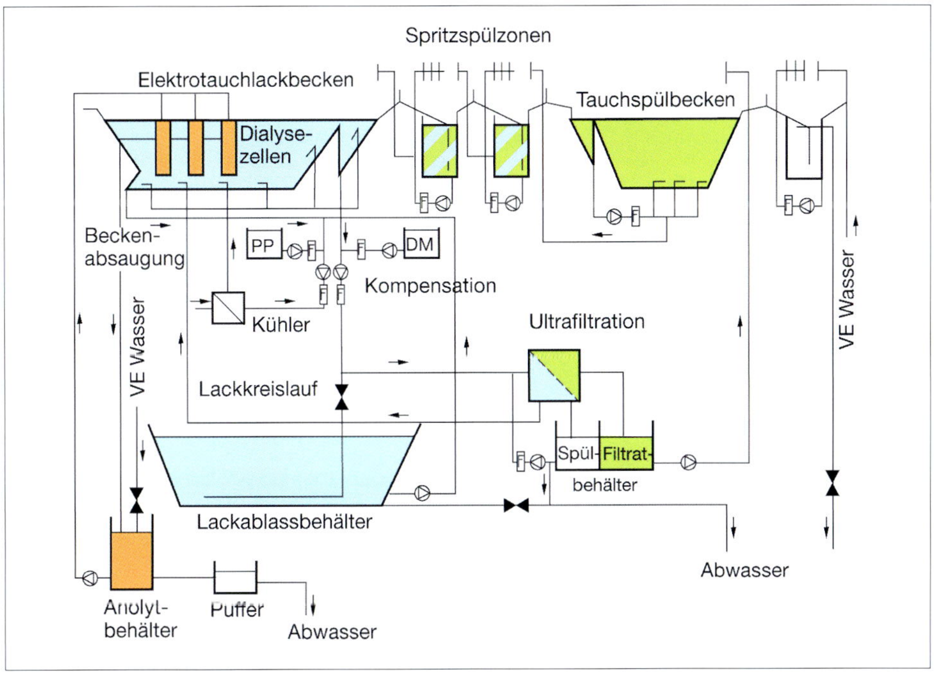

Abbildung 6.13: Verfahrensschema der kathodischen Elektrotauchlackierung

Quelle: BASF Handbuch Lackiertechnik

ist das Eintauchen unter Spannung in einem Bereich mit wenigen Gegenelektroden. Moderne Anlagen haben eine Stromdichteerkennung, bei der der Gleichrichter die Spannung anhand der zu lackierenden Oberfläche einregelt. Die Spannungen bei der Beschichtung betragen zwischen 200 bis 400 Volt, bei einer Beschichtungszeit von ca. 1 bis 3 Minuten.

6.3.1.3 Umwälzsystem

Der Lack im Tauchbecken wird durch Pumpen umgewälzt, um eine Sedimentation von Lackmaterial zu vermeiden und gleichzeitig eine möglichst dünne saure bzw. alkalische Grenzschicht an den Elektroden einzustellen. Hierzu ist eine Umwälzung des ca. vier- bis sechsfachen Beckenvolumens pro Stunde nötig. In diesem Kreislauf wird das Lackmaterial auch gefiltert.

6.3.1.4 Wärmetauscher

Bedingt durch die elektrische Energie, die während des Abscheideprozesses entsteht und durch die Reibungswärme der Umwälzpumpen, erhöht sich die Badtemperatur. Da sich bereits Temperaturabweichungen von 1 °C auf die Schichtdicke und die Oberflächenqualität auswirken können, muss das Lackmaterial gekühlt werden. Je nach Lacksystem sollten die Temperaturen unter 34 bis 36 °C gehalten werden. Übliche Badtemperaturen liegen bei 28 bis 32 °C. Um dies zu erreichen, wird der Lack nach dem Passieren eines Filters in einen Wärmetauscher geleitet. Dort wird der Lack gekühlt.

6.3.1.5 Filteranlagen

Wegen der relativ geringen Schichtdicken, die bei der ETL-Applikation im Bereich von nur 15 bis 35 µm liegen, stören Schmutzpartikel in der Lackierung erheblich. Dies würde direkt zu Defekten in der Oberfläche des lackierten Werkstücks führen. Um Schmutz zu beseitigen, werden üblicherweise **Beutelfilter** mit einer Porengröße von 25 bis 50 µm eingesetzt. Diese werden in Edelstahlnetzkörbe gelegt, die sich in einem Edelstahl-Filterkessel befinden. Die korrekte Funktion der Filter wird durch die Überwachung der Druckdifferenz zwischen Ein- und Auslauf sichergestellt. Durch die zurückgehaltenen Feststoffe nimmt die Belegung des Filters zu und der Widerstand im Filter wird größer. Stellt der Verfahrensmechaniker eine Druckdifferenz zwischen Einlauf- und Auslaufdruck am Filter fest, so ist dies ein Zeichen für eine Filterverschmutzung. Bei einem Differenzdruck von 0,8 bis 1,0 bar werden von ihm dann die Filter ausgetauscht. Ursachen für die Einschleppung von Verunreinigungen sind vielfältig:

- → Rohbauschmutz
- → Fördersystem (Abrieb oder Schmutz)
- → Warenträger (Lackmaterial, Vorbehandlung, ...)
- → Verschleppungen aus der Vorbehandlung
- → Koagulat und Sediment des Lacksystems
- → verschmutzes VE-Wasser
- → u.v.m.

Im KTL-Lack dürfen keine Schmutzpartikel vorhanden sein. Dies würde zu Defekten in der Oberfläche des lackierten Werkstücks führen.

6.3.1.6 Nachdosiersystem (Kompensation)

Die im KTL-Material enthaltenen Pigmente und Harze werden dem Bad ständig für die Bildung der Lackschicht auf den Werkstücken dem Bad entnommen und müssen deshalb nachdosiert werden. Üblicherweise wird die Nachdosierung mit zwei Komponenten durchgeführt: Pigmentpaste und Bindemittel. Dadurch gelingt es, die sich im Laufe des Betriebs ändernden Verhältnisse von Pigment und Bindemittel wieder auszugleichen. Das Bindemittel kann über die Überlauftasche zudosiert werden. Die Pigmentpaste muss saugseitig vor der Hauptumwälzpumpe zugeführt werden. Weitere Komponenten wie Lösemittel und Neutralisationsmittel werden über einen zusätzlichen Container zudosiert. Da die abgeschiedene Menge Lack proportional zur geflossenen Menge Strom ist, kann über einen Amperstundenzähler die Nachdosierung von Bindemittel und Pigmentpaste automatisch erfolgen. Wegen der in KTL-Anlagen üblichen **Kompensation** mit vollneutralisiertem **Nachfüllmaterial**

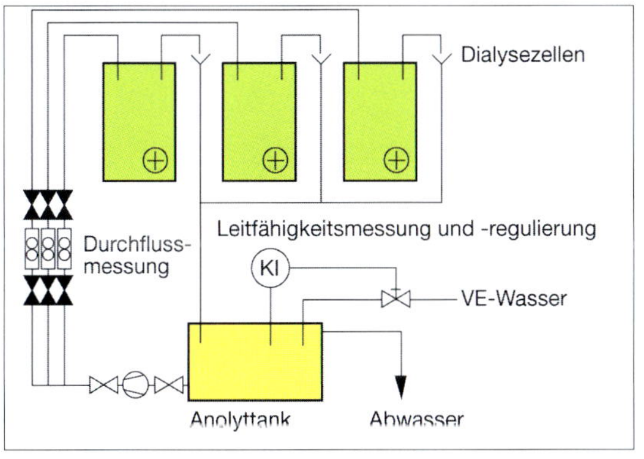

Abbildung 6.14: Schema des Anolytkreislaufs
Quelle: BASF Handbuch Lackiertechnik

muss dem Becken regelmäßig Essigsäure entzogen werden. Dies geschieht im so genannten Anolytkreislauf (siehe auch Kapitel 4).

6.3.1.7 Anolytkreislauf

Im KTL-Bad werden die Anoden meistens in Dialysezellen positioniert. Sie sind auf beiden Seiten des Beckens angebracht und bilden als Anode das korrespondierende Gegenstück zum kathodisch geschalteten Werkstück. Die Anoden sind mit speziellen Anionenaustauschermembranen umgeben. Durch einen separaten Kreislauf wird **Anolyt** durch die Zellen gepumpt [11]. Anolyt ist eine Flüssigkeit, die zum größten Teil aus Wasser und Säure besteht. Während des Lackiervorgangs gebildete freie Säure wird aus dem Lackmaterial durch die Membran als Anolyt abtransportiert und dann entsorgt. Durch das Anolytsystem wird also frei gewordenes Neutralisationsmittel abgeführt. Dadurch bleibt der pH-Wert im KTL-Becken innerhalb der Prozessparameter konstant (siehe auch Kapitel 4).

Der Anolytkreislauf besteht aus folgenden Hauptbauelementen:

- → Dialysezelle mit einer Anionenaustauschermembran und dem Anodenblech
- → Vorratsbehälter mit Leitfähigkeitssteuerung und Zulauf von vollentsalztem Wasser
- → Umwälzpumpe mit einem korrosionsfesten Leitungssystem, z. B. Edelstahl oder PP

Um die Funktion einer KTL-Anlage sicherzustellen, müssen während der Produktionszeit u. a. der Zustand der Anolytflüssigkeit (leicht gelblich bis hell-klar), der Leitwert und alle Elemente der Regelung kontrolliert werden. Besondere Beachtung sollte dem Füllstand im Sammelbehälter nach längeren Stillstandszeiten geschenkt werden. Wenn dieser stark abgefallen ist, könnte durch eine Undichtigkeit Anolyt ins Tauchbecken zurückgelaufen sein und so den pH-Wert erniedrigt haben.

Die durch die Kompensation mit vollneutralisiertem Nachfüllmaterial steigende Menge an freier Säure wird durch den Anolytkreislauf wieder herabgesetzt.

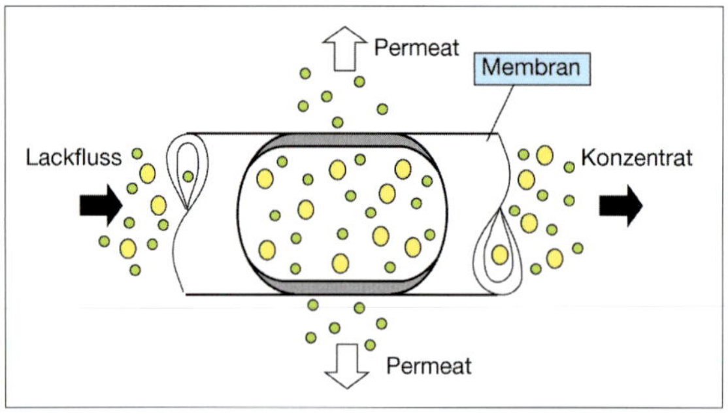

Abbildung 6.15: Schema des Ultrafiltrationsprozesses
Quelle: BASF Handbuch Lackiertechnik

6.3.1.8 Ultrafiltration

Unter Ultrafiltration versteht man die Abtrennung von 0,1 bis 0,01 µm kleinen Partikeln. Die Ultrafiltration (UF) ist eine Druckfiltration an Membranen. Hochmolekulare Substanzen wie Pigmente und Filmbildner werden durch die UF-Membrane zurückgehalten, während Wasser, Lösemittel und Salze durch die Membrane hindurchgedrückt werden. Letztere werden als „Filtrat“ oder „Permeat“ bezeichnet. In dem **Ultrafiltrationskreislauf** wird eine konstante Lackmenge der Ultrafiltrationsanlage zugeführt. Dort wird der Wassergehalt im Lack verringert. Das gewonnene Ultrafiltrat wird anschließend wieder zum Spülen der Werkstücke eingesetzt. Das Konzentrat wird dem Lackmaterial wieder zugeführt. Das erhaltene Permeat hat einen Feststoffgehalt von höchstens 1% aus niedermolekularen, gelösten und ionischen Bestandteilen des Tauchlacks. Im Übrigen besteht das Permeat aus Wasser, Neutralisationsmittel und geringen Anteilen der eingesetzten organischen Lösemittel. Dieses **Permeat** wird primär zum Spülen der Beschichtungsobjekte erzeugt, um ein aus dem System kommendes Medium zu verwenden, welches im Kreislauf mit minimalen Verlusten arbeitet. Um die Oberflächenqualität zu verbessern, zur Senkung Reduzierung von Schleifarbeiten und um zur Verbesserung der Korrosionsbeständigkeit der Lackschicht beizutragen, werden die Werkstücke in zwei **UF-Spülzonen**, die üblicherweise in Kaskade geschaltet sind, gespült. Bei sehr hohen Anforderungen an die Oberflächenqualität schließt sich noch eine VE-Wasser-Spülzone an. Der abgespülte Lack löst sich im Permeat und wird dem Tauchlack-Material wieder zurückgeführt. Für eine wirksame Spülung der Beschichtungsobjekte werden 2 bis 2,5 l Ultrafiltrat pro m2 lackierter Oberfläche benötigt, woraus sich je nach Durchsatz der Tauchlackier-Anlage eine entsprechende Größe für die UF-Anlage ergibt. Da sich im Permeat niedermolekulare, ionische Bestandteile sowie Lösemittel befinden, muss neben der Verwendung als Spülmittel zur Badreinigung auch ein Teil des Ultrafiltrats verworfen werden (Nierenfunktion).

Die Ultrafiltration (UF) ist eine Druckfiltration an Membranen. Hochmolekulare Substanzen wie Pigmente und Filmbildner werden durch die UF-Membrane zurückgehalten, während Wasser, Lösemittel und Salze durch die Membrane hindurchgedrückt werden.

6.3.1.9 Einbrennofen

Die noch fehlende mechanische Gebrauchstüchtigkeit der Lackierung wird durch ein anschließendes Vernetzen, d.h. Vergrößern und Querverknüpfen der Makromoleküle durch Erwärmen herbeigeführt. Hierzu werden **direkt** und **indirekt beheizte Öfen** (mit Gas oder Öl) eingesetzt. Die Zeiten und Objekttemperaturen werden durch das Beschichtungsmaterial vorgegeben. Die Vernetzung erfolgt üblicherweise bei Umlufttemperaturen von 190 bis 200 °C bei einer Verweilzeit von 30 bis 35 min. Spezielle Niedrigtemperaturmaterialien werden teilweise nur mit für 30 min bei 125 °C ausgehärtet.

ETL-Materialien vernetzen über Polykondensation. Die dadurch entstehenden Spaltprodukte muss das Luftumwälzsystem mit sechs- bis zehnfachem Luftwechsel/min und 7 bis 12 % Frischluftanteil behandeln. Diese Spalt-/Crackprodukte sind geruchsintensiv, sodass eine Abluftreinigungsanlage, z.B. TNV oder Wäscher, meist allein deshalb nötig ist.

6.3.2 Badkontrolle und -steuerung

Unter den Gesichtspunkten des materiellen Werts des Badmaterials, der Vermeidung kostenträchtiger Produktionsstillstände und einer optimalen Qualität werden ETL-Materialien regelmäßig auf Fremdstoffeinträge und ihre Auswirkungen sowie zahlreiche andere Kriterien der Badstabilität überprüft. Mit Hilfe der EDV können Verschiebungen der Baddaten erfasst, Tendenzen rechtzeitig erkannt und Korrekturen veranlasst werden. Um beim ETL-Prozess Fehlerquellen zu erkennen und zu vermeiden, ist es notwendig, die Einflussfaktoren zu kennen und in ihrer Abhängigkeit zu verstehen. Bei einer vorgegebenen, bereits installierten Anlage sind diese Einflussfaktoren im Wesentlichen die Badparameter und die Abscheidebedingungen.

Beim Betrieb eines Elektrotauchbads verändern sich die Badparameter ständig. Es werden Lackbestandteile abgeschieden, Lösemittel verdunsten und Verunreinigungen aus der Vorbehandlung werden eingeschleppt. Deshalb ist es notwendig, das ETL-Bad kontinuierlich anhand zahlreicher Badparameter zu überwachen.

Der Betreiber des ETL-Beckens bestimmt folgende Werte einmal pro Schicht:

- Festkörper
- pH-Wert
- Leitwert
- evtl. MEQ-Wert (Menge an Neutalisationsmittel)
- evtl. Aschegehalt

Zusätzlich bestimmt der Lacklieferant in regelmäßigen Abständen:

- MEQ-Werte
- Pigment/Bindemittel-Verhältnis bzw. Aschegehalt
- Lösemittel-Gehalt
- Fremdionen-Gehalt
- Bakterien und Pilzanalysen

Zur Badsteuerung müssen alle Baddaten im Zusammenhang interpretiert werden. Ein einzelner Wert lässt meist keine Rückschlüsse auf den tatsächlichen Badzustand zu.

Neben den Badwerten müssen auch die **Abscheide-/Anlagenbedingungen** zur optimalen Beschichtungsqualität genau eingehalten und kontrolliert werden. Dazu gehören Abscheidespannung, Beschichtungszeit und Badtemperatur. Auch diese Werte stehen in direktem Zusammenhang mit den Badwerten.

Durch die Abscheidespannung wird bei vorgegebener Tauchzeit die Schichtdicke festgelegt. Beeinflusst wird die einzustellende Spannung dann durch den Lösemittelgehalt, den pH-Wert, den Festkörper, die Badtemperatur, den Anodenzustand, die Beschichtungsfläche, etc.

6.3.3 Störungen erkennen und beheben

6.3.3.1 Wartungspläne und Optimierung der Prozesssteuerung

Noch wichtiger als die Erkennung und Behebung von Fehlern oder Unregelmäßigkeiten beim ETL-Lackieren ist die Vermeidung solcher Probleme. Sorgfältig ausgearbeitete Wartungspläne für die verschiedenen Bereiche einer Lackieranlage helfen dabei. Diese Pläne sollten sowohl die in kürzeren Intervallen (z. B. wöchentliche Reinigungen und Kontrollen) als auch die in längeren Intervallen (z. B. Temperaturmessung des Ofens) durchzuführenden Arbeiten berücksichtigen.

Nachfolgend finden Sie einige Beispiele für Prozessstörungen und deren Behebung:

Findet der Anlagenführer eine **Trübung der Anolytflüssigkeit** vor, kann eine mögliche Ursache hierfür in einer mechanischen Beschädigung oder eines Bruchs der Membran liegen. In diesem Fall muss der Beschichtungsvorgang möglichst schnell abgebrochen werden, da sich innerhalb weniger Stunden sowohl die Anodenbleche als auch die Rückseite der Dialyse-Membrane beschichten. Durch diesen Isoliervorgang sinkt der Beschichtungsstrom und damit die Schichtdicke auf bis zu 0 µm.

Wichtig ist auch, dass in Hohlräumen beim Eintauchen keine **Luftblasen** zurückbleiben, weil diese Stellen dann nicht mit Lack bedeckt werden.

Ein weiteres Problem stellen die so genannten **Badverschleppungen** dar. Um zu vermeiden, dass Staub, Späne, Öle und Fette (z. B. aus dem Karosseriebau der Automobilindustrie) eingeschleppt werden, ist darauf zu achten, dass alle in das Tauchbecken gelangenden Werkstücke absolut sauber sind, da diese den Tauchlack verunreinigen und nach kurzer Zeit unbrauchbar machen würden.

Der verantwortliche Anlagenführer hat bei Tauchbeschichtungsanlagen die Aufgabe, die Qualität des Bads konstant zu halten **(Badpflege)**. Dazu gehört, dass ausgetragener Lack und verdunstende Lösemittel ergänzt werden. Sedimentation muss durch ständige Badbewegung (Umwälzung) verhindert werden. Umgebungs- und betriebsbedingte Temperaturschwankungen des Lacks durch Heizung bzw. Kühlung müssen überprüft und ausgeglichen werden.

Auch die **Auswahl des Lacks** ist von besonderer Bedeutung. Wegen der z.T. erheblichen Verweilzeiten des Lacks im Tauchbecken bis zum vollständigen Austausch (turn over), muss der Lack über eine hohe Stabilität verfügen.

Zur Badpflege gehört, dass ausgetragener Lack und verdunstende Lösemittel ergänzt werden. Sedimentation muss durch ständige Badbewegung (Umwälzung) verhindert werden. Umgebungs- und betriebsbedingte Temperaturschwankungen des Lacks durch Heizung bzw. Kühlung müssen überprüft und ausgeglichen werden.

6.3.3.2 Koagulatbildung im Becken

Durch Beschädigung der Beschichtung an eingebauten Metallteilen im Tauchbecken, beispielsweise von Halterungen, Flutrohren etc., kommt es punktuell zu elektrisch leitenden Bereichen. Während des Beschichtungsvorgangs tauscht der Lack auch hier seine Ladung aus. Es findet deshalb ständig ein Be- und Entschichtungsprozess statt. Als Folge dieses unerwünschten Prozesses koaguliert der Elektrotauchlack. Diese Koagulate können sich auf dem Werkstück absetzen und als Oberflächenstörung sichtbar werden.

6.3.3.3 Störungen der Beschichtung

In den Innenräumen der Karosserien kann es durch Luftblasen zu Lackierfehlern kommen. Die Luftblasen entstehen, wenn die Luft beim Eintauchen nicht komplett entweichen kann. Diese Problematik kann bei Karosserien z.B. durch das Drehen der Werkstücke (Purzelbaum) nahezu vollständig eliminiert werden. Bei kleineren Anlagen und vielfältigen Werkstücken (z.B. Lohnlackierung) muss mit ausgereifter Aufhängetechnik oder Hubeinrichtungen am Fördersystem gearbeitet werden, um so ein optimales Ergebnis zu erhalten.

Prüfungsaufgaben

1. Beschreiben Sie den detailliert Verfahrensablauf der kathodischen Tauchlackierung mit Hilfe von Abb. 6.13
2. Was versteht man unter der „Kompensation"? Warum ist diese bei der KTL-Lackierung erforderlich?
3. Wozu dient die Ultrafiltration? Beschreiben Sie den Ultrafiltrationsprozess unter Verwendung der folgenden Begriffe: Permeat, Konzentrat, Lackfluss.

6.4 Pulverbeschichtung

6.4.1 Prozess des Pulverbeschichtens

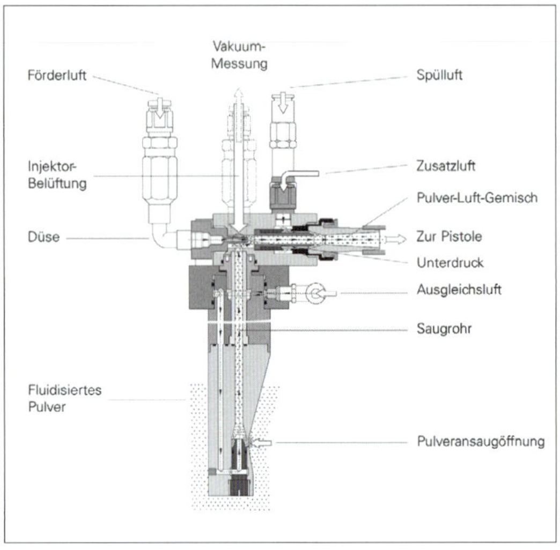

Abbildung 6.16: Pulverinjektor

Quelle: BASF Handbuch Lackiertechnik

Der Prozess des Pulverbeschichtens beginnt mit dem Einfüllen des Pulvers in den **Fluidisierbehälter**. Dieser hat einen porösen Boden, durch den Luft geblasen wird, die nun das Pulver vertikal durchströmt. Durch zusätzliches Rütteln wird zudem eine Horizontalbewegung erzeugt. Durch diese entgegengesetzten Bewegungsrichtungen wird das Pulver aufgelockert und in einen fließfähigen Zustand versetzt (fluidisiert). Daneben gibt es auch einfache Anlagen, bei denen das Pulver direkt aus dem Anliefergebinde aufgenommen und verarbeitet wird. Hier findet die Fluidisierung nur in der direkten Ansaugzone vor Eintritt in die Pulververarbeitungskabine. statt. Anschließend saugt ein Injektor das Pulver an und befördert es über einen Schlauch zur Pulversprühpistole. Die Pulverausstoßmenge und die Strömungsgeschwindigkeit im Pulverschlauch werden über getrennt in den Injektor eingespeiste Förder- und Dosierluft geregelt. Bei Anlagen mit Pulverrückgewinnung wird im letzten Schritt das Pulver, welches nicht auf das Werkstück gelangt ist, durch einen Filter oder Zyklon zurückgewonnen und anschließend wieder in den Fluidisierbehälter geleitet.

6.4.2 Pulverbeschichtungskabine

Beim Pulverbeschichten wird meistens eine teilweise geschlossene Beschichtungskabine eingesetzt. Diese ist an allen Seiten – mit Ausnahme der Öffnungen für die automatischen, elektrostatischen Sprühvorrichtungen, Ein- und Auslauföffnungen für die Werkstücke sowie die Arbeitsöffnungen für eine Handbeschichtung – geschlossen.

Die Abstände zwischen den Kabinenwänden und dem eigentlichen Beschichtungsbereich müssen ausreichend groß sein, damit die Wände selbst nicht mitbeschichtet werden. Deshalb wird heute für die Wände der Pulverlackierkabine neben Metall und Glas immer häufiger der elektrische Nichtleiter Kunststoff verwendet. Kunststoff lädt sich mit dem ersten Pulverniederschlag auf und stößt die nachfolgenden, mit gleicher Ladung versehenen Pulverteilchen ab.

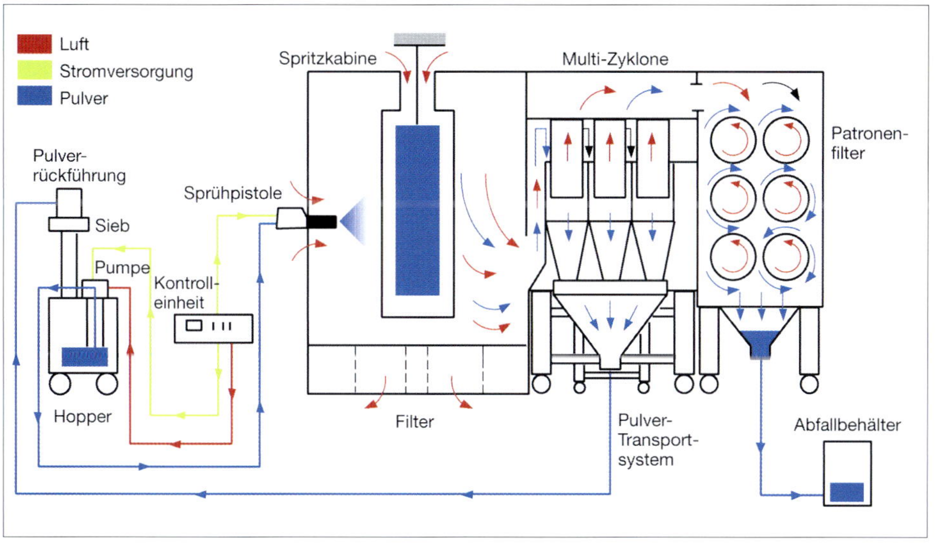

Abbildung 6.17: Gesamtanlage mit Hochspannungsaufladung Quelle: BASF Handbuch Lackiertechnik

Auch Pulverbeschichtungskabinen müssen während des Sprühens des Beschichtungspulvers mit Frischluft versorgt werden. Es muss ausgeschlossen werden, dass explosive Gemische entstehen. Durch eine **Belüftung** wird darüber hinaus verhindert, dass die Kabine zu stark mit Pulver verschmutzt wird. Ferner werden dadurch Gefährdungen durch das Einatmen des Pulver-Luft-Gemisches vermieden. An den Kabinenöffnungen sollte eine Luftgeschwindigkeit zwischen 0,3 und 0,4 m/s vorliegen [12].

Betriebe, deren Durchsätze nicht sehr hoch sind und in denen nur selten ein Farbwechsel durchgeführt wird, kommen in der Regel mit einer zusätzlichen Rückgewinnungseinheit aus. Bei höheren Durchsätzen und häufigem Farbwechsel werden meistens mehrere fahrbare Pulverkabinen eingesetzt. Dabei erfolgt die Farbumstellung bei herausgefahrener Kabine durch den Wechsel der kompletten Rückgewinnungseinheit oder durch Säubern der Filter in einem speziellen Reinigungsautomaten. Sind sehr häufige Farbwechsel bei kleinen Chargen erforderlich, sollte man sich für Kabinen mit Zyklon entscheiden.

Pulverbeschichtungskabinen müssen während des Sprühens des Beschichtungsstoffes belüftet werden, um auszuschließen, dass explosive Gemische entstehen. Durch eine Belüftung wird darüber hinaus verhindert, dass die Kabine zu stark mit Pulver verschmutzt wird.

6.4.3 Düsen und Pulversprühorgane

Je nach Oberflächenstruktur des Substrats (= Werkstück) können unterschiedliche **Pulversprühdüsen** eingesetzt werden. Im Corona- und im Triboverfahren können für größere Flächen sowohl Breitstrahl- als auch Pralltellerdüsen verwendet werden. Für Werkstücke mit Vertiefungen ist dabei die Breitstrahldüse von Vorteil. Sollen im Tribo- oder Coronaverfahren besonders komplizierte bzw. Werkstücke mit starken Vertiefungen beschichtet werden, sollte man Spaltdüsen benutzen. Letztere führen zudem zu einem besonders hohen Auftragswirkungsgrad, einer geringeren Kantenbedeckung und damit gleichmäßigerer Schichtdickenverteilung. Aufgrund dieser Vorteile verwenden viele Beschichter hauptsächlich diese Düsen. Leider wird eine nur geringe Flächenleistung erreicht.

Für die Coronabeschichtung gibt es zudem noch spezielle Pulverglocken mit überragender Flächenleistung und einem höheren Pulverausstoß. Für komplizierte Werkstücke kann auch eine Mehrkopf- bzw. Fingerdüse eingesetzt werden. Das Pulver-Luft-Gemisch wird auf mehrere fingerartige Düsen verteilt. Sind die Düsen parallel angeordnet, so bewirkt der entstehende Flachstrahl einen breiten Lackierstreifen mit enormer Flächenleistung. Die Düsen der Fingerdüse können jedoch auch so ausgerichtet werden, dass sie der Oberflächengeometrie von komplizierten Werkstücken gerecht werden.

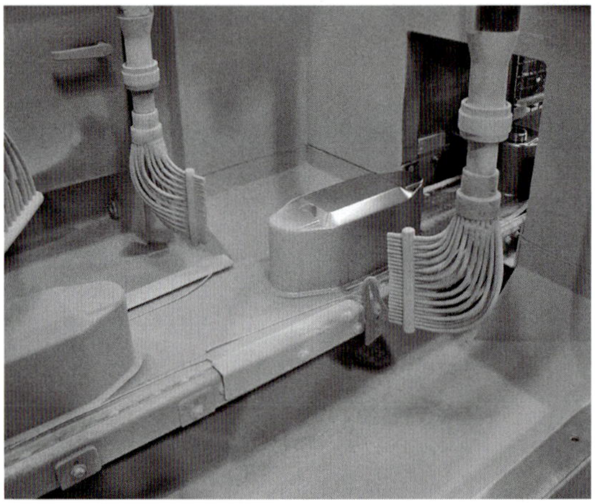

Abbildung 6.18: Tribo-Sprühorgane mit Fingerdüsen

Quelle: Jahrbuch besser lackieren! (2006)

6.4.4 Einbrennen des Pulverlacks

Das Aufschmelzen und die anschließende Vernetzung der Pulverlackschicht dauern je nach Pulverlackart und Einbrenntemperatur zwischen 5 bis 30 Minuten. Die Objekttemperatur beträgt dabei ca. 160 bis 200 °C. Je nach Herstellerangaben der Pulverlacksysteme muss dieses Zeit- und Temperaturfenster genau eingehalten werden. Übliche Richtwerte für die unterschiedlichen Pulverlacksysteme sind:

EP	bei 120 °C für 20 min	oder bei 200 °C nur 5 min
Mischpulver	bei 140 °C für 15 min	oder bei 200 °C nur 5 min
PE	bei 160 °C für 15 min	oder bei 200 °C nur 5 min

Wichtig ist, dass im Trockner die zur Vernetzung einzustellende Objekttemperatur möglichst schnell erreicht wird. Nur so kann die Pulverlackschmelze das für einen guten Verlauf notwendige, niedrige Viskositätsminimum erreichen, ohne dabei

Abbildung 6.19: Vertikale Pulverbeschichtung von Profilen Quelle: Dan-color a/s, Dänemark

Abbildung 6.20: Einbrennen in einer Vertikalanlage Quelle: Dan-color a/s, Dänemark

durch die beginnende Vernetzung gestört zu werden (weiterführende Informationen dazu siehe [13]). Auch der Glanzgrad kann durch eine falsche Temperaturführung während des Vernetzens ungünstig beeinflusst werden. Deshalb ist der vorgeschriebene Temperaturverlauf genaustens einzuhalten.

Der wichtigste Faktor, der die späteren mechanischen und technologischen Eigenschaften beeinflusst, ist eine vollständige Vernetzung bei der Härtung von Pulverlacken. Nicht ausreichend vernetzte Pulverbeschichtungen zeigen Probleme bei der Haftfestigkeit, der Flexibilität und der Chemikalienbeständigkeit.

Bei Pulverlacken muss die Objekttemperatur möglichst schnell erreicht werden, weil die Pulverlackschmelze nur so das für einen guten Verlauf niedrigste Viskositätsminimum erreichen kann, ohne dass schon beim Verlaufen Vernetzung einsetzt.

6.4.5 Pulverlack auswählen

Pulverlacke, die überwiegend im elektro- und tribostatischen Verfahren aufgebracht werden, enthalten als Bindemittel Polyester und Epoxidharze bzw. Polyester-Epoxy-Kombinationen oder auch Acrylate. Die auf Polyester basierenden Lacke werden überwiegend für den Außenbereich eingesetzt, während Epoxidharze und Polyester-Epoxy-Kombinationen eher im Innenbereich Anwendung finden.

6.4.6 Pulverrückgewinnung

Da Pulverlack als trockenes Pulver relativ einfach aufgefangen und unter bestimmten Umständen wieder verwendet oder gar im Kreislauf gefahren werden kann, ist der entstehende Overspray von geringerer Bedeutung. Leider ist dieser Vorteil in der Praxis häufig nicht nutzbar, da es zu Verschmutzungen, Veränderungen des Teilchenspektrums oder Farbvermischungen kommen kann. Um Pulverlack zurückgewinnen zu können, gibt es drei unterschiedliche Systeme:

→ Wechselfiltersystem (Patronen- oder Plattenfilter)

→ Filterbandsystem (umlaufendes Band auf dem Kabinenboden)

→ Zyklonsystem (Einzel- oder mehrere Kleinzyklone)

Bei der Pulverapplikation ohne Rückgewinnungssystem wird ein Auftragswirkungsgrad von ca. 50 bis 60% erzielt. Mit einem Rückgewinnungssystem steigt dieser Wert bereits auf ca. 80%, unter Umständen sogar auf bis zu 98 % [14].

Bei der Materialrückgewinnung durch Filtertechnik bilden Pulverkabine und Rückgewinnungsfilter eine Einheit, bei der das komplette Rückgewinnungssystem (z.B. Filterpatronen, Fluidbehälter, Siebeinrichtung) je nach Farbwunsch ausgetauscht werden kann. Die Abreinigung der Filter erfolgt dabei automatisch bei laufendem Betrieb. Anschließend wird die Abluft direkt wieder als Umluft in die Halle zurückgeführt. Die Filter bestehen aus Kunststoff, haben einen hohen Abscheidegrad und lassen sich leicht durch einen Druckluftimpuls von innen abreinigen. Weitere Vorteile bestehen im schnellen Farbwechsel und dem hohen Bedienkomfort, da alle Einheiten gut zugänglich und während des Betriebs kontrollierbar sind.

Kabinen mit Filterbandrückgewinnung eignen sich für mengenmäßig große Einfarbensysteme mit mehreren Pistolen. Die Luftführung ist gleichmäßig und langsam. Das Pulver wird mit der Abluft auf das Filterband gesaugt und ausgetragen.

Für Beschichtungsbetriebe, die häufige Farbwechsel vornehmen müssen, sind Pulverkabinen mit **Zyklonabscheidung** (Mono- und Mehrfachzyklon) am besten geeignet. Der Pulververlust ist im Gegensatz zur Filterrückgewinnung zwar größer, die Reinigung des Abscheidesystems ist jedoch wesentlich einfacher. Über seitliche

Abbildung 6.21: Kabine mit Filterband

Abbildung 6.22: Ausschnitt eines Filterbands

Öffnungen wird die Abluft waagerecht abgesaugt und in den Zyklon geführt. Das dabei zurückgewonnene Pulver gelangt über eine Zwischenförderung und Siebmaschine in den Pulverbehälter. Gegenüber Monozyklonen haben Mehrfachzyklone mit Verfahreinrichtung den Vorteil einer geringeren Bauhöhe und dadurch auch eine bessere Zugänglichkeit. Durch die zylindrische Form der Zyklonrohre wird Ansinterungen vorgebeugt.

Abbildung 6.23: Multizyklon zur Pulverrückgewinnung Quelle: ITW Gema

Bei der Pulverapplikation ohne Rückgewinnungssystem wird ein Auftragswirkungsgrad von ca. 50 bis 60 % erzielt. Mit einem Rückgewinnungssystem steigt dieser Wert bereits auf ca. 80 %, in Einzelfällen sogar auf bis zu 98 %

Prüfungsaufgaben

1. Welchen Vorteil hat Kunststoff als Material für Pulverkabinen?
2. Was muss beim Einbrennen von Pulverlack besonders beachtet werden?
3. Herr Mühlenfeld ist Chef der Lohnbeschichtungsfirma Mühlenfeld Powder Coatings. Er informiert sich bei einem Anlagenhersteller über die Möglichkeiten der Pulverrückgewinnung. Schreiben Sie einen Dialog zwischen Herrn Mühlenfeld und Herrn Mersland von der Firma Eisenhauer (Anlagenhersteller) über die Möglichkeiten der Pulverrückgewinnung.
4. Schreiben Sie einen Fachaufsatz zum Thema „Düsen und Pulversprühorgane“. Erläutern Sie darin insbesondere die Auswahlmöglichkeiten bei den Düsen entsprechend der Oberfläche des Untergrunds. Holen Sie hierzu weitere Informationen der Pistolenhersteller aus dem Internet ein.
5. Beschriften Sie das in Abbildung 6.24 dargestellte Schema einer Pulverbeschichtungsanlage.
6. Warum sind an den Kabinenöffnungen Luftgeschwindigkeiten von 0,3 bis 0,4 m/s zu erfüllen?

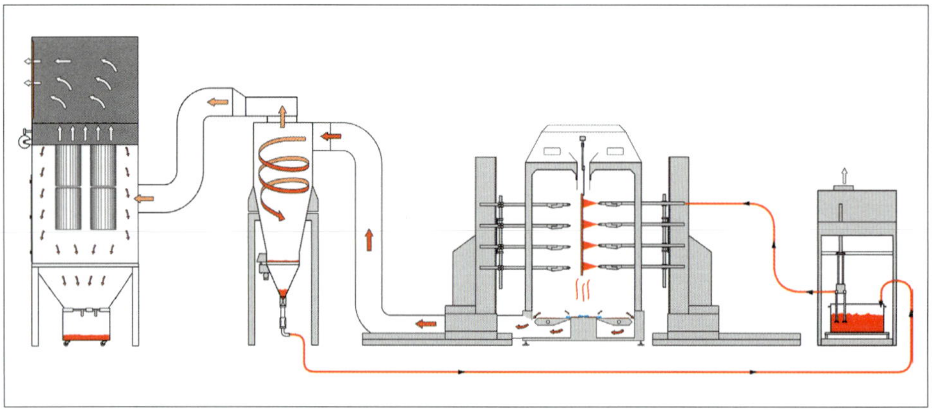

Abbildung 6.24: Schema einer Pulverbeschichtungsanlage, siehe Aufgabe 4 Quelle: ITW Gema

7. In Abbildung 6.25 sehen Sie die Arbeitsschritte einer Pulverbeschichtung von Schließ-ringen aus Aluminium (Vorbehandlung: Chromatieren). Bringen Sie die Bilder in die richtige Reihenfolge und schreiben Sie einen Arbeitsplan, der auch die Arbeitsschritte enthält, die man in den Bildern nicht sehen kann.

Abbildung 6.25: Ablauf einer Pulverbeschichtung in falscher Reihenfolge, siehe Prüfungsaufgabe 7

6.5 Lacktrocknung/-härtung: Anlagen und Prozesse

6.5.1 Allgemeines

Anlagen für die Lacktrocknung und -härtung dienen der beschleunigten Filmbildung. Die Filmbildung bezeichnet (nach DIN 55945) den Übergang in die fertige Beschichtung ausgehend von einem flüssigen, pastösen oder pulverförmigen Beschichtungsstoff [15]. Dieser Trocknungs- oder Aushärteprozess soll möglichst rationell und ohne Qualitätsbeeinträchtigung der noch empfindlichen Oberfläche ablaufen. **Trocknungsanlagen** sind auch deshalb notwendig, weil sich die heute industriell verarbeiteten Beschichtungsstoffe bei Luft- oder Raumtrocknung in der Regel viel zu langsam und gegebenenfalls gar nicht verfestigen.

In Bezug auf einzuhaltende Aufheizrate, Trocknungstemperatur und -zeit werden je nach Lacksystem unterschiedliche Anforderungen gestellt. Auch Werkstückform und Materialverteilung am Werkstück spielen dabei eine Rolle.

6.5.2 Wärmetrockner

Lacktrockner sind Stationen innerhalb einer Lackierstraße, in denen die Filmbildung stattfindet. Sie dienen einer beschleunigten Abgabe der in den Lacken enthaltenden Lösemittel und bei so genannten Reaktionslacken der chemischen Vernetzung (näheres siehe Kapitel 3: Filmbildung).

Trockner sind entweder Kammern **(Kammertrockner)** oder Tunnel **(Durchlauftrockner)**, in denen durch erwärmte Luft **(Konvektionstrocknung)** oder wärmeerzeugende Strahlung (**IR-Strahlen**) die Lösemittelverdunstung gefördert und die chemische Vernetzung gestartet wird. Im Gegensatz zu den diskontinuierlich arbeitenden Kammertrocknern werden bei den Durchlauftrocknern die zu erwärmenden Werkstücke kontinuierlich oder taktweise durch die Anlage befördert. Ein- und Auslauföffnung liegen normalerweise an den gegenüberliegenden Seiten des Trockners. Wenn der Förderstrang im Trockner ein- oder mehrmals umgelenkt wird, spricht man dagegen von einem Umkehrtrockner. Trocknerein- bzw. -auslaufszonen werden zum Schutz gegen Wärmeverluste mit so genannten **A-Schleusen** versehen. Durch eine schräg ansteigende bzw. abfallende Fördererführung kann man damit Energieverluste reduzieren.

Eine Schleusenwirkung zum Verhindern des Vermischens von angrenzender Kalt- und Warmluftbereiche kann auch durch eine gezielte Querströmung am Ein- und Auslauf des Trockners erreicht werden. Die quer zur Transportrichtung eingeblasene bzw. abgezogene Luft verhindert das direkte Ausströmen der heißen Trocknerluft und bewirkt so eine erhebliche Reduzierung von Energieverlusten.

6.5.2.1 Konvektionstrocknung

Die zur **Wärmeübertragung** notwendige Heißluft wird mit öl-, dampf- oder elektrisch beheizten Wärmequellen erzeugt und über Wärmeaustauscher auf die Trocknerluft

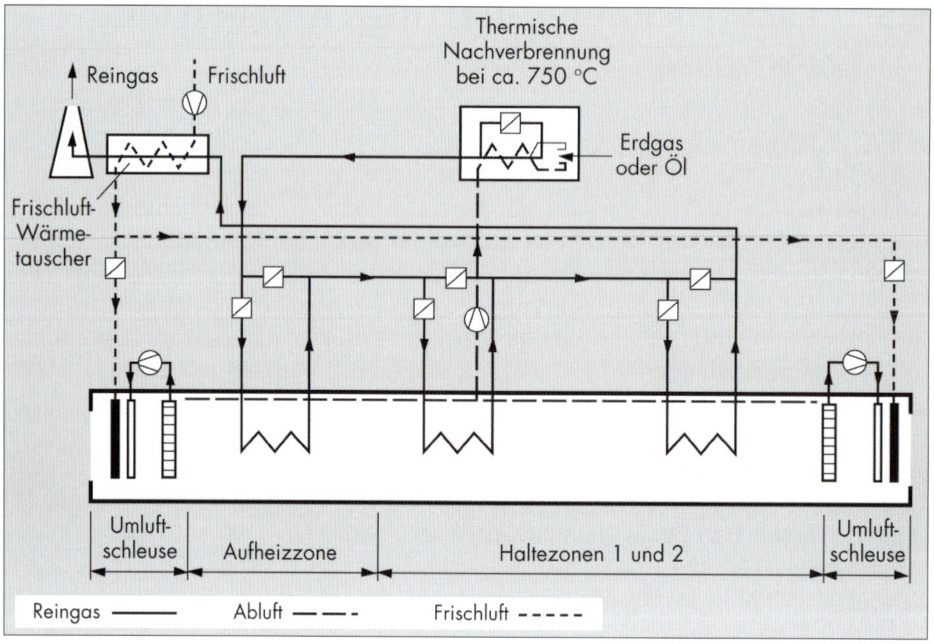

Abbildung 6.26: Lacktrocknerschema

Quelle: M. Obst „Lackierereien planen"

übertragen (indirekte Beheizung). Es ist zwar nicht üblich, aber durchaus möglich, die durch die Verbrennung von Öl erwärmte Luft direkt in den Trockner zu leiten (direkt beheizte Öfen). Gelangt die erwärmte Luft in den Trockner, überträgt sie dort einen Teil ihrer Wärme an das Lackierobjekt. Sie kühlt sich dabei ab, um anschließend in einem Kreislauf wieder dem Heizaggregat zugeführt zu werden. Da während des Trocknungsprozesses Lösemittel in die Trocknerluft gelangen, muss zur Verdünnung der brennbaren, organischen Lösemitteldämpfe regelmäßig Frischluft zugeführt werden. Dabei wird das Verhältnis von Umluft zu Frischluft durch die abdunstenden Lösemittel festgelegt. Die Konzentration der organischen Lösemittel darf aus Gründen der Betriebssicherheit 0,8 Vol.-% nicht übersteigen. Deshalb wird eine dem Frischluftanteil entsprechende Luftmenge aus dem Trockner abgezogen. Aus ökonomischen Gründen wird die Zuluft- bzw. Abluftmenge so niedrig gehalten wie möglich bzw. gesetzlich erlaubt. Begrenzt wird sie allerdings durch die bereits erwähnte Explosionsgefahr und die eventuelle Bildung von Kondensaten, das sind Spaltprodukte, die bei der chemischen Vernetzung der Lackierung entstehen und wegen ihrer geringen Flüchtigkeit noch im Trockner kondensieren können.

Wegen der hohen Lösemittel- und Spaltproduktmengen müssen **Abluftströme** aus Gründen des Umweltschutzes nachgereinigt werden. Dies geschieht üblicherweise durch thermische Nachverbrennungsanlagen (TNV) oder durch Adsorption an Aktivkohle. Neuerlich werden auch biologische Aufbereitungsanlagen für die Abluft erprobt (siehe auch Kapitel 6, Abschnitt 2.4).

Für ein effektives und damit wirtschaftliches Betreiben von Trocknern werden Konvektionstrockner in verschiedene, separat mit Frischluft bzw. Abluft zu versorgende Zonen eingeteilt. Im ersten Teil des Trockners, der **Aufheizzone**, müssen die Werk-

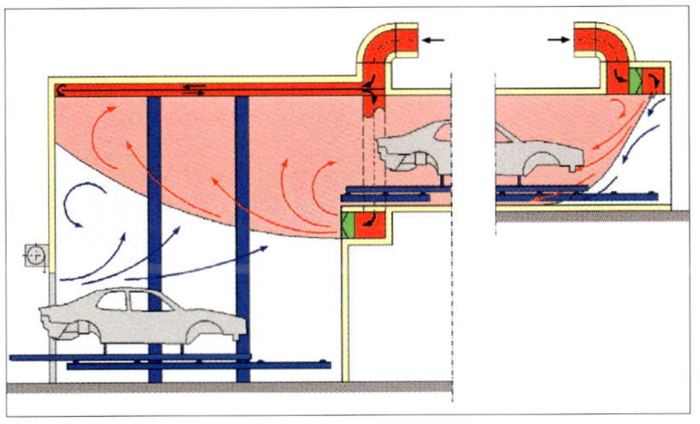

Abbildung 6.27: Schema eines A-Trockners mit und ohne Luftschleuse
Quelle: BASF Handbuch Lackiertechnik

stücke durch hohe Umlufttemperaturen schnell aufgeheizt werden. Gleichzeitig ist der starken Lösemittelabgabe durch eine hohe Abluftrate Rechnung zu tragen. In der folgenden **Verlaufszone** mit geringerer Lösemittelverdunstung beginnt die chemische Vernetzung unter Bildung der ebenfalls abzuführenden Spaltprodukte. In der abschließenden **Haltezone** wird bei konstanter Objekttemperatur die chemische Vernetzung abgeschlossen.

Für einen möglichst schnellen Wärmeübergang sorgen in die Ofenwand gebrachte Luftdüsen oder Schlitze: Öffnungen, durch welche die Trocknerluft beschleunigt und gezielt am Lackierobjekt vorbei geführt wird. Auf diese Weise können auch komplizierte Bauteile mit unterschiedlicher Massenverteilung gleichmäßig aufgeheizt werden. Um den Eintrag von Schmutzpartikeln in die entstehende Lackierung zu verhindern, muss die Trocknerluft entsprechend gereinigt werden.

Damit der Produktionsprozess nach der Trocknung bzw. Härtung möglichst schnell fortgeführt werden kann, muss das aufgeheizte Werkstück wieder abgekühlt werden. Die Kühlluft wird dazu von außen angesaugt, gefiltert und über Filter in die Kühlzone eingeblasen. Auch hierbei besteht die Gefahr der **Kondensatbildung**. Sowohl in Schleusen als auch in Kühlzonen tritt hier innerhalb der Anlage häufig Kondensat aus chemischer Vernetzung auf.

Zu einem Konvektionstrockner gehören neben dem eigentlichen Trockenkanal Ein- und Auslaufschleusen, Wärmeerzeuger, Wärmeaustauscher, Frisch- und Abluftsysteme mit einer entsprechenden Nachreinigung der in die Umgebung gelangenden Abluft sowie wirksame Kühlzonen.

6.5.2.2 Strahlentrocknung (IR-Trocknung)

VVon der Sonnenstrahlung wissen wir, dass die elektromagnetischen Wellen im langwelligen Bereich des Spektrums zur Erwärmung befähigt sind. Von dieser Möglichkeit macht man auch in der Lackiertechnik Gebrauch. Spezielle, für die Lacktrocknung geeignete Infrarotstrahler senden Energie in Form von elektromagnetischen Wellen aus, die von der entstehenden Lackierung aufgenommen (absorbiert) werden können.

In Abhängigkeit von der Intensität und der Wellenlänge der Strahlung können hohe Energieübertragungsraten zu einer schnellen Erwärmung des Lackierobjekts führen. Ein großer Vorteil besteht darin, dass die Trocknerluft nicht aufgeheizt werden muss und somit erheblich geringere Abluftenergieverluste zu verzeichnen sind. Nachteilig ist allerdings, dass der Wärmetransport nur dort erfolgt, wohin die Strahlung gelangt (siehe Kapitel 5). Für kompliziert geformte Teile mit Schattenbereichen, wie zum Beispiel Automobilkarosserien, kombiniert man deshalb häufig die Konvektions- mit der Infrarottrocknung. Dabei dienen die IR-Strahler in der ersten Trocknerzone dem schnellen Aufheizen auf die notwendige Objekttemperatur, um im zweiten Teil des Trockners über Konvektion eine gleichmäßige Vernetzung herbeizuführen.

Je nach Wellenlänge der abgegebenen Strahlung unterscheidet man in Langwellen-, Mittelwellen- und Kurzwellenstrahler. Die weniger energiereichen, langwelligen Strahler, die sogenannten **Dunkelstrahler**, bestehen aus Metalltaschen, die sich seitlich im Trockner befinden. Sie werden mit durch Gasverbrennung auf 300 °C erhitzter Luft versorgt. Die von den Strahlerwänden abgegebene, langwellige Infrarotstrahlung wird direkt auf das aufzuheizende Werkstück übertragen. Eine künstliche Luftbewegung findet nicht statt. Deshalb ist auch die Gefahr einer Verschmutzung der Lackierung durch Staubteilchen geringer als bei der Konvektionstrocknung. Erheblich höhere Energiedichten liefern die Mittel- und Kurzwellenstrahler. Beide Strahlertypen reichen mit ihrem Wellenlängenspektrum in den Bereich des sichtbaren Lichts **(Hellstrahler)**, siehe auch Kapitel 3.

Abbildung 6.28: IR-Trockenanlagen Quelle: BASF Handbuch Lackiertechnik

Ein auf metallische, das heißt elektrisch leitfähige Untergründe beschränktes Verfahren ist die **Induktionstrocknung**. Die Erwärmung des Objekts erfolgt vom Untergrund her durch Induktion von Wirbelströmen. Besonders geeignet ist dieses Trocknungsverfahren für Drähte und Bandware.

6.5.3 „Kaltes" Härten mit UV- und Elektronenstrahlen

Neben der Beschleunigung der Filmbildung durch technische Wärmeübertragung haben sich auch Methoden der chemischen Vernetzung durch „kalte" Strahlung durchgesetzt. Zur Anwendung kommen UV- und Elektronenstrahlen.

6.5.3.1 UV-Härtung

Eine Härtung durch ultraviolette Strahlung ist immer dann möglich, wenn Beschichtungsstoffe einer radikalischen Polymerisation befähigt sind. Die energiereiche UV-Strahlung wird durch Quecksilberdampflampen der kurzwelligen Strahlung der Sonne nachempfunden. Die Strahlung ist energiereich genug, um Fotoinitiatoren anzuregen und durch anschließenden Zerfall **Radikale** zu bilden. Diese starten dann eine vernetzende Polymerisation. Das Verfahren ist für alle Werkstoffe und Werkstücke geeignet, wenn die Form eine gleichmäßige Bestrahlung von allen Seiten erlaubt. Das sind in erster Linie plane Teile.

Wegen der guten Qualität UV-gehärteter Lacke im Hinblick auf die Chemikalien- und Kratzbeständigkeit, werden sie auch für die Decklackierung von Automobilen eingesetzt. Um eine gleichmäßige Vernetzung an allen Bereichen der Karosserie zu gewährleisten, wird die komplexe Oberfläche mit an Roboterarmen, befestigten UV-Strahlern abgefahren.

Einsetzbar ist die **UV-Technologie** nur bei Lacken mit UV-durchlässigen Pigmenten. Vorteile der UV-Trocknung sind der geringe Energieverbrauch, der hohe Automatisierungsgrad und die Umweltfreundlichkeit, wenn das beim Trocknungsprozess entstehende Ozon aus der Abluft entfernt wird. In neueren Anlagen kommen auch UV-LEDs zum Einsatz. Diese sparen weitere Energie und haben eine höhere Lebensdauer als konventionelle UV-Strahler. Zudem entsteht bei dieser Technologie kein Ozon.

6.5.3.2 Elektronenstrahlhärtung

Anders als bei der UV-Härtung sind die Verhältnisse bei der Lackhärtung mit Elektronenstrahlen. Die in einem Elektronenbeschleuniger freigesetzten Elektronen treffen mit so hoher kinetischer Energie auf den zu härtenden Lack, dass auch ohne Fotoinitiatoren selbst in Anwesenheit von Pigmenten eine sekundenschnelle Härtung stattfindet.

Weitere Vorteile gegenüber der UV-Härtung liegen im Erreichen wesentlich höherer Schichtdicken. Der geringe Energieverbrauch und die Umweltgerechtigkeit sind auch bei der Elektronenstrahlenhärtung (ESH) erwähnenswerte Vorteile. Wegen der Bildung von Röntgenstrahlen können ESH-Lacke nur in entsprechend abgeschirmten und damit teuren Anlagen verarbeitet werden. Elektronenstrahlhärtung ist deshalb nur ein wirtschaftliches Verfahren, wenn große Stückzahlen zu bearbeiten sind.

6.5.4 Aufgaben bei der Betreuung einer Trocknungs-/Härtungsanlage

6.5.4.1 Ofensteuerung

Eine der wichtigsten Aufgaben des Verfahrensmechanikers bei der Betreuung einer Trocknungs-/Härtungsanlage ist das Ausbalancieren des Lufthaushalts beim Einstellen des Ofens. Dabei muss er darauf achten, dass die Luftmengen der Zu- und Abluft gleich sind. Außerdem dürfen Maximalwerte der organischen Anteile in der Abluft gesetzlich vorgeschriebene Grenzwerte nicht überschreiten.

Da Verschmutzungen die Qualität der Lackierung negativ beeinflussen, ist besondere Sorgfalt auf die Sauberkeit des Tunnels zu legen. Dazu muss der Zustand der Filter regelmäßig kontrolliert werden, denn verschmutzte Filter verringern die Luftströmung. Außerdem steigt die Verschmutzungsgefahr der Werkstücke.

6.5.4.2 Sicherheitsauflagen für Trockenanlagen

Beim Aufstellen bzw. Einrichten und Betreiben von Anlagen zur Lacktrocknung müssen zahlreiche Auflagen erfüllt werden. So dürfen keine größeren Mengen an Lösemitteldämpfen oder anderen gesundheitsschädlichen Stoffe aus dem Trockner in benachbarte Arbeitsräume gelangen. Weitere Auflagen sind die ordnungsgemäßen Einstellungen der Lüftung, Abgas- und Abluftleitungen, Einbauten, Beheizung, Abdichtung und Wärmedämmung, elektrischen Betriebsmittel, Sicherheits-, Mess- und Regeleinrichtungen, Temperaturüberwachung sowie Warneinrichtungen und Öffnungen zum Verlassen begehbarer Trockner.

An jedem Lacktrockner ist ein Leistungsschild mit den einzuhaltenden, vorgeschriebenen Kenndaten angebracht. Ferner gehört zu jeder Trockenanlage eine Betriebsanleitung mit allen erforderlichen **sicherheitstechnischen Angaben** für die bestimmungsgemäße Verwendung. Aber nicht nur der Anlagenhersteller, sondern auch der Betreiber muss eine Vielzahl an Vorgaben erfüllen. Dazu gehören u.a.:

- → Fußböden im Aufstellungsbereich der Lacktrockner dürfen nicht aus brennbaren Baustoffen bestehen und müssen im Abstand von 1 m um betriebsmäßig zugängliche Öffnungen von Lacktrocknern elektrisch leitfähig sein, da die beschichteten Werkstücke oder austretende Lösemitteldämpfe durch Entladung statischer Elektrizität entzündet werden könnten.
- → Elektrostatisch leitfähige Fußböden müssen sauber gehalten werden.
- → In den Räumen, in denen Lacktrockner aufgestellt werden, muss für genügend Luftausgleich gesorgt werden.
- → Lacktrockner dürfen nur beschickt werden, wenn die technische Lüftung in Betrieb ist. Diese muss bis zum Ende des Trocknungsvorgangs in Betrieb bleiben.
- → Den Mitarbeitern, die sich in explosionsgefährdeten Bereichen des Ofens befinden, muss elektrisch leitfähige Fußbekleidung zur Verfügung gestellt werden.

6.6 Fehler und deren Ursachen bei Lacktrocknung/-härtung

Vergilbung

Vergilbungen können auftreten, wenn die vorgeschriebene Objekttemperatur unzulässig überschritten wird.

Schmutzeinschlüsse

Wenn eine Prüfung ergeben hat, dass das verwendete Lackmaterial einwandfrei, d.h. ohne Schmutzanteile, verarbeitet wurde, sind die Ursachen für Schmutzeinschlüsse in der Verunreinigung der Trocknerluft zu suchen.

Mangelhafter Glanz

Wenn der Beschichtungsstoff unter Normalbedingungen verarbeitet wurde, geht ein unzureichender Glanz mit einem Überbrennen, also zu hohen Einbrenntemperaturen bzw. Einbrennzeiten einher (z.B. Bandstillstand)

Unzureichende Haftfestigkeit

Ursachen für eine unzureichende Haftfestigkeit liegen bei einer optimalen Abstimmung der Oberflächenspannungen von Untergrund mit und Lack häufig in einer zu niedrigen Einbrenntemperatur. Wegen abnehmender Elastizität kann auch beim mechanischen Beanspruchen überbrannter Lackierung eine schlechte Haftfestigkeit vorgetäuscht werden.

Krater

Kraterbildung im Trockner – immer vorausgesetzt, dass das Lackmaterial zu Beginn der Filmbildung kraterfrei war – kann durch verschmutzte Trocknerluft, vagabundierende Öltröpfchen oder Kondensate hervorgerufen werden.

Prüfungsaufgaben

Aufgaben zum Thema „Lacktrocknung-/härtung“

1. Erläutern Sie den Unterschied zwischen Lacktrocknung und -härtung.
2. Wodurch wird verhindert, dass es in aneinander direkt angrenzenden Warm- und Kaltluftbereichen nicht zu einer Luftvermischung kommt?
3. Erläutern Sie das Prinzip der Konvektionstrocknung.
4. Was unterscheidet die Infrarottrocknung von der Konvektionstrocknung?
5. Welche Lacke lassen sich somit durch Infrarotstrahlung problemloser trocknen/härten?
6. Wodurch wird verhindert, dass sich die Luft während des Trockenvorgangs zu stark mit Lösemitteln anreichert?

7. Erklären Sie die folgenden Begriffe zur Lacktrocknung-/härtung in der Tabelle:

A-Schleuse	
Aufheizzone	
Verlaufszone	
Haltezone	
Luftdüsen oder Schlitze	

Lernsituation: Fehlererkennung und Vermeidung bei der Lacktrocknung/-härtung
Jeder Schüler soll in seinem Betrieb ein Musterblech beschichten und trocknen/härten.

Die Muster sollen einen der folgenden Trocknungs- bzw. Härtungsfehler aufweisen:
- → Vergilbung
- → Schmutz auf Werkstücken
- → Glanz zu hoch
- → Glanz zu niedrig
- → Decklackhaftfestigkeit auf ETL-Grundierung unzureichend
- → Krater

Anschließend sollen die Fehlerursachen und die Möglichkeiten der Fehlervermeidung/Fehlerbeseitigung schriftlich dokumentiert und in der Klasse vorgestellt werden.

Literaturhinweise

[1] Fa. Eisenmann: „Leitfaden für den Lackierbetrieb“, 24. Auflage, Böblingen (1989)

[2] N. Dingerdissem: „Lackierobjekt und Vorbehandlung“, Kursmaterialien zum DFO-Lehrgang Industrielle Lackiertechnik in Theorie und Praxis, S. 11 (2001)

[3] Pietschmann: „Industrielle Pulverbeschichtung“, 1. Auflage, Vieweg, Wiesbaden, S. 240 (2002)

[4] D. Hartwig: „Grundlagen für den Betrieb und die Konstruktion von Vorbehandlungsanlagen für die Metallindustrie“, Herrenberg, S. 9 (1997)

[5] A. Goldschmidt, H.-J. Streitberger: „BASF Handbuch der Lackiertechnik“, Vincentz Network, Hannover, S. 481 (2002)

[6] A. Goldschmidt, H.-J. Streitberger: „BASF Handbuch der Lackiertechnik“, Vincentz Network, Hannover, S. 586 (2002)

[7] Fa. Eisenmann: „Anlagen zur Abluftreinigung. Thermische und absorptive Verfahren“, S. 3 ff. (11/2010)

[8] Landesamt für Natur, Umwelt und Verbraucherschutz: http://www.lanuv.nrw.de/abfall/bewertung/lackschlamm_%20sich060518.pdf (2005)

[9] Fa. Eisenmann: „Anlagen zur Abluftreinigung. Thermische und absorptive Verfahren“, S. 6 (11/2010)

[10] P. Svejda: „Prozesse und Applikationsverfahren in der industriellen Lackiertechnik“, Vincentz Network, Hannover, S. 115 (2003)

[11] P. Svejda: „Prozesse und Applikationsverfahren in der industriellen Lackiertechnik“, Vincentz Network, Hannover, S. 23 (2003)

[12] J. Pietschmann: „Industrielle Pulverbeschichtung“, 1. Auflage, Vieweg, Wiesbaden, S.102 (2002)

[13] A. Goldschmidt, H.-J. Streitberger: „BASF Handbuch der Lackiertechnik“, Vincentz Network, Hannover, S. 227 (2002)

[14] A. Goldschmidt, H.-J. Streitberger: „BASF Handbuch der Lackiertechnik“, Vincentz Network, Hannover, S. 677 (2002)

[15] P. Mischke: „Filmbildung in modernen Lacksystemen“, Vincentz Network, Hannover (2007)

[16] A. Goldschmidt, H.-J. Streitberger: „BASF Handbuch der Lackiertechnik“, Vincentz Network, Hannover, S. 108 (2002)

[17] D. Ondratschek et al.: „Jahrbuch besser lackieren! 2008“, Vincentz Network, Hannover, S. 253 ff (2007)

7 Qualitätssicherung und Qualitätsmanagement

Mirko besucht Mario zu Hause.

Mario: Schau dir nur die grüne Lackierung an unserem Garagentor an, die fällt förmlich ab.

Mirko: Oh je, da müsste man mal die Haftfestigkeit prüfen, die scheint ja wirklich mangelhaft. Häufig ist die Ursache für eine geringe Adhäsion in einer ungenügenden oder falschen Vorbehandlung zu suchen.

Mario: Was denn für eine Vorbehandlung?

Mirko: Zum Beispiel, dass vorher richtig geschliffen wird oder unter Umständen ein Haftvermittler verwendet wird. Aber hier wäre der Gitterschnittkennwert bestimmt 5.

Mario: Was ist das schon wieder, Gitterschnittkennwert? Lernst du so was in der Ausbildung?

Mirko: Ja, mit der so genannten Gitterschnittprüfung kann man anhand der Gitterschnittkennwerte die Haftfestigkeit von Lacken beurteilen.

Mario: Wie wird denn die Prüfung durchgeführt?

Mirko: Du nimmst ein Schneidegerät mit 6 parallel angeordneten Schneiden und setzt ein Schnittband in die Beschichtung. Anschließend führst du ein zweites Schnittband im 90°-Winkel, so dass ein Gitter mit 25 Quadraten entsteht. Kannst du dir das vorstellen?

Mario: Na klar, und was ist nun mit diesen Gitterschnittkennwerten?

Mirko: Anhand der abgeplatzten Fläche im Gitter führt man eine Bewertung nach den Gitterschnittkennwerten von 0 bis 5 durch. 0 heißt keine Abplatzungen und 5 mehr als 65 % der Fläche ist abgeplatzt. Also: Je mehr Lack abgeplatzt ist, umso höher ist der Gitterschnittkennwert.

Mario: Na, dann heißt Gitterschnittkennwert 5 ganz schlechte Haftfestigkeit.

Mirko: Ja, ganz genau, was ich dir aber noch sagen wollte, die Lackierung ist blau und nicht grün.

Mario: Ne, die ist eindeutig grün.

Da kommt Nina vorbei, die ebenfalls zur Verfahrensmechanikerin für Beschichtungstechnik ausgebildet wird.

Nina: Ne, ne, das ist türkis. Aber der Farbeindruck ist nicht objektiv, jeder Mensch nimmt Farbe anders wahr. Es hängt sogar von der eigenen Stimmung ab, wie man Farbe empfindet. Deshalb ist es wichtig, Farbe von Beschichtungen messtechnisch zu erfassen, um sie exakt beschreiben zu können.

Mirko: Ja, dafür benutzt man Farbmessgeräte. Das einfallende Licht beeinflusst stark den Farbeindruck, so dass zuvor die Lichtquelle festgelegt werden muss.

Mario: Das ist doch klar, im Dunkeln sind alle Katzen grau.

Nina: Sehr witzig, ich habe übrigens gehört, dass Frauen besser Farben unterscheiden können als Männer. Das Farbsehen wird auf dem Geschlechtschromosom vererbt. Mir sind auch nur Männer bekannt, die an einer Rot-Grün-Schwäche leiden.

Mario: Das ist aber auch der einzige Vorteil, den ihr Frauen habt. Wie wäre es, wir gehen heute Abend alle zusammen etwas trinken, und ihr erzählt mir noch was über Eigenschaften und Prüfungen an Beschichtungen.

Nina: Super, im Pendel um acht.

Mirko: Oh ja, ich komme auch.

Prüfungsaufgabe

1. Erstellen Sie einen Prüfkatalog über alle gängigen Prüfverfahren an ausgehärteten Lackfilmen. Es sollen dabei die Bestimmungen der mechanisch-technologischen Eigenschaften ebenso wie die der optischen Eigenschaften Berücksichtigung finden. Dabei soll bei der Auflistung der einzelnen Prüfmethoden folgendermaßen vorgegangen werden:
   - → Name der Prüfmethode angeben
   - → Eigenschaft beschreiben, die geprüft wird
   - → Es handelt sich in der Regel um Gebrauchsprüfungen, deshalb sollen sie sich jeweils ein Beispiel aus der Praxis überlegen, deren Beanspruchung die Prüfmethode widerspiegelt
   - → Vorstellung der praktischen Durchführung der Prüfung
   - → Auswertung der Prüfergebnisse

   Der Katalog kann am PC gestaltet werden und wird nach folgenden Kriterien bewertet: Sachliche Richtigkeit, Ausführung, Gestaltung.

7.1 Allgemeines

Eine Absicherung der Produktqualität hilft, Reklamationen zu vermeiden. Die Suche nach den Ursachen für Materialschwankungen und Qualitätsunterschiede in der Produktionsabfolge ist dann am wirkungsvollsten, wenn die Kontrollen bereits am Anfang der Prozesskette erfolgen. Deshalb sind in der Lackiertechnik auch Rohstoffprüfungen und Prüfungen des noch nicht verarbeiteten Lacks wichtige Teilaufgaben der **Qualitätssicherung**. Danach ist der aus den Rohstoffen hergestellte Beschichtungsstoff mit zweierlei Schwerpunkten zu charakterisieren: Lagerbeständigkeit und Verarbeitbarkeit auf der einen und die sicherheitstechnischen und umweltrelevanten Eigenschaften auf der anderen Seite. Für die Beschreibung der Lagerstabilität sind z. B. Informationen über die chemische Reaktivität und bei farbigen Lacken auch Prognosen über die Farbtonstabilität oder Absetzneigung der Pigmente zu ermitteln.

Von besonderer Bedeutung für das Einhalten des vom Kunden geforderten Qualitätsniveaus und eine reibungslose Verarbeitung sind verbindliche Prognosen über die Verarbeitungs- und Filmbildeeigenschaften des Beschichtungsstoffes. Hier sind als physikalische Kenngrößen, die Viskosität und die Oberflächenspannung unter den verschiedenen Bedingungen der Praxisbeanspruchung zu nennen. Sie liefern Informationen über anwendungstechnische Eigenschaften wie Verlaufen, Ablaufen oder Kantenflucht.

Bezüglich des **Arbeitsschutzes** und des **Umweltschutzes** sind Gefährdungspotenziale durch Brennbarkeit, Explosionsgefahr oder toxische Wirkung der Stoffe auf den Menschen und die Gefährdung der Umwelt durch Emissionen in die Atmosphäre (Abgase) und flüssige Verschmutzungen (Abwasser) zu messen. Darüber hinaus sind auch ökonomische Kenngrößen bei der Auswahl und Überprüfung der Qualität von Beschichtungsstoffen und Beschichtungen von besonderer Bedeutung. In diesem Zusammenhang ist die oft durch das Deckvermögen festgelegte Schichtdicke zu erwähnen. Die hiermit im Zusammenhang stehende Ergiebigkeit, also die mit einer bestimmten Menge zu beschichtende Fläche, ist zudem abhängig von den flüchtigen Anteilen des Beschichtungsstoffes und der Dichte des getrockneten Films.

Prüfungen bilden durch den Vergleich der erhaltenen Ergebnisse mit vorgegebenen, mit dem Kunden vereinbarten Standards einen wesentlichen Teil der Qualitätssicherung. Die Analyse von Trends in den Prüfergebnissen ist eine weitere Methode zum Aufdecken und Abstellen von Schwachstellen in der Produktionskette. So ist z. B. eine zufällige Streuung von Messergebnissen auch innerhalb der zulässigen Toleranzen für die Qualitätssicherung anders zu bewerten als ein gleichmäßiger Anstieg oder Abnahme nacheinander gemessener Daten. Der zweite Fall deutet auf eine kontinuierliche Veränderung eines Produktionsgeräts hin und verhindert bei rechtzeitiger Umstellung bzw. Reparatur der Produktionsanlagen Fehlchargen bzw. Fehllackierungen.

Wenn Prüfungen bzw. die daraus ermittelten Maßzahlen einen wesentlichen Bestandteil für die Qualitätssicherung darstellen, ist es wichtig, nicht nur Abweichungen von Normwerten in der Produktionskette zu finden, sondern die Messergebnisse auch auf ihre Reproduzierbarkeit und damit auf ihre Richtigkeit zu überprüfen. In vielen Fällen reicht hierfür ein einziger Messwert nicht aus. Will man verlässliche Angaben über die Freigabe oder Ablehnung der erzeugten Qualität machen, sind häufig Mehrfachmessungen in Verbindung mit einer mathematischen Aufbereitung notwendig. Es ist üblich, **Mittelwerte** (arithmetisches Mittel) zu bilden. Dadurch wird die Aussage über die Einhaltung von vereinbarten Toleranzen sicherer.

Darüber hinaus ist es wichtig, die Genauigkeit der Messmethode zu kennen. Informationen hierüber erhält man dadurch, dass einmalig mit einer großen Zahl von Einzelmessungen (> 20) an ein und derselben Probe die Abweichung der Messergebnisse vom Mittelwert bestimmt wird, um daraus die **Standardabweichung** als Mittelwert der Einzelfehler zu berechnen. Daraus wird dann ein Vertrauensbereich ermittelt. Der **Vertrauensbereich** ist der Abstand vom berechneten Mittelwert, innerhalb dessen der wirkliche (richtige) Messwert mit einer vereinbarten Wahrscheinlichkeit liegt. In der Industrie sind 95 % oder 99 % üblich. Prüfmethoden sind immer dann gut, wenn die durch die Methode bedingten Fehler klein sind und damit der Vertrauensbereich besonders eng wird. Erst nach seiner Berechnung können dann sinnvoll einzuhaltende Toleranzen mit dem Kunden vereinbart werden.

Häufig wird bei der Interpretation von Messwerten übersehen, dass in einer Produktionskette in allen Stationen Fehler auftreten können, die sich fortpflanzen und damit die Sicherheit der Aussage vermindern. Von den in den einzelnen Stationen der Lackherstellung und Verarbeitung durchzuführenden Prüfungen sollen zunächst die des flüssigen, noch nicht verarbeiteten Beschichtungsstoffs, konkreter behandelt werden.

In der Prozesskette bei der Herstellung und Verarbeitung von Beschichtungsstoffen sowie beim Messen von Kennzahlen werden zwangsläufig Fehler gemacht. Konstante Qualität und absolute Genauigkeit von Messergebnissen gibt es also nicht. Kunden und Lieferanten vereinbaren deshalb zulässige Abweichungen vom Idealwert. Diese müssen mit einer festgelegten Häufigkeit unterschritten werden.

In der Regel treffen sie Vereinbarungen entsprechend allgemein gültiger Normen wie z. B. DIN, ISO, EN.

7.2 Eigenschaften und Prüfungen von Beschichtungsstoffen

7.2.1 Allgemeines

Um den Anforderungen nach einer konstanten Qualität von Lack und Lackierung gerecht zu werden, müssen bereits die Rohstoffe durch Bestimmung zahlreicher Kennzahlen einer strengen **Qualitätskontrolle** unterzogen werden. Lackrohstoffe und Beschichtungsstoffe sind Halbfabrikate, die wegen der geforderten Qualität bei Lagerung, Verarbeitung, Filmbildung und den Eigenschaften des ausgehärteten Films hohen Ansprüchen genügen müssen. Dabei ist das Fließverhalten der flüssigen Lackrohstoffe und Beschichtungsstoffe eine wichtige Eigenschaft für das pro-blemlose Lagern, Transportieren, Einarbeiten der Pigmente, eine gute Verarbeitbarkeit und letztlich auch für eine störungsfreie Filmbildung.

Für die Filmbildner sind die Säurezahl, die Hydroxylzahl und der nicht flüchtige Anteil (früher Festkörper) wichtige Kennzahlen. Die Molmassen (s. Kapitel 9) als Maß für die Größe der Moleküle und die Molmassenverteilung geben ebenfalls wichtige Informationen über die zu erwartende Qualität des aus den Rohstoffen herzustellenden Beschichtungsstoffes. Auch die Lösemittel sind bezüglich des Brechungsindex, des Verdunstungsverhaltens, des Flammpunktes und der Reinheit zu charakterisieren.

Von besonderer Bedeutung für die visuellen Eigenschaften der Lackierung sind die einzusetzenden Farbmittel. Farbpigmente und die weniger optisch als vielmehr funktionell wichtigen Füllstoffe dürfen bezüglich ihrer Korngröße und Korngrößenverteilung vorgegebene Toleranzen nicht überschreiten. Bei Farbpigmenten sind zusätzlich die Farbstärke und der Farbton Kriterien für einen erfolgreichen Einsatz (näheres siehe Kapitel 2).

7.2.2 Viskosität

7.2.2.1 Theorie

Beginnend beim Transportieren von Lösemitteln und Filmbildnern, dem Rühren in Mischern, dem Dispergieren von Pigmenten in Harzlösungen bis hin zu Transportvorgängen in den Versorgungsleitungen in den Lackieranlagen spielen **Fließvorgänge** eine besondere Rolle. Selbst die Tropfenbildung beim Verarbeiten von Beschichtungsstoffen im Spritzverfahren und das anschließende Vereinigen der Spritznebel zu einem geschlossenen Film sind durch das Fließverhalten bestimmte, technische Prozesse. Dabei werden häufig scheinbar widersprüchliche Ansprüche an die zu bewegende Flüssigkeit gestellt. Beim Rühren und Transportieren von Flüssigkeiten durch Rohrleitungen soll diese aus Gründen des geringeren Energieverbrauchs möglichst dünnflüssig sein. Auch bei der Tropfenbildung beim Versprühen und während des anschließenden Verlaufens ist zunächst Dünnflüssigkeit gefordert. Gleichzeitig oder mit nur geringer zeitlicher Verschiebung werden entgegengesetzte Ansprüche an den flüssigen Beschichtungsstoff gestellt, um ein Ablaufen und Wegziehen von den Kanten zu verhindern (s. Kapitel 5.2).

Dünnflüssig zu sein und sich gleichzeitig oder nach nur kurzer Zeitverschiebung dickflüssig zu verhalten, ist das überhaupt möglich?

Zur Beantwortung dieser Frage werden im Folgenden Begriffe wie dünnflüssig, zähflüssig oder pastenförmig nach einer exakten Definition mit Kennzahlen versehen. Sie sollen helfen, objektive Angaben über das Fließverhalten machen zu können.

Newton'sche Viskosität
Auf die Schwierigkeiten, das Fließen mathematisch exakt zu beschreiben, ist der englische Physiker I. Newton bereits vor mehr als 300 Jahren gestoßen. Seine damals formulierten Gedanken sind heute noch die Basis für die umfassende Beschreibung des Fließens.

Die Wissenschaft nennt die Disziplin, die sich mit dem Fließen im weitesten Sinne auseinandersetzt, **Rheologie** (die Lehre vom Fließen). Eine für die Rheologie wichtige Kenngröße ist die **Viskosität**. Zu ihrer mathematischen Beschreibung machte Newton folgendes Gedankenexperiment:

Zwischen zwei Platten befindet sich eine bezüglich ihres Fließverhaltens zu untersuchende Flüssigkeit. Diese soll gedanklich in eine Vielzahl hauchdünner aufeinanderliegender Flüssigkeitsplättchen aufgeteilt sein, die aufeinanderliegend den gesamten Raum zwischen den Platten ausfüllen.

Das seitliche (tangentiale) Einwirken einer Kraft auf die obere Platte bewirkt relativ zur unteren, weiterhin unbeweglichen Platte eine Verschiebung mit einer bestimmten Geschwindigkeit Diese hängt neben der einwirkenden Kraft von der Größe der Platten, dem Abstand der Platten und natürlich von der Zähigkeit der Flüssigkeit ab.

Die auf die Fläche A bezogene Kraft F bezeichnet man als **Schubspannung**, abgekürzt τ und die sich einstellende Geschwindigkeitsdifferenz zwischen der oberen und der unteren Platte Δu. Bezieht man diese auf den Abstand Δx der Platten zueinander, erhält man das **Geschwindigkeitsgefälle** (auch Schergefälle genannt) oder kurz D.

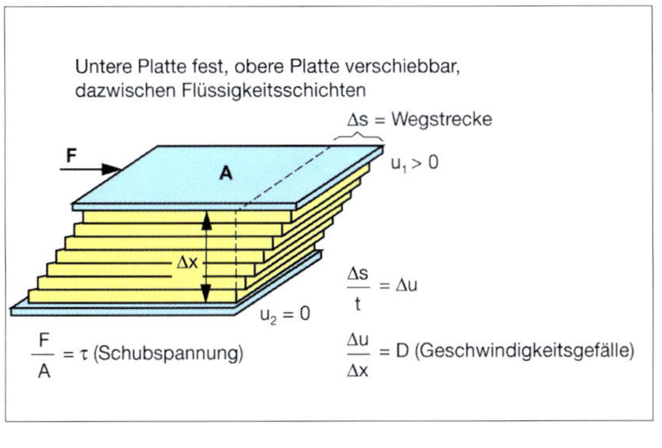

Abbildung 7.1: Newton'sches 2-Plattenmodell
Quelle: BASF Handbuch Lackiertechnik

Es ist einleuchtend, dass hohe Schubspannungen auch höhere Schergefälle hervorrufen. Wie aber hängt bei vorgegebener Schubspannung das sich einstellende Geschwindigkeitsgefälle von der Flüssigkeit zwischen den Platten ab? Newton definierte das Verhältnis aus Schubspannung und Geschwindigkeitsgefälle, eine für jede Flüssigkeit charakteristische Größe, als Viskosität. Sie ist somit der Proportionalitätsfaktor zwischen der Schubspannung und dem Geschwindigkeitsgefälle. Hohe Viskositäten erlauben bei vorgegebener Kraft nur geringe Verschiebegeschwindigkeiten, niedrige das Gegenteil. Die mathematische Beziehung ist noch heute als Newton'sche Grundgleichung aktuell.

Um die so definierte Viskosität von der auf die Dichte bezogenen kinematischen Viskosität abzugrenzen, wird sie exakter als die **dynamische Viskosität** bezeichnet.

$$\tau = \eta \cdot D$$

τ = Schubspannung

η = Dynamische Viskosität

D = Schergefälle

Diese Newton'sche Formel besagt, dass mit zunehmender Schubspannung das Schergefälle in Form einer Geradengleichung linear ansteigt. Definitionsgemäß ist die Steigung der Geraden die Viskosität als Maß für die **innere Reibung**. Sie berechnet sich aus dem Quotienten von τ und D und besitzt deshalb die Dimension Pascalsekunden (Pas) (s. Abb. 7.2).

Untersucht man verschiedene Flüssigkeiten unter Anwendung der Newton'schen Gleichung, ergibt sich, dass zwar zahlreiche, aber nicht alle Flüssigkeiten dieser mathematischen Funktion folgen. Die der obigen Formel gehorchenden Flüssigkeiten werden in Erinnerung an den Pionier der Rheologie auch **Newton'sche Flüssigkeiten** genannt. Wasser ist eine solche. Die Viskosität von Wasser kann somit bei gegebener Temperatur als eine konstante Größe angegeben werden.

Newton'sche Flüssigkeiten mit einer vom Schergefälle unabhängigen, konstanten Viskosität sind aber nicht in der Lage, wie für Beschichtungsstoffe bei der Verarbeitung und Filmbildung gefordert, ihre Viskosität in kürzester Zeit chamäleonartig zu ändern. Sie sind in ihrer ursprünglichen Form deshalb für Lacke ungeeignet. So sind Lacke z.B. bei der Zerstäubung mittels Spritzapplikation niedriger viskos und unmittelbar danach auf der beschichteten Fläche höher viskos. Wie geht das?

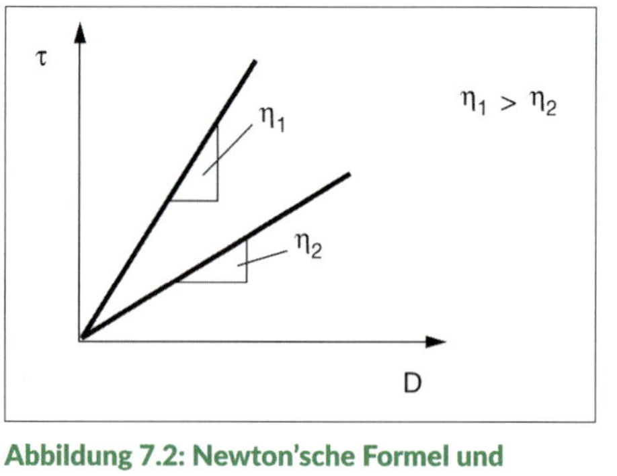

Abbildung 7.2: Newton'sche Formel und τ/D-Diagramm Quelle: BASF Handbuch Lackiertechnik

Strukturviskosität

Beschichtungsstoffe enthalten neben den Lösemitteln, deren Fließverhalten weitgehend dem einer Newton'schen Flüssigkeit entspricht, in jedem Falle auch einen Filmbildner. Dieser besteht aus mehr oder weniger langen, linearen oder verzweigten Kettenmolekülen. Wegen der freien Beweglichkeit der einzelnen Kettensegmente sind diese in Abhängigkeit von der Art des Lösemittels mehr oder weniger stark verknäuelt oder anders formuliert, in Abhängigkeit von Art und Menge des Lösemittels mehr oder weniger stark in gegenseitiger Wechselwirkung.

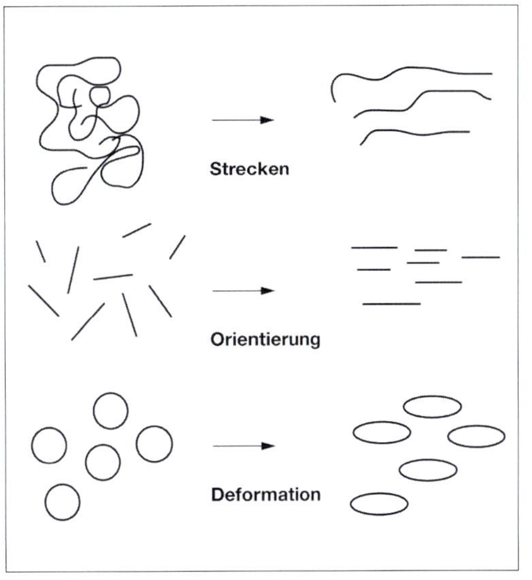

Abbildung 7.3: Orientierung und Strecken von Pigmenten und Makromolekülen

Quelle: BASF Handbuch Lackiertechnik

Flüssigkeiten oder Lacke, die mit zunehmender Scherung (bei stärkerem Rühren) dünnflüssiger werden, bezeichnet man als **strukturviskos**. Die Viskosität des nicht bewegten Lacks nennt man **Ruheviskosität**. Die Abbildung 7.4 dargestellte Fließkurve einer strukturviskosen Flüssigkeit weicht von der einer Newton'schen Flüssigkeit je nach Molekülgröße und -form und je nach Art und Menge der Lösemittel mehr oder weniger ab.

Die Strukturviskosität ist aber nicht allein auf die Streckung der Molekülfäden beim Fließen zurückzuführen. Nadelförmige Pigmente wie Eisenoxidgelb, in Ruhe in der Harzlösung nicht orientiert, beginnen sich beim Fließen auszurichten. Die Folge ist eine zusätzliche Abnahme der Viskosität. Nach Beendigung des Fließens stellt sich schnell eine ungerichtete Anordnung der Pigmente wieder ein. Die zunehmende Behinderung lässt die Viskosität wieder auf ihren ursprünglichen Wert ansteigen.

Thixotropie

Filmbildnermoleküle behindern sich nicht nur durch das Ineinander-Verknäueln. Sie enthalten in Abhängigkeit von der chemischen Struktur eine mehr oder weniger große Zahl an polaren Gruppen (s. Kapitel 9.2.9), z. B. Hydroxyl-Gruppen, Carboxyl-Gruppen, Amino-Gruppen. Diese bewirken eine zusätzliche anziehende Wechselwirkung.

Sie verknüpfen die einzelnen Harzmoleküle meistens über stabile **Wasserstoffbrückenbindungen**. Dadurch entsteht eine über die Verknäuelung hinausgehende Stabilisierung. Die Bindungen über Wasserstoffbrücken sind zwar relativ stark, vergleichbar mit Druckknöpfen, können jedoch bei ausreichend hohen Scherkräften wieder getrennt werden. Die Viskosität sinkt dadurch stark.

Das Erreichen der Ruheviskosität ist nach Beendigung des Scherens nicht mehr spontan, sondern zeitabhängig. Die Flüssigkeit bleibt über einen Zeitraum von Sekunden bis Minuten dünnflüssig, um erst danach wieder in den Ausgangszustand zurück zu gelangen. Der Grund hierfür sind die getrennten polaren Gruppen (Druckknöpfe), die sich erst wiederfinden müssen, was einer bestimmten Zeit bedarf. Derartiges Fließen trägt den Namen **Thixotropie**. Das Wort kommt aus dem Griechischen und sagt sinngemäß: Wechsel durch Berühren.

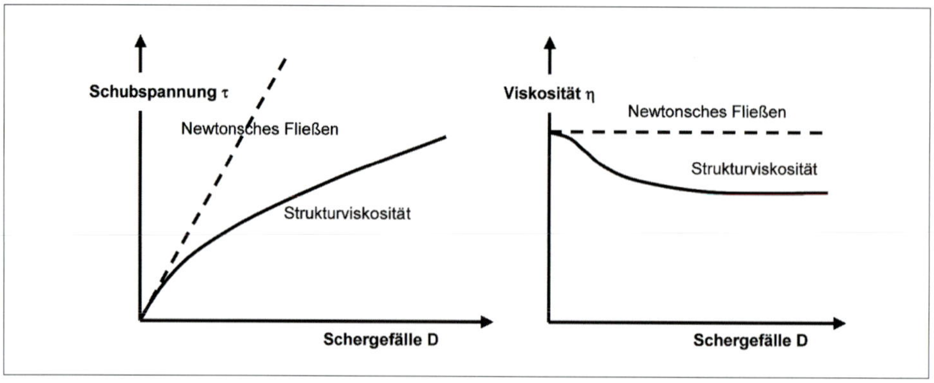

Abbildung 7.4: τ/D-Diagramm und τ/D-Diagramm einer strukturviskosen Flüssigkeit

Die Wechselwirkung durch zwischenmolekulare Brückenbindung kann derart stark sein, dass bei nur geringen Scherkräften gar kein Fließen einsetzt. Es muss erst eine **Fließgrenze** überwunden werden, um den Beschichtungsstoff aus einem nicht frei fließenden Gel in eine echte Flüssigkeit, ein Sol zu verwandeln. Nach Rücknahme der Kraft nimmt die Viskosität dann zeitverzögert wieder zu **(Gel/Sol-Umwandlung)**.

Ketchup zeigt z. B. thixotropes Fließverhalten. Jeder kennt das: Erst heftiges Schlagen auf den Flaschenboden (wegen der Fließgrenze) sorgt dafür, dass Ketchup zu fließen beginnt. Aufgrund der durch das Auslaufen starken Scherung wird der Ketchup sehr dünnflüssig. Die austretende Menge ist deshalb häufig zu groß. Solche Fließeigenschaften ermöglichen es, Beschichtungsstoffe den jeweiligen Ansprüchen anzupassen, sie sollen dünnflüssig verarbeitet werden, sich bei der Filmbildung und nach dem Verlaufen jedoch relativ schnell wieder in eine gallertartige, an senkrechten Flächen nicht ablaufende aber noch verlaufende Schicht verwandeln.

Erwähnenswert ist, dass die Thixotropie eine äußerst temperaturempfindliche physikalische Größe ist, die mit steigender Temperatur abnimmt und bei noch relativ niedrigen Temperaturen von < 80 °C vollständig verschwindet. Zudem kann durch die Wahl der Lösemittel der Grad der Thixotropie beeinflusst werden. Thixotropie kann nicht nur durch geeignete Filmbildner, sondern auch durch geeignete Zusatzmittel entstehen. Feinste Partikel des Siliciumdioxids mit Teilchengrößen im Bereich von Nanometern (Aerosile) oder Schichtsilikate (Bentonite) sind in der Lage, in ruhenden Flüssigkeiten Überstrukturen aufzubauen, die sich wie verzweigte Perlenschnüre oder aufeinander gestellte Spielkarten verhalten und so eine Stabilisierung in allen Raumrichtungen herbeiführen. Durch das Fließen werden die Überstrukturen zerstört, die sich aber nach ausreichend langer Zeit wieder aufbauen.

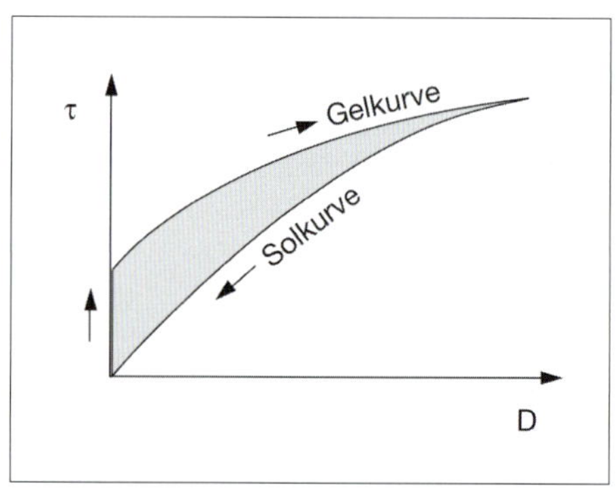

Abbildung 7.5: Thixotropie

Quelle: BASF Handbuch Lackiertechnik

Dilatanz und Rheopexie
Der Vollständigkeit halber sei erwähnt, dass bei zunehmender Scherung auch ein Viskositätsanstieg auftreten kann. Dieses der Strukturviskosität entgegen gesetzte Fließverhalten wird als **Dilatanz** und das der Thixotropie als **Rheopexie** bezeichnet. Beide Stoffeigenschaften, Dilatanz und Rheopexie, sind bei der Herstellung und Verarbeitung von Lacken unerwünscht, müssen aber bei wässrigen, füllstoffreichen Dispersionen häufig in Kauf genommen werden.

Ein Beispiel für Dilatanz, welches jeder von einem Strandurlaub kennt: Im nassen Sand sinken die Füße am Strand ein (langsame Scherung, niedrige Viskosität). Springt man jedoch z. B. von einer Düne auf den nassen Sand, verhält er sich hart wie Beton (schnelle Scherung, hohe Viskosität).

Bei Beschichtungsstoffen ist die Viskosität immer abhängig von der Scherbeanspruchung und damit keine Stoffkonstante. Strukturviskosität und Thixotropie sind erwünschte Eigenschaften, Dilatanz und Rheopexie hingegen nicht.

7.2.2.2 Messmethoden zur Viskosität

Zur Prüfung des Fließverhaltens gibt es zahlreiche Messgeräte. Bei allen müssen als Voraussetzung für reproduzierbare Messergebnisse definierte Fließzustände einzustellen sein. In den heute üblichen Messgeräten werden die geforderten Bedingungen durch Fließen in Rohrleitungen (**Kapillarströmung**) oder durch **Spaltströmungen** zwischen zwei ineinander gestellten, sich mit unterschiedlicher Geschwindigkeit drehenden Zylindern realisiert. Beide Fließzustände entsprechen dem Newton'schen Zweiplattenmodell. Dieses basiert, wie oben ausgeführt, auf der Annahme der Parallelbewegung vieler feinster gedanklicher Flüssigkeitsplättchen, die alle nur in einer Raumrichtung verschoben werden. Solche Fließzustände, bei denen sich alle auch noch so kleinen Volumensegmente in eine Richtung bewegen, nennt man laminares Fließen (s. auch Kapitel 2.3.3).

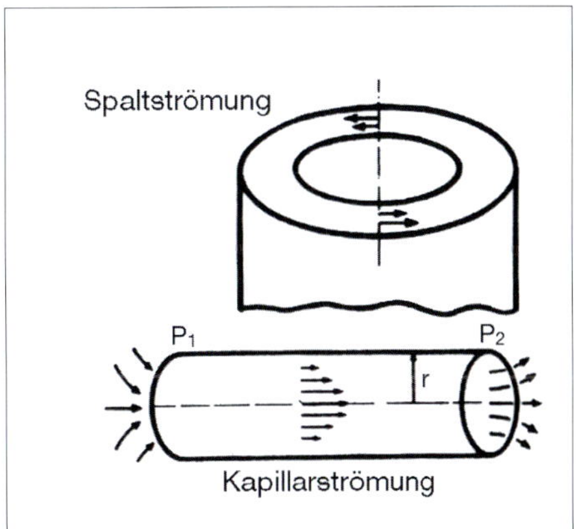

Abbildung 7.6: Strömungen in Messgeräten
Quelle: BASF Handbuch Lackiertechnik

Laminare Strömungsgefälle sind für die Messung der Viskosität eine notwendige Voraussetzung (s. auch S. 63). Diese sind bei den Spaltströmungen dadurch gegeben, dass die an den Wandungen durch Adhäsion fest anhaftende Flüssigkeit wegen der unterschiedlichen Drehzahl der Zylinder definiert geschert wird. Bei kleinen Spaltabständen ist die Laminarität gewährleistet.

Anders sind die Verhältnisse in Rohren oder Kapillaren. Hier wird die Flüssigkeit durch ein Rohr gedrückt. Die Flüssigkeit bewegt sich wie beim Herausziehen einer Stabantenne durch Verschieben unendlich vieler dünner, ineinander gesteckter „Flüssigkeitsröhrchen". Dadurch stellt sich in der Mitte des Rohres eine maximale Fließgeschwindigkeit ein, während an den Wandungen wegen der Adhäsion die Flüssigkeit still steht. In den Kapillaren mit Durchmessern im Millimeterbereich können bei Lacken allein durch die Wirkung der Schwerkraft die geforderten laminaren Strömungen eingestellt bzw. eingehalten werden. In allen Auslaufbechern wird mittels einer solchen Kapillarströmung die Viskosität des Beschichtungsstoffes ermittelt.

Auslaufbecher

Aus der Vielzahl nur unwesentlich unterschiedlicher Auslaufbecher hat sich der **ISO-Becher** nach **DIN EN ISO 2431** als weltweit verbindliches Messgerät bewährt. Er löst deshalb den alten, nur nach Deutscher Norm konzipierten Auslaufbecher **(DIN-4-Becher)** ab. Der ISO-Becher besitzt ein Volumen von 100 ml und an der unteren Seite eine Auslaufdüse mit einer Länge von 20 mm. Die Becher werden jeweils nach ihrem Düsendurchmesser bezeichnet, so besitzt z. B. der ISO-3-Becher eine Düse mit einem Durchmesser von 3 mm. Je nach Viskosität der zu untersuchenden Flüssigkeit liegen die Düsendurchmesser zwischen 3 und 6 mm.

Zur Messung wird der Becher mit der zu untersuchenden Flüssigkeit gefüllt, um nach Öffnen der Auslaufdüse die Auslaufzeit zu bestimmen. Niedrigviskose Flüssigkeiten benötigen niedrige, hochviskose entsprechend höhere Auslaufzeiten. Wegen der Zusammenhänge der Auslaufzeit mit der auslaufenden Menge, der Rohrlänge und dem Rohrdurchmesser mit der Viskosität, kann aus den Auslaufzeiten die Viskosität berechnet werden. Dies geschieht mit Eichkurven. Wegen des durch die Schwerkraft beeinflussten Druckes erhält man als Messergebnis die auf die Dichte bezogene **kinematische Viskosität** mit Bezeichnung ν. Diese wiederum kann bei Kenntnis der Dichte der Prüfflüssigkeit in die dynamische Viskosität umgerechnet werden.

$$\nu = A \cdot t - \frac{B}{t}$$

$$\eta = \nu \cdot \rho$$

ν = kinematische Viskosität
A, B = becherspezifische Konstanten
t = Auslaufzeit
η = dynamische Viskosität
ρ = Dichte

Viskositätsmessungen mit dem Auslaufbecher dürfen streng genommen nur bei Flüssigkeiten mit Newton'schem Fließverhalten durchgeführt werden. Das Schergefälle ist durch die Schwerkraft vorgegeben. Es ist deshalb, wegen der beim Auslaufen der Messflüssigkeit abnehmenden Masse, keine konstante Größe. Mit Abnahme der Flüssigkeitshöhe im Auslaufbecher nimmt der wirksame Druck ab. Konstante Scher-

Abbildung 7.7: DIN- und ISO-Becher

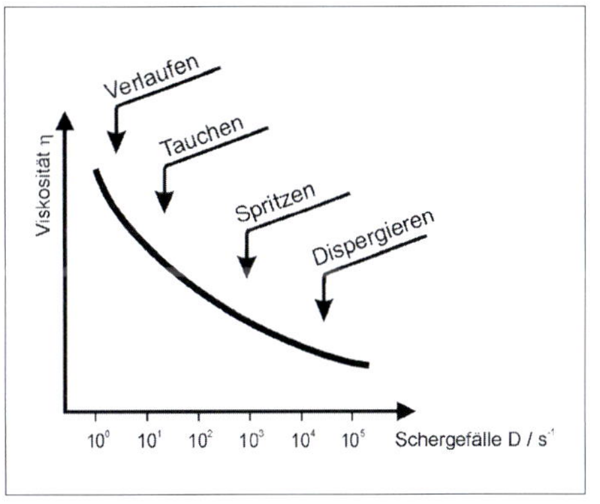

Abbildung 7.8: Schergefälle unter verschiedenen Beanspruchungen

gefälle und Schubspannungen, zwei für die Berechnung von Viskositäten notwendige Voraussetzungen, liegen nicht vor. Quantitative Aussagen über Strukturviskosität oder Thixotropie können deshalb nicht gemacht werden. Die Brauchbarkeit der Auslaufbecher ist somit auf Identitätsprüfungen zweier Lackchargen oder auf das Einstellen auf die Verarbeitungsviskosität bei Spritzlacken beschränkt.

Zusätzliche Fehlerquellen liegen in der sehr starken Abhängigkeit der Ausflussrate vom Düsendurchmesser. Nur geringfügige Verkratzungen beim Reinigen der Düse führen zu einer erheblichen Zunahme der Durchflussmenge. Dadurch werden zu niedrige Messergebnisse für die Viskosität erhalten. Sind Angaben über die aktuelle Viskosität bei verschiedenen Scherbeanspruchungen zu machen, d.h. sind der Grad der Strukturviskosität und der Thixotropie quantitativ zu erfassen, sind die Auslaufbecher ungeeignet.

Rotationsviskosimeter

In solchen Fällen sind Geräte einzusetzen, mit zwei konzentrisch ineinander gestellten Zylindern, von denen einer sich in Ruhe befindet und der andere sich rotierend bewegt. Durch Variation der Drehzahl wird eine laminare Spalt-

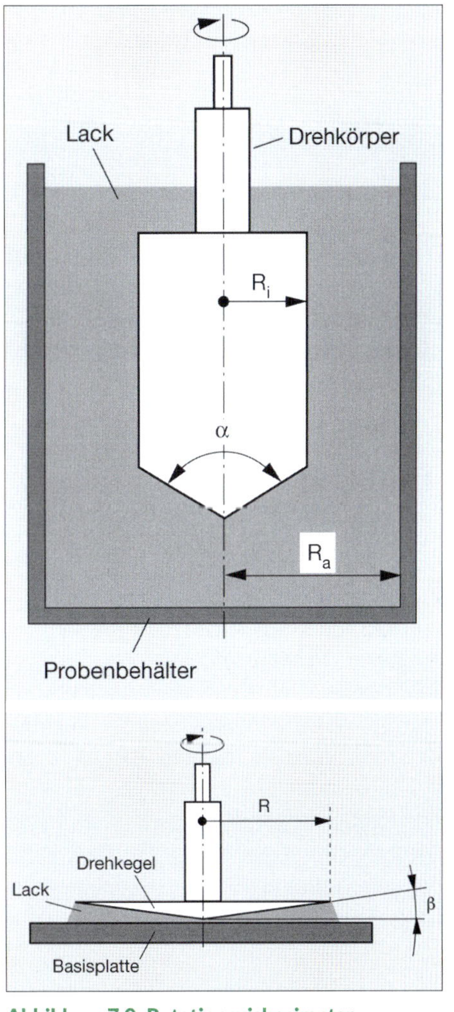

Abbildung 7.9: Rotationsviskosimeter (Zylinder- und Platte/Kegelgeräte)

Quelle: Brock „Lehrbuch der Lacktechnologie"

strömung mit definiertem aber variablem Schergefälle eingestellt. Die zur Viskositätsberechnung ebenfalls benötigte Schubspannung wird durch das aufzubringende Drehmoment festgelegt.

Eine den **Zylinderviskosimetern** ähnliche Anordnung besitzen die **Platte-Kegel-Viskosimeter**. Bei diesen Geräten wird das Schergefälle durch einen auf einer fest liegenden Scheibe rotierenden, flachen Kegel erzeugt. Die Schubspannung ist wie beim Zylinder-Viskosimeter durch das zur Rotationsbewegung notwendige Drehmoment festgelegt.

Moderne Geräte bereiten die erhaltenen Messdaten mathematisch auf und liefern die zur Beurteilung der rheologischen Eigenschaften notwendigen **τ/D-Diagramme**. Sie erlauben eine Vorgabe des Schergefälles über weite Bereiche (siehe Abbildung 7.8). Man ist dadurch in der Lage, die Scherbeanspruchung von Lacken während der Pigmentdispergierung (105 s^{-1}), des Versprühens (104 s^{-1}) und des Verlaufens bzw. Ablaufens (100 s^{-1}) einzustellen und die aktuellen Viskositäten unter den Bedingungen der Praxis exakt zu ermitteln. Die starke Abhängigkeit der Viskosität von der Temperatur (5 bis 10 %/°C) verlangt eine gute Thermostatierung der Messflüssigkeit.

Die allgemein üblichen, preiswerten Auslaufbecher geben nur bedingt Auskunft über das Fließverhalten von Lacken. Besser und wesentlich aussagekräftiger sind Viskositätsmessungen mit dem Rotationsviskosimeter.

7.2.3 Oberflächenspannung

7.2.3.1 Theorie

Zahlreiche Prozesse der Lackiertechnik werden durch die Wechselwirkung von Stoffen an ihren Grenzflächen bestimmt. Die Benetzung von Pigmenten, die Zerstäubung von Lacken, die Bildung eines geschlossenen Films, die Haftfestigkeit zum Untergrund, das Wegziehen von Kanten und die Bildung von Kratern sind nur ein Teil der Phänomene, die durch die Wechselwirkung von Molekülen in den Grenzflächen beeinflusst werden. Eine zur detaillierten und exakten Beurteilung der o.g. Teilstationen des Lackierprozesses hilfreiche, physikalische Kenngröße ist die **Oberflächenspannung**.

Wie in Kapitel 9 über die Grundlagen der Chemie noch nachzulesen, wirken wegen der mehr oder weniger starken **Polarität** der Moleküle untereinander Anziehungskräfte (Van-der-Waals-Kräfte). Wegen der starken Polarität von z.B. Wasser ziehen sich die einzelnen Wassermoleküle derart stark an, dass sie bei Zimmertemperatur trotz ihrer schnellen Bewegung (Braun'sche Molekularbewegung) nicht als Gas, sondern als Flüssigkeit vorliegen. Diese zusammenhaltenden Kräfte werden auch als **Kohäsion** bezeichnet. Sie sind im Inneren einer Substanz wegen der nach allen Raumrichtungen wirkenden Anziehungskräfte gleich. Sie heben sich dadurch auf. Das Einzelmolekül hat deshalb kein Bestreben, seinen Ort zu verlassen. Anders sind die Verhältnisse in Grenzflächen zwischen einer Flüssigkeit und einem Gas.

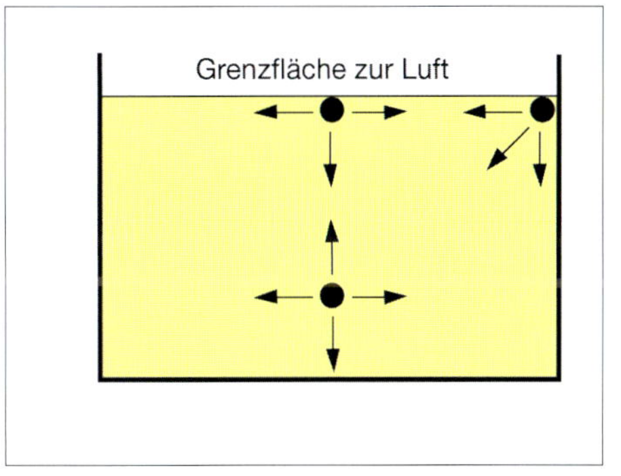

Abbildung 7.10: Oberflächenspannung Definition Quelle: BASF Handbuch Lackiertechnik

Auf Moleküle in der Grenzfläche der Flüssigkeit wirken wegen des geringen Einflusses aus der gasförmigen Umgebung Anziehungskräfte in das Innere der Flüssigkeit. Noch stärker werden die nach innen gerichteten Kräfte, wenn sich die Moleküle an den Kanten oder Ecken eines gedanklichen Flüssigkeitswürfels befinden (s. Abbildung 7.10). Die nach innen gerichteten Kohäsionskräfte können aber nicht wirksam werden, da sich im Inneren der Flüssigkeit bereits Moleküle in dichtester Packung befinden. Deshalb bleibt den Molekülen aufgrund der Kraftwirkung nach innen in der Grenzfläche eine potenzielle Energie, die auf eine Verkleinerung der Oberfläche hinzielt. Hat nun die Flüssigkeit eine Oberfläche, die durch Änderung ihrer Form zu verkleinern ist, wird aufgrund des Bestrebens der Moleküle, von der Oberfläche in das Innere zu gelangen, dieses auch passieren. Die Flüssigkeit verringert so lange ihre Oberfläche, bis sich Minimalflächen gebildet haben. Bekanntlich sind Wassertropfen niemals eckig. Sie nehmen die Form einer Kugel an, weil eine Kugel bezogen auf ihr Volumen immer die kleinst mögliche Oberfläche besitzt.

Zum Vergleich ein Beispiel aus der Natur: In einer Gruppe von frierenden Pinguinen am Südpol möchte keiner am Rand stehen. Alle möchten möglichst ins Innere. Die im Inneren stehen, sind sehr zufrieden und möchten dort bleiben. Die Tiere füllen deshalb immer eine Kreisfläche aus und nehmen niemals eine andere Form an. Entsprechend den Pinguinen haben auch die Moleküle das Bestreben, in das Innere der Flüssigkeit zu gelangen. Veränderungen der äußeren Form von Flüssigkeiten treten also immer dann auf, wenn sie mit einer Verkleinerung der Oberfläche verbunden sind.

Umgekehrt wird sich eine Flüssigkeit wegen der nach innen gerichteten Kräfte einer Oberflächenvergrößerung widersetzen. Es muss also Energie aufgebracht werden bzw. Arbeit geleistet werden, um eine Oberflächenvergrößerung herbeizuführen. Die Arbeit, die geleistet werden muss, um einen Quadratmeter neue Oberfläche zu schaffen, ist definiert als die Oberflächenspannung und berechnet sich aus

$$\sigma = \frac{\text{Arbeit}}{\text{Fläche}} \text{ mit den Dimensionen } \frac{N \cdot m}{m^2} \text{ oder } \frac{N}{m}$$

Auch bei Festkörpern wirkt an der Oberfläche eine wegen ihrer hohen Kohäsionskräfte häufig noch höhere Oberflächenspannung als bei Flüssigkeiten. Der Feststoff kann wegen seiner Festigkeit seine Oberfläche allerdings nicht verkleinern, obwohl die dafür notwendige Energie als potenzielle Energie vorliegt. Die Existenz der Oberflächenspannung von Feststoffen äußert sich u.a. im Benetzungsverhalten bei der Wechselwirkung mit Flüssigkeiten. Die Oberflächenspannung von Festkörpern hat deshalb auch großen Einfluss auf die Haftung **(Adhäsion)**.

Die Oberflächenspannung von Flüssigkeiten ist in Abhängigkeit von ihrer Polarität sehr unterschiedlich. Sie ist aber für Lackrohstoffe mit Höchstwerten unter 0,1 Newton pro Meter (0,1 N/m) absolut gesehen nur gering. Es hat sich deshalb bewährt, die Oberflächenspannung in Millinewton pro Meter (mN/m) anzugeben. **Wasser, als besonders polare Flüssigkeit, nimmt mit 73 mN/m** im Vergleich zu anderen lacktechnisch wichtigen Flüssigkeiten einen besonders hohen Wert an.

Dies zeigt sich z.B. dadurch, dass ein Glas übervoll mit Wasser gefüllt werden kann, so dass eine gewölbte Oberfläche entsteht. Zum Überfließen müsste sich die Oberfläche vergrößern. Wegen der Wirkung der Oberflächenspannung geschieht das allerdings nicht. Xylol oder Benzin, zwei wichtige Lösemittel für Lacke, besitzen mit 30 bzw. 24 mN/m eine erheblich niedrigere Oberflächenspannung als Wasser.

Die Oberflächenspannung ist wie die Viskosität eine temperaturabhängige Größe. Ihre Empfindlichkeit gegenüber Temperaturänderungen liegt ungefähr bei 1%/°C.

Voraussetzung für die Haftfestigkeit von Beschichtungen ist eine gute Benetzung des Untergrundes. Damit ein Lack das Lackierobjekt vollständig benetzen kann, muss der Untergrund immer eine höhere Oberflächenspannung als der flüssige Lack besitzen.

7.2.3.2 Messmethoden

Bei der Messung der Oberflächenspannung wird in statische und dynamische Methoden unterschieden. Der Grund dafür ist darin zu sehen, dass die Oberflächenspannung von Beschichtungsmaterialien häufig durch Tenside (Seifen) herabgesetzt wird. Tenside sind Substanzen, die sich in der Grenzfläche ansiedeln und wegen ihrer Abstoßung untereinander der Oberflächenspannung entgegenwirken. Da viele Prozesse der Lackherstellung und -verarbeitung, wie z.B. das Rühren oder Versprühen, kurzzeitig neue Oberflächen schaffen, ist nicht auszuschließen, dass das Gleichgewicht, d.h. der Endwert der Oberflächenspannung, bei voller Wirksamkeit der Tensidmoleküle nicht zu jeder Zeit erreicht wird. Es ist daher wichtig, nicht nur den Endwert, sondern auch die Zwischenwerte zu kennen.

Die Prüftechnik nutzt deshalb neben den statischen Messmethoden, die lediglich den sich einstellenden Endwert angeben, auch dynamische Methoden. Diese erlauben es, die aktuelle Oberflächenspannung vom Anfang der Ausbildung neuer Oberflächen bis zur Einstellung des Endzustandes durch das Ansiedeln der Tenside an der Grenzfläche zu messen. Damit sind auch Aussagen über die Geschwindigkeit der Tensidorientierung zu machen.

Statische Methoden
Bei den statischen Methoden zur Bestimmung der Oberflächenspannung wird die Oberfläche definiert vergrößert und die dafür zu leistende Arbeit indirekt durch Messen der dafür notwendigen Kraft bestimmt. Bewährt haben sich die **Abreißmethoden** nach Nouy und Wilhelmy **(DIN EN 14370** oder **ISO 304)**. Beide Methoden unterscheiden sich lediglich durch die Form des aus einer Flüssigkeit herauszuziehenden Prüfkörpers.

Nach Eintauchen des Prüfkörpers – entweder ein Platinring oder ein Platinstab – in die zu untersuchende Flüssigkeit, wird dieser langsam bis in die Grenzfläche angehoben.Durchschreitet der Prüfkörper die Grenzfläche, wird die Flüssigkeitsoberfläche im Messbereich vergrößert. Die Flüssigkeit haftet an dem Prüfkörper und bildet unter Oberflächenvergrößerung eine Lamelle. Die dafür notwendige Kraft steigt bei weiterem Herausziehen an, bis durch Einschnüren der Lamelle ein Maximum überschritten wird und der Messwert wieder auf Null zurückfällt. Aus dem Kraftmaximum kann die Oberflächenspannung berechnet werden.

Einen weiteren Zugang zur Messung der Oberflächenspannung von Flüssigkeiten bietet die **Kapillarmethode** durch Bestimmung der Steighöhe in Kapillaren. Hierzu wird ein dünnes Rohr in die zu untersuchende Flüssigkeit getaucht. Durch die Benetzung der Flüssigkeit an der Wand des Rohres steigt diese nach oben und vergrößert damit die Oberfläche (s. Abbildung 7.11). Wegen des Bestrebens, wieder die Minimaloberfläche anzunehmen, steigt die Flüssigkeit weiter. Sie verringert dadurch ihre Oberfläche. Durch neue Benetzung an den Wänden steigt die Flüssigkeit erneut bei gleichzeitiger Oberflächenverkleinerung. Dieser Vorgang des Aufsteigens in der Kapillare wiederholt sich so lange, bis die durch das Flüssigkeitsgewicht entstandene flächenbezogene Gegenkraft einen Gleichgewichtszustand zur Oberflächenspannung herbeiführt. Die Steighöhe ist bei bekanntem Radius der Kapillaren ein Maß für die Oberflächenspannung der zu untersuchenden Flüssigkeit.

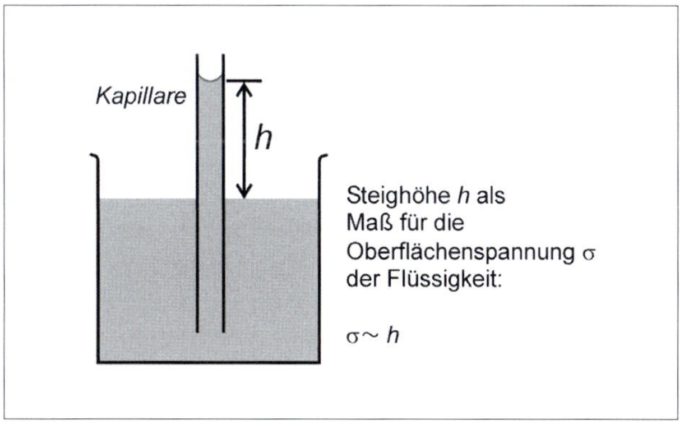

Abbildung 7.11: Kapillarmethode (Steighöhe)

Dynamische Methode
Zur Messung der Oberflächenspannung tensidhaltiger Beschichtungsstoffe ist es wichtig, bei neu entstehenden Grenzflächen, z.B. beim Versprühen, die Geschwindigkeit der Orientierung der Tenside und die damit verbundene Änderung der Oberflächenspannung zu kennen. Das messtechnische Erfassen des zeitlichen Verlaufs der Einstellung des Endwerts wird durch dynamische Methoden dadurch möglich, dass kontinuierlich neue Oberflächen geschaffen werden, die sofort nach ihrer Entstehung bezüglich ihrer aktuellen Oberflächenspannung vermessen werden. Die **Blasendruckmethode** ist eine solche Technik. Hierbei wird kontinuierlich Luft in die zu untersuchende Flüssigkeit gepumpt. Die entstehenden Luftblasen bilden immer neue Grenzflächen zur Flüssigkeit. Durch den bei langsamer oder schneller Blasenbildung aufzubringenden Luftdruck wird die Berechnung der Zeitabhängigkeit der Tensidorientierung und damit der Oberflächenspannung möglich.

7.2.4 Dichte

7.2.4.1 Theorie
Die Dichte eines Körpers ist definiert als die auf ihr Volumen bezogene Masse. Sie bestimmt bei vorgegebener Schichtdicke und Fläche den für eine Lackierung notwendigen Lackverbrauch, die Ergiebigkeit. Genaue Messungen der Dichte von Flüssigkeiten und im Besonderen von Festkörpern (Pigmente oder gehärtete Lackfilme) sind deshalb bei der Beurteilung der Wirtschaftlichkeit von Bedeutung.

$$\rho = \frac{m}{V}$$

ρ = Dichte
m = Masse
V = Volumen

Wegen der Temperaturabhängigkeit des Volumens ist auch die Dichte eine temperaturabhängige Größe. Eine Thermostatisierung bzw. eine zusätzliche Bestimmung der Temperatur ist deshalb immer durchzuführen und der erhaltende Wert ist dem Messergebnis der Dichtebestimmung hinzuzufügen.

7.2.4.2 Messmethoden für die Bestimmung der Dichte von Flüssigkeiten
Zur Bestimmung der Dichte existieren direkte und indirekte Verfahren. Pyknometer zählen zu den direkten, die Tauchkugel und das Aräometer sowie der Biegeschwinger zu den indirekten Methoden. **Pyknometer** nach **DIN EN ISO 2811-1** sind Gefäße mit unterschiedlichen Formen, aber bekanntem Volumen. Aufgrund ihrer größeren Robustheit werden in der Lackindustrie häufig Metallpyknometer gegenüber den Glaspyknometern bevorzugt.

Zur Bestimmung der Dichte werden die **Pyknometer** mit und ohne Inhalt gewogen. Bezieht man die so bestimmte Masse auf das Volumen des Pyknometers, erhält man die gesuchte Dichte. Für genaue Messungen ist der Luftauftrieb bei der Wägung der Masse zu berücksichtigen.

Zu den indirekten Methoden, die auf dem **archimedischen Prinzip** des Auftriebs basieren, gehören das **Aräometer** und die **Tauchkugel** (auch Gammakugel genannt). Die Glas-

Abbildung 7.12: Pyknometer nach DIN EN ISO 2811 Quelle: BASF Handbuch Lackiertechnik

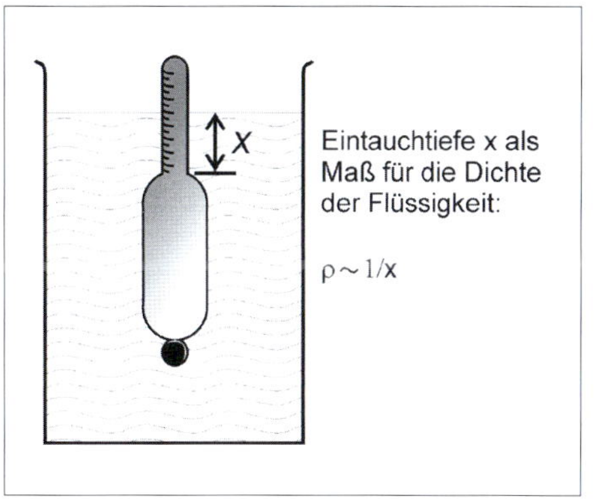

Abbildung 7.13 : Aräometer

spindeln des Aräometers werden in die zu prüfende Flüssigkeit getaucht. Da der Tauchkörper so viel an Gewicht verliert, wie die verdrängte Flüssigkeitsmenge wiegt, ist die Eintauchtiefe repräsentativ für die Dichte der Flüssigkeit. Für hochviskose und pigmentierte, also undurchsichtige Prüfflüssigkeiten, ist das Aräometer natürlich ungeeignet.

Hier bietet sich die genauere Methode mit der **Tauchkugel** nach **DIN EN ISO 2811-2** an. Das zu prüfende Material befindet sich in einem Messgefäß auf einer Waage. Nach Eintauchen und Fixieren der exakt 100 ml großen Kugel wird eine durch die Verdrängung des Lacks bedingte Gewichtszunahme gemessen. Diese wird durch das Volumen der Kugel geteilt. So erhält man einen Messwert für die volumenbezogene Masse, die Dichte. Sie wird entgegen der SI-Norm meist in Kilogramm pro Kubikdezimeter angegeben.

Die Methode mit der Tauchkugel ist universell einsetzbar und einfach zu handhaben. Sie eignet sich besonders für schnelle Betriebsprüfungen.

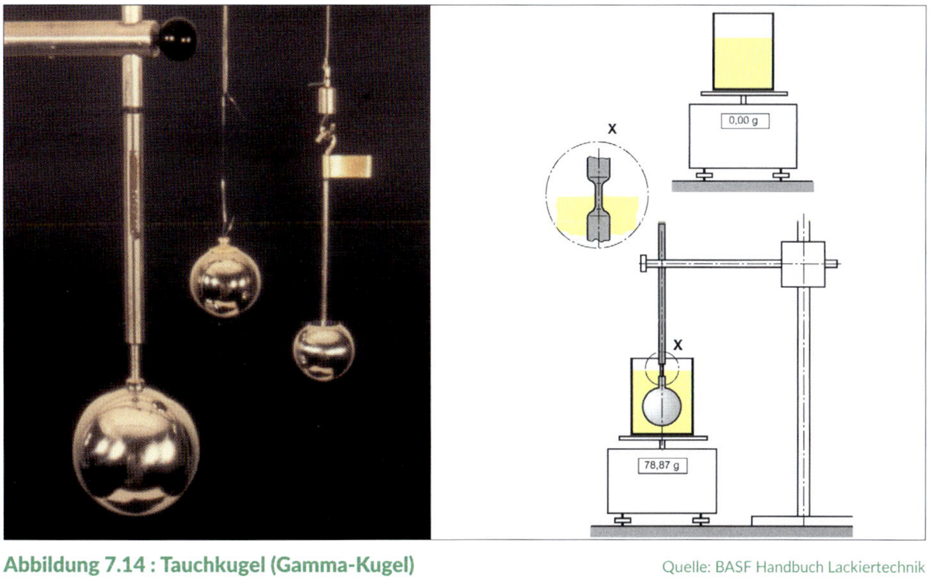

Abbildung 7.14 : Tauchkugel (Gamma-Kugel) Quelle: BASF Handbuch Lackiertechnik

Eine ebenfalls indirekte Methode, jedoch nach ganz anderem Prinzip arbeitend, ist der **Biegeschwinger** nach **DIN EN ISO 2811-3**. Beim Biegeschwinger nutzt man den Umstand, dass die Eigenfrequenz eines als Stimmgabel geformten Rohres von der Dichte seiner Füllung abhängt. Setzt man die Schwingungszeiten des leeren mit denen des mit Prüfflüssigkeit gefüllten Schwingerröhrchens ins Verhältnis, ist bei Kenntnis der Masse und des Volumens des Messrohres die Dichtebestimmung mit höchster Genauigkeit möglich.

7.2.4.3 Messmethoden zur Bestimmung der Dichte von Feststoffen

Die mit der Bestimmung der Dichte von Festkörpern verbundenen Schwierigkeiten einer exakten Messung des Festkörpervolumens haben dazu geführt, die Dichte des getrockneten und somit festen Films aus den Kenngrößen der flüssigen Ausgangsprodukte zu berechnen. Berücksichtigt man, dass die Masse des eingesetzten flüssigen Lacks mit der des getrockneten Films über den Festkörper verknüpft ist, gelingt es, eine Beziehung für die Trockenfilmdichte zu finden.

$$\rho_T = \frac{nfA \cdot \rho_{La} \cdot \rho_{Lö}}{100 \cdot \rho_{Lö} - (100 - nfA) \cdot \rho_{La}}$$

ρ_T = Trockenfilmdichte
nfA = nichtflüchtiger Anteil oder Festkörper
ρ_{La} = Dichte Nasslack
$\rho_{Lö}$ = Dichte Lösemittel

In der Lackiertechnik kommt es auch vor, dass Dichten von Feststoffen zu bestimmen sind, von denen keine der zur Berechnung notwenigen Daten vorliegen. Pigmentpulver oder Pulverlacke sind Beispiele, bei denen eine Dichteberechnung versagt. In solchen Fällen greift man auf eine **modifizierte Pyknometermethode** zurück. Wie in **DIN EN ISO 8130-3** im Detail beschrieben, wird die Dichte von Feststoffpulvern aus den Wägungen des Pyknometers mit dem zu untersuchenden Pigmentpulver, dem mit Petrolether aufgefüllten und dem allein mit Petrolether gefüllten Pyknometer berechnet.

$$\rho_T = \frac{m_{Pi} \cdot \rho_{Pe}}{m_{Pe} - m_{PiPe} + m_{Pi}}$$

ρ_T = Trockenfilmdichte
ρ_{Pe} = Dichte Petrolether
m_{Pi} = Einwaage Pigment
m_{Pe} = Einwaage Petrolether
m_{PiPe} = Einwaage Pigment und Petrolether

7.2.5 Nichtflüchtige Anteile (nfA)

Für die ökonomische und ökologische Beurteilung von Beschichtungsstoffen ist neben der Dichte bzw. der Trockenfilmdichte der bei der Filmbildung entweichende Anteil der Lackierung von Bedeutung. Es hat sich bewährt, nicht den flüchtigen sondern den nach der Lackierung verbleibenden, nichtflüchtigen Anteil (früher als Festkörper bezeichnet) für die Beurteilung heranzuziehen. Nach **DIN EN ISO 3251** ist der nichtflüchtige Anteil (nfA) einer Harzlösung oder eines Beschichtungsstoffes der nach definierter thermischer Belastung verbleibende prozentuale Anteil der zu prüfenden Substanz.

$$nfA = \frac{Rückwaage}{Einwaage} \cdot 100\%$$

nfA = nichtflüchtiger Anteil oder Festkörper
$Rückwaage$ = Masse getrockneter Lack
$Einwaage$ = Masse Nasslack

Um verbindliche, reproduzierbare Kennzahlen für die flüchtigen Anteile zu erhalten, sind die in der Norm festgelegten Prüfbedingungen genauestens einzuhalten. So schreibt die Norm vor, (1±0,1) g der Probe auf einem Prüfdeckel mit 75 mm Durchmesser einzuwiegen und gleichmäßig zu verteilen. Auch die Trocknungszeit und die Trocknungstemperatur zur Beschleunigung der Verdunstung der Lösemittel müssen den Vorgaben der Norm entsprechen, es sei denn, es werden zwischen dem Hersteller und dem Verarbeiter andere Bedingungen vereinbart.

Bei der Bestimmung der nicht flüchtigen Anteile beeinflussen Trocknungstemperatur und Trocknungszeit das Ergebnis erheblich. Bei chemisch vernetzenden Lacken muss die Temperatur immer oberhalb der Reaktionstemperatur liegen.

7.2.6 Ergiebigkeit

Die große Bedeutung der Dichte, in diesem Fall der Trockenfilmdichte, zeigt sich bei der Ermittlung der Ergiebigkeit. Die Ergiebigkeit gibt die Fläche an, die mit einem Kilogramm des Lacks deckend beschichtet werden kann und ist damit eine wichtige ökonomische Kennzahl. Neben der praktischen Bestimmung nach **DIN EN ISO 32533-1** bis **-3** kann die Ergiebigkeit über den folgenden mathematischen Zusammenhang berechnet werden:

$$E \equiv \frac{A}{m_{La}} = \frac{nfA}{\rho_T \cdot S_D \cdot 100}$$

E = Ergiebigkeit
A = beschichtete Fläche
m_{La} = Masse Nasslack
nfA = nicht flüchtiger Anteil
ρ_T = Trockenfilmdichte
S_D = deckende Mindestschichtdicke

Die Ergiebigkeit ist also immer dann hoch, wenn bei einem hohen nicht flüchtigen Anteil (nfA) die Schichtdicke und die Trockenfilmdichte niedrig sind. Da die Dichte der Pigmente, vornehmlich bei anorganischen Pigmenten, bis um das Fünffache höher liegen kann als bei organischen, ist für die Ergiebigkeit der Pigmenteinfluss häufig von entscheidender Bedeutung.

Die Schutzwirkung von Lackierungen wird nicht durch die aufgetragene Masse, sondern durch die Schichtdicke und somit durch das verarbeitete Lackvolumen bestimmt.

7.2.7 Sonstige Kennzahlen

7.2.7.1 Säurezahl und Hydroxylzahl

Die Säurezahl einer Substanz macht eine Aussage über die Menge der in ihr vorhandenen freien Säuregruppen. Sie sagt nichts über die Konzentration freier Wasserstoffionen aus. Hierüber informiert der pH-Wert. Die Säurezahl gibt an, wie viel saure Gruppen für die Neutralisation zur Verfügung stehen. Gemäß **DIN EN ISO 2114** gibt sie Auskunft über die Menge an KOH (Lauge) in Milligramm, die zur Neutralisation von einem Gramm Substanz verbraucht wird.

$$SZ = \frac{a \cdot 56}{E}$$

SZ = Säurezahl
a = Verbrauch 1n KOH in mL
E = Einwaage Probe in g

Eine für die Vernetzungsfähigkeit von Lacken und Filmbildnern wichtige Kennzahl ist die Hydroxylzahl oder kurz OH-Zahl. Sie ist durch einfache Titration nicht zu ermitteln. Die **DIN EN ISO 4629** schreibt vor, die Menge an Hydroxylgruppen durch den Verbrauch der zur Acetylierung notwendigen Menge an Essigsäure zu bestimmen. Um eine vollständige Umsetzung der OH-Gruppen mit Essigsäure bzw. deren Anhydrid zu erreichen, muss mit einem entsprechenden Überschuss gearbeitet werden. Durch Rücktitration des verbleibenden Überschusses mit KOH ist der für die Menge an OH-Gruppen analoge Anteil an KOH zu berechnen.

$$OHZ = \frac{(b-a) \cdot 56}{E}$$

OHZ = Hydroxylzahl
b = Verbrauch 1 n KOH für vorgelegte Menge Essigsäureanhydrid in mL
a = Verbrauch 1 n KOH nach Umsetzung mit der Probe
E = Einwaage Probe in g

7.2.7.2 Verdunstungszahl nach DIN 53170

Die Verdunstungszahl macht Angaben über die Geschwindigkeit der Lösemittelverdunstung. Sie ist definiert als das Verhältnis der Verdunstungszeiten einer bestimmten Menge eines Lösemittels bezogen auf die Verdunstungszeit der gleichen Menge Ether.

$$VD = \frac{t_x}{t_{Ether}}$$

VD = Verdunstungszahl
t_x = Verdunstungszeit Probe
t_{Ether} = Verdunstungszeit Ether

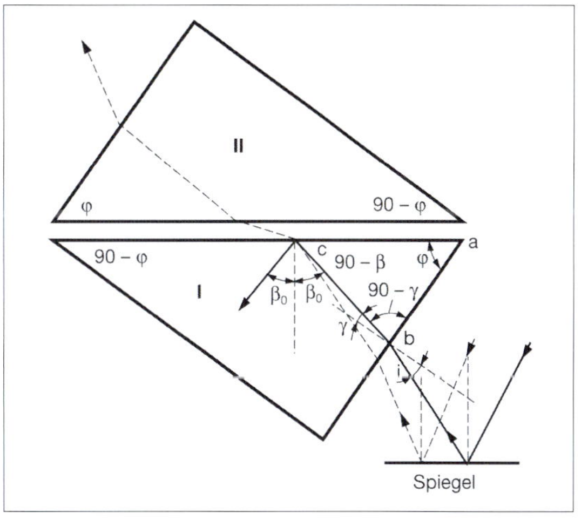

Abbildung 7.15 : Strahlengang Abbé-Refraktometer
Quelle: BASF Handbuch Lackiertechnik

Verdunstungszahlen von Lösemittelgemischen oder Harzlösungen können nicht aus den Daten der reinen Lösemittel berechnet werden. Durch Wechselwirkung der Lö semittel untereinander und in hohem Maße mit dem Filmbildner, können die Messergebnisse erheblich verfälscht werden.

7.2.7.3 Brechungsindex nach DIN 51423-2

Der Brechungsindex, auch Brechzahl genannt, macht eine Aussage über die Fähigkeit, das Licht bei Eingang in ein optisch dichteres Medium zu brechen, d. h. die Richtung des eingestrahlten Lichtes zu verändern. Da diese Eigenschaft Rückschlüsse auf den molekularen Aufbau von Stoffen bezüglich ihrer Polarität zulässt, wird der Brechungsindex häufig für eine schnelle und einfache Identitätskontrolle verwendet. Gemessen wird der Brechungsindex mit dem **Abbé-Refraktometer**. Es besteht aus zwei mit der Längsseite aufeinander gelegten Glasprismen. Der zwischen den Prismen gebildete Spalt wird mit der Probe gefüllt. Von einem drehbaren Spiegel reflektiertes Licht gelangt zunächst in das erste Prisma, um nach Brechung in das nächste Prisma zu gelangen und von dort in das Auge des Betrachters.

Eine Maßzahl für den Brechungsindex erhält man, wenn der Spiegel so lange gedreht wird, bis der Lichtstrahl durch Totalreflexion nicht mehr in das zweite Prisma gelangt und somit vom Beobachter auch nicht mehr wahrgenommen werden kann.

7.2.7.4 Flammpunkt

Jede brennbare Flüssigkeit verdunstet in Abhängigkeit von der Temperatur mehr oder weniger schnell. Ab einer für jede Flüssigkeit charakteristischen Temperatur erreichen die entweichenden Dämpfe eine Konzentration, die bei Fremdzündung ein Entflammen bzw. dauerhaftes Brennen möglich macht. Die niedrigste Temperatur, bei der ein Entflammen eintreten kann, wird als Flammpunkt bezeichnet. Der Flammpunkt ist eine wichtige sicherheitstechnische Kennzahl, die auch zur Klassifizierung von Lösemitteln herangezogen wird.

7.3 Messtechnisches Verfolgen der Filmbildung

Während der Filmbildung führen physikalische und chemische Vorgänge zu einer Glättung und Verfestigung der entstehenden Lackierung. Da die einzelnen Vorgänge sich gegenseitig überlagern, sind die wichtigsten Prüfungen nicht auf das Messen diskreter physikalischer oder chemischer Kenngrößen ausgerichtet. Sie basieren in den meisten Fällen auf einer Nachstellung der in der Praxis gegebenen Bedingungen und werden deshalb als Gebrauchsprüfungen bezeichnet.

7.3.1 Verlaufen und Ablaufen

Zur Messung des Verlaufens bzw. Ablaufens verwendet man für handwerklich erzeugte Lackierungen (durch Streichen, Tauchen oder Gießen) entsprechend konstruierte Rakel. Für die Verlaufsmessungen besitzen die Rakel Doppelöffnungen verschiedener Höhen. Zur Beurteilung des Verlaufens werden die durch die Doppelöffnungen aufgebrachten parallelen Lackstreifen herangezogen, die bei waagerechter Lagerung ineinander verflossen sind (s. Abbildung 7.16).

Ähnlich dem **Verlaufsrakel** sind die **Ablaufrakel** nach **DIN EN ISO 16862** konstruiert. Durch zehn Öffnungen mit von unten nach oben ansteigenden Spalthöhen wird der Lack aufgetragen. Anschließend werden die Prüftafeln senkrecht gestellt. Der Rakelspalt, bei dem durch Gardinenbildung die einzelnen Streifen ineinander laufen, wird als Maß für die Ablaufneigung herangezogen.

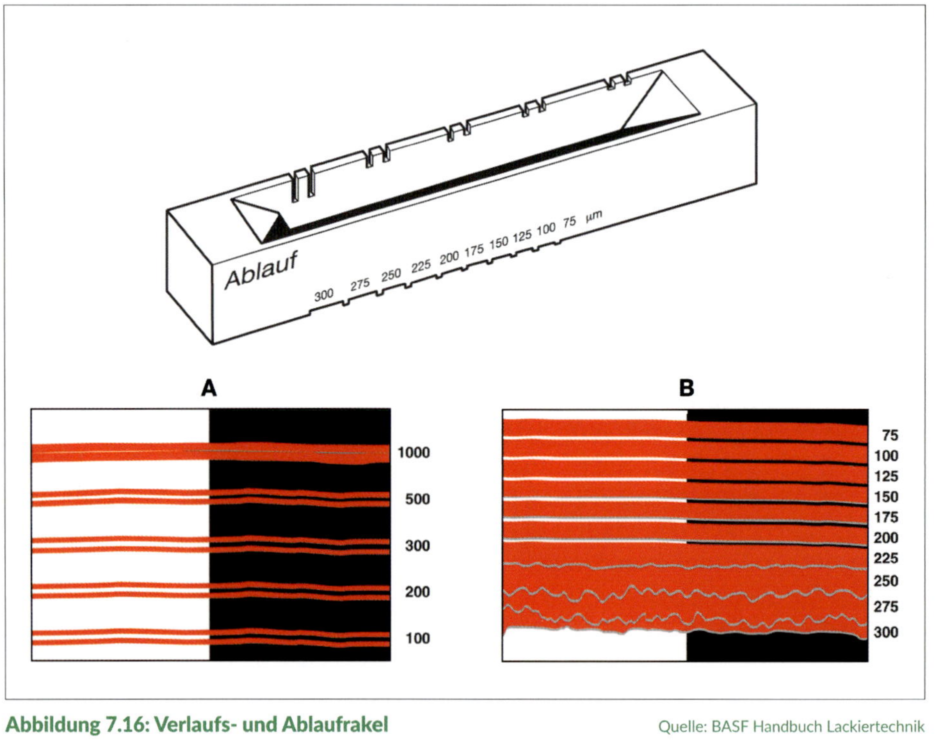

Abbildung 7.16: Verlaufs- und Ablaufrakel Quelle: BASF Handbuch Lackiertechnik

Ein anderes, zur Messung der Ablaufneigung geeignetes Gerät, ist die Ablaufwaage. Auf einer schräg gestellten Platte wird die mit dem Verlaufen bzw. Ablaufen des Lacks verbundene Gewichtsverlagerung gemessen. Mit solchen Geräten können auch durch Spritzapplikation hergestellte Filme während ihres Aufenthalts im Trockner in ihrem Verlaufsverhalten untersucht werden.

7.3.2 Sonstige Kennzahlen zur Charakterisierung der Filmbildung

Die Geschwindigkeit der Verfestigung von Lackfilmen kann auch durch die Zunahme der Viskosität mittels rollender Kugeltechnik bestimmt werden. Hierzu werden auf einer schräg gestellten Prüfplatte in regelmäßigen Abständen kleine Stahlkugeln auf den entstehenden Film gebracht. Aus der Abrollgeschwindigkeit oder Abrollstrecke können unter Berücksichtigung der Temperatur Filmbildeprozesse von luft- und ofentrocknenden Lacksystemen verfolgt werden.

Eine andere einfache Methode, die Verfestigung des entstehenden Films zu verfolgen und mit Maßzahlen zu versehen, besteht darin, in regelmäßigen Abständen Sandkörner oder Wollfäden auf die entstehende Lackierung aufzulegen oder einzudrücken. Ist der Film noch flüssig, versinken Sand und Fäden. Im Laufe der Verfestigung verbleiben die Testsubstanzen mehr und mehr an der Oberfläche, um nach ausreichender Verfilmung nur noch auf der Lackierung liegend wieder entfernt werden zu können. Mit Hilfe dieser Testmethode können Trocknungszeiten für die **Staubtrocknung** oder **Klebfreiheit** angegeben werden.

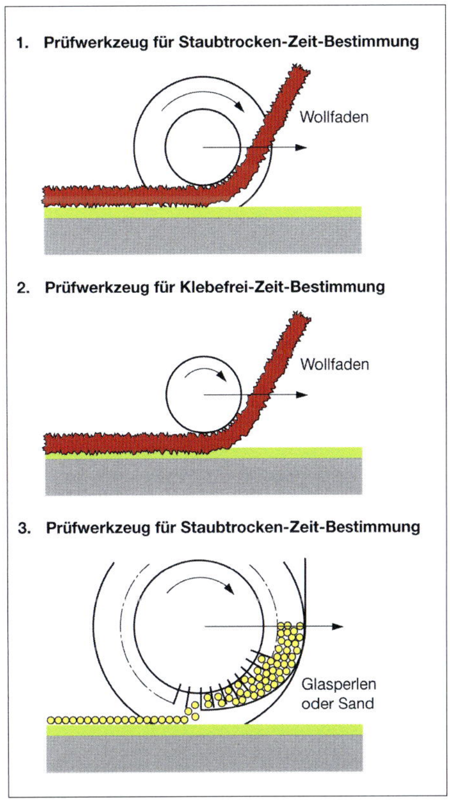

Abbildung 7.17: Prüfmethode zur Bestimmung der Verfestigung von Beschichtungen
Quelle: BASF Handbuch Lackiertechnik

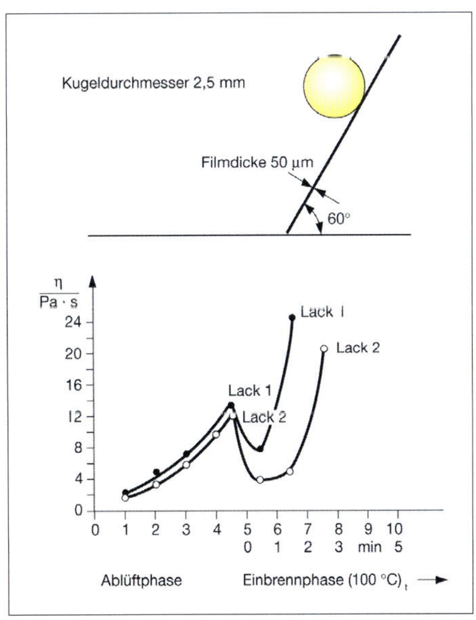

Abbildung 7.18: Rollende Kugeltechnik
Quelle: BASF Handbuch Lackiertechnik

Ein ähnliches Prüfgerät besitzt einen Metallbügel, der während des gesamten Trocknungsprozesses bei vorgegebenem Auflagegewicht mit definierter Geschwindigkeit über die Lackierung gezogen wird. Je nach Trocknungsgrad läuft die gezogene Spur zunächst wieder zu, später bleibt sie sichtbar. Bei weiterem Fortschritt der Verfestigung verletzt der Metallbügel die Lackierung. Im Anschluss daran wird überhaupt keine Spur mehr hinterlassen.

Ähnlich arbeitet der Trocknungszeit-Rekorder nach **DIN EN ISO 5117-4**.

7.4 Eigenschaften und Prüfungen von Beschichtungen

7.4.1 Allgemeines

Alle bisher genannten Prüfungen beziehen sich auf den zu verarbeitenden bzw. verarbeiteten Beschichtungsstoff. Von größerer Bedeutung für die Wertschöpfung durch Lackieren sind die nach der Verarbeitung und Filmbildung entstandenen Eigenschaften der Beschichtung. Sie bestimmen Schönheit und Schutz des Lackierobjekts. Zur vollständigen Beurteilung der Gebrauchsfähigkeit einer Lackierung gehört auch die Beurteilung der Veränderungen des Eigenschaftsbildes während des Gebrauchs. Um die für häufig mehrere Jahrzehnte geforderte Qualität garantieren zu können, schließen sich den Prüfungen der Anfangseigenschaften zahlreiche Alterungstests an. Derartige Tests sollen in möglichst kurzer Zeit eine verbindliche Vorhersage über das Langzeitverhalten von Lackierungen machen. Glanzabfall, Versprödung und damit letztlich Rissbildung und Enthaftung mit den Folgen der Korrosion bei metallischen Objekten sind nur einige der zu verhindernden Beeinträchtigungen der Qualität.

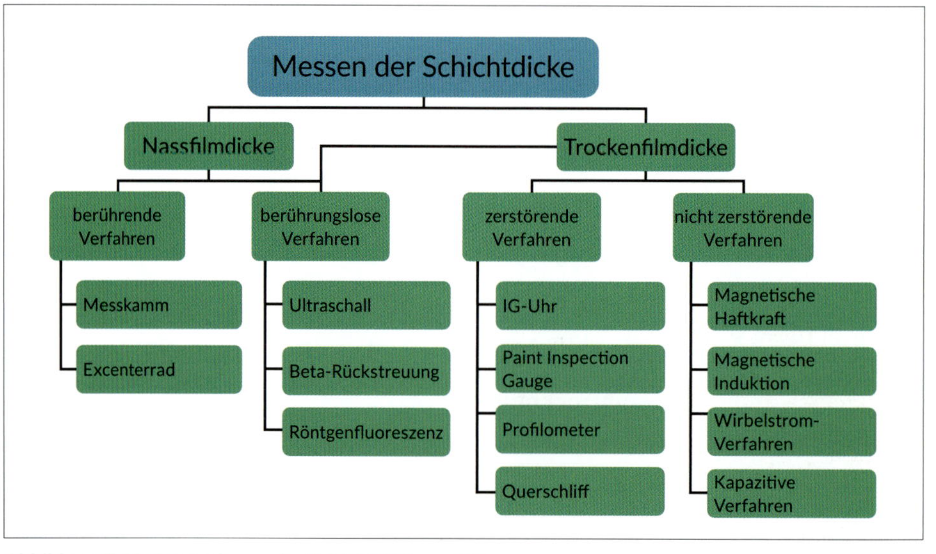

Abbildung 7.19: Stammbaum der Schichtdickenprüfungen

7.4.2 Schichtdickenmessungen

Die meisten Verfahren zur Bestimmung von Schichtdicken beziehen sich auf die Messung des getrockneten bzw. gehärteten Films. Darüber hinaus ist es in einigen Fällen notwendig, auch die Dicke des frisch applizierten Films, die Nassfilmdicke, zu kennen, um noch während des Auftragens von Beschichtungsstoffen Korrekturen der Schichtdicken vornehmen zu können.

Die Methoden zur Messung von Schichtdicken werden deshalb in die Gruppen der Messung der **Nassfilmdicke** und der **Trockenfilmdicke** eingeteilt. Einige spezielle, sehr kostenintensive, berührungslose Verfahren lassen sich sowohl an Nass- als auch an Trockenfilmen anwenden. Alle gängigen Messmethoden sind in **DIN EN ISO 2808** zusammengestellt

7.4.2.1 Nassfilmdicke

Zur Messung der Nassfilmdicke benutzt man **Messräder** oder **Messkämme**. Bei den Messrädern handelt es sich um exzentrisch angeordnete Räder. Sie werden durch den nassen Film gerollt, bis das innere Exzenterrad die Filmoberfläche gerade berührt.

Als weiteres einfaches Messinstrument hat sich der Messkamm bewährt. Er besitzt an den Längskanten Zähne mit unterschiedlicher Länge. Diese werden in den Lackfilm gedrückt. Der Zahn, der noch nicht vom Lackfilm benetzt wird, ist repräsentativ für die aktuelle Nassfilmdicke.

7.4.2.2 Trockenfilmdicke

Die Messmethoden zur Bestimmung der Trockenfilmdicke werden in verletzende und nicht verletzende Methoden eingeteilt.

Zerstörende Methoden

Im ersten Fall, beim **Keilschnittverfahren** mit dem **Paint-Inspection-Gauge** (PIG) nach **DIN EN ISO 19399**, wird ein Keil bis zum Untergrund in die Lackierung geschnitten. Bei Kenntnis des Böschungswinkels können die Schichtdicken aus der Spaltbreite an der Oberfläche der Lackierung berechnet werden. Ist der Böschungswinkel 45°, entspricht die halbe Spaltbreite der Schichtdicke der Lackierung. Der Vorteil dieses Verfahrens besteht darin, dass auch bei Mehrschichtaufbauten die Dicken der einzelnen Schichten direkt erfasst werden können. Das Verfahren eignet sich für alle Untergründe.

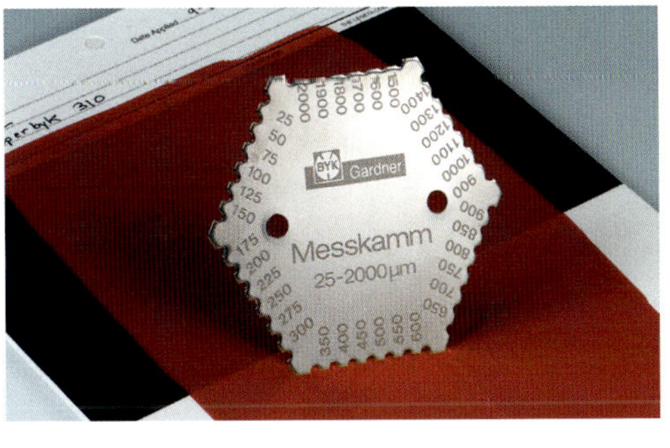

Abbildung 7.20: Messkamm
Quelle: BASF Handbuch Lackiertechnik

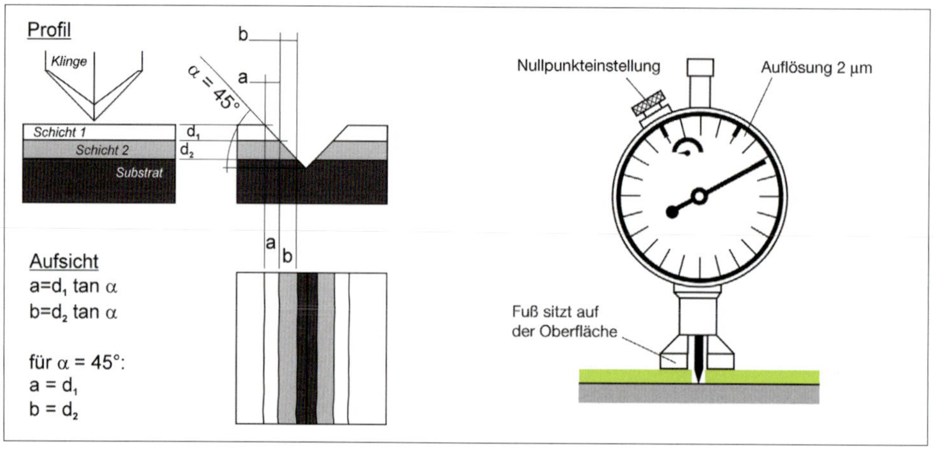

Abbildung 7.21: Paint Inspection Gauge (PIG) und IG-Uhr Quelle: BASF Handbuch 2014

Eine andere Methode der zerstörenden Schichtdickenmessung liefert die **IG-Uhr** nach **DIN 50933**. Sie besteht aus zwei festen Füßen und einem Messfühler, der über eine Zahnstange mit einer Anzeigevorrichtung verbunden ist. Wird die Messuhr an einer Stelle, an der ein kleiner Teil der Lackierung vollständig abgetragen wurde, so aufgesetzt, dass sich der Fühler direkt auf dem Untergrund befindet, die beiden Füße jedoch auf der Lackierung, zeigt das Gerät die Vertiefung und damit die Schichtdicke an.

Auch **Profilographen**, üblicherweise zur Messung von Ober-flächenstrukturen eingesetzt, erlauben beim Vermessen künstlicher Vertiefungen in der Lackierung diese mit großer Genauigkeit zu bestimmen. Ein Diamant oder Laserstrahl tastet die unverletzte Oberfläche bzw. die Vertiefung ab und gibt nach elektronischer Aufbereitung die Schichtdicke an.

Eine weitere, sehr genaue Methode der zerstörenden Schichtdickenmessung besteht in der mikroskopischen Beurteilung von **Querschliffen** der zu untersuchenden Lackierung.

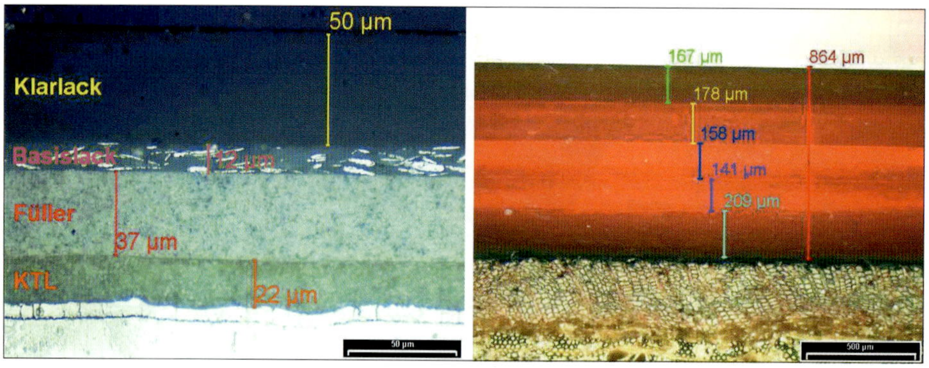

Abbildung 7.22: Querschliff Quelle: BASF Handbuch Lackiertechnik

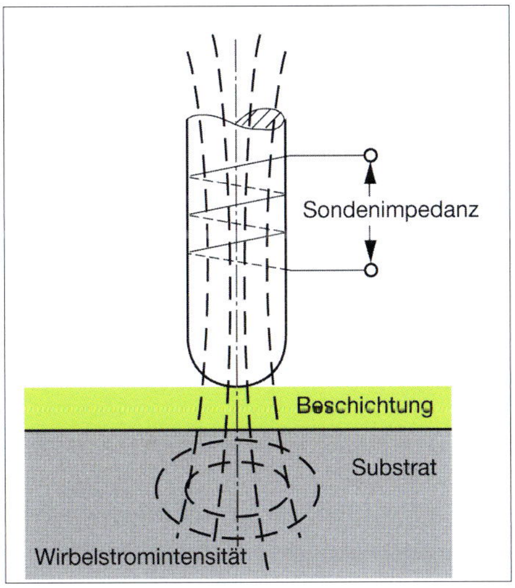

Abbildung 7.23: Schichtdickenmessgerät (Wirbelstromverfahren)

Quelle: BASF Handbuch Lackiertechnik

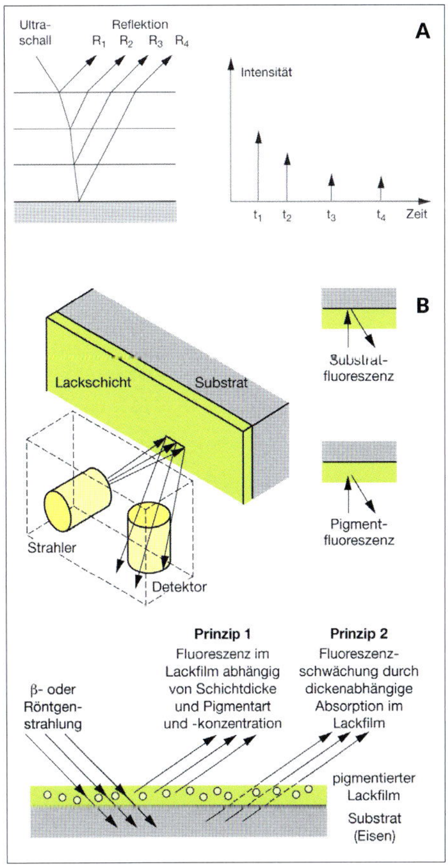

Abbildung 7.24: Schichtdickenmessung durch Ultraschall (A) und Röntgenfluoreszenz (B)

Quelle: BASF Handbuch Lackiertechnik

Nicht zerstörende Methoden

Schichtdickenmessungen ohne Verletzung der Lackierung sind möglich, wenn schichtdickenabhängige Informationen über den Untergrund genutzt werden können. Magnetismus und elektrische Induktion sind in diesem Zusammenhang zur Schichtdickenmessung nutzbare Phänomene. Als Substrate kommen deshalb in der Regel nur metallische Werkstoffe infrage. Auf eisenhaltigen, ferromagnetischen Untergründen können die schichtdickenabhängige magnetische Haftkraft eines Permanentmagneten nach **DIN EN ISO 2178** oder die Beeinflussung des **magnetischen Flusses beim magnetisch induktiven Verfahren** nach **DIN EN ISO 2178** als Messgröße für die Bestimmung der Schichtdicken dienen.

Auf nichteisenmetallischen Werkstoffen wird die schichtdickenabhängige Änderung des Wechselstromwiderstandes (Impedanz) einer stromdurchflossenen Spule durch die Rückwirkung von durch Induktion entstandenen Wirbelströmen im elektrisch leitfähigen Substrat (**Wirbelstromverfahren** nach **DIN EN ISO 2360**) bestimmt.

Ebenfalls für alle Metallsubstrate geeignet ist das **kapazitive Messverfahren**. Hierbei bildet der Untergrund zusammen mit einer auf die Lackierung gelegten Messelektrode einen Plattenkondensator, dessen Kapazität vom Plattenabstand und damit von der Schichtdicke der Lackierung abhängt. Wegen des unterschiedlichen Einflusses verschiedenartiger Lackierungen auf das Messergebnis müssen Geräte, die nach dem kapazitiven Verfahren arbeiten, jeweils neu geeicht werden.

7.4.2.3 Berührungslose Verfahren für Nass- und Trockenfilm

Weiter existieren noch berührungslose Messverfahren. Die Prüfmethoden sind zum Teil sehr genau. Es werden in kürzester Zeit Messwerte für die Schichtdicke auch an nicht gehärteten Filmen erhalten. Dadurch ist eine Steuerung der Lackauftragsmenge noch während des Lackierprozesses möglich. Als Messverfahren haben sich die **Ultraschallinterferenz (DIN EN ISO/TS 19397), die Röntgenfluoreszenz und die Beta-Rückstreuung (DIN EN ISO 3543)** bewährt. Das Ultraschallverfahren beruht auf der Phasenverschiebung eines in die Lackierung eindringenden Ultraschallsignals relativ zu dem an der Oberfläche reflektierten. Die Phasenverschiebung ist schichtdickenabhängig und äußert sich in Interferenzen.

Beim Einstrahlen von Röntgenstrahlen entweder in den Untergrund oder in die Lackierung, wird Sekundärstrahlung erzeugt. Diese kann ebenfalls zur Schichtdickenmessung herangezogen werden. Im ersten Fall fällt mit zunehmender Schichtdicke die Intensität der zurück gestreuten Betastrahlen ab, im zweiten Fall nimmt die Signalintensität mit steigender Schichtdicke zu.

Berührungslose Schichtdickenmessungen ermöglichen Korrekturen schon während der Applikation. Sie sind deshalb wichtige Hilfsmittel zur Steuerung und Automatisierung des Lackierprozesses.

7.4.3 Mechanisch-technologische Eigenschaften

7.4.3.1 Allgemeines

Wirtschaftsgüter werden mit organischen Beschichtungen versehen, um Schutz und Schönheit sowie zahlreiche spezielle Eigenschaften zu garantieren. Tarnung, Auffälligkeit, Gleitfähigkeit und elektrische Leitfähigkeit sind nur einige davon. Damit all diese Forderungen auch erfüllt werden können, muss die Lackierung neben einer ausreichenden Schichtdicke auch einen guten und dauerhaften Verbund zum Substrat aufweisen. Wegen der spezifischen Anforderung an eine Lackierung ist zusätzlich unter den verschiedensten Klimabedingungen eine ausreichende Elastizität bei gleichzeitig guter Härte und Kratzfestigkeit erforderlich. Dabei ist eine feste Verankerung des Lackfilms mit dem Untergrund auch unter den extremen Belastungen der Praxis eine notwendige Voraussetzung für einen dauerhaften Schutzfilm.

7.4.3.2 Haftfestigkeit

Theorie

Die Haftfestigkeit zwischen einer Lackierung und seinem Untergrund basiert auf der gegenseitigen Anziehung beider Schichten. Sie ist definiert als die flächenbezogene Kraft, die senkrecht zur Lackierung aufgebracht werden muss, um diese vom Unter-

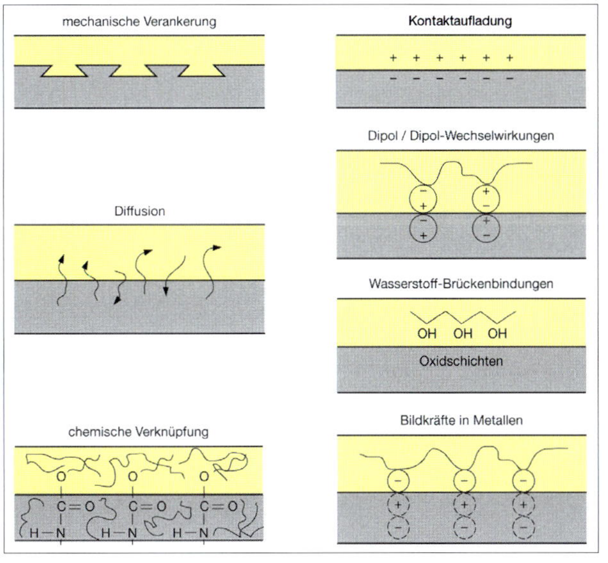

Abbildung 7.25: Ursachen für das Haftvermögen
Quelle: BASF Handbuch Lackiertechnik

grund abzutrennen. Bei dem Versuch, die Ursachen für den Verbund der Lackierung mit dem Untergrund zu finden, stößt man in der Literatur auf verschiedene Theorien. Neben der **mechanischen Verankerung** der Lackierung in rauen Untergründen wird auch das Eindringen in den Untergrund und das anschließende Verknäueln der Filmbildnermoleküle diskutiert. Solche Effekte sind natürlich nur bei polymeren Untergründen wie bereits vorhandenen Lackierungen oder Kunststoffen möglich. Auch **elektrostatische Anziehungen** an Grenzflächen mit unterschiedlicher Elektronegativität und damit unterschiedlicher Ladungshöhe in den Grenzflächen können als Ursache für die Haftfestigkeit infrage kommen.

Es existiert über die genannten Gründe hinaus eine für alle Substrate gültige Wechselwirkung. Sie hat ihre Ursache in der Existenz der Van-der-Waals-Kräfte. Diese entstehen durch die elektrische Anziehung unterschiedlicher Ladungen in polaren Gruppen (permanente Dipole) und solchen, die bei Annäherung von polaren Gruppen selbst eine Polarität erhalten (induzierte Dipole). Auch beim Fehlen polarer Anteile können durch Dispersionskräfte weitere Anziehungskräfte wirksam werden. Dispersionskräfte, auch London-Kräfte genannt, sind schwache zwischenmolekulare Anziehungskräfte, die durch spontane Veränderung der Elektronendichte zustande kommen.

Eine schlechte Haftfestigkeit von Lackierungen begünstigt das Abtrennen dieser bei mechanischer Beanspruchung. Weiter fördert eine schlechte Haftfestigkeit das von Verletzungen ausgehende Unterwandern in Verbindung mit Feuchte und hat eine Enthaftung durch osmotische Effekte zur Folge.

Ein großes Problem bei der Beurteilung der Haftfestigkeit als flächenbezogene Größe liegt in der Schwierigkeit, die gemeinsame Grenzfläche genau zu bestimmen. Die messbare Fläche stimmt mit der wirklichen wegen der mehr oder weniger starken Rauigkeit der Untergründe häufig nicht überein.

Da die für die Haftfestigkeit der Lackierung maßgeblichen **Van-der-Waals-Anziehungskräfte** (s. Kapitel 9) nur von äußerst geringer Reichweite sind, sind ideale Voraussetzungen für die Haftfestigkeit erst dann gegeben, wenn sich die einzelnen Moleküle in der Grenzfläche bis auf molekulare Abstände nähern können. Eine gute Benetzung des Beschichtungsstoffes mit dem Untergrund ist dafür eine notwendige Voraussetzung. Diese ist immer dann gegeben, wenn die Oberflächenspannung des Beschichtungsstoffes niedriger ist als die des Untergrunds. Ideal sind die Verhältnisse, wenn im Lackieruntergrund zwar höhere, im gehärteten Film jedoch ähnliche Werte vorliegen. Die resultierende **Grenzflächenspannung** nimmt dann ein Minimum an, während die Haftfestigkeit ihren Höchstwert erreicht.

Um die idealen Voraussetzungen für eine optimale Haftfestigkeit finden zu können, muss die Grenzflächenspannung des Lackierobjekts bekannt sein. Dies wird messbar, wenn bei Benetzungsversuchen verschiedene Flüssigkeiten unterschiedlicher Oberflächenspannung auf den Lackieruntergrund aufgebracht werden **(DIN 55660-2)**. Durch Vermessen des Randwinkels von Flüssigkeiten, die nicht vollständig benetzen, und Extrapolieren auf einen **Randwinkel** von null Grad erhält man Zugang zur Oberflächenspannung von Festkörpern (s. Abbildung 7.27). In diesem Falle ist die Grenzflächenspannung $\sigma_{S,L}$ null und die Oberflächenspannung von Lösung und Substrat gleich ($\sigma_L = \sigma_S$).

σ_S = Oberflächenspannung Substrat
$\sigma_{S,L}$ = Grenzflächenspannung
σ_L = Oberflächenspannung Lösung
α = Randwinkel

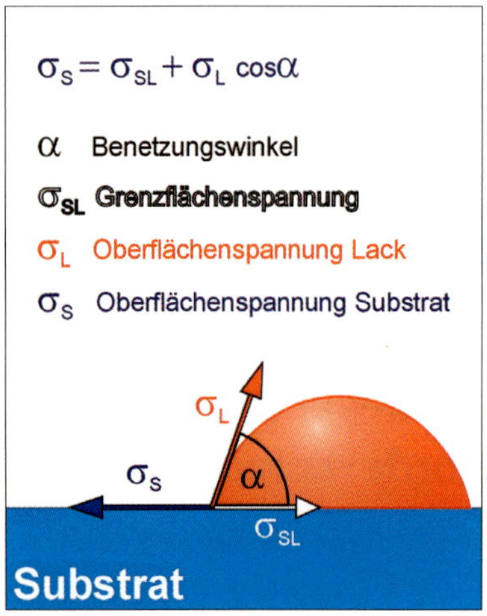

Abbildung 7.26: Young-Dupré'sche Gleichung

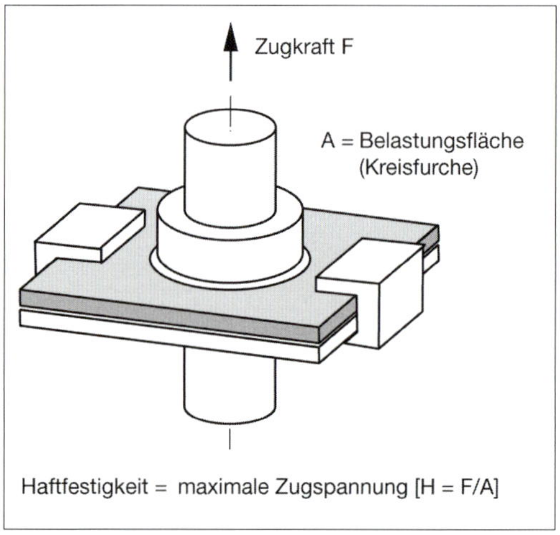

Abbildung 7.27: Stirnabzug (Abreißmethode)

Quelle: BASF Handbuch Lackiertechnik

Einfacher, dafür aber weniger genau, ist die Prüfung mit Testtinten. Sie werden als Set mit verschiedenen Flüssigkeiten bekannter, aber unterschiedlicher Oberflächenspannung im Handel angeboten. Die Werte steigen von niedrigen (20 mN/m) bis zu einem hohen (73 mN/m) in Stufen an. Durch Aufsetzen kleiner Tropfen der einzelnen Flüssigkeiten kann dann die Oberflächenspannung ermittelt werden. Die Oberfläche der Flüssigkeit, bei der gerade ein Benetzen bzw. Spreiten einsetzt, ist repräsentativ für die Oberflächenspannung des Untergrundes.

Messmethoden
Eine direkte Messung der Adhäsionskraft von Lackierungen zum Untergrund besteht im senkrechten Abziehen von vorher auf die Lackierung aufgeklebten Metallzapfen. Diese nach **DIN EN ISO 4624** genormte Prüfung ist auch unter dem Namen **„Stirnabzug“** bekannt. Es wird die Kraft gemessen, die zum vollständigen Abreißen der durch den aufgeklebten Zapfen vorgegebenen Fläche aufgebracht werden muss. Die bei diesem Verfahren ermittelten Messwerte können bei Mehrfachmessungen erheblich voneinander abweichen. Der Grund dafür liegt darin, dass es schwierig ist, die Zapfen exakt senkrecht aufzukleben, sodass beim Abtrennen eine gleichmäßige Kraftverteilung über die gesamte Messfläche gegeben ist.

Das **Twist-o-meter** nach Epprecht umgeht diese Problematik dadurch, dass die Lackierung nicht abgerissen, sondern durch Torsion abgedreht wird. Das zum Trennen notwendige Drehmoment ist dann ein Maß für die Haftfestigkeit der Lackierung.

Eine in der Praxis immer wieder geforderte und deshalb häufig durchgeführte Prüfmethode für die Haftfestigkeit ist die **Gitterschnittprüfung** nach **DIN EN ISO 2409**. Bei genauer Betrachtung liefert dieses Verfahren aber nur verwertbare Daten, wenn gleichzeitig das elastische Verhalten der Lackierung bekannt ist.

Zur Durchführung der Prüfung werden mit einem eigens dafür konstruierten Messer parallele Kerben in die Lackierung geschnitten. Die insgesamt sechs Schnittlinien werden anschließend durch sechs weitere senkrecht zu den ersten gekreuzt.

Zur Auswertung der so gebildeten 25 Quadrate werden diese mit einem Klebeband definierter Haftkraft überklebt und mit vorgegebener Geschwindigkeit von diesem durch senkrechtes Abziehen befreit. Die Auswertung der Prüfergebnisse bezüglich des Grades der Haftfestigkeit erfolgt nach Standardbildern mit unterschiedlichen Schadensgraden. Dabei bedeutet der Gitterschnittkennwert Gt0 gar keine und Gt5 mehr als 65 % Enthaftung vom Untergrund. Eine Analyse des Belastungs- und Enthaftungsvorgangs macht sichtbar, dass bei dem Einkerben die Lackierung tangential zusammengedrückt wird. Dadurch entsteht in Abhängigkeit von der Elastizität eine unterschiedliche Stauchung des Films und damit auch eine unterschiedliche Enthaftung. Die Gitterschnittprüfung liefert also gleichzeitig Informationen über Haftfestigkeit und Elastizität. Vergleichende Prüfungen bezüglich der Haftfestigkeit können nur dann durchgeführt werden, wenn die zu prüfenden Lackierungen die gleiche Elastizität besitzen.

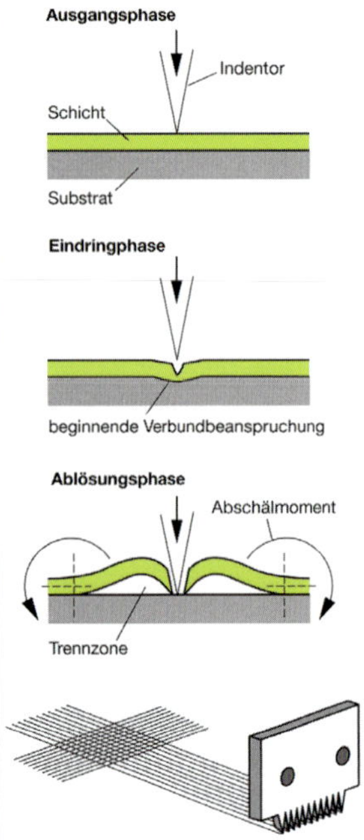

Gitterschnitt-Kennwert	Beschreibung	Bild
Gt. 0	Die Schnittränder sind vollkommen glatt, kein Teilstück des Anstriches ist abgeplatzt.	———
Gt. 1	An den Schnittpunkten der Gitterlinien sind kleine Splitter des Anstriches abgeplatzt; abgeplatzte Fläche etwa 5% der Teilstücke.	
Gt. 2	Der Anstrich ist längs der Schnittränder und/oder an den Schnittpunkten der Gitterlinien abgeplatzt; abgeplatzte Fläche etwa 15% der Teilstücke.	
Gt. 3	Der Anstrich ist längs der Schnittränder teilweise oder ganz in breiten Streifen abgeplatzt und/oder der Anstrich ist von einzelnen Teilstücken ganz oder teilweise abgeplatzt; abgeplatzte Fläche etwa 35% der Teilstücke.	
Gt. 4	Der Anstrich ist längs der Schnittränder in breiten Streifen und/oder von einzelnen Teilstücken ganz oder teilweise abgeplatzt; abgeplatzte Fläche etwa 65% der Teilstücke.	
Gt. 5	Abgeplatzte Fläche mehr als 65% der Teilstücke.	———

Abbildung 7.28: Gitterschnittprüfung Quelle: BASF Handbuch Lackiertechnik

Ähnlich komplex für die Zuordnung eindeutiger, physikalischer Kennzahlen sind andere, heute seltener anzutreffende Prüfmethoden wie der **Schältest**, die **Kratz- und Radierprüfung** und der **Kugelstrahltest**. Bei allen diesen Prüfungen werden, wie beim Gitterschnitt, Praxisbelastungen simuliert, ohne dabei eindeutige Aussagen über die Haftkräfte machen zu können.

Alle gängigen Methoden zur Prüfung der Haftfestigkeit von Beschichtungen sind im Fachbericht **DIN SPEC 91063** zusammengestellt.

Der Gitterschnitt ist keine reine Haftfestigkeitsprüfung. Er ist aber als kombinierte Prüfung zur Bestimmung der Gebrauchseigenschaften besonders geeignet.

7.4.3.3 Elastizität

Theorie

Ein Festkörper ist elastisch, wenn er bei Einwirkung einer Kraft verformt wird und bei ihrer Rücknahme wieder seine alte Gestalt annimmt. Dabei kann sich die Ver-

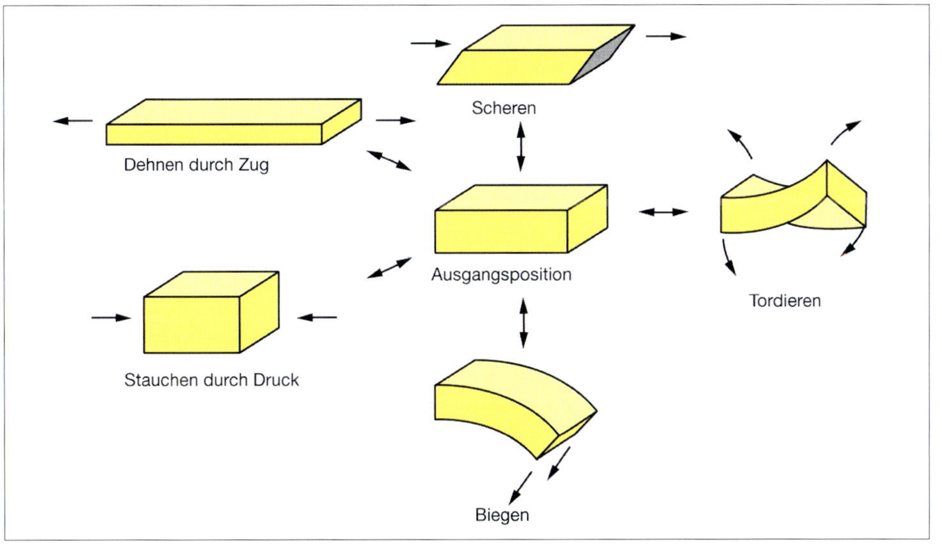

Abbildung 7.29: Verschieden deformierende Beanspruchungen Quelle: BASF Handbuch Lackiertechnik

formung je nach Richtung der einwirkenden Kraft sich in einer Dehnung, Stauchung, Biegung, Scherung oder Torsion zeigen.

Der Grad der Verformung ist abhängig von der Größe der deformierenden Kraft. Hohe Kräfte führen zu großen, geringere zu kleineren Deformationen. Im Gesetz nach **Hooke** sind die mathematischen Abhängigkeiten festgeschrieben. Die Zugspannung σ ist als flächenbezogene Kraft proportional der relativen Längendehnung ε.

$$\sigma = E \cdot \varepsilon$$

σ = Zugspannung als flächenbezogene Kraft
E = Elastizitätsmodul, Proportionalitätsfaktor
ε = relative Längenänderung

Diese Gesetzmäßigkeit hat jeder beim Ziehen an den Enden eines Gummibandes schon einmal kennengelernt. Das Gummiband dehnt sich umso stärker, je größer die Kraft ist, mit der gezogen wird. Bei dem **Hooke'schen Gesetz** handelt es sich um eine lineare Funktion. Das bedeutet, dass bei idealen Verhältnissen eine Verdoppelung der flächenbezogenen Kraft (Zugspannung) auch eine Verdoppelung der Längendehnung bewirkt. Das Verhältnis von Zugspannung und relativer Längenänderung bestimmt die Steigung der sich bei graphischer Darstellung ergebenden Geraden (siehe Abb. 7.30).

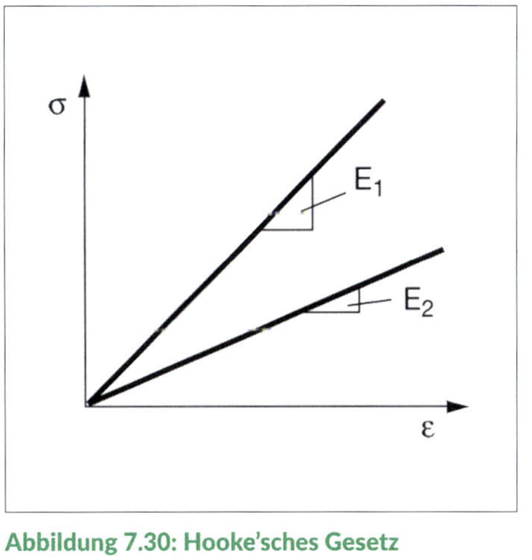

Abbildung 7.30: Hooke'sches Gesetz
E1 = E-Modul hoch; E2 = E-Modul niedrig

Eine geringe Steigung der Spannungs-Dehnungs-Geraden bedeutet hohe, ein steiler Anstieg geringe Dehnbarkeit. Hooke bezeichnete die Steigung der Geraden als **Elastizitätsmodul**, kurz **E-Modul**, vielleicht nicht ganz glücklich gewählt, da eine hohe Dehnbarkeit sich durch einen geringen E-Modul zu erkennen gibt. Bei den von Hooke beschriebenen Körpern sind die Verformungen und deren Rückstellung zeitunabhängig, also praktisch unendlich schnell.

Diese relativ einfache Gesetzmäßigkeit zur Beschreibung der Elastizität trifft nur bei wenigen Stoffen zu. Als Beispiel wird häufig die Stahlfeder genannt. Die ideale Stahlfeder speichert die Energie der Verformung vollständig und nutzt diese zur anschließenden Rückverformung. Filmbildner oder Kunststoffe zeigen bei Formveränderungen ein wesentlich komplizierteres Verhalten. Polymere Stoffe zeigen neben einem elastischen auch ein viskoses Verhalten. Viskoses Verhalten bedeutet, dass die Polymermoleküle fließen. Im Gegensatz zur elastischen Verformung geht beim Fließen die aufgebrachte Energie durch innere Reibung verloren. Zudem benötigt Fließen Zeit. Trotz dieser Gegensätze existieren aber Stoffe, die viskos und elastisch zugleich sind. Dieser Zustand wird durch den Begriff **Viskoelastizität** charakterisiert.

Berücksichtigt man, dass flüssige Lacke durch die Filmbildung in feste, elastische Lackierungen überführt werden und beachtet man zusätzlich, dass dieser Weg von der Flüssigkeit zum Festkörper nicht spontan, sondern über Zwischenstufen zeitlich messbar abläuft, wird verständlich, dass zwischen den rein viskosen und den rein elastischen Stoffen Zwischenstufen existieren müssen.

Wie ist eine solche Kombination aus Fließen und Rückverformen zu erklären?
Filmbildner bestehen aus fadenförmigen Molekülen, die bei der Filmbildung verknäueln und bei chemischer Härtung zusätzlich miteinander vernetzen. Auf der einen Seite ist somit vorstellbar, dass diese Moleküle ein elastisches Netzwerk bilden. Andererseits sind die Molekülketten beweglich genug, um beim Strecken aneinander vorbei zu gleiten und somit zu fließen.

Die zeitabhängigen Eigenschaften viskoelastischer Stoffe können durch **Relaxation** und **Retardation** charakterisiert werden. Bei einem Relaxationsversuch wird spontan eine Dehnung vorgegeben und die zeitliche Abnahme der Rückstellkraft aufgrund innerer Entspannung verfolgt. Hingegen wird bei dem Retardationsversuch eine Deformationskraft vorgegeben und die zeitliche Änderung der Dehnung verfolgt.

Da beide Phänomene, die Relaxation und die Retardation, zeitabhängig sind, muss die Zeit als zusätzliche Variable in die Beschreibung der Elastizität von Beschichtungen mit einbezogen werden. Nur so ist zu erklären, dass sich z.B. Automobillackierungen bei kurzzeitigem Einfluss eines aufschlagenden Steines anders verhalten als bei einer relativ langsamen Verformung durch Verbiegen des Karosserieblechs. Zur ergänzenden Erläuterung dieser Zusammenhänge soll die Abbildung 7.32 dienen. Sie zeigt die sich einstellende relative Dehnung von zwei verschiedenen Lackierungen in Abhängig von der Zeit.

Betrachtet werden sollen die beiden Lackierungen zu drei verschiedenen Zeiten t_1, t_2 und t_3 mit der aufgezwungenen Dehnung ε_1. Zur Zeit t_1 ist die aufgezwungene Dehnung ε_1 für beide Lackierungen größer als die gemäß der Retardationskurve ohne

Zerreißen der Lackierung maximal mögliche. Beide Lackierungen werden einen bleibenden Schaden durch Rissbildung erleiden. Zur Zeit t_2 sind die Verhältnisse insofern anders, als die Lackierung 1 die mechanische Belastung schadlos übersteht, während die Lackierung 2 auch unter der nunmehr verlängerten Belastungszeit noch eine bleibende Verletzung erleiden muss. Erst bei der relativ langen Zeit t_3 sind beide Lackierungen in der Lage, der vorgegebenen Verformung um ε_1 der Belastung Stand zu halten.

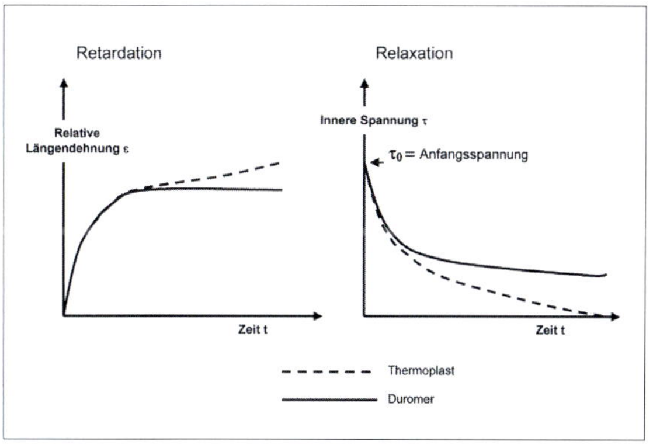

Abbildung 7.31: Zeitabhängige Dehnung (Retardation) und Entspannung (Relaxation) von Thermoplasten und Duromeren

Durch die Verknüpfung von elastischem und viskosem Verhalten sind viskoelastische Produkte in ihrem Eigenschaftsbild auch temperaturabhängig. Entsprechend der Temperaturabhängigkeit der viskosen Anteile nimmt die Dehnbarkeit mit zunehmender Temperatur zu. Laut dem Hooke'schen Gesetz nimmt der E-Modul ab und damit die Dehnbarkeit zu. Die Abnahme des E-Moduls ist aber nicht gleichförmig. Sie erfolgt zunächst langsam, um bei einer für jeden Stoff charakteristischen Temperatur in einen wesentlich weicheren Zustand überzuwechseln. Der unterhalb dieser Temperatur, der Glastemperatur oder **Glasübergangstemperatur**, hohe Härtezustand erlaubt wegen der „eingefrorenen" Molekülanordnung keine großen Streck- und Fließvorgänge der Filmbildnermoleküle. Dieser Bereich der nur geringeren Dehnbarkeit wird als energieelastischer Bereich bezeichnet.

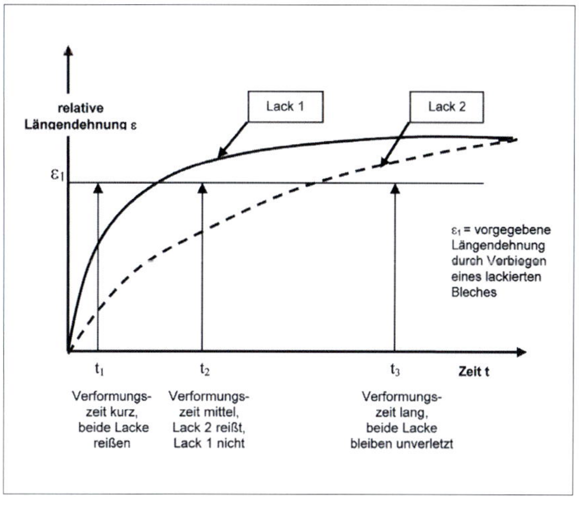

Abbildung 7.32: Zeitabhängigkeit der Dehnbarkeit unterschiedlicher Lacke

Wird die Glastemperatur überschritten, verändert sich das mechanische Verhalten spontan. Die Festigkeit des molekularen Gefüges nimmt ab und dadurch die Dehnbarkeit zu. Das sich an die Energieelastizität anschließende Gebiet ist durch **Entropieelastizität** oder auch **Gummielastizität** gekennzeichnet. Der Begriff Entropieelastizität zeigt an, dass durch die Orientierung der Makromole-

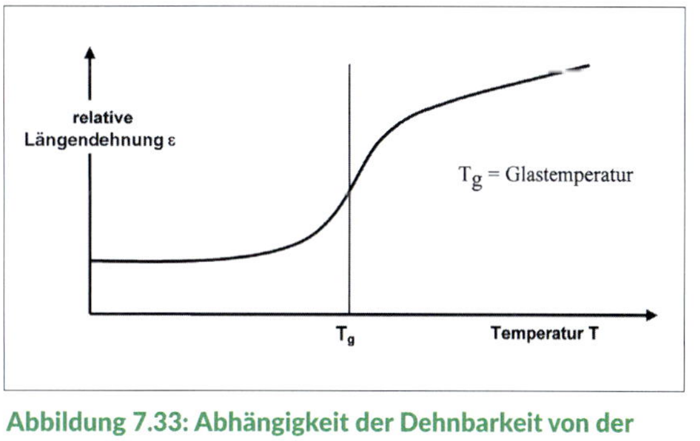

Abbildung 7.33: Abhängigkeit der Dehnbarkeit von der Temperatur

küle der Ordnungszustand des Systems erhöht bzw. die Entropie erniedrigt wird. Die Entropie ist ein Maß für die Unordnung eines Systems. Die Natur strebt immer eine höhere Unordnung an.

Wegen der großen Veränderung der elastischen Eigenschaften beim Übergang vom energie- in den gummielastischen Bereich wird auch die Glastemperatur zur Beurteilung der mechanisch-technologischen Eigenschaften als wichtiges Kriterium mit einbezogen (z. B. Sommer- und Winterreifen bei Automobilen).

Lackierungen besitzen gleichzeitig elastische und viskose Eigenschaften. Dieses Phänomen bezeichnet man als Viskoelastizität.

Prüfmethoden
Derartig komplizierte mechanisch-technologische Eigenschaften messtechnisch exakt zu erfassen, ist von großem apparativem Aufwand und nur schwer dem Verhalten einer Lackierung unter den Bedingungen der Praxis zuzuordnen. Es hat sich deshalb bewährt, über die wissenschaftlichen Methoden hinaus durch **Gebrauchswertprüfungen** die in der Praxis existierenden mechanischen Beanspruchungen nachzustellen und das Ergebnis zu interpretieren.

Bei den Prüfungen der **Biegeelastizität** werden lackierte Prüftafeln durch definiertes Verformen mit einer aus den o.g. Gründen einzuhaltenden Verformungsgeschwindigkeit deformiert. Die Formänderung kann in Dornbiegeversuchen durch Biegung um Zylinder **(DIN EN ISO 1519)** mit unterschiedlichen Durchmessern oder um einen Kegel **(DIN EN ISO 6860)** definiert eingestellt werden. Es handelt sich in beiden Fällen um eine eindimensionale Dehnung, der auf dem Prüfblech fest haftenden Lackierung.

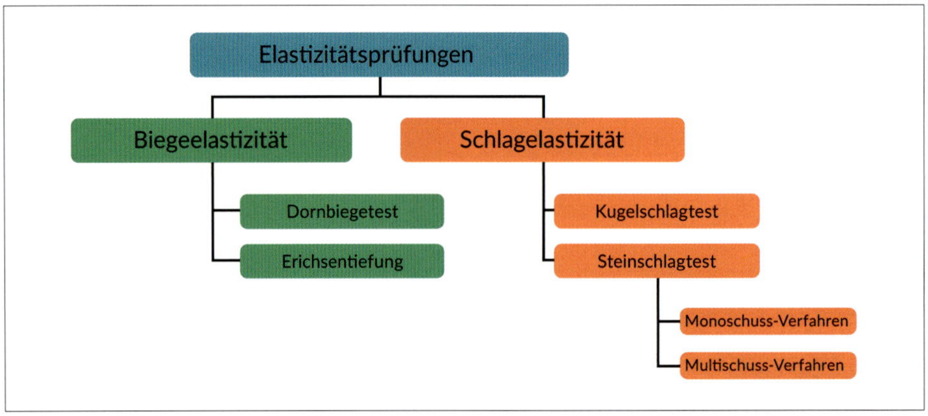

Abbildung 7.34: Stammbaum der Elastizitätsprüfungen

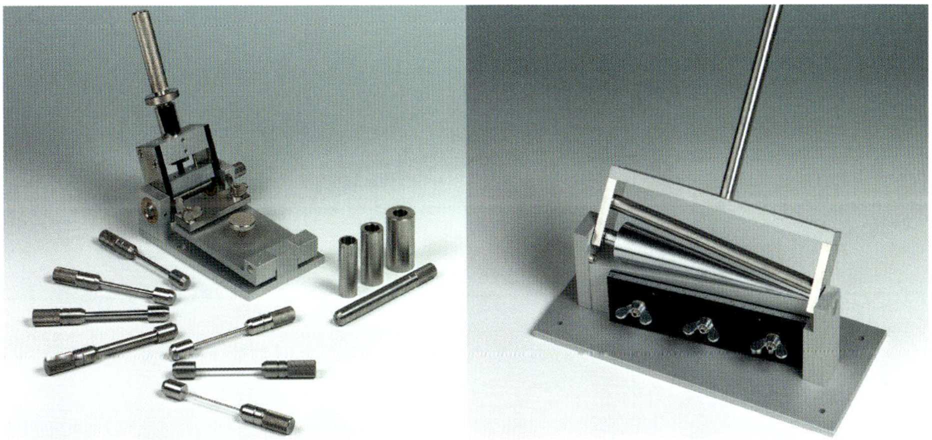

Abbildung 7.35: Dornbiegetests Quelle: BASF Handbuch Lackiertechnik

Eine andere Prüfmethode mit ähnlicher Aussage ist die **Tiefungsprüfung nach Erichsen (DIN EN ISO 1520)**. Diese im Vergleich zur Biegung reproduzierbarer durchzuführende zweidimensionale Verformung erfolgt durch eine Stahlkugel, die mit definierter Geschwindigkeit von der Rückseite so lange in das fest eingespannte Prüfblech gedrückt wird, bis die Lackierung sichtbar zerreißt.

Abbildung 7.36: Erichsentiefung nach DIN EN ISO 1520 Quelle: BASF Handbuch Lackiertechnik

Alle Prüfungen, ob **Dornbiegetest** oder Erichsen-Tiefung, geben lediglich Auskunft über die maximale Dehnbarkeit einer Lackierung bei relativ hoher Verformungszeit. Für vergleichbare bzw. reproduzierbare Prüfergebnisse ist zusätzlich darauf zu achten, dass übereinstimmende Schichtdicken, aber auch identische Temperaturen vorliegen.

Prüfungen zur Bestimmung der **Schlagelastizität** (kurzzeitige Verformungen durch Schlag) sind die Kugelschlagprüfung sowie diverse Methoden der Steinschlagbeanspruchung. Im **Kugelschlagtest** nach **DIN EN ISO 6272-1** und **-2**, auch **Impact-Test** genannt, wird die Lackierung von einem durch die Schwerkraft fallenden Prüfkörper entsprechend der Fallhöhe verformt. Es gilt hierbei, die Mindesthöhe, die einen bleibenden Schaden erzeugt, zu ermitteln. Zur Prüfung der Steinschlagbeständigkeit haben sich zwei unterschiedliche Methoden bewährt. Zum einen werden definierte Stoßbelastungen durch einen einzigen Prüfkörper mit geringer Masse hervorgerufen. Eine bewährte Variante ist der Beschuss der Lackierung mit einer Stahlkugel **(Monoschussmethode, DIN EN ISO 20567-2** oder **-3)** bei unterschiedlichen Beschusswinkeln mit definierter Auftreffgeschwindigkeit. Eine andere Methode besteht darin, Lackierungen mit scharfkantigem Stahl- oder Steinsplitt **(Multischussmethode, DIN EN ISO 20567-1)** zu beschießen und das Ergebnis mit Standards zu vergleichen.

Die Elastizität von Lackierungen ist eine zeitabhängige Größe. Langsames Verformen erhöht deshalb immer die Dehnbarkeit.

7.4.3.4 Härte

Zur besseren Beurteilung der mechanisch-technologischen Eigenschaften werden über die Prüfung der elastischen Eigenschaft hinaus auch **Härtetests** durchgeführt. Dabei ist es nicht einfach, den Begriff Härte exakt zu definieren. Langläufig verbindet man mit dem Begriff Härte eine geringe Elastizität, also geringe Verformbarkeit. Eine andere Definition ergibt sich aus der 1822 von Mohs veröffentlichen **Härteskala**. Danach ist ein Stoff dann härter als ein anderer, wenn er bei gegenseitiger mechanischer Beanspruchung durch Ritzen nicht verletzt wird. Basierend auf diesen Überlegungen findet Mohs zehn Härtestufen und gibt für jede Stufe ein Mineral als repräsentativ an. Die Skala reicht von Härte 1 (Talkum) bis Härte 10 (Diamant).

Eine Übertragung auf Kunststoffe oder Lackierungen als polymere Werkstoffe ist wegen des gegenüber mineralischen Stoffen völlig anderen mechanischen Verhaltens nicht ohne Vorbehalte möglich. Die für Polymere spezifische Eigenart, innere Festigkeit durch Verknäueln von Harzmolekülen unter Erhalt einer relativ großen Dehnfähigkeit zu erhalten, erweitert den Härtebegriff insofern, als Elastizität und Härte sich nicht mehr gegenseitig ausschließen. Härte von polymeren Werkstoffen äußert sich also in einer von der Elastizität unabhängigen, inneren Festigkeit. Diese ist vom Grad der Verknäuelung bzw. Vernetzung des makromolekularen Gefüges der Lackierung abhängig, während Elastizität durch die Beweglichkeit der stabilisierenden Kette hervorgerufen wird.

Abbildung 7.37: Kugelschlagtest (DIN EN ISO 6272-2)

Quelle: BASF Handbuch Lackiertechnik

Prüfmethoden

Die Definition der Härte als Widerstand gegen das Eindringen eines festen Körpers in die Beschichtung ist im physikalischen Sinne viel zu

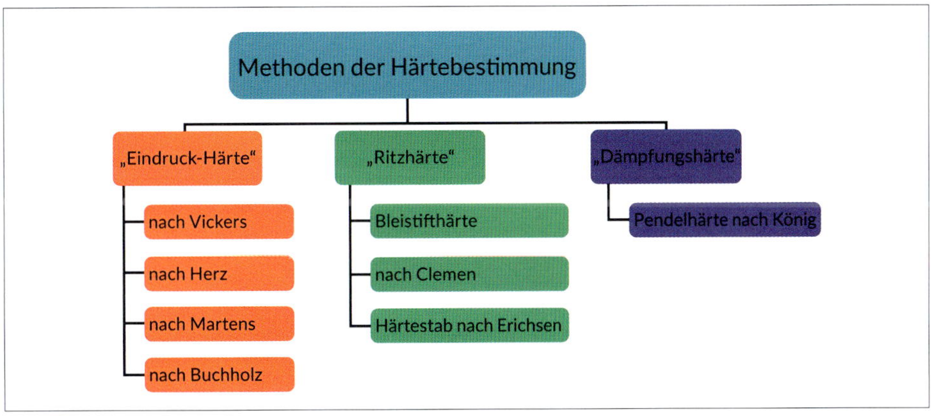

Abbildung 7.38: Stammbaum Härtemessungen

allgemein, als dass sie eine einheitliche Härtemessung zuließe. Um Missverständnisse zu vermeiden, hat es sich bewährt, nicht nur von der Härte einer Lackierung schlechthin zu sprechen, sondern das Merkmal des jeweiligen Prüfverfahrens mit zu nennen.

Für die praktische Bestimmung der Härte von Beschichtungen gibt es deshalb eine Reihe von Prüfgeräten, mit denen entweder die Eindrucklänge, die Dämpfung eines schwingenden Pendels oder der Widerstand gegen Anritzen ermittelt werden. Die Beschichtungen werden bei diesen drei sehr verschiedenartigen Prüfmethoden unterschiedlich beansprucht. Die ermittelten Messwerte kennzeichnen deshalb nur das Verhalten der Beschichtung unter dieser speziellen Belastung.

Bei Härteprüfungen dürfen die Bedingungen des Prüfklimas nicht außer Acht gelassen werden. Temperatur und Luftfeuchte beeinflussen (siehe Glastemperatur) die Härte von Lackierungen erheblich. Fast alle Beschichtungen werden mit steigender Temperatur und zunehmender Feuchtigkeit weicher. Deshalb sollten Messungen stets unter konstanten und definierten Bedingungen durchgeführt werden (Normklima).

Zu den lacktechnisch wichtigen Eindruckprüfungen gehört die **Eindrucklänge nach Buchholz (DIN EN ISO 2815)**. Das Gerät besteht aus einem metallischen Doppelkegelstumpf, der auf die Lackierung mit einer durch das Gewicht des Gerätes vorgegebenen Kraft für eine bestimmte Zeit einwirkt und dadurch in diese eindringt. Nach Entfernen des Prüfkörpers und einer festgelegten Re-

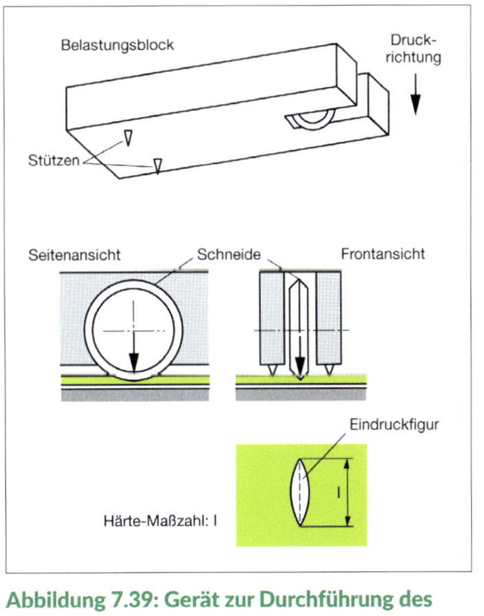

Abbildung 7.39: Gerät zur Durchführung des Buchholz-Tests Quelle: BASF Handbuch Lackiertechnik

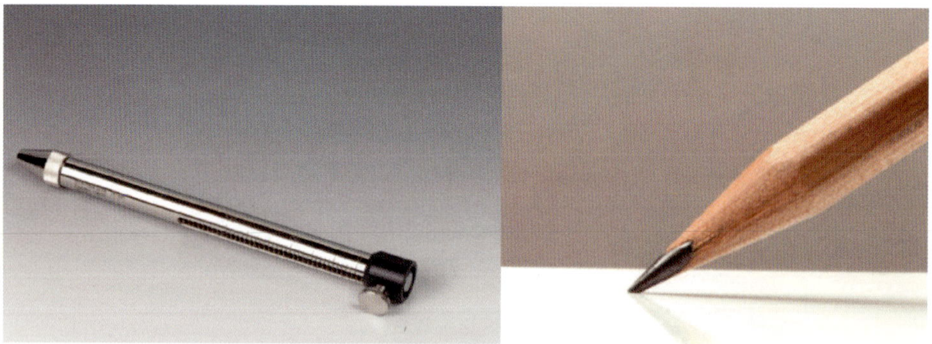

Abbildung 7.40: Härteprüfstab nach Erichsen und Bleistifthärte nach Wolff-Wilborn

generationszeit wird der noch vorhandene Eindruck vermessen und zur Beurteilung der Härte herangezogen. Ähnliche Ziele werden bei der Messung der **Eindruckhärte nach Hertz, Vickers** oder **Martens** verfolgt. Diese Techniken unterscheiden sich von der Methode nach Buchholz dadurch, dass nicht die hinterlassene Eindrucktiefe, sondern die Eindrucktiefe unter Last gemessen wird.

In Ergänzung zu den Eindringhärten haben sich Messtechniken bewährt, die eine direkte Aussage über die mechanische Festigkeit machen. Sie kommen der klassischen Definition von Härte nach Mohs als innere Festigkeit am nächsten. Zu solchen Prüfungen gehören die **Ritzhärte nach Clemen** wie auch der **Härteprüfstab nach Erichsen (DIN 56556)** und die **Bleistifthärte nach Wolff-Wilborn ((DIN EN ISO 15184)**.

Prüfungen nach Clemen und Erichsen haben gemeinsam, dass die Prüfkörper (Ritzstichel oder Stahlkugel), mit unterschiedlichen Auflagegewichten parallel zur Lackierung auf dieser bewegt werden. Das Gewicht, bei dem eine bleibende Verletzung registriert wird, ist repräsentativ für die Härte der Beschichtung.

Mit einem etwas anderen Versuchsaufbau, aber ähnlicher Zielsetzung, wird die Bleistifthärte bestimmt. Hierbei werden nicht die Auflagegewichte, sondern die Härte des Prüfkörpers verändert. Zur Verfügung stehen 17 definiert gespitzte Bleistifte mit unterschiedlicher Härte. Diese werden mit einem konstanten Auflagegewicht in ihrer Härte ansteigend schräg über die Lackierung geschoben. Angegeben wird der Härtegrad des Bleistifts, der gerade noch keine bleibende Verletzung hinterlässt. Die Prüfung der Bleistifthärte ist bedingt geeignet als Bewertung einer Reihe von Beschichtungen, die erhebliche Unterschiede in der Härte aufweisen. Sie ist nicht geeignet, um die Härte unterschiedlicher Be-

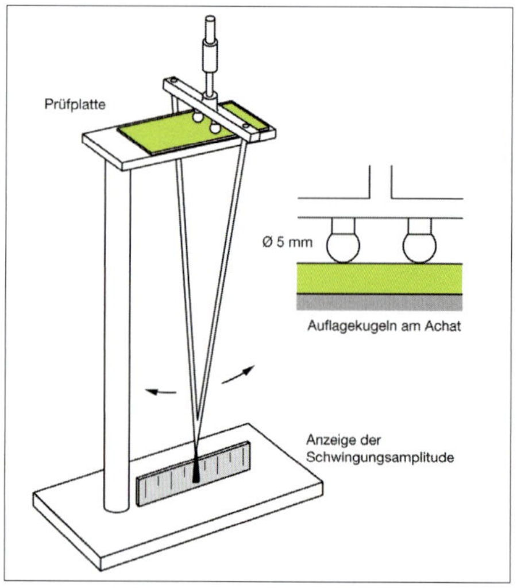

Abbildung 7.41: Pendeldämpfung

Quelle: BASF Handbuch Lackiertechnik

schichtungen zu vergleichen. Das liegt u.a. daran, dass die Härtegrade der Bleistifte nicht einheitlich festgelegt ist.

Ganz anders in der Durchführung und der Aussage über die Härte ist die Dämpfung eines schwingenden Pendels. Bei der Bestimmung der **Pendeldämpfung nach König (DIN EN ISO 1522)** werden zwei Kugeln, die mit einem Pendel verbunden sind, auf die zu untersuchende Lackierung aufgesetzt. Danach wird das Pendel aus der Ruhelage gebracht, sodass sich die beiden Kugeln auf der Lackierung liegend auf dieser bewegen. Es wird die Zeit angegeben, die vergeht, bis der Anfangsausschlag des Pendels sich durch die Dämpfung halbiert hat.

Die Messgröße, die bei diesem Verfahren ermittelt wird, hat mit Härte im Sinne innerer Festigkeit nur wenig zu tun. Sie macht vielmehr eine Aussage über die bei der zeitlichen Rückverformung der periodisch deformierten, viskoselastischen Lackierung durch Reibung verlorene Energie.

Alle gängigen Methoden zur Prüfung der Härte von Beschichtungen sind im Fachbericht **DIN SPEC 91064** Zusammengestellt.

Härte im Sinne von Kohäsionsfestigkeit und Elastizität sind bei Lackierungen voneinander unabhängige Größen. Es gibt deshalb harte bzw. kratzfeste Lackierungen mit gleichzeitig hoher Elastizität.

7.4.4. Visuelle Eigenschaften

7.4.4.1 Allgemeines

Licht kann in unterschiedlicher Art und Weise mit der Lackierung in Wechselwirkung treten. Zum einen wird das Licht in Abhängigkeit von der Oberflächenstruktur mehr oder weniger gerichtet an der Oberfläche reflektiert. Ein anderer Teil dringt in die Lackierung ein, tritt dort in Wechselwirkung mit den Farb- oder Effektpigmenten oder Füllstoffen, um danach – nach mehrfacher innerer Reflexion und Lichtstreuung – völlig ungerichtet den Lackfilm wieder zu verlassen. Das an der Oberfläche reflektierte Licht empfindet der Betrachter als Glanz, das nach Wechselwirkung mit dem Inneren der Lackierung zurückgeworfene als Farbe.

7.4.4.2 Glanz und Verlauf

Das an glatten Flächen wie z.B. Lackierungen gerichtet reflektierte Licht empfindet der Betrachter als **Glanz**. Dieser optische Effekt ist umso intensiver, je glatter die Oberfläche ist. Zur Messung von Glanz verwendet man **Reflektometer (DIN EN ISO 2813)**. Das sind Geräte, die einen Lichtstrahl unter einem bestimmten Winkel auf das Objekt führen, um das reflektierte Licht im selben Winkel auf seine verbliebene Intensität zu vermessen.

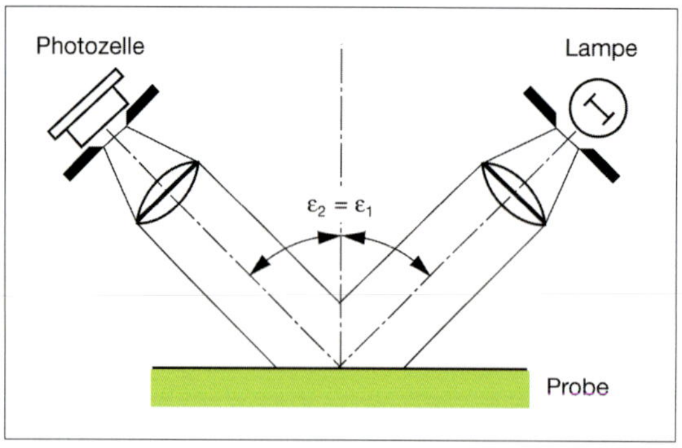

Abbildung 7.42: Glanz und Reflektometer

Quelle: BASF Handbuch Lackiertechnik

Da die reflektierte Lichtmenge vom Einstrahlwinkel abhängt, hat es sich bewährt, bei unterschiedlich glänzenden Filmen zur Verbesserung der Messgenauigkeit auch unterschiedliche Einstrahl- bzw. Messwinkel von 20°, 60° und 85° einzustellen. Je glänzender die Beschichtung ist, umso kleiner ist der einzustellende Messwinkel. Reflektometer liefern zwar reproduzierbare Messwerte, die Korrelation zum Glanzempfinden des Betrachters ist jedoch nicht in allen Fällen befriedigend gegeben.

Die Ursache hierfür ist darin zu sehen, dass das Reflektometer das in einem mit dem Einfallswinkel identischen Reflexionswinkel zurückgeworfene Licht in seiner Intensität misst, aber im Gegensatz zum menschlichen Auge das restliche anders reflektierte Licht völlig außer Acht lässt. Der Sinneseindruck beim Betrachter, hervorgerufen durch gerichtete und nicht gerichtete Reflexion, kann deshalb vom Reflektometer nur unvollständig erfasst werden.

Besser sind die Korrelationen mit dem Sinneseindruck Glanz, wenn man die Reflektometer bei konstantem Einstrahlwinkel dahingehend optimiert, dass über den Reflexionswinkel hinaus die Intensität des Lichts auch bei kleineren bzw. größeren Reflexionswinkeln gemessen wird. Solche, unter dem Namen **Goniophotometer** bekannten Geräte, vermessen den gesamten Reflexionsbereich und sind wegen der Beweglichkeit des Messkopfes recht aufwändige Geräte.

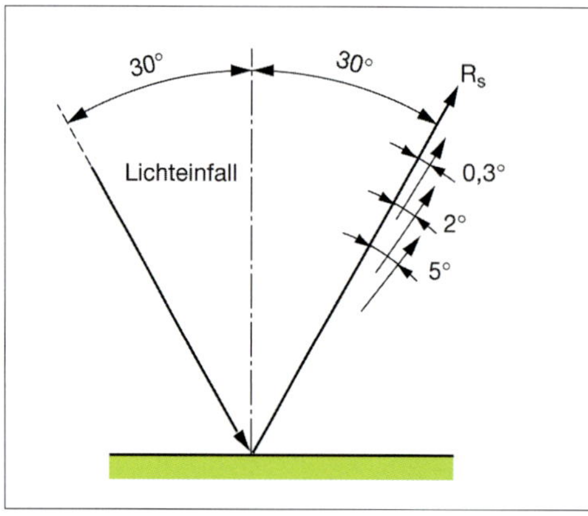

Glanzmaße

R_s = Spiegelglanz (Glanzspitze)

$\frac{R_s - R_{0,3}}{R_s} \cdot 100$ = DOI Distinctness of image

$\frac{R_ß}{R_s} \cdot 100$ = Haze (Glanzschleier)
Kleinwinkel ß = 2° und 5°

Abbildung 7.43: Reflektometer mit festgestellten Reflexionswinkeln Quelle: BASF Handbuch Lackiertechnik

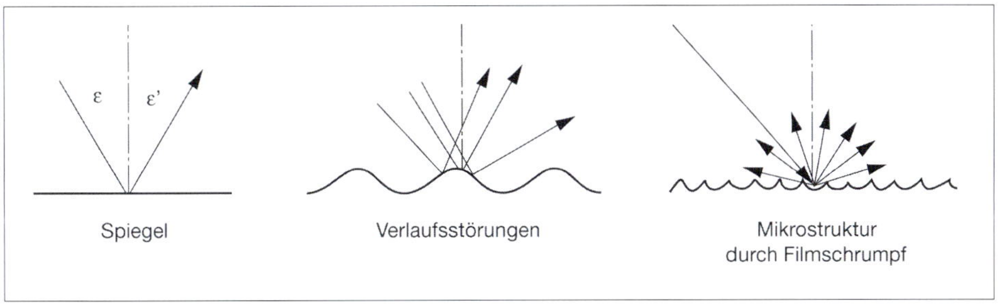

Abbildung 7.44: Bildschärfe (Distinctness of Image) und Glanzschleier (Haze)

Quelle: BASF Handbuch Lackiertechnik

Von der Aussagekraft ähnlich, aber robuster für den messtechnischen Alltag, sind Geräte, in denen der bewegliche Messkopf durch vier fest eingestellte Fotosensoren ersetzt wurde. Sie befinden sich einmal direkt im Hauptreflexionswinkel zur Messung der **Glanzspitze** und bei 0,2° bzw. 2° und 5° vom Reflexionswinkel entfernt zur Messung der restlichen Lichtverteilung. Hierdurch wird es möglich, Abweichungen vom Ausfallswinkel durch längerwellige Verlaufsstörungen bei 0,2° oder kurzwellige Weitwinkelstreuung als **Glanzschleier (Haze, DIN EN ISO 13863)** bei 20° zu erfassen. Langwellige Verlaufstörungen zeigen sich in einer Abnahme der Abbildungsschärfe, auch als **Distinctness of Image (DOI)** bezeichnet.

Ein anderes Verfahren für Aussagen über den Glanz und Verlauf besteht in der direkten Feinvermessung der Oberfläche mit all ihren Mikro- und Makrostrukturen. Hierzu benutzt man Abtastgeräte, **Profilographen**. Sie vermessen die Oberfläche mit einem spitzen Diamanten oder einem Laserstrahl und liefern so Daten, die detaillierte Aussagen über die Glanzspitze, die Abbildungsschärfe und den Glanzschleier machen.

7.4.4.3 Farbe und Farbmetrik (DIN EN ISO 11664-1 bis -6, DIN EN ISO 18314-1 bis -4)

Während das an der Oberfläche reflektierte Licht ohne Veränderungen der spektralen Verteilung als Glanz empfunden wird, resultiert ein Farbeindruck im menschlichen Gehirn, wenn Anteile der Strahlung durch Absorption dem Lichtspektrum zwischen 400 nm und 800 nm, dem sichtbaren Licht, entnommen werden.

Zu jedem Farbton gehört also ein bestimmtes Absorptionsspektrum. Wird das Licht nur im kurzwelligen Bereich reflektiert, die anderen Anteile hingegen absorbiert, erscheint der angestrahlte Körper blau. Umgekehrt zeigt sich bei der Reflexion im langwelligen Bereich der Körper als rot. Wird nur der mittelwellige Bereich reflektiert, empfindet der Betrachter den Farbton als grün. Die Ursache dafür liegt darin, dass die im menschlichen Auge für die einzelnen Farbbereiche empfindlichen Sinneszellen, die Zäpfchen, kurzwelliges, mittel-

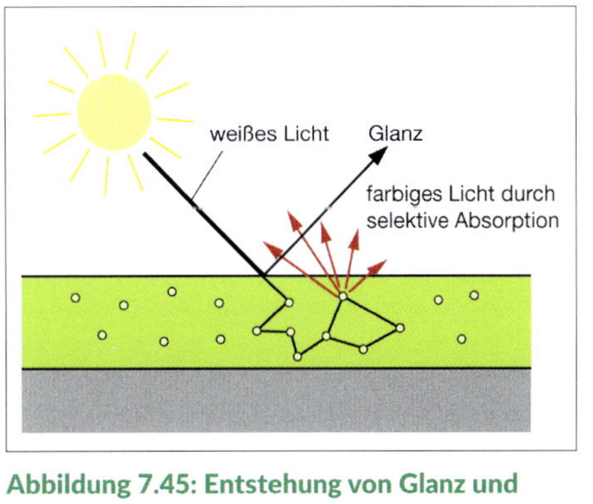

Abbildung 7.45: Entstehung von Glanz und Farbe Quelle: BASF Handbuch Lackiertechnik

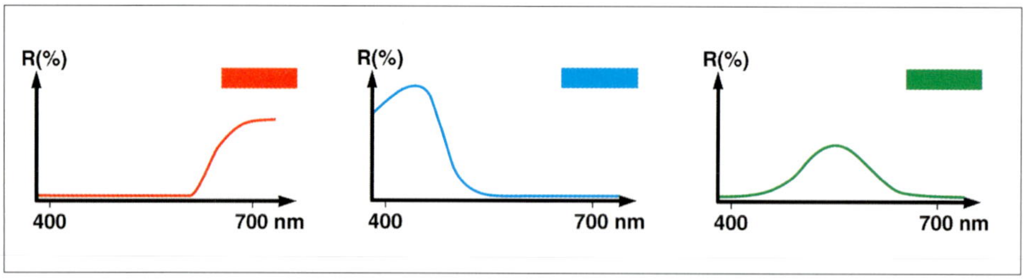

Abbildung 7.46: Reflexionsspektren blauer, roter und grüner Lackierungen

Quelle: BASF Handbuch Lackiertechnik

welliges oder langwelliges Licht separat erkennen können. Das langwellige wird als rot, das mittelwellige als grün und das kurzwellige als blau empfunden.

Werden mehrere der unterschiedlich empfindlichen Zäpfchen angeregt, nimmt der Beobachter Mischfarben wahr. Reflektiert eine Lackierung über den gesamten Bereich des sichtbaren Spektrums, erscheint sie als weiß, bei geringer Reflexion gleichmäßig über den gesamten Spektralbereich verteilt als grau und bei vollständiger Absorption in allen drei Bereichen der sich im Auge befindenden Sensoren als schwarz. Die zusätzlich für den Sehvorgang verantwortlichen Stäbchen sind lediglich für das Hell-/Dunkelsehen verantwortlich, sie sind also für das Empfinden der Farbigkeit ohne Belang.

Der Mensch ist durch seine Farbsensoren in der Lage, zwischen mehreren Millionen Farbtönen zu unterscheiden. Die reflektierten Farbanteile der Pigmente regen die verschiedenen Farbsensoren an und erzeugen einen der **additiven Farbmischung** entsprechenden Farbeindruck. So verändert sich der Farbeindruck kontinuierlich von rot über orange nach gelb, wenn zusätzlich zum Sensor für rot auch der für grün verantwortliche Lichtreize erhält.

Weißes Licht kann z. B. durch ein Prisma in seine Spektralfarben zerlegt werden. Ebenso kann durch Addieren der Spektralfarben oder der drei Grundfarben Rot, Grün und Blau weißes Licht entstehen. Letzteres ist bekannt bei Fernseh- oder Computerbildschirmen. Schaut man sich eine leuchtend weiße Bildschirmoberfläche genau an, ist zu erkennen, dass jeweils drei Lichtpunkte in den Farben Rot, Grün und Blau nebeneinander liegen. So kann mit Hilfe dreier Lichtquellen über die additive Farbmischung jede Farbe erzeugt werden. Additiv, da die Strahlungsenergie sich durch Mischen erhöht.

Häufig sind die gewünschten Farbtöne mit einem Pigment nicht zu erreichen. In solchen Fällen werden verschiedene Pigmente gemischt. Da jedes einzelne Pigment eine bestimmte Absorption besitzt, d.h. vom Licht Anteile abzieht, bezeichnet man diese Art der Farbeinstellung durch Mischen von Pigmenten als **subtraktive Farbmischung**. Subtraktiv, da die Strahlungsenergie verringert wird. Der Farbton, der entsteht, ist deshalb immer dunkler als die jeweiligen Einzelfarbtöne der Pigmente. So ergibt sich für jeden Farbton einer Lackierung ein charakteristisches, eindeutiges Reflexionsspektrum.

Leider werden Farben nicht von allen Menschen gleich wahrgenommen. Die Beurteilung von Farben ist somit subjektiv. Eine objektive vom menschlichen Eindruck unabhängige Farbmessung wird dann möglich, wenn die Zäpfchen des menschlichen Auges durch elektronische Sensoren eines Spektralphotometers nachempfunden werden. Werden diese künstlichen „Sinneszellen" mit einem von der Lackierung reflektierten Licht bestrahlt und ihre Absorption zur Berechnung von Farbe herangezogen, wird eine vom menschlichen Beobachter unabhängige Farbmessung möglich.

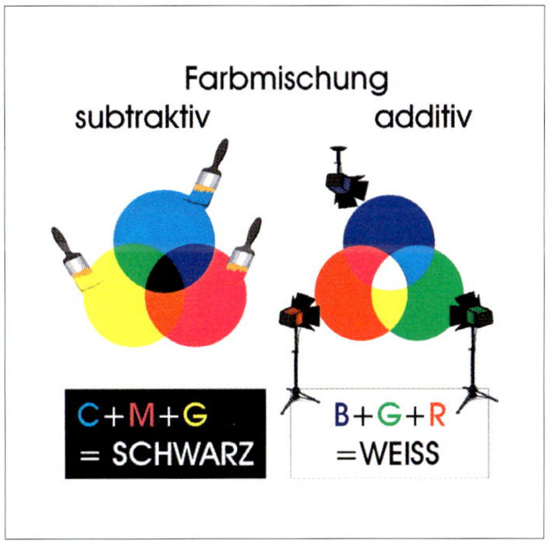

Abbildung 7.47: Additive und subtraktive Farbmischung

Diese basiert auf der Auswertung der Reflexionskurven im Wellenlängenbereich der Empfindlichkeit der Zäpfchen für den kurzwelligen Blau-, den mittelwelligen Grün- und den langwelligen Rotbereich. Unter Berüchsichtigung des Farbsehvermögens des von der internationalen Beleuchtungskommission CIE 1931 statistisch ermittelten sog. Normalbeobachters werden für die genannten Bereiche Maßzahlen berechnet, die den zu messenden Farbton charakterisieren. Dadurch wird die Grundlage zur Anordnung von Farben im sog. Farbenraum geschaffen. Zur Berechnung diskreter Normfarbwerte für die einzelnen Farbtöne werden diese im seit 1976 bekannten CIE-System aus den oben beschriebenen Maßzahlen mathematisch aufbereitet und in Kenngrößen L* für die Helligkeit und a* sowie b* für die Farbigkeit überführt. In diesem, als CIELAB-System bekannten Ordnungssystem werden zur graphischen Darstellung der Farborte die L*-, a*- und b*-Werte als Achsen eines dreidimensionalen Koordinaten-Systems dargestellt. Die senkrecht aufeinander stehenden Achsen repräsentieren für positive a*-Werte rote Farbtöne, um im Negativbereich derselben Achse Grün anzuzeigen. Gleiches gilt für die b*-Achse mit Gelb im positiven und Blau im negativen Abschnitt. Am Schnittpunkt der Achsen mit dem Wert 0 befindet sich der Unbuntpunkt. Von hier aus nimmt die Farbtiefe in positiver Richtung für Rot und negativer Richtung für Grün zu. Gleiches gilt für die Gelb/Blau-Achse. Je weiter ein Farbton vom Unbuntpukt entfernt ist, umso farbiger wird er. Alles Unbunte befindet sich also auf der L-Achse mit Schwarz für den Wert 0 und weiß für 100.

Das CIELAB-System mit den aus den Reflexionskurven eines Spektralphotometers berechneten Farb- und Helligkeitswerten L*, a* und b* hat sich in der Praxis bewährt. Es bildet heute die Grundlage für eine objektive Katalogisierung von Farben im dreidimensionalen Farbenraum. Jedem Punkt im Farbenraum ist eindeutig eine Farbe zugeordnet.

Unerwünschte Farbtonunterschiede zwischen einer Original- und Reparaturlackierung sind auf einfache Art durch Berechnung ihrer Lage im Farbenraum zu quantifizieren. Zur Berechnung der Farbabweichung werden die Koordinaten der zu vergleichenden Lackierungen L1*, a1* und b1* sowie L2*, a2* und b2* von einander abgezogen und als ΔL*, Δa* und Δb* gemäß folgender Formel in den ΔE-Wert überführt [1]:

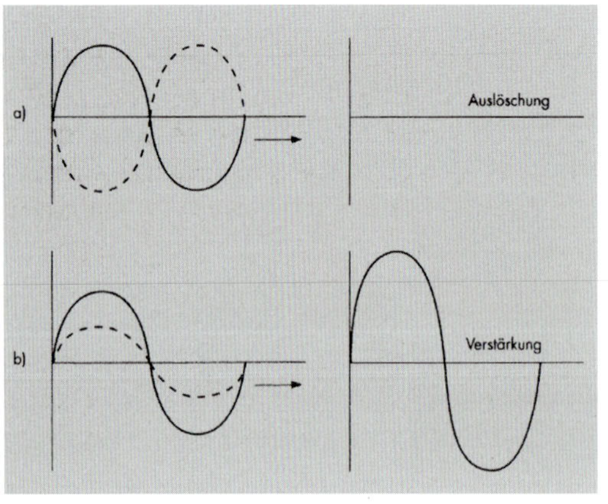

Abbildung 7.48: Auslöschung und Verstärkung von Lichtwellen durch Interferenz

Quelle: Pfaff „Spezielle Effektpigmente"

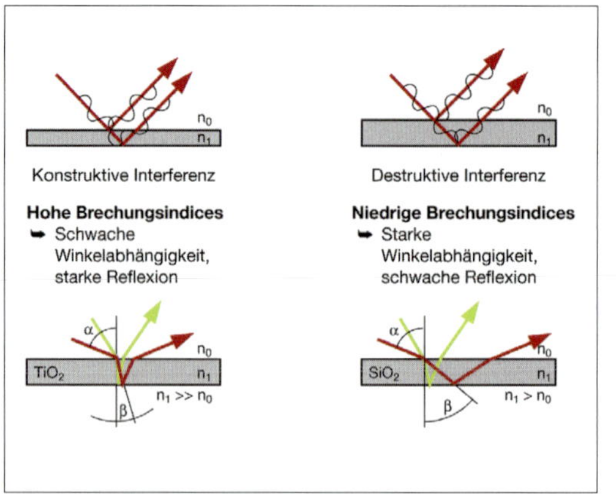

Abbildung 7.49: Konstruktive und destruktive Interferenz an dünnen Plättchen

Quelle: BASF Handbuch Lackiertechnik

$\Delta E^2_{1,2} = (\Delta L^*)^2 + (\Delta b^*)^2 + (\Delta a^*)^2$
daraus ergibt sich
$\Delta E_{1,2} = \sqrt{(\Delta L^*)^2 + (\Delta b^*)^2 + (\Delta a^*)^2}$

Da auch das Spektrum des einfallenden Lichts einen Einfluss auf die Farbe bzw. das Farbempfinden hat, ist beim Messen von Farbe auch eine Standardisierung der Lichtquellen notwendig. Ein in diesem Zusammenhang zu erwähnender Effekt ist die **Metamerie**. So können z.B. die Farbtöne zweier verschiedener Lackierungen bei Lampenlicht als gleich aussehend empfunden werden, während sich bei Betrachtung dieser Lackierungen im Tageslicht deutliche Unterschiede zeigen. Ein Effekt, der bei Reparaturlackierungen zu unangenehmen Überraschungen führen kann. Farbtöne von Musterlackierungen sollten deshalb auch zusätzlich im Tageslicht beurteilt werden.

Im Unterschied zur teilweisen Absorption von Anteilen des Lichts entsteht bei den **Interferenz- bzw. Perlglanzpigmenten** der Farbeindruck durch die Auslöschung von Anteilen des auf das Pigment einfallenden Lichts durch Interferenz. Dieser Effekt des teilweisen „Vernichtens" von Anteilen des sichtbaren Lichts beruht auf der Fähigkeit von elektromagnetischer Strahlung, bei Wechselwirkung mit einem weiteren Lichtstrahl gleicher Wellenlänge – bei einer Phasenverschiebung beider Strahlen von einer halben Wellenlänge – das Licht vollständig auszulöschen.

Der Sinneseindruck Glanz wird durch die Oberflächenstruktur der Lackierung festgelegt, der Farbeindruck hingegen durch die Wechselwirkung des in die Lackierung eingedrungenen Lichts mit den einzelnen Bestandteilen bestimmt.

Perlglanzpigmente bestehen aus einem plättchenförmigen, reflektierenden Träger (z.B. Glimmer), welcher oberhalb und unterhalb mit einer transparenten, dünnen Schicht (Titandioxid) belegt ist. Aufgrund von **Doppelreflexion** des Lichts an der Ober- und Unterseite der dünnen Glimmerbelegung werden in Abhängigkeit von der Dicke der aufgebrachten Schichten Teile des sichtbaren Lichts selektiv ausgelöscht (destruktive Interferenz) oder verstärkt (konstruktive Interferenz). Dadurch entsteht ein Farbeindruck. Dieser ist, wenn keine zusätzliche Absorption stattfindet, allein abhängig von der Schichtdicke der dünnen Plättchen und dem Einfallswinkel des Lichts. Beide bestimmen den Gangunterschied des an der Oberfläche und Unterseite reflektierten Lichtstrahls.

7.4.4.4 Deckvermögen (DIN EN ISO 6504-3)

Wie im Abschnitt über die Pigmente nachzulesen, verfügen diese wegen ihrer endlichen Teilchengröße neben einer Absorption des sichtbaren Lichts auch über die Fähigkeit, das einfallende Licht zu streuen. Dieser Effekt kommt dadurch zu Stande, dass das Licht zunächst absorbiert wird, um danach die aufgenommene Energie als neue Strahlung nach allen Raumrichtungen mit gleicher Wellenlänge wieder abzugeben. Pigmente, die zu selektiver Absorption befähigt sind, aber das sichtbare Licht unverändert streuen, nennt man **Streupigmente**. Sie erscheinen dem Betrachter als weiß. Durch die Fähigkeit, das Licht nach allen Seiten zu streuen, erreicht die in eine Beschichtung eingedrungene Strahlung nicht mehr den Untergrund und ist deshalb auch nicht in der Lage, farbliche oder Hell-/Dunkelunterschiede aus dem Untergrund abzubilden. Dieser Effekt wird als Deckvermögen bezeichnet. Es wird durch die Menge und Größe der Pigmente beeinflusst (s. Seite 51ff.). Darüber hinaus spielt auch der Brechungsindex des Pigments eine große Rolle.

$$n_{rel} = \frac{n_{Pi}}{n_{Bi}}$$

n_{rel} = relativer Brechungsindex
n_{Pi} = Brechungsindex Pigment
n_{Bi} = Brechungsindex Bindemittel

Abhängig ist die Lichtstreuung und damit das Deckvermögen auch vom Brechungsindex des umgebenden Filmbildners. Eine wichtige Messgröße für die Streufähigkeit ist deshalb neben der Teilchengröße der Streupigmente der **relative Brechungsindex**. Er ist definiert als der Quotient aus dem Brechungsindex des Pigments und dem des umgebenden Bindemittels.

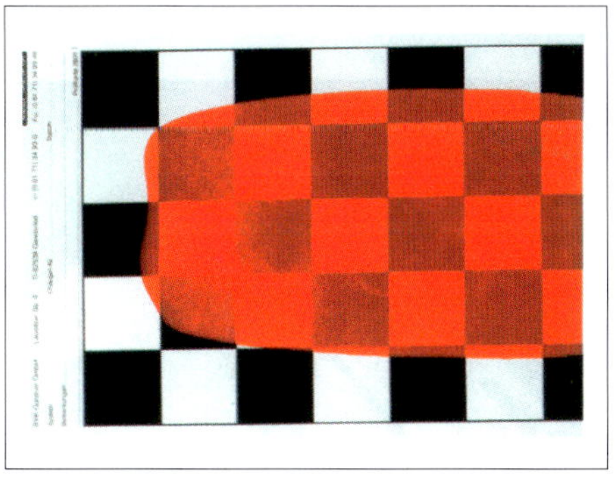

Abbildung 7.50: Visuelle Bestimmung des Deckvermögens mit Kontrastkarten

Sind die Rahmenbedingungen einer für das Streuvermögen optimalen Korngröße und Konzentration erfüllt, ist das Deckvermögen lediglich eine Funktion der Schichtdicke. Aus diesem Grunde wird für das Deckvermögen einer Lackierung üblicherweise auch die Schichtdicke angegeben, bei der Unterschiede im schwarz-weiß Kontrast des Untergrundes (z. B. einer Kontrastkarte) gerade nicht mehr sichtbar sind.

Da Lacke mit gutem Deckvermögen mit niedrigerer Schichtdicke aufgetragen werden können, bestimmt das Deckvermögen den Lackverbrauch und ist dadurch eine wichtige ökonomische Größe.

7.4.5 Alterung

7.4.5.1 Allgemeines

Für den Gebrauchswert der Lackierung ist es von herausragender Bedeutung, die einmal erreichte Qualität über einen möglichst langen Zeitraum zu erhalten. Im Einzelnen steht dauerhafter Schutz genauso im Vordergrund wie der Erhalt des Glanzes, des Farbtons und des durch Effektstoffe hervorgerufenen optischen Effekts, kurz die Konstanz der optischen Attraktivität.

Die auf eine Lackierung einwirkenden Einflüsse sind vielfältig: z. B. intensive Einstrahlung von Sonnenlicht mit aggressiven UV-Anteilen bei Beteiligung von Wasser, Luft, Sauerstoff, Hitze und Kälte, konstant oder im Wechsel. Auch Stoffe wie Salze, Säuren, Laugen, Schwefeldioxid aus Industrieanlagen oder Teer auf den Straßen gehören zu den lackschädigenden Substanzen. Nicht übersehen werden darf der Einfluss natürlicher Wirksubstanzen wie Vogelkot, Baumharze, Bakterien oder Pilze. Alle genannten Einflüsse werden überlagert von den mechanischen Beanspruchungen einer Lackierung durch Schwingungen, Zug, Druck, Schlag oder mechanischen

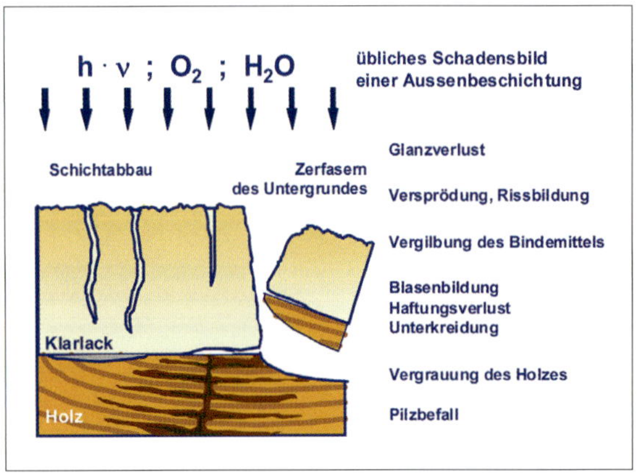

Abbildung 7.51: Zerstörung einer Lackierung durch Wetter

Abrieb. Wegen der genannten Einflüsse sind mittel- bis langfristig Veränderungen in der Qualität der Lackierung nicht zu verhindern.

Veränderungen durch fotochemische und nasschemische Reaktionen, thermische Nachvernetzung bei gleichzeitigem Abbau des polymeren Gefüges beeinträchtigen den Gebrauchswert durch Glanzabfall, Kreidung (d.h. vollständiger Abbau des polymeren Films unter Freilegen der vorher in die Harzmatrix eingebetteten Pigmente) und Abnahme der Elastizität bei gleichzeitiger Abnahme der inneren Festigkeit. Die zunehmenden inneren Spannungen, verbunden mit einer verringerten Kohäsion führen letztlich zu Rissbildung und mehr oder weniger starken Enthaftungen. Der Schutz einer Lackierung ist dann natürlich nicht mehr gegeben.

Derartige Veränderungen des Gebrauchswertes einer Lackierung sollen zur Sicherung der Qualität im Hinblick auf das Langzeitverhalten durch Prüfungen auch möglichst schnell erkannt werden. Es werden deshalb zahlreiche Versuche und Tests durchgeführt, um Veränderungen der optischen Attraktivität und der Schutzwirkung verlässlich voraussagen zu können. Zur Beeinträchtigung der optischen Eigenschaften zählen Glanzabfall, Kreidung oder Farbtonveränderungen. Einbußen der Schutzfunktion zeigen sich in der Blasen- bzw. Rissbildung mit anschließendem Enthaften

7.4.5.2 Alterungsprüfungen

Wetterbeständigkeit

Eine der wichtigsten Prüfungen von Lackierungen auf Alterungsbeständigkeit ist die Einwirkung des Wetters. Unter Wetter soll in diesem Zusammenhang das vielfältige Zusammenwirken von Sonne, Luft mit allen ihren natürlichen oder durch Menschen verursachten Verunreinigungen, Feuchte und Feuchtigkeitswechsel genauso wie Wärme und Kälte dauerhaft oder im Wechsel verstanden werden. Hinzu kommt, dass alle genannten Einflussgrößen in Abhängigkeit von der geographischen Lage sehr stark in ihrer absoluten Höhe und in ihrer Relation zueinander schwanken können. So sind die Belastungen einer Lackierung in der Wüste anders als im Hochgebirge, in Industriegebieten oder an der See. Ein einheitliches, für alle Umgebungseinflüsse identisches Erfassen von Alterungseigenschaften ist deshalb nicht möglich. Aus diesem Grund müssen die Prüfungen entweder in den einzelnen Klimagebieten oder in geschlossenen Prüfgeräten, die der Belastung im Freien entsprechen, durchgeführt werden.

Beide Methoden, die **Bewitterung im Freien (DIN EN ISO 2810)** oder die **künstliche Bewitterung (DIN EN ISO 16474-1** bis **-3)**, haben eine praktische Bedeutung erlangen können. Die erstgenannte, unter dem Begriff Freibewitterung bekannte Prüfung, benötigt auch bei einer Auslegung der Prüftafeln in extrem klimatischen Gebieten für eine verlässliche

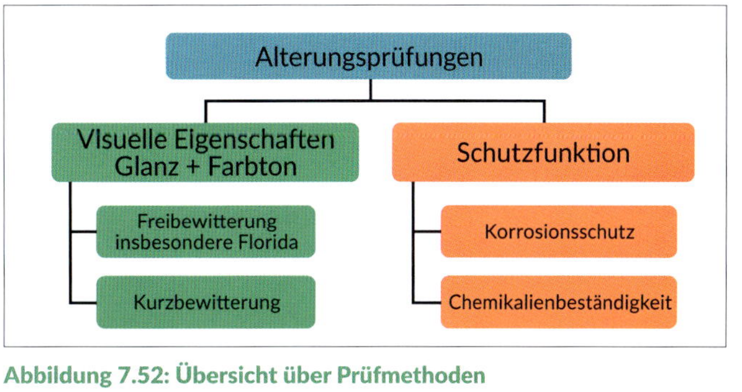

Abbildung 7.52: Übersicht über Prüfmethoden

Quelle: BASF Handbuch Lackiertechnik

Beurteilung der Stabilität von Beschichtungen relativ viel Zeit. Sie ist dafür aber genauer und bei Beachtung der jahreszeitlichen Schwankung des Klimas auch reproduzierbarer. Anders hingegen sind die Kurzbewitterungen einzustufen. Die erheblich kürzere Prüfzeit muss oft mit einer zunehmenden Unsicherheit bezüglich der Richtigkeit des Prüfergebnisses in Kauf genommen werden. In vielen Fällen sind nur durch Mehrfachprüfung akzeptable Prüfergebnisse zu erhalten.

Für eine erfolgreiche **Freibewitterung** sind Gebiete mit extremen klimatischen Bedingungen zu wählen. **Florida** oder **Thailand** sind als Regionen mit hoher Feuchtigkeit bei gleichzeitig intensiver Sonneneinstrahlung bewährte Orte für die Freibewitterung. Die Testplatten werden zur stärkeren Sonneneinstrahlung nach Süden ausgerichtet. Der Neigungswinkel der Platten liegt in Abhängigkeit vom Prüfort und der Zielsetzung der Prüfung bei 5° oder 45°. Wegen der hohen Luftfeuchte und der nächtlichen Abkühlung unter den Taupunkt werden die Prüflinge periodisch befeuchtet, getrocknet und wieder mit Sonneneinstrahlung belastet.

Das feucht-warme Klima in Florida begünstigt durch Sonnen- und Feuchtigkeitseinfluss nasschemische und fotochemische Abbaureaktionen mit der Folge eines relativ schnellen Glanzabfalls. Die Prüfzeit einer Freibewitterung in Florida kann gegenüber einer Freibewitterung in Deutschland auf ein Drittel reduziert werden. Bei den äußerst wetterbeständigen Automobillackierungen ist aber wegen des schnellen Wechsels der Farbtonpalette für die neuen Farbmuster eine Prüfzeit von mehreren Jahren noch viel zu lang und deshalb als alleinige Methode der Qualitätssicherung nicht ausreichend. Es hat sich deshalb in Florida bewährt, die Testtafeln auf schwarzen Kästen (Blackboxen) zu positionieren. Durch die starke Absorption der Infrarotstrahlen der Sonne tritt in den schwarzen Kästen eine zusätzliche Erwärmung der Platten und damit eine Beschleunigung des Abbaus ein.

Auch in den Wüstengebieten **Arizonas** sind Bewitterungsstationen anzutreffen. Wegen der zwar starken Sonneneinstrahlung, aber dem gleichzeitig trockenen Klima sind die Abbaureaktionen vornehmlich fotochemischer Natur. Das Schadensbild äußert sich deshalb mehr in einem Abbau der Licht absorbierenden Pigmente. Damit verbunden ist eine Abnahme der Farbstärke und bei Pigmentmischungen auch eine

Abbildung 7.53: Bewitterungsstation in Florida

Quelle: Atlas Material Testing Technology GmbH

Abbildung 7.54: Emmaqua (Abkürzung für equatorial mounts with mirrors for accelerations and aqua)

Quelle: Atlas Material Testing Technology GmbH

Veränderung des Farbtons. Geprüft wird also weniger die Beständigkeit der Lackierung als die Lichtechtheit der Pigmente.

Zur weiteren Verkürzung der Prüfzeit, aber auch zur besseren Simulation eines feuchten Klimas, wie es in Florida anzutreffen ist, wurden in Arizona Geräte konstruiert, bei denen durch zusätzliche Aluminiumspiegel die Intensität der auf die Prüftafeln einwirkenden Sonnenstrahlung erheblich angehoben wird **(Emma-Geräte)**. Die Geräte haben die Fähigkeit, sich entsprechend dem Stand der Sonne so zu positionieren, dass zu jeder Zeit ein Maximum an Strahlungseintrag garantiert ist. Wegen der nur geringen Luftfeuchtigkeit und dem relativ starken Erwärmen der Testtafeln sind zusätzlich andere Geräte entwickelt worden, in denen durch Kühlung und künstliche Befeuchtung die Prüftafeln auch nasschemisch belastet werden (Emmaqua-Maschinen). So werden neben der Prüfung der Lichtechtheit als pigmentspezifische Prüfung auch Wetterbeständigkeitsprüfungen von Lackierungen möglich.

Trotz aller Bemühungen, durch Intensivierung der den Lack zerstörenden Einflussgrößen den Abbau von Lackierungen zu beschleunigen, ist die Prüfzeit für viele Anwendungen immer noch zu lang. Durch Verwendung der Sonne nachempfundener, künstlicher Lichtquellen und Einstellen eines künstlichen Klimas in geschlossenen Geräten können die Lack zerstörenden Einflüsse weiter intensiviert werden. In **Kurzbewitterungsgeräten** wird durch **Xenonstrahler** mit geeigneten Filtern eine Strahlungsverteilung eingestellt, die zwar der spektralen Verteilung des UV- Bereiches der Sonne entspricht, in seiner Intensität die Globalstrahlung jedoch erheblich übertrifft. Weiterhin ist es gegenüber der natürlichen Bewitterung möglich, durch ununterbrochene Einstrahlung des künstlichen Lichts die Prüfzeit weiter zu verkürzen. Auch die Prüftemperatur, die Feuchtigkeit sowie die zur Simulation verschiedener Klimabedingungen notwendigen Luftverunreinigungen können zur Beschleunigung des Lackabbaus variiert werden.

Aus den Ergebnissen zahlreicher Testreihen wurden die heute üblichen Zyklen, d.h. die Wechsel zwischen Beregnung, Erwärmung und Lichteinfluss, festgelegt. Bewährte Methoden für die Kurzbewitterung sind z.B. das Weather-o-meter und der Xenontest.

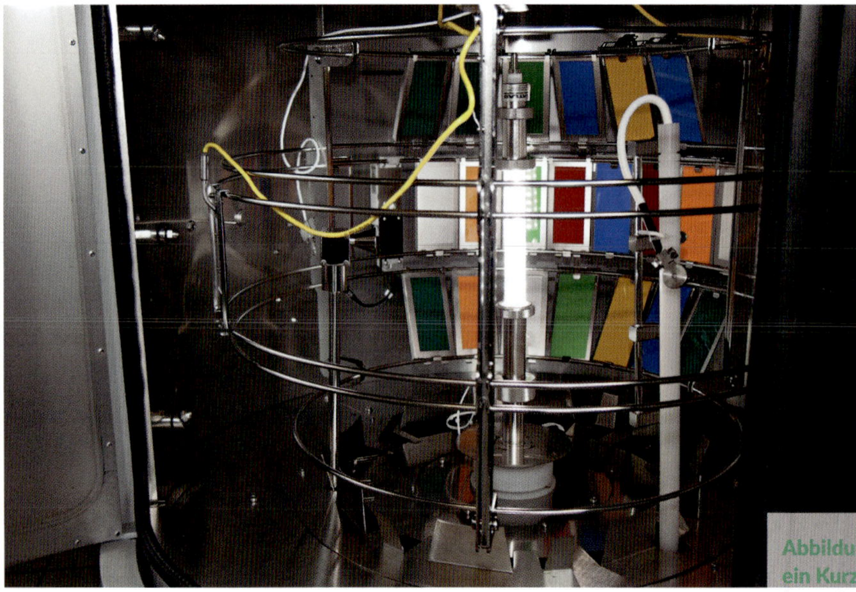

Abbildung 7.55: Blick in ein Kurzbewitterungsgerät (Weather-o-meter)

Zur objektiven Bewertung der Bewitterungsergebnisse wurden mit den Beteiligten abgestimmte Normen verabschiedet: Glanzhaltung, Kreidung, Farbtonbeständigkeit, Riss- und Blasenbildung, Versprödung oder Beeinträchtigung der Haftfestigkeit sind Eigenschaften, die üblicherweise nach solchen Standards objektiv quantitativ erfasst werden.

Korrosionsschutzprüfungen

In Industrieländern geht ungefähr 1/5 des hergestellten Stahls durch Korrosion wieder verloren. Deshalb werden Anstrengungen gemacht, den bereits guten Korrosionsschutz durch Lackieren noch weiter zu verbessern. Um Erfolge auch erkennen zu können, sind allerdings auch aussagekräftige Prüfmethoden zu entwickeln. Diese können durch den künstlichen Einfluss von Korrosion fördernden Salzlösungen, künstliche Befeuchtung oder Temperaturanhebung gefunden werden. Bewährt haben sich diverse Langzeitprüfungen in natürlicher Umgebung und entsprechend verschärfte Kurzzeittests in eigens dafür entwickelten Geräten.

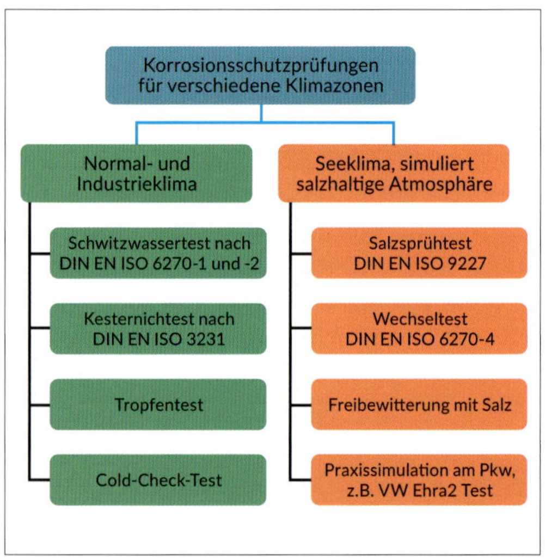

Abbildung 7.56: Übersicht über die Prüfungen des Korrosionsschutzes Quelle: BASF Handbuch 2014

Zur Beurteilung des Schutzwertes werden Veränderungen an der Lackierung selbst in Form von Blasen oder Enthaftungen oder am Untergrund in Form von Korrosion herangezogen.

Benennung	Kurzzeichen	Dauer eines Zyklus (Stunden)	Dauer der Einzeleinwirkungen (Stunden)	Temperatur im Prüfraum °C	relative Luftfeuchte %
Schwitzwasser-Wechselklima	SFW	24	8 einschließlich Anwärmen	40±3°	100
			16 einschließlich Abkühlen (Gerät geöffnet)	Raumtemperatur 2)	unter 75
	STW	24 1)	8 einschließlich Anwärmen	40±3°	100
			16 einschließlich Abkühlen	Raumtemperatur 2)	100
Schwitzwasser-Konstantklima	SK	–	vom Anwärmen bis Ende der Beanspruchung	40±3°	100

1) Normale Zyklendauer, siehe auch Abschnitt 2.2 2) Begriff Raumtemperatur siehe DIN EN 23270

Abbildung 7.57: Bedingungen Schwitzwassertest Quelle: BASF Handbuch Lackiertechnik

Im Einzelnen zu nennen ist der zur Nachstellung der spezifischen Bedingungen in den Tropen, Hallenbädern, Küchen oder Kühlhäusern entwickelte **Schwitzwassertest (DIN EN ISO 6270-1** und **-2)**. Um die Bedingungen speziell für die verschiedenen Belastungen einstellen zu können, existieren zwei unterschiedliche Methoden: der **Kondenswasser-Konstant-Klimatest (KK)** für permanent einwirkende Feuchte auf der einen und der **Kondenswasser-Wechsel-Klimatest** für variierende Wasserdampfkonzentrationen auf der anderen Seite. Letzterer wird je nach Feuchtigkeits- und Temperatureinfluss wieder in den **Kondenswasser-Feuchte-(und Temperatur)-Wechseltest (KFW)** und den **Kondenswasser-Temperatur-Wechseltest (KTW)** eingeteilt. Zusätzlich wurden für die Nachstellung von Industrieklima Testvarianten des **Kondenswasser-Feuchte-Wechseltests (KFW)** mit Einwirkung von Schwefeldioxid entwickelt (**Kesternich-Test, DIN EN ISO 3231)**. Wegen der schlechten Reproduzierbarkeit und den häufig mit Praxisbefunden wenig korrelierenden Ergebnissen ist der Kesternich-Test heute nur noch selten anzutreffen. Details über die Prüfmethoden bzw. Geräte und den Prüfablauf findet man im Detail in den entsprechenden DIN- oder ISO-Normen.

Zur wichtigsten, wenn auch in der Aussage umstrittensten Prüfmethode gehört der **Salzsprühtest** nach **DIN EN ISO 9227**. Im Salzsprühtest wird salzhaltige Atmosphäre der Küstengebiete oder der Einfluss von Streusalz auf winterlichen Straßen nachgestellt. Zur intensiveren Belastung und zur besseren Beurteilung der Korrosionsschutzwirkungen wird die Lackierung künstlich verletzt. Nach Abschluss der Prüfung wird neben der Beurteilung der geschlossenen Fläche auch eine Beurteilung der Korrosionsbildung durch Unterwanderung an der Verletzung herangezogen. Außerdem wird der Korrosionsschutz an Kanten, der wegen der durch „Kantenflucht" dort häufig niedrigen Schichtdicken beeinträchtigt ist, in die Beurteilung der Schutzwirkung mit einbezogen.

Um objektive und damit für verschiedene Standorte verbindliche Angaben über das Prüfergebnis machen zu können, werden in Prüfnormen entsprechende Hinweise zur Auswertung der belasteten Prüfplatten gegeben. Die Auswertung der Prüftafeln erfolgt nach **DIN EN ISO 4628-3**. Zur besseren Beurteilung des Schadensbildes werden bei der Auswertung der Prüftafeln diese mit Standardplatten verglichen und in einer Skala von 0 bis 5 geordnet.

Zur Auswertung von eventuell entstandenen Blasen dient die **DIN EN ISO 4628-2**. Hier wird die Menge oder Größe und die der Blasen separat beurteilt und wieder jeweils mit den Noten 0 bis 5 versehen.

Trotz großer Erfahrungen mit dem seit vielen Jahren von den Lackverarbeitern geforderten Salzsprühtest kommt es immer wieder zu Abweichungen in den Testergebnissen, wenn diese mit den unter realen Bedingungen oft erst nach vielen Jahren erhaltenen Schadensbildern verglichen werden. Aufgrund dieses Mangels hat es nicht an Versuchen gefehlt, den Salzsprühtest zu verbessern oder andere, aussagekräftigere Prüfmethoden zu entwickeln. Von den zahlreichen Testvarianten hat sich speziell in der Automobilindustrie der **Klimawechseltest nach VDA 621-415 (DIN EN ISO 6270-4)** als eine echte Verbesserung erwiesen. Der Klimawechseltest ist im Prinzip eine Kombination aus dem Salzsprühtest und dem Kondenswassertest (KFW). In regelmäßigen Abständen werden die Proben den Bedingungen des Salzsprühtests und danach denen des Kondenswasser-Wechseltests ausgesetzt. Nach einer Regenerationszeit von 48 Stunden wiederholt sich die wechselnde Belastung durch den Salzsprüh- und Kondenswassertest. Einfacher durchzuführen, zwar länger in der Prüfzeit, dafür aber mit der Praxis besser korrelierend, ist die normale Freibewitterung mit regelmäßigem (wöchentlichem) Besprühen mit einer 3%igen Kochsalzlösung.

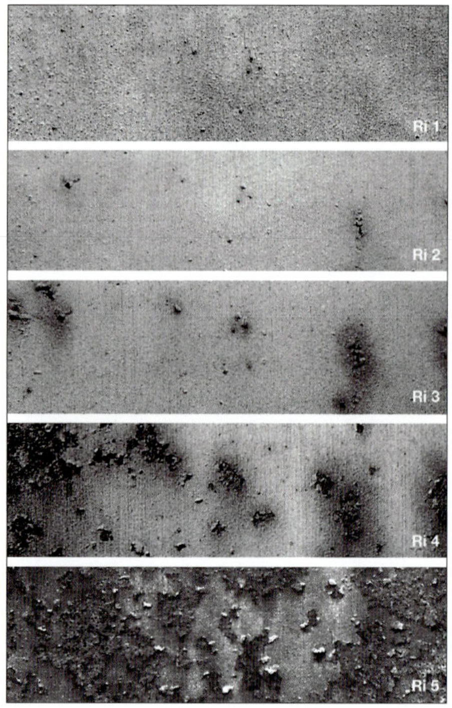

Abbildung 7.58: Bewertung des Flächenrostes nach DIN EN ISO 4628-3

Quelle: BASF Handbuch Lackiertechnik

	Benennung Kurzbezeichnung	Salzsprühnebelprüfung SS DIN 50 021
zu versprühende Lösung	Natriumchloridgehalt in g/l	50±10
	weitere Zusätze	keine
aufgefangene Lösung	Natriumchloridgehalt in g/l	50±10
	pH-Wert	6,5 bis 7,2 bei 25 °C ±2°
	Temperatur im Prüfraum	35 °C ±2°

Abbildung 7.59: Salzsprühtest nach DIN EN ISO 9227 Quelle: BASF Handbuch Lackiertechnik

Beide Prüfungen, der Klimawechseltest und die Freibewitterung mit Salz, sind für die Beurteilung von Wirtschaftsgütern, deren Wert in hohem Maße vom Korrosionsschutz abhängt, aber immer noch nicht ausreichend. Es hat sich deshalb u.a. in der Automobilindustrie trotz hoher Kosten bewährt, das Montageband verlassende Automobile stichprobenartig definierten Korrosionsbelastungen auszusetzen. Die Karosserien werden dabei in **Kältekammern** bis zu −35 °C mechanisch tordierend belastet.

Auf diese Weise wird die Elastizität der Lackierung unter extremen Bedingungen auch in Hohlräumen getestet und eventuell auftretende Risse werden erkannt. Danach werden die Testwagen auf Salzschlammstrecken gefahren, um sie anschließend in einer Prüfkammer einem zusätzlichen Salzsprühtest zu unterziehen. Diese Abfolge wird z.B. bei der Volkswagen AG 60-mal wiederholt. Danach werden die Karosserien aufgeschnitten und auf ihre korrosiven Veränderungen beurteilt. Andere Automobilhersteller verwenden ähnlich aufwändige Testmethoden.

Kurzzeittests zur Prüfung der Alterung verkürzen zwar die Prüfzeit, erhöhen aber gleichzeitig die Fehlerwahrscheinlichkeit des Prüfergebnisses.

Prüfungsaufgaben

Aufgaben zum Thema „Eigenschaften und Prüfungen von Beschichtungsstoffen"

1. Was ist die Säurezahl, was ist die Hydroxylzahl?
2. Wie wird der nicht flüchtige Anteil eines Beschichtungsstoffes bestimmt?
3. Wo spielen Fließvorgänge bei der Lackproduktion eine große Rolle?
4. Was sind Strukturviskosität, Dilatanz und Thixotropie?
5. Wo werden bevorzugt thixotrope Lacke eingesetzt?
6. Welche Fehler können beim Bestimmen der Auslaufzeit mit dem Auslaufbecher gemacht werden, und wie wirken sie sich auf das Messergebnis aus?
7. Wie berechnet man aus der Auslaufzeit die dynamische Viskosität?
8. Warum schwimmt eine Sicherheitsnadel auf einer Wasseroberfläche, obwohl ihre Dichte höher als die von Wasser ist? Was passiert, wenn ein Tropfen Spülmittel hinzugegeben wird?
9. Was sagt Ihnen der Begriff Ergiebigkeit? Warum handelt es sich dabei um eine ökonomische Größe?
10. Beschreiben Sie die Messung der Viskosität mit Hilfe von Auslaufbechern.
11. Benennen Sie Phänomene, die durch die Wechselwirkung von Molekülen in den Grenzflächen beeinflusst werden.
12. Wie wird die Dichte mit dem Pyknometer bestimmt?
13. Was versteht man unter dem Flammpunkt?

Aufgaben zum Thema „Messtechnisches Verfolgen der Filmbildung"

1. Welche Methoden zum messtechnischen Verfolgen der Filmbildung sind Ihnen bekannt?
2. Welche Trocknungsgrade werden unterschieden?

Aufgaben zum Thema „Eigenschaften und Prüfungen von Beschichtungen“

1. Was ist Farbe, wie wird sie gemessen?
2. Was ist Interferenz? Wie kommen die verschiedenen Farben in Abhängigkeit vom Betrachtungswinkel zustande?
3. Wie werden der Glanz, der Glanzschleier, die Abbildungsschärfe bestimmt?
4. Warum verbindet sich der Beschichtungsstoff mit dem Untergrund?
5. Was ist der Unterschied zwischen additiver und subtraktiver Farbmischung? Nennen Sie je ein Beispiel.
6. Was ist Metamerie?
7. Wie kann man die Haftfestigkeit messen? Fertigen Sie einen Stammbaum an, indem Sie alle erwähnten Methoden reinen Haftfestigkeitsprüfungen oder Mischprüfungen (Haftfestigkeit, Elastizität) zuordnen.
8. Was ist Viskoelastizität?
9. Was beschreibt das Hooke'sche Gesetz? Warum gilt es nicht für Polymere?
10. Was ist die Glastemperatur?
11. Beschreiben Sie den Dornbiegetest.
12. Wie erfolgt die Tiefungsprüfung nach Erichsen?
13. Was ist Härte? Vergleichen Sie die Härteprüfmethoden zur Bestimmung der Ritzhärte, Eindringhärte und „Dämpfungshärte“.
14. Welche Methoden gibt es, Schichtdicken zu messen? Wie bestimmen Sie die Lackschichtdicke auf Holzuntergründen?
15. Beschreiben Sie die Messung der Nassfilmdicke mit dem Messkamm.
16. Erläutern Sie die Messung der Schichtdicke mit der IG-Uhr.
17. Wie funktionieren magnetisch-induktive Verfahren der Schichtdickenmessung grundsätzlich?
18. Wie kann das Deckvermögen ermittelt werden?

Projekt für den Unterricht

Die Firma Lyck GmbH in Gelsenkirchen ist Hersteller von Prüf- und Messgeräten für die Beschichtungsindustrie. Für den neuen Internetauftritt der Firma soll für die Kunden ein Überblick über die Messverfahren gegeben werden. Fertigen Sie einen Entwurf für diesen Bereich der Webseite an. Stellen Sie darin die in Kapitel 7.4 beschriebenen Verfahren vor und erklären Sie diese mit Hilfe von Fotos, Zeichnungen und anschaulichen Erklärungen. Ggf. können auch Prüfbleche beigefügt, bzw. abfotografiert werden.

Aufgaben zum Thema „Alterung“

1. Was ist Alterung?
2. Warum verändern sich visuelle und mechanisch-technologische Eigenschaften von Lackierungen durch den Einfluss der Umwelt?
3. Was ist der Unterschied von Wetterbeständigkeit und Lichtechtheit?
4. Wie ist es möglich, Veränderungen von Lackierungen durch das Wetter zeitraffend zu erkennen?

7.5 Fehler und Ursachen

Trotz aller Sorgfalt der Entwicklung, Produktion und der Prüfung von Beschichtungsstoffen gibt es natürliche Grenzen ihrer Widerstandsfähigkeit, die durch Umwelt- und Verarbeitungseinflüsse bestimmt werden. Schäden können verursacht werden durch Fehler in der Lackproduktion, Fehler beim Transport bzw. bei der Lagerung von Beschichtungsstoffen, aber auch, weil im Beschichtungsvorgang selbst Fehler gemacht werden. Letzteres ist zum Beispiel der Fall, wenn Schichtdicken nicht eingehalten werden, nicht aufeinander abgestimmte Produkte verwendet werden, Trocknungs- und Ablüftzeiten nicht eingehalten werden oder das Werkstück unzureichend bzw. falsch vorbereitet wird. Es fällt nicht immer leicht, auf den ersten Blick den Auslöser für Mängel an der Beschichtung zu erkennen. Eine exakte Analyse ist sehr wichtig, um den Defekt zu beheben und im nächsten Beschichtungsdurchgang zu vermeiden.

Um unmittelbar nach der Beschichtung oder erst nach langer Nutzungsdauer des Werkstücks auftretende Lackierschäden zu vermeiden, sind einige grundsätzliche Regeln zu beachten:

- → Sauberkeit am Arbeitsplatz
- → Arbeitsabläufe und -bedingungen ständig kontrollieren
- → Substrate müssen sauber, fettfrei und trocken sein
- → vorgegebene Ablüft- und Trockenzeiten sind einzuhalten
- → Spritzluft muss trocken sein
- → Temperatur in der Beschichtungsanlage laut Herstellerangaben
- → Substrate auf Beschichtungstemperatur anpassen
- → Handschweiß auf dem Beschichtungsuntergrund oder auf einzelnen Schichten ist unbedingt zu vermeiden

Um Lackierfehler zu vermeiden, muss man die Eigenschaften und Verwendungsmöglichkeiten der Beschichtungsstoffe kennen und die Herstellerangaben befolgen.

Häufige Schadensbilder und deren Ursachen
Im Folgenden werden einige häufige Beschichtungsfehler und deren Ursachen aufgezählt.

Abbildung 7.60: Blasenbildung
Quelle: W.-D. Kaiser „Schäden an Korrosionsschutzbeschichtungen"

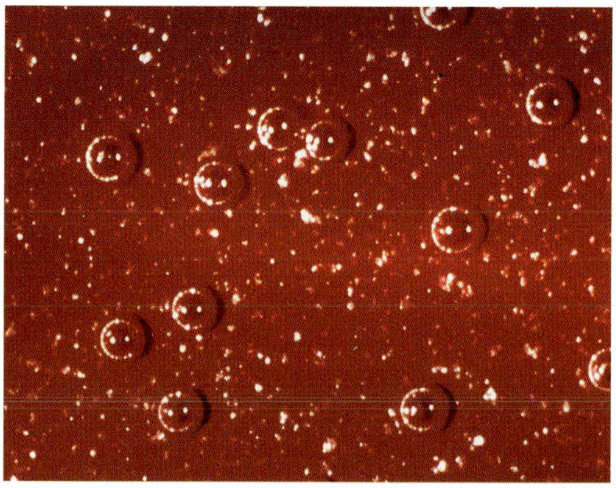

Abbildung 7.61: Kocher im Klarlack
Quelle: K. Sydow „Schäden am Autolack"

Blasenbildung

Fehler
Blasen unterschiedlicher Größe in bzw. unter der Beschichtungsschicht [1]

Ursachen
- → Verunreinigung auf der Oberfläche, zum Beispiel durch Salzrückstände aus der Vorbehandlung (u. a. vom Schleifwasser [2]), Fingerabdrücke (Handschweiß)
- → Feuchtigkeitseinwirkung zwischen Grund- und Decklackschicht
- → Verwendung von falschen Härtern bzw. Verdünnungen
- → Fehler im Lackmaterial, beispielsweise Spritzviskosität zu gering eingestellt
- → Untergrund nicht ausreichend getrocknet
- → empfohlene Verarbeitungstemperatur wurde nicht eingehalten
- → Spritzpistole (Düse), Spritzdruck nicht vorschriftsmäßig eingehalten

Kocher (Kochbläschen)

Fehler
Meistens kleine, jedoch tiefe, kraterähnliche Vertiefungen oder Blasen

Ursachen
- → zu hohe Schichtdicken
- → zu schnell getrocknet (zu geringer Abstand zur Trocknungsquelle)
- → zu kurze Ablüftzeiten zwischen den einzelnen Spritzgängen
- → falsche Verdünnungen
- → falsche Spritzviskosität
- → Luft- und Lösemitteleinschlüsse

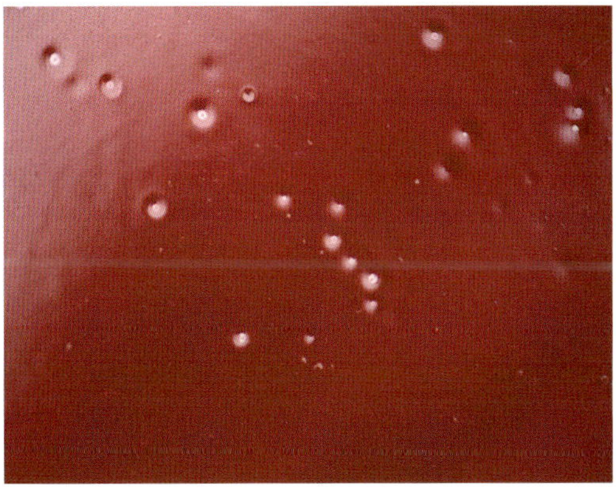

Abbildung 7.62: Silikonkrater auf einem Füller
Quelle: K. Sydow „Schäden am Autolack“

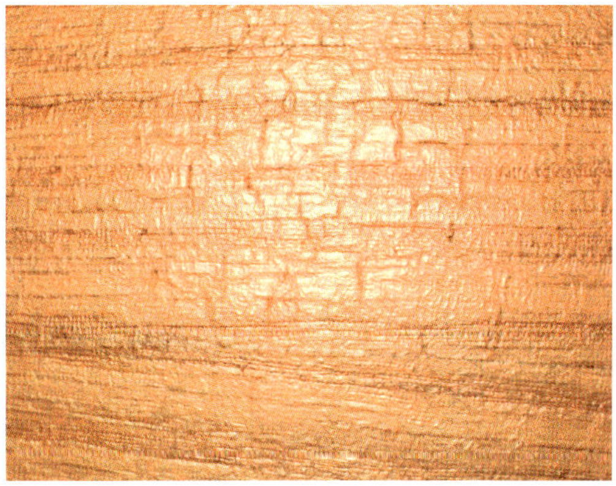

Abbildung 7.63: Ausbildung einer „Hochziehstruktur“
Quelle: M. Scheithauer et al. „Filmfehler an Holzlacken“

Krater

Die Beschichtungsoberfläche ist mit kleinen, kreisförmigen Löchern übersät, in deren Mitte der muldenförmige Krater den Untergrund durchschimmern lässt. Fehler

Ursachen

- fehlerhafte Vorbehandlung durch falsche Reinigungsmittel und dadurch Rückstände der Störsubstanz auf dem Werkstück wie z. B. Reste von Silikon, Fetten aus Hautpflegemitteln oder Handschweiß
- verunreinigte Spritzluft (Druckluft z. B. kontaminiert mit Öl aus dem Kompressor)
- Staubeintrag in die noch nicht vernetzte Lackschicht
- falsch dosierte Additive, z. B. Entschäumer [3]

Hochziehen/Kräuseln

Quell- oder Schrumpfeffekt unter der Deckschicht Fehler

Ursachen

- aufgetragener Beschichtungsstoff war mit dem Untergrund nicht verträglich
- zu hohe Schichtdicken
- der Untergrund ist nicht vollständig ausgehärtet bzw. durchgetrocknet
- falsche Ablüft- bzw. Trockenzeit
- nicht aufeinander abgestimmte Beschichtungssysteme

Abbildung 7.64: Beispiel einer Tropfenbildung

Quelle: K. Sydow „Schäden am Autolack"

Abbildung 7.65: Lackoberfläche mit einem Orangenhaut-Aussehen

Quelle: J. Pietschmann „Schäden an Pulverlackschichten"

Läuferbildung

Fehler: Der frisch aufgetragene Beschichtungsstoff läuft tropfen- und wellen-förmig ab.

Ursachen:

→ Viskosität des Beschichtungsstoffs zu niedrig
→ Abstand Spritzpistole und Werkstück zu gering
→ zu kurze Ablüftzeiten bei mehrschichtigem Lackaufbau
→ zu hoher und ungleichmäßiger Beschichtungsauftrag
→ falsche Spritztechnik
→ zu hohe Schichtdicken

Orangenhaut (Orange Peel)

Fehler: Beschichtung zeigt unruhige Oberfläche, sieht aus wie Apfelsinenschale

Ursachen:

→ falsche oder zu schnell flüchtige Verdünnung
→ Untergrund zu warm
→ falsche Spritzviskosität
→ zu niedrige oder zu hohe Schichtdicke, z. B. bei Pulverlacken
→ zu geringer Lackauftrag bei Nasslacken
→ zu geringe Abdunstungszeit
→ fehlerhafte oder falsche Düse
→ „Rücksprüheffekt" bei Pulverlacken
→ Verlaufseigenschaften des Pulverlacks

Abbildung 7.66: Fehler in der Beschichtung, z. B. Nadelstiche in einem Polyester-Pulverlackfilm
Quelle: J. Pietschmann „Schäden an Pulverlackschichten"

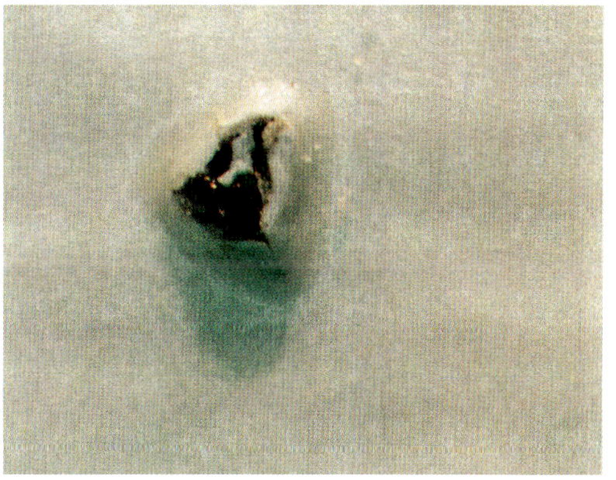

Abbildung 7.67: Schleifkorn als Lackfilmeinschluss-Staubeinschluss
Quelle: M. Scheithauer et al. „Filmfehler an Holzlacken"

Nadelstiche
Kleine nadelstichartige Löcher in der Beschichtung wie Poren — Fehler

Ursachen [4]

- → Raumtemperatur zu niedrig und dadurch ist der Lack zu kalt
- → Porenfüller ungenügend getrocknet
- → poriges Grundmaterial
- → Rückstände auf dem Substrat/Untergrund
- → Untergrund nicht ausreichend getrocknet
- → Feuchtegehalt des Pulverlacks zu hoch
- → zu hohe Schichtdicke aufgetragen
- → zu schnelle Aufheizkurve
- → Unverträglichkeit mit anderen Beschichtungsstoffen

Staubeinschlüsse/Pickel
Kleine unregelmäßige Erhebungen die in unterschiedlicher Größe, Art und Verteilung auf bzw. in der Beschichtungsoberfläche auftreten — Fehler

Ursachen

- → schlechte oder gar keine Vorbehandlung
- → ungesiebte Beschichtungsmaterialien
- → ungeeignete, fusselnde Kleidung
- → verschmutzte Luftfilter für die Zuluft der Spritzkabine oder ungenügender Luftfilter für Spritzluft
- → Verschmutzung in der Spritzkabine

Abbildung 7.68: Runzelbildung durch Schichtdicken-überschreitung – Runzelbildung
Quelle: M. Scheithauer et al. „Filmfehler an Holzlacken"

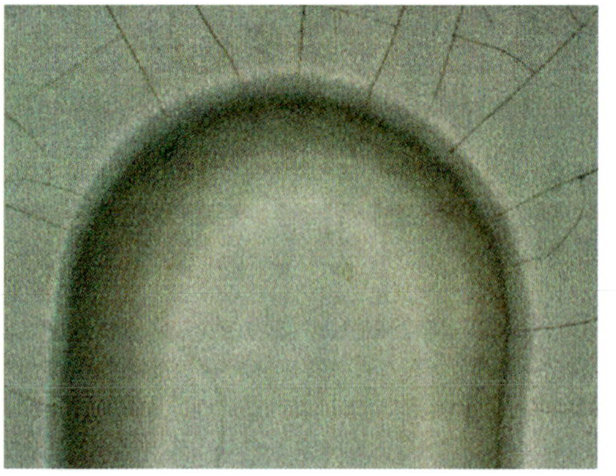

Abbildung 7.69: Lackrisse auf einer PUR-Lack beschichteten MDF-Platte – Risse
Quelle: M. Scheithauer et al. „Filmfehler an Holzlacken"

Runzelbildung

Fehler: Die Oberfläche weist Unebenheiten (Furchen, Wellen) auf.

Ursachen:
- → falscher Lackaufbau
- → zu hohe Schichtdicken und ungleichmäßige Durchtrocknung
- → Verwendung ungeeigneter Verdünnung
- → Quellen der Beschichtung durch Lösemitteleinschluss

Haarrisse

Fehler: Haarfeine Risse mit unterschiedlicher Länge und Tiefe

Ursachen:
- → fehlerhafte Vorbehandlung des Untergrunds
- → zu hohe Gesamtschichtdicken
- → falsche Produktzusammenstellung
- → ungenügende Durchtrocknung der Grundschichten

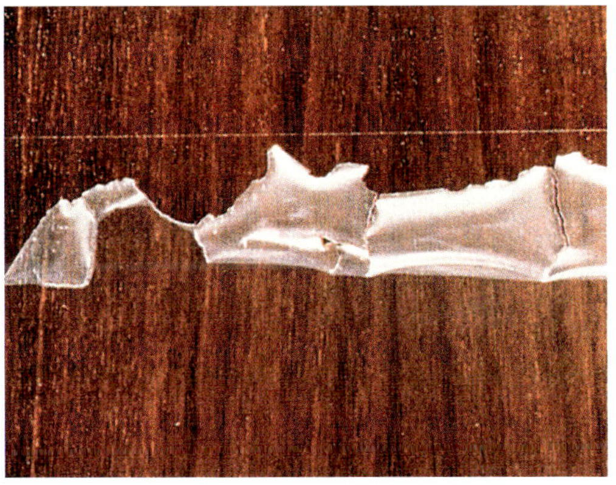

Abbildung 7.70: Haftfestigkeitsstörungen

Quelle: M. Scheithauer et al. „Filmfehler an Holzlacken"

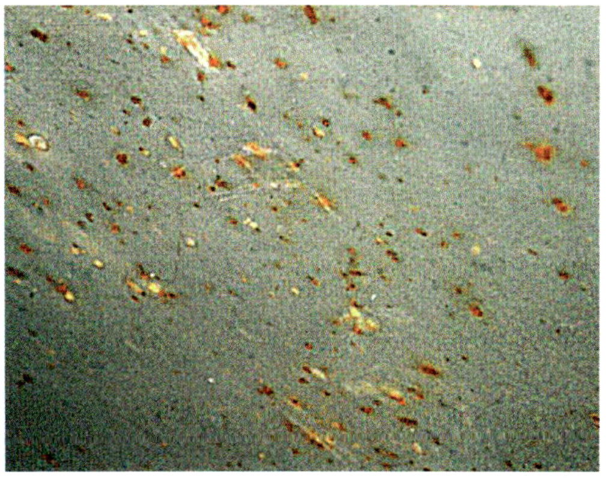

Abbildung 7.71: Unterrostung

Quelle: W.-D. Kaiser u. A. Schütz „Schäden an Korrosionsschutzbeschichtungen"

Schlechte Haftfestigkeit

Die Beschichtung löst sich in kleineren oder größeren Flächen vom Untergrund oder auch zwischen den verschiedenen Schichten des Beschichtungsaufbaus. Fehler

Ursachen

- → Untergrund nicht oder ungenügend gereinigt
- → Silikonrückstände, Feuchtigkeit oder Fettrückstände
- → fehlendes Anschleifen
- → zu dicker Einzel- oder Gesamtschichtauftrag
- → zu kurze Trockenzeiten
- → falsches Beschichtungssystem
- → falsches Mischungsverhältnis Stammlack/Härter

Schleifspuren

Durch die Lackierung zeichnen sich Spuren von Schleifmarkierungen ab. Fehler

Ursachen

- → Schleifen mit zu grobem Schleifmittel
- → Füllerschichten nicht genug ausgetrocknet
- → Decklack zu dünn aufgetragen
- → falsche Schleifgeräte
- → falsche Schleiftechnik

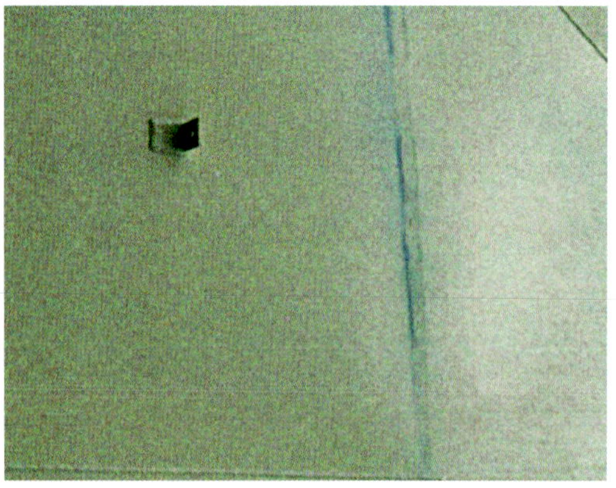

Abbildung 7.72: Grundierung schimmert durch die Deckbeschichtung durch

Quelle: W.-D. Kaiser u. A. Schütz „Schäden an Korrosionsschutzbeschichtungen"

Abbildung 7.73: Ausschwimmen von Pigmenten durch Unverträglichkeit – Farbtonabweichung

Quelle: M. Scheithauer et al. „Filmfehler an Holzlacken"

Rostflecken

Fehler

Das Beschichtungssystem hat sich vom Untergrund abgehoben und Rost wird sichtbar.

Ursachen

- → Reinigungs- und Spülfehler
- → Kondenswasser auf dem Substrat vor der Beschichtung
- → mechanische Beschädigung der Oberfläche und anschließende Unterwanderung mit Feuchtigkeit

Fehlendes Deckvermögen

Fehler

Der Untergrund scheint durch den Decklack.

Ursachen

- → Untergrund wurde nicht korrekt vorbehandelt, z. B. zu grob gestrahlt
- → Beschichtungsstoff vor der Verarbeitung nicht ausreichend aufgerührt
- → Beschichtungsfilm hat nicht erforderliche Schichtdicke oder Füllvermögen
- → ungleichmäßiger Beschichtungsauftrag
- → schlecht deckender Farbton
- → zu niedrige Viskosität

Abbildung 7.74: Matte Ausblühungen – Vermattung

Quelle: M. Scheithauer et al.„Filmfehler an Holzlacken"

Farbtonabweichung

Farbtonabweichungen bei gleicher Lichtquelle — Fehler

Ursachen

- → Lackmaterial wurde nicht ausreichend aufgerührt
- → Abweichung in der Serienbeschichtung durch Fehler in der Wareneingangskontrolle (Neulieferung, andere Charge)
- → zu nass/zu trocken gespritzt
- → zu dünn/zu deckend gespritzt
- → Spritzdüse/Spritzdruck nicht vorschriftsmäßig

Der Farbton zweier identischer Lackierungen sieht z.B. bei Tageslicht gleich aus, bei künstlichem Licht sind jedoch Farbunterschiede deutlich erkennbar. Dies nennt man Metamerieeffekt. — Fehler

Ursachen

- → durch unterschiedliche Lichtreflexion der Pigmente (entsteht z.B. durch Verwendung verschiedener Lacke mit gleichem Farbton, bei denen unterschiedliche Pigmente eingesetzt wurden)

Glanzverlust/Vermattung

Glanzverlust oder Vermattung der Decklackschicht — Fehler

Ursachen

- → zu hohe oder zu niedrige Schichtdicken
- → Einsatz falscher Härter bzw. Härter, die bereits mit Luftfeuchtigkeit reagiert haben und ungeeigneter Verdünnungen
- → zu saugender Untergrund
- → mangelhaftes Aufrühren des Beschichtungsstoffes
- → Störung bei der Trocknung und Härtung der Beschichtung
- → Beschichtung bei zu hoher Luftfeuchtigkeit

Wolkenbildung

Fehler
Streifen sowie helle und dunkle Flecken auf der Beschichtungsoberfläche; sind hauptsächlich bei Metallic-Lackierungen (Effektlacken) zu beobachten

Ursachen
- → falsche Pistolenführung
- → abweichende Spritzviskosität
- → unregelmäßiger Basislackauftrag
- → zu geringe Ablüftzeit des Basislacks
- → ungeeignete Verdünner
- → Spritzgeräte nicht in einwandfreiem Zustand
- → unterschiedlicher Spritzdruck

Kreiden

Fehler
Sichtbarer abreibfähiger Pigment- und Füllstoffanteil aus einer Beschichtungsschicht; eine „puderige" Schicht an der Oberfläche, die durch Abbau des Bindemittels an der Beschichtungsoberfläche entsteht

Ursachen
- → falsche Härterdosierung (zu wenig Härter)
- → zu geringer Gehalt an Bindemitteln (Filmbildner dargestellt durch Angabe der Pigmentvolumenkonzentration)
- → zu hohe Decklackschichten
- → Umweltbelastungen und Alterung oder ein den Anforderungen nicht entsprechendes Lackmaterial; zum Beispiel Epoxidharzsysteme für Werkstücke, die UV-Strahlung ausgesetzt sind, diese kreiden dann bei Umweltbelastung

7.6 Qualitätsmanagement

Ziel eines Qualitätsmanagementsystems ist die Definition von **Qualitätszielen**. Dabei muss natürlich auch beschrieben werden, wie diese Ziele erreicht werden können. Der Begriff Qualitäts„management" (managen: leiten, organisieren, zustande bringen) macht deutlich, dass es sich eigentlich um eine Führungsaufgabe handelt, denn Qualität wird gemanagt, das heißt, sie wird systematisch in die **Organisationsstruktur** des Unternehmens eingebunden, und kann sogar zu dessen Leitbild werden. Sie wird geplant, gesteuert und ständig verbessert.

Unter **Qualität** versteht man die Gesamtheit von Merkmalen einer Einheit bezüglich ihrer Eignung, festgelegte und vorausgesetzte Erfordernisse zu erfüllen. Oder anders ausgedrückt:

Qualität ist, wenn die Kunden zurückkommen und nicht das Produkt.

Allerdings ist Qualität keine Spielwiese von nur wenigen Mitarbeitern in einem Unternehmen. Sie ist Aufgabe eines jeden, das heißt, die Manager, die Ingenieure, die Techniker, die Meister, die Facharbeiter, die Auszubildenden und sogar die Sachbearbeiter haben ihre **Aufgaben** und Verantwortungen. Diese Aufgaben und Verantwortungen können nur übernommen werden, wenn Verfahrens- und Arbeitsabläufe bekannt sind. **Qualitätsziele** werden vor dem Beginn eines Fertigungsprozesses festgelegt. Bei dieser Qualitätsplanung werden Verfahren zur Realisierung der Ziele, Ablauf- und Zeitpläne, die Mitarbeiterqualifizierung sowie die Planung von **Qualitätskontrollen**, deren Ausführung und Dokumentation festgelegt. Dabei werden Forderungen des Kunden an die Produkteigenschaften berücksichtigt.

Um einen Fertigungsprozess qualitätsgerecht wiederholen zu können, muss dieser sehr genau beschrieben werden. Dies geschieht durch eindeutige und verbindliche Anweisungen in Form von

- → Arbeitsanweisungen,
- → Prüfanweisungen und
- → Verfahrensanweisungen.

In **Arbeitsanweisungen** sind Abläufe beschrieben, die direkt zur Ausführung dienen bzw. Arbeiten, die notwendig sind, um Arbeitsprozesse durchzuführen.

In **Prüfanweisungen** ist exakt beschrieben, welche Qualitätsparameter zu prüfen sind und in welcher Reihenfolge. Wenn z.B. zerstörende Prüfungen durchzuführen sind, werden natürlich die zerstörungsfreien vorgezogen.

Arbeitsanweisungen und Prüfanweisungen gehören zusammen, denn Arbeitsergebnisse werden zunehmend durch den Mitarbeiter selber geprüft. Prüfanweisungen sind deshalb oft bereits Bestandteil der Arbeitsanweisungen.

Einzelne Verfahrensschritte, Tätigkeitsfolgen und Aufgaben sind in **Verfahrensanweisungen** beschrieben. Sie regeln zum Beispiel einen vorgeschriebenen Ablauf für Materialeinkäufe und die dafür zu erstellenden notwendigen Dokumentationen [5].

Neben den Anweisungen müssen noch weitere Dokumente erstellt werden. Diese Dokumente sind betriebsspezifisch und enthalten z.B. Informationen über die einzustellenden Parameter an den Anlagen, Durchlaufzeiten und vieles mehr. All diese Daten, zum Beispiel vorgegebene und geprüfte Prozessparameter (Soll- und Ist-Werte) sowie überprüfte Qualitätsparameter der Produkte und die entsprechenden gemessenen Werte, müssen im Rahmen des Qualitätsmanagements erfasst, dokumentiert und anschließend archiviert werden. Das ist wichtig, um auch nach längerer Zeit noch darlegen zu können, wie der Produktionsverlauf im Detail stattgefunden hat (Wiederholbarkeit). Im Hinblick auf die Produkthaftung kann so bei Bedarf dargelegt werden, dass ein Fertigungsprozess fehlerfrei verlaufen ist.

Der für den Fertigungsprozess Verantwortliche muss in der Lage sein, die Parameter zu messen, notwendige Korrekturen an der Anlage durchzuführen und dieses entsprechend zu dokumentieren. Da sich Qualität aus einer Vielzahl von Faktoren zusammensetzt, ist für das ständige Qualitätsmanagement ein ganzheitlicher Blick notwendig.

Prüfungsaufgaben

1. Erarbeiten Sie zu den im Text dargestellten Fehlern, die beim Lackierprozess entstehen können, die möglichen Varianten zur Vorbeugung und Beseitigung dieser.

   Fassen Sie Ihre Ergebnisse in einer Tabelle zusammen.
2. Mit welchen Prüfgeräten lassen sich Beschichtungen auf die im Text dargestellten Fehler untersuchen? Unterscheiden Sie zwischen dem Beschichtungsstoff und dem eingebrannten Lackfilm, zum Beispiel: Gitterschnittprüfer (Haftfestigkeit), Farbmetrik (Metamerie), Schichtdickenmessgerät...
3. Überlegen Sie sich Prüfungen für Wareneingangskontrollen bzw. Prüfungen, die den Einsatz der Beschichtungsstoffe für die Serienlackierung sicherstellen.
4. Mit welchen Prüfungen kann die Qualität der Serienbeschichtung sichergestellt werden?
5. Erläutern Sie anhand von Beispielen die in der Fehlerbeschreibung genannten Ursachen.

Literaturhinweise

[1] H. Kittel: „Lehrbuch der Lacke und Beschichtungen, Band 5“, Hirzel Verlag, Stuttgart, S. 289 ff (2003)

[2] J. Pietschmann: „Schäden an Pulverlackschichten“, Vincentz Network, Hannover, S. 26 (2003)

[3] http://www.lesonal.de/c3view.php

[4] T. Brock: „Lehrbuch der Lacktechnologie“, Vincentz Network, Hannover, S. 174 (1998)

[5] J. Pietschmann: „Industrielle Pulverbeschichtung“, Vieweg Verlag, Wiesbaden, S. 397 (2003)

[6] U. Greßler, R. Göppel: „Qualitätsmanagement“, Bildungsverlag Eins / Stam (2002)

[7] U. Zorll, O. Lückert: „Prüftechnik“, Lackierhandbuch, Vincentz Verlag, Hannover (2002)

[8] U. Hoffmann: „Qualitätssicherung und Fehlerreduzierung“, Taschenbuch (2001)

[9] K. Sydow: „Schäden am Autolack“, Vincentz Network, 2. Auflage, Hannover (2005)

[10] T. May: „Umweltmanagement im Lackierbetrieb“, Vincentz Verlag, Hannover (1997)

[11] M. Scheithauer, H. J. Sirch: „Filmfehler an Holzlacken“, Vincentz Verlag, Hannover (1996)

[12] O. Lueckert: „Prüftechnik bei Lackherstellung und Lackverarbeitung“, Vincentz Verlag, Hannover (1992)

8 Umweltschutz, Arbeitsschutz und Gesundheitsschutz

8.1 Maßnahmen zum Umweltschutz

Das oberste Prinzip bei technischen Prozessen ist die Vermeidung von Belastungen für die Umwelt und den Menschen. Durch das **Bundes-Immissionsschutzgesetz** und die TA-Luft werden Grenzen für die Schadstoffemissionen festgelegt und erforderliche Maßnahmen vorgeschrieben. Weitere Gesetze regeln die Einleitung von Abwasser in die Gewässer **(Wasserhaushaltsgesetz, WHG)** und definieren Vorschriften über die Behandlung und Deponierung von Abfällen **(Kreislauf-, Wirtschafts- und Abfallgesetz, KrW-/AbfG)**. Belastungen für den Menschen können im Allgemeinen beim bestimmungsgemäßen Umgang, d.h. beim Verarbeiten, beim Transport oder beim Lagern erfolgen. Verstärkt können sie durch Störfälle im Betrieb, bei Transportunfällen oder anderen Gefahrfällen ausgelöst werden. Die Verordnungen und Verwaltungsvorschriften der einzelnen Bundesländer schreiben z.B. für den Gewässerschutz Genehmigungsverfahren vor. Das Kreislaufwirtschafts- und Abfallgesetz gibt dem Vermeiden und Verringern von Abfällen den Vorrang vor Recycling und Entsorgung. Dabei muss bei einigen Abfallarten zunächst gründlich geprüft werden, ob er sie dem Sondermüll zugeordnet oder als Hausmüll deponiert werden können. In Betrieben mit Abfällen aus dem Beschichtungsbereich müssen diese getrennt gesammelt und dann entsprechend dem vorgegebenen Abfallschlüssel entsorgt werden. Dabei ist es empfehlenswert bzw. notwendig, mit der Entsorgung qualifizierte Betriebe zu beauftragen, denn die Betriebe haben eine Nachweispflicht für die ordnungsgemäße Entsorgung zu erfüllen. Grundlegend soll schon bei der Auswahl von Beschichtungsstoffen als Kriterium nicht nur deren technische Leistungsfähigkeit herangezogen werden.

Bereits in der **Planungsphase** von Lackierprozessen müssen Fragen zur Belastung der Umwelt und der Mitarbeiter sowie die Entsorgung mit geprüft werden. Durch frühzeitige Einbeziehung dieser Aspekte werden die Gesundheit der Mitarbeiter sowie die Umwelt geschützt. Des Weiteren kann dabei Geld gespart werden, denn die Entsorgung von Abfällen aus dem Beschichtungsbereich ist als Sonderabfall sehr teuer, ebenso wie die Einleitung von schadstoffbelastetem Wasser **Gesetzesverstöße** können als Strafbestand gewertet, als Ordnungswidrigkeit ausgelegt und mit einem entsprechenden Bußgeld belegt werden. Um die vorstehend genannten Gefahren abzuwenden, muss jedem Mitarbeiter seine **persönliche Verantwortung** bewusst sein. Schon durch kleine Unachtsamkeiten kann man bleibende Schäden verursachen. Auf der Grundlage der gesetzlichen Bestimmungen hat jeder oberflächentechnische Betrieb in Zusammenarbeit mit den dafür zuständigen Stellen Maßnahmen zum Schutz der Umwelt zu erarbeiten, um die Belastungen auf ein unvermeidbares Maß zu beschränken. Damit diese Maßnahmen auch wirken können und keine Gefahrenfälle auftreten, müssen sich die Mitarbeiter in oberflächentechnischen Betrieben an die vorgegebenen Vorschriften und Anweisungen halten. Dazu gehört z. B.

- → das störungsfreie Fahren der Beschichtungsanlagen lt. Betriebsanweisung
- → das sofortige Beseitigen und Melden von Störungen
- → ein vorschriftsmäßiges Behandeln aller Anlagen, vor allem bei den Anlagen, in denen Gefahrstoffe vorhanden sind
- → des Weiteren dürfen Abwässer nicht unerlaubt abgelassen werden
- → Abfälle müssen sachgerecht deponiert werden, wenn eine Verminderung oder Vermeidung von Abfällen nicht möglich ist

Jeder Mitarbeiter sollte durch geeignete Schulungen für ein umweltbewusstes Handeln in jeder Situation sensibilisiert werden.

Prüfungsaufgabe

Nach Feierabend unterhalten sich die Chefs zweier Beschichtungsunternehmen.
Herr Gestrig führt einen Betrieb, in dem konventionell nass lackiert wird. Es werden stark lösemittelhaltige Lacke verarbeitet. Herr Morgen leitet ein modernes Unternehmen. Er hat mittlerweile komplett auf Wasserlacksysteme umgestellt. Lesen Sie die Unterhaltung.

Herr Morgen: Sag mal, wie sieht's bei euch mit den Umweltschutzmaßnahmen aus, du weißt schon, VOC und so weiter?

Herr Gestrig: Was? VOC? Was ist das denn? Meinst du den Umweltquatsch?

Herr Morgen: VOC ist diese Verordnung, die eine Lösemittelreduzierung vorschreibt.

Herr Gestrig: Ach so, nö. Das lass ich alles ganz ruhig auf mich zukommen!

Herr Morgen: Na, dann bekommst du bestimmt bald viel zu tun. Übrigens, die vielen Hochwasserkatastrophen haben auch mit dem Lösemittelverbrauch zu tun. Hast du nicht so viel Geld für die Opfer gespendet? Du kannst auch mit deinem Betrieb etwas tun!

Herr Gestrig: Gespendet ja, aber sonst ist das doch alles Blödsinn.

Herr Morgen: Nix ist Blödsinn. Ich will dir das mal erklären.

Aufgabe: Schreiben Sie das Gespräch mit Ihrem/r Nachbar/in weiter. Herr Morgen soll Herrn Gestrig verdeutlichen, dass auch Lackierereien am Abbau der Ozonschicht ihren Anteil haben. Machen Sie dabei deutlich, warum es sich lohnt, Umweltschutzmaßnahmen zu verstärken (und zwar nicht nur wegen der VOC-Verordnung).

8.2 Arbeitssicherheit und Gesundheitsschutz

Vor allen technischen Maßnahmen genießt die Vorsorge für die Gesundheit der Mitarbeiter höchste Priorität. In Gesetzen und Verordnungen, in geordneten technischen Regeln, Richtlinien und Normen sowie Schriften und Unfallverhütungsvorschriften der Berufsgenossenschaften sind die Schutzziele und Maßnahmen zum Erreichen dieser Ziele beschrieben. Die Vorschriften und Regeln zur Arbeitssicherheit basieren auf den **Arbeitsschutzgesetzen**. In der **Gefahrstoffverordnung** ist der Umgang mit gefährlichen Stoffen geregelt. Es ist die Pflicht von allen an den Beschichtungsprozessen beteiligten Parteien, die Arbeiten so zu planen und auszuführen, dass weder die eigene Gesundheit und Sicherheit noch die der anderen gefährdet ist. Dabei muss sichergestellt werden, dass alle gesetzlichen Auflagen, die dafür bestimmt sind, eingehalten werden. Das heißt z. B. es dürfen weder krebserregende noch toxische Stoffe eingesetzt werden. Maßnahmen gegen Brandgefahren, Lärm, Staub u. a. m. müssen getroffen werden. Des Weiteren müssen persönliche Schutzausrüstungen (Körper-, Augen-, Haut-, Gehör- und Atemschutz) verwendet werden. Dabei ist der gesamte Oberflächenbeschichtungsablauf betroffen:

- → die Oberflächenvorbereitung/-behandlung
- → die Applikation von Beschichtungsstoffen
- → im Rahmen der Oberflächenvorbereitung oder der Reinigung von Anlagen und Arbeitsgeräten die Behandlung von Abwasser
- → Entsorgung von Vorbehandlungsmaterialien, Resten von Beschichtungsstoffen sowie von entleerten Gebinden und anderen Arbeitsmaterialien

Arbeitssicherheit bei der Oberflächenvorbereitung und beim Beschichten
Die Oberflächenvorbereitung umfasst Reinigungsarbeiten von unbeschichteten und beschichteten Werkstücken sowie ggf. deren Entlackung vor einer Neubeschichtung. Durch diese Arbeiten fallen zum Beispiel Stäube, Strahlschutt und verunreinigtes Abwasser an. Durch Altbeschichtungen und beim Reinigen von nichtbeschichteten Untergründen können Gefahrstoffe anfallen wie z. B. Pigmente, Öle und anderes mehr. Stäube müssen aus der Luft durch technische Luftführung mit Entstaubung entfernt werden. Die Mitarbeiter müssen dabei die Unfallverhütungsvorschriften beachten und gegebenenfalls persönliche Schutzausrüstungen während der Arbeit tragen. Die persönliche Schutzausrüstung muss aus einem fusselfreien und antistatischen Overall bestehen. Arbeitsschuhe müssen mit einer leitfähigen Sohle gegen elektrostatische Aufladung ausgestattet sein. Während der Arbeit sollten die freiliegenden Hautstellen mit Pflegemittel geschützt werden. Das Tragen von Handschuhen sollte Pflicht sein. Ebenso wie die Arbeitsschuhe sollten auch die Handschuhe leitfähig sein. Bei einigen Tätigkeiten muss zusätzlich eine Schutzbrille getragen werden, da viele Vorbehandlungschemikalien und Beschichtungsstoffe für die Augen gefährliche Substanzen enthalten können. Optimalen Schutz bieten Visiere, die das gesamte Gesicht bedecken. Bei Überschreitung von Grenzwerten durch Lärmquellen wie z. B. Abluftgebläse im Spritzraum oder durch Schleifgeräte muss ein entsprechender Gehörschutz getragen werden. Durch das Tragen geeigneter Atemschutzmasken kann das Eindringen von giftigen Stäuben und Dämpfen in die Lungen vermieden werden.

Beim Aufbringen der Beschichtungsstoffe sind die Unfallverhütungsvorschriften ebenfalls einzuhalten und die persönlichen Schutzausrüstungen bei den jeweils anfallenden Arbeiten zu tragen. Durch die Einführung neuer Beschichtungsstoffe sowie durch Einsatz von Pulverlacken und wässrigen Systemen kann der Lösemittelanteil reduziert werden, trotzdem entstehen beim Beschichten immer noch Gesundheits- und Umweltbelastungen. Außerdem entweichen bei der Aushärtung von Beschichtungsstoffen Lösemittel. Ebenso könnten bei der Vernetzung von Lacken durch chemische Reaktionen Spaltprodukte freigesetzt werden. Der Hersteller von Beschichtungsstoffen muss den weiterverarbeitenden Betrieben ein Sicherheitsdatenblatt zur Verfügung stellen, das neben vielen technischen Kennwerten auch Angaben über den sicheren Umgang mit diesem Produkt enthält. Anhand dieser Sicherheitsdatenblätter müssen die Mitarbeiter über Betriebsanweisungen und durch persönliche Einweisung über die Vorschriften beim Umgang mit dem Gefahrstoff, über Verhalten im Gefahrenfall sowie über die Entsorgung der Stoffe informiert werden.

Jeder im Betrieb ist verpflichtet, die der Arbeitssicherheit und dem Gesundheitsschutz dienenden Maßnahmen einzuhalten und zu unterstützen.

8.2.1 Sicherheitskennzeichnungen

Gefahrensituationen müssen vermieden werden, noch bevor es zu einem Unfall kommt, indem man den Anweisungen und Hinweisen von Mitarbeitern und Vorgesetzten folgt. Bei auftretenden Fragen sollten die gesetzlichen Regelungen und betrieblichen Anweisungen zu Rate gezogen werden. Sicherheitsbewusstes Verhalten schützt nicht nur die eigene Gesundheit, sondern auch die Gesundheit und das Leben der anderen Mitarbeiter sowie die Arbeitsmittel. An vielen wichtigen und gefährdeten Stellen sind im Betrieb Sicherheitskennzeichnungen angebracht. Diese machen auf Gefahren aufmerksam und fordern zu einem bestimmten Sicherheitsverhalten auf. Diese Hinweise sind unbedingt zu beachten.

Die wichtigsten Zeichen sind

- → **Verbotszeichen** (müssen unbedingt befolgt werden)
- → **Warnzeichen** (die Unfallverhütungszeichen sind besonders streng zu beachten)
- → **Gebotszeichen** (das Tragen einer persönlichen Schutzausrüstung ist Pflicht)
- → **Rettungszeichen** (diese Kennzeichnungen sollten jedem Mitarbeiter bekannt sein)

8.2.1.1 Verbotszeichen

Diese sind rund, Rand und Querbalken rot, der Grund weiß und das Symbol schwarz. Nachfolgend sind einige wichtige Verbotsschilder aufgeführt.

Mobilfunk verboten

Berühren verboten

Für Flurförderzeuge verboten

Mit Wasser löschen verboten

Feuer, offenes Licht und Rauchen verboten

Rauchen verboten

Fotografieren verboten

Für Fußgänger verboten

8.2.1.2 Warnzeichen

Diese sind dreieckig, der Rand schwarz, der Grund gelb und das Symbol schwarz. Auch hier nachfolgend einige wichtige Warnzeichen:

Warnung vor gesundheitsschädlichen oder reizenden Stoffen

Warnung vor giftigen Stoffen

Warnung vor feuergefährlichen Stoffen

Warnung vor gefährlicher elektrischer Spannung

Warnung vor Biogefährdung

Warnung vor heißer Oberfläche

8.3.1.3 Gebotszeichen

Diese sind rund, der Grund ist blau und das Symbol weiß. Auch hier nachfolgend einige wichtige Gebotszeichen:

Augenschutz benutzen

Schutzhelm benutzen

Gehörschutz benutzen

Atemschutz benutzen

Schutzschuhe benutzen

Schutzhandschuhe benutzen

Schutzkleidung benutzen

Gesichtsschutzschild benutzen

8.2.1.4 Rettungszeichen

Diese sind quadratisch oder rechteckig, der Grund ist grün und das Symbol weiß.

Krankentrage

Augenspüleinrichtung

Notruftelefon

Rettungsweg/Notausgang

8.2.2 Gefahrstoffe

Der Arbeitsplatz des Beschichters ist, abgesehen von den allgemeinen Unfallgefahren durch mechanische Verletzungen, ein Ort, an dem der Arbeitnehmer auch Gefahren durch den Umgang mit Gefahrstoffen ausgesetzt ist. Von Gefahrstoffen spricht man, wenn Stoffe bestimmte physikalisch-chemische, toxische oder ökologische Eigenschaften besitzen und Gefahren für den Menschen und/oder die Umwelt von ihnen ausgehen. Um Personen, die mit diesen Stoffen umgehen, wesentliche Informationen über zu erwartende Gefahren zugänglich zu machen, müssen die Gefahrhinweise auf den Verpackungen bzw. den Gebinden gekennzeichnet sein. Die Kennzeichnung soll alle potenziellen Gefahren, die beim Umgang auftreten können, berücksichtigen. Der Begriff „Gefahrstoffe" umfasst nicht nur alle als gefährlich eingestuften Stoffe, sondern auch jene Stoffe, die zunächst keine gefährlichen Stoffe sind, also nicht als solche eingestuft werden, aus denen aber, wenn sie be- oder verarbeitet werden, gefährliche Stoffe entstehen oder freigesetzt werden können. Zum Beispiel das Strahlmittel Quarzsand ist an sich kein gefährlicher Stoff. Jedoch entsteht bei der Verwendung als Strahlmittel Staub, der, wenn er eingeatmet wird, zu Gesundheitsschäden (z.B. Silikose) führen kann. Ebenso Altbeschichtungen: Sie stellen in der Regel keine Gefährdung dar, aber werden sie abgeschliffen, entstehen ebenfalls Stäube. Diese enthalten Stoffe, die, wenn sie eingeatmet werden, gesundheitsgefährdend sein können.

Gefährliche Stoffe sind Stoffe, die

- → umweltschädlich
- → explosionsgefährlich
- → gesundheitsschädlich
- → reizend
- → ätzend

- brandfördernd
- entzündlich
- giftig
- Krebs erzeugend
- Fortpflanzung gefährdend oder
- erbgutverändernd sind.

Vor dem Inverkehrbringen unterliegen grundsätzlich alle Chemikalien der Einstufungs- und Kennzeichnungspflicht. Das Ziel einer einheitlichen Einstufung und Kennzeichnung von Chemikalien ist es, Mensch und Umwelt beim Umgang mit Chemikalien vor nachteiligen Auswirkungen zu schützen. Dies wird gewährleistet, indem gefährliche Stoffeigenschaften identifiziert und durch Gefahrensymbole gekennzeichnet werden. Als Grundlage dient ein weltweit einheitliches System für die Einstufung der Gefahren, die von Chemikalien ausgehen können, und für die Gefahrenkommunikation die Verwendung gleicher Kennzeichnungssymbole. Das internationale System **GHS** mit den Gefahrensymbolen strebt eine einheitliche Gefahrenbewertung und Kennzeichnung von Chemikalien an. GHS steht für „Globally Harmonized System of Classification and Labeling of Chemicals".

Insgesamt umfasst das GHS 16 Klassen für physikalisch-chemische Gefahren, zehn Klassen für Gesundheitsgefahren und eine Gefahrenklasse für die Umwelt.

Gefahrenklassen:

Physikalische Gefahren

- entzündbare Flüssigkeiten
- entzündbare Gase
- entzündbare Aerosole
- entzündbare Feststoffe
- oxidierende Gase
- oxidierende Flüssigkeiten
- oxidierende Feststoffe
- explosive Stoffe/Gemische und Erzeugnisse mit Explosivstoff
- selbsterhitzungsfähige Stoffe und Gemische
- selbstzersetzende Stoffe und Gemische
- organische Peroxide
- pyrophore Flüssigkeiten
- pyrophore Feststoffe
- Gase unter Druck

- → Stoffe und Gemische, die in Berührung mit Wasser entzündbare Gase entwickeln
- → korrosiv gegenüber Metallen

Gesundheitsgefahren

- → akute Toxizität
- → Aspirationsgefahr
- → Ätz-/Reizwirkung auf die Haut
- → Keimzellmutagenität
- → Reproduktionstoxizität
- → Karzinogenität
- → schwere Augenschädigung/Augenreizung
- → spezifische Zielorgan-Toxizität bei einmaliger Exposition
- → spezifische Zielorgan-Toxizität bei mehrmaliger Exposition
- → Sensibilisierung der Haut oder der Atemwege

Umweltgefahr

- → Gewässergefährdung

Um auf den ersten Blick die wichtigsten Informationen über die Gefährlichkeit und den Umgang mit dem jeweiligen Gefahrstoff zu erkennen, verfügt eine Chemikalieninformation nach **GHS** über zahlreiche Hinweise. Hierzu gehören die Signalwörter, die Gefahrenhinweise (H-Sätze), die Sicherheitshinweise (P-Sätze) und die Gefahrenpiktogramme. Das Signalwort „Gefahr" steht dann für eine schwerwiegende Gefahrenkategorie, „Achtung" für die weniger schwerwiegende Gefahrenkategorie. Der Gefahrenhinweis besteht aus dem Buchstaben H und einer dreistelligen Zahl. An der ersten Ziffer kann man ablesen, zu welcher der drei großen Gefahrenklassen der Stoff gehört.

H2 Physikalische Gefahr
H3 Gesundheitsgefahr
H4 Umweltgefahr

Der Sicherheitshinweis besteht aus dem Buchstaben P und einer dreistelligen Zahl. Die erste Ziffer hat dabei folgende Bedeutung:

P1 Allgemeines
P2 Prävention
P3 Reaktion
P4 Lagerung
P5 Entsorgung

Den H-Sätzen sind bestimmte P-Sätze fest zugeordnet.

Je nach Gefahrenkategorie wird einem Stoff ein bestimmtes Gefahrensymbol (Piktogramm) zugeordnet. Zur Kennzeichnung werden insgesamt neun Gefahrenpiktogramme (**GHS**01 bis **GHS**09) verwendet. Diese ermöglichen eine schnelle Information über die Hauptgefahr eines Stoffes. Dabei handelt es sich um eine auf der Spitze stehende, rot umrandete Raute mit schwarzem Piktogramm auf weißem Grund.

GHS01
Flüssigkeiten, Feststoffe und Gemische, die durch Schlag, Reibung, Erwärmung, Feuer oder andere Zündquellen (z.B. elektronische Kontakte) explodieren

GHS02
Entzündbare Gase, Flüssigkeiten, Aerosole und Feststoffe; Stoffe und Gemische, die bei Berührung mit Wasser entzündbare Gase entwickeln, selbstentzündliche und selbstzersetzende Flüssigkeiten und Feststoffe, selbsterhitzungsfähige Stoffe und Gemische

GHS03
Oxidierende und entzündend wirkende Feststoffe, Flüssigkeiten und Gase

GHS04
Gase und Gasgemische, die in einem Behältnis enthalten sind, verdichtete Gase (unter Druck), verflüssigte Gase, gelöste und tiefgekühlt verflüssigte Gase

GHS05
Stoffe und Gemische, die auf Metall korrosiv wirken und es beschädigen oder zerstören können; verursacht schwere Verätzungen der Haut und schwere Augenschäden

GHS06
Chemikalien, die bereits in geringen Mengen nach dem Verschlucken, Einatmen oder beim Kontakt mit der Haut schwere Gesundheitsschäden hervorrufen oder zum Tode führen; akute Toxizität

GHS07
Weniger stark gesundheitsgefährdende Stoffe und Gemische. akut gesundheitsschädlich nach Einatmen, Verschlucken oder Hautkontakt; Reizung der Haut und Augen, Sensibilisierung der Haut (verursachen allergische Hautreaktionen), Reizung der Atemwege bzw. betäubende Wirkung

GHS08
Stoffe und Gemische mit organspezifischen Giftwirkungen; oder langfristig gesundheitsgefährlichen Eigenschaften wie krebserregende, erbgutverändernde oder fortpflanzungsgefährdende

Wirkung; Flüssigkeiten, die nach Verschlucken schwere Lungenschäden verursachen (Aspirationsgefahr) und Stoffe, die beim Einatmen Allergien oder Atembeschwerden verursachen können (Sensibilisierung der Atemwege) sowie spezifische Organtoxizität bei einmaliger oder wiederholter Exposition zeigen

GHS09
Stoffe und Gemische, die akute und/oder längerfristige Schadwirkung auf Wasserorganismen zeigen, d.h. akut bzw. chronisch gewässergefährdend sind

8.3 Umweltgerechtes Lackieren

8.3.1 Allgemeines

Die heute im handwerklichen und industriellen Bereich immer noch vorherrschende Verarbeitung durch das Hochdruckzerstäuben ist mit Materialverlusten in Abhängigkeit vom Lackierobjekt mit bis zu 70% aus ökologischer Sicht mit Sicherheit die schlechteste aller Applikationstechniken. Eine Auseinandersetzung mit den umweltfreundlichen Lackiertechnologien hat deshalb immer mit dem Material auf der einen, und den Verarbeitungsverfahren auf der anderen Seite bzw. mit den Wechselwirkungen von Material und Verfahren zu tun. So werden beim umweltgerechten Lackieren zwei Ziele verfolgt:

→ Verminderung der Emission durch weniger Lösemittelabgabe an die Umwelt (materialbedingt)

→ Verminderung von Lackverlusten (verfahrensbedingt), welche wiederum zu einer Verminderung der Emission führt

Wegen der sehr unterschiedlichen Lackierobjekte, den Anforderungen an die Qualität der Lackierung und den verschiedenen Verarbeitungsanlagen kann es leider die beste und damit die allein zur Anwendung kommende Lackiertechnik nicht geben. Deshalb haben sich zahlreiche Alternativen zur konventionellen Lackiertechnologie im handwerklichen und industriellen Bereich der Lackiertechnik durchgesetzt. Wasserlacke als Lösungen, im Wesentlichen als Elektrotauchlacke bewährt, wässrige Dispersionen für den Do-it-yourself-Sektor und industrielle Anwendungen sowie Pulverlacke und strahlenhärtende Systeme konkurrieren miteinander. Unterschiedliche Stärken und Schwächen der Systeme haben sie praktisch zu gleichwertigen Wettbewerbern gemacht. Je nach Lackierobjekt, den Anforderungen an die Lackierung und der einzusetzenden Anlagentechnik finden sie an den unterschiedlichsten Stellen Verwendung.

Bei Mehrschichtlackierungen ergänzen sich die einzelnen Systeme zum Teil auf ideale Weise. Die Pkw-Lackierung ist ein gutes Beispiel für eine solche Symbiose. Die wässrigen kathodischen Elektrotauchlacke für die Grundierung und wässrige Füller-

und Basislacke, abgedeckt durch 2K-High-Solids oder strahlenhärtende Klarlacke, bilden ein aufeinander abgestimmtes System für die extrem hohen Ansprüche an den Korrosionsschutz, an die mechanisch-technologischen Eigenschaften und die Forderungen nach Glanz und Fülle.

8.3.2 High-Solids

Bei den High-Solids konnte durch Reduzierung von Lösemitteln der Festkörper- bzw. nichtflüchtige Anteil des Lacks angehoben werden. Erreicht wird die Reduzierung der Lösemittelanteile durch Verwendung niedermolekularer Filmbildner. 1K-Lacke können in üblichen Spritzanlagen verarbeitet werden. Die Reduzierung der Lösemittelanteile ist bei den einzubrennenden **1K-High-Solids** wegen der stärkeren Ablaufneigung nur minimal. Solche Lacksysteme sind deshalb für das ökologische Lackieren weniger interessant. Anders als 1K-High-Solids sind die **2K-High-Solids**. Bei diesen findet wegen der hohen Reaktivität schon nach dem Mischen der beiden Komponenten eine Molekülvergrößerung und damit ein Viskositätsanstieg statt. Während der nach der Verarbeitung einsetzenden Filmbildung wird dadurch selbst beim Erwärmen im Trockner ein Ablaufen bei gleichzeitig gutem Verlauf verhindert. Festkörper (nichtflüchtige Anteile) von bis zu 80% sind deshalb zu erreichen. Sie übersteigen damit die Möglichkeiten der 1K-Systeme erheblich. Diesem Vorteil der geringeren Emission stehen Nachteile der aufwändigen Anlagen für die Dosierung und Mischung der einzelnen Komponenten gegenüber.

8.3.3 Strahlenhärtende Lacke

Unter dem Begriff strahlenhärtende Lacke verbergen sich zum einen elektronenstrahlenhärtende Systeme (ESH) und zum anderen Lacke, welche mittels UV-Strahlen ausgehärtet werden. Die ESH-Lacke kommen aufgrund des sehr hohen technischen Aufwandes und den damit sich ergebenen hohen Kosten nur selten zum Einsatz und werden aufgrund dessen im Folgenden nicht weiter behandelt. Bei den UV-strahlenhärtenden Lacken hat sich hingegen aufgrund vieler Vorteile gegenüber konventionell härtenden Lacken ein breiter Markt entwickelt. Hierbei unterscheidet man zwischen Systemen, welche ausschließlich durch UV-Strahlung härten **(Mono-Cure)** und denen, welche neben der Strahlenhärtung andere Mechanismen der Härtung nutzen **(Dual-Cure)**. So sind diese Lacksysteme emissionsarm oder sogar emissionsfrei wie bei sogenannten 100% UV Lacken. Da fragt man sich, wie kann ein Nasslack mit wenig oder gar ohne Zusatz von Lösemitteln appliziert werden und zu einem glatt verlaufenden Lackfilm führen? Das gelingt mit den im Lack enthaltenden **Reaktivverdünnern**. Es handelt sich dabei um „Lösemittel", die aufgrund von reaktiven Gruppen, dies sind Kohlenstoffdoppelbindungen, mit den im Bindemittel vorhandenen Doppelbindungen in die vernetzende Lackierung chemisch eingebaut werden. Die Vernetzungsreaktion basiert auf einer durch energiereiche UV-Strahlung initiierten Polymerisation. Damit werden diese Reaktivverdünner in den Lackfilm eingebaut und verlassen diesen nicht wie bei konventionell härtenden Lacken. Ein besonderer Vorteil ist, dass in wenigen Sekunden ein hoher Vernetzungsgrad und eine dadurch bedingte enorme Kratz- und Abriebbeständigkeit herbeigeführt wird, welche z.B. in der Automobilindustrie und im Druckfarbenbereich häufig gefordert wird. Ein Nachteil dieser Technologie ist allerdings, dass in sogenannten Schattenbereichen, also dort wo die Strahlung nicht oder nur unzureichend das zu lackierende Bauteil erreicht, der Lack nicht ordnungsgemäß aushärten kann. Im Falle komplizierter geformter Bauteile kommen dann die sogenannten Dual-Cure-Lacke zum Einsatz. Realisiert wird dies, indem neben der UV-Härtung ein weiterer Mechanismus der Härtung genutzt wird. Diese Lacke können auf wässriger als auch auf lösemittelhaltiger Basis formuliert werden. Diese Hybridlacke nutzten die Vorteile der zu kratzfesten führenden Beschichtungen aufgrund der UV-Härtung mit einem weiteren stattfindenden Härtungsmechanismus, welcher eine ausreichende Vernetzung in Schattenbereichen garantiert.

Neue Entwicklungen in der UV-Technologie sind LED-UV Strahler. Im Vergleich zu herkömmlichen Strahlern ergeben sich Vorteile, wie ein geringerer Energieverbrauch, keine Ozonbildung sowie eine höhere Lebensdauer. Diese Technologie befindet sich zurzeit noch im Entwicklungsstadium. So müssen aufgrund des schmalen Wellenlängenspektrums dieser Strahler die Initiatorsysteme der UV-Lacke angepasst werden.

Wichtig: Mono-Cure Lacke härten ausschließlich mittels UV Strahlen und führen blitzschnell zu hochkratzfesten Filmen. Dual-Cure Lacke nutzen Vorteile der UV-Technologie und können in Schattenbereichen ebenfalls vernetzen.

8.3.4 Wasserlacke

Eine andere Methode, Lösemittelanteile zu reduzieren, besteht in dem Ersatz herkömmlicher Lösemittel durch das für den Menschen unbedenkliche Wasser. Dabei werden zwei unterschiedliche Wege beschritten:

- entweder wird der Filmbildner durch den Einbau polarer (hydrophiler) funktioneller Gruppen wasserlöslich gemacht **(wasserlösliche Lacke)** oder
- ohne Hydrophilierung in feinste Partikel überführt, die dann – wie auch in der Milch realisiert – eine stabile **wässrige Dispersion** ergeben

Wasserlösliche, d.h. in Wasser einzeln verteilte Filmbildnermoleküle oder als wässrige Dispersionen mit feinsten Teilchen von weniger als einem Mikrometer als nur wasserverdünnbare Beschichtungsstoffe, zeigen wegen des sehr unterschiedlichen Konzepts auch ein sehr unterschiedliches Eigenschaftsbild.

Beide Konzepte, sei es das der Dispersionen oder das der gelösten Lacke, benötigen Wasser, um eine Verarbeitbarkeit zu ermöglichen. Wasser ist zwar physiologisch unbedenklich, aber aufgrund seiner hohen Polarität auch eine äußerst aggressive Flüssigkeit. Alle Anlagen, in denen Wasserlacke verarbeitet werden, sollten deshalb aus Edelstahl oder Kunststoff bestehen. Außerdem besitzt Wasser eine hohe Verdampfungsenergie und ist in seinem Abdunstverhalten abhängig von der relativen Feuchte der Umgebungsluft.

8.3.4.1 Wasserlösliche Lacke

Die Löslichkeit der Filmbildner in den wasserlöslichen Lacken setzt eine dem polaren Wasser entsprechende **Polarität** voraus. Diese wird durch den Einbau von Carboxyl- oder Amino-Gruppen erreicht. Derartige Harze müssen, um eine zur Wasserlöslichkeit ausreichende Polarität aufzuweisen, zusätzlich durch Alkali oder Amine (anionische Harze) oder durch organische Säuren wie z.B. Essigsäure (kationische Harze) neutralisiert werden. Die polaren Gruppen des Filmbildners werden dadurch in wasserlösliche Ionen überführt. Bei einer ausreichend großen Zahl von polaren Gruppen gelingt es dann, die Filmbildner vollständig in Wasser aufzulösen.

Die Filmbildner stellen mit ihren polaren Endgruppen und den unpolaren Ketten quasi ein makromolekulares Tensid dar. Sie bilden deshalb ähnlich den klassischen Seifen größere Verbunde, die aber noch völlig vom Lösemittel Wasser durchspült werden. Will man einen wasserlöslichen Lack völlig ohne organische Lösemittel herstellen, sind Harze mit einer sehr großen Anzahl polarer Gruppen zu verwenden. Diese benötigen aber zur Neutralisation auch große Mengen an z.T. physiologisch bedenklichen Neu-tralisationsmitteln. Es hat sich deshalb als Kompromiss bewährt, auf organische Lösemittel nicht vollständig zu verzichten. Durch den Zusatz von geringen Anteilen wassermischbarer Lösemittel, den **Cosolvenzien** kann der Anteil an Neutralisationsmitteln erheblich reduziert werden. Bei wasserlöslichen Lacken handelt sich also immer um einen Kompromiss zwischen Lösemittelanteil und Menge an Neutralisationsmittel

Elektrotauchlacke
In hohem Maße bewährt haben sich **wassergelöste Lacke** bei der **anodischen (ATL)** und **kathodischen Tauchlackierung (KTL)**. Die neutralisierten Filmbildner werden durch die ablaufende Elektrolyse wieder in die unlösliche Form überführt (koagulieren). Durch die anschließende Elektroosmose wird der abgeschiedene Film fast vollständig entwässert. Vornehmlich kathodische Elektrotauchlacke (KTL) haben sich wegen ihres überaus guten Korrosionsschutzes bei der Grundierung metallischer Gebrauchsgüter bewährt.

Wasserlacke für die Spritzapplikation
Anders ist die Situation bei der Verarbeitung von Wasserlacken mittels Spritzverfahren. Durch die hohe Oberflächenspannung und die hohe Verdunstungsenergie des Lösemittels Wasser sind die Tropfenbildung und das anschließende Abdunsten des Wassers erschwert. Hinzu kommt der Einfluss der Luftfeuchte auf die Trocknungsgeschwindigkeit. Will man reproduzierbare Verarbeitungsbedingungen für eine gleichmäßige Filmbildung einstellen, ist eine Klimatisierung zur konstanten Einstellung der relativen Luftfeuchte notwendig. Klimatisierungsanlagen sind teuer und nur energieintensiv zu betreiben.

Wasserlacke im elektrostatisch unterstützen Spritzverfahren
Will man in Wasser gelöste Lacke im Spritzverfahren nicht nur emissionsarm sondern auch mit weniger Abfall (Overspray) verarbeiten, sind zusätzliche verfahrenstechnische Maßnahmen zu ergreifen. Für einen besseren Lackauftrag ist neben einer optimierten Teileaufhängung und einer entsprechenden Automateneinstellung auch eine elektrische Aufladung des Spritznebels sinnvoll. **Elektrostatische Lackierverfahren**, wie sie bei der Verarbeitung herkömmlicher Lacke seit Jahrzehnten üblich sind, können aber nicht ohne weiteres auf Wasserlacke übertragen werden. Wegen der hohen elektrischen Leitfähigkeit des Lösemittels Wasser ist die Übertragung des bei konventionellen Lacken bewährten Verfahrens der Innenaufladung

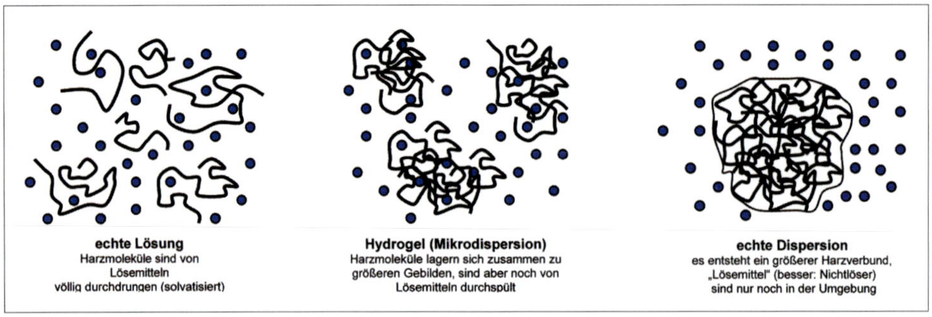

Abbildung 8.1: Gelöste Wasserlacke, Mikrogele und Dispersionen im Vergleich

auf Wasserlacke nicht möglich. Eine elektrische Aufladung des Wasserlacks vor der Zerstäubung, das heißt noch in der Pistole, würde zu einem Abfließen der Ladungen zur mit dem Lackierobjekt gemeinsamen Erdung und quasi zu einem Kurzschluss führen. Erst durch die Möglichkeit der **Außenaufladung**, also durch die Übertragung von Elek-tronen auf die bereits gebildeten Lacktropfen, ist auch eine elektrostatisch unterstützte Verarbeitung von Wasserlacken möglich geworden. Ein wegen der ungleichmäßigeren Aufladung der Spritznebeltröpfchen geringfügig schlechterer Auftragswirkungsgrad gegenüber der Innenaufladung muss in Kauf genommen werden.

8.3.4.2 Wässrige Dispersionen

Die bereits erwähnte heterogene Verteilung von „Filmbildnerkügelchen" in Wasser ist eine interessante Alternative zu den wässrigen Lösungslacken. Solche **wässrigen Dispersionen** benötigen keine Wasserlöslichkeit und können demzufolge schon als unpolare Filmbildner eingesetzt werden. Allerdings ist es notwendig, winzig kleine „Kügelchen" herzustellen. Durchmesser mit Bruchteilen eines Mikrometers sind zwingend notwendig, um glatte und glänzende Filme zu ermöglichen. Zwei Methoden zur Herstellung der Harzdispersionen haben sich bewährt. Durch Emulsions-Polymerisation gelingt es, beliebig kleine Teilchen herzustellen. Neben solchen **Primärdispersionen** werden auch durch Ausfällen aus Lösungen gebildete **Sekundärdispersionen** verwendet.

Zur **Stabilisierung** der Dispersionen, egal ob Primär- oder Sekundärdispersionen, sind auf den einzelnen Partikeln durch gleichartige elektrischen Ladungen abstoßende Kräfte herbeizuführen. Ein großer Vorteil der wässrigen Dispersion im Vergleich mit den gelösten Wasserlacken besteht darin, dass keine Neutralisationsmittel notwendig sind. Auch ist die Menge an organischen Hilfslösern **(Cosolvenzien)** erheblich niedriger. Sie werden, um den Verlauf während der Filmbildung positiv zu beeinflussen, in Mengen von nur 1 bis 3 % eingesetzt. Auch wird wegen der heterogenen Verteilung der Filmbildnerteilchen das Lösemittel Wasser während der Filmbildung weniger stark festgehalten. Die Trocknung von wässrigen Dispersionen verläuft deshalb erheblich schneller als die von gelösten Wasserlacken.

Allerdings stehen den ökologischen Vorteilen der wässrigen Dispersionen auch Nachteile gegenüber. Diese sind im Wesentlichen in der durch die Partikel hervorgerufene Oberflächenstruktur des getrockneten Films zu sehen. Damit verbunden sind auch Einbußen beim Glanz.

Die neueren Entwicklungen zielen deshalb darauf ab, die Teilchengröße der Filmbildnerdispersionen noch weiter zu verringern. Moderne **Mikrodispersionen** bzw. **Mikrogele**, das sind vom Lösemittel Wasser fast völlig durchspülte Harzpartikel, stellen einen guten Kompromiss zwischen den echten Dispersionen und den in Wasser gelösten Lacken dar.

8.3.5 Pulverlacke

Einen völlig anderen Weg, Emissionen und Abfall zu reduzieren, bieten die **Pulverlacke**. Das völlig lösemittelfreie Pulver wird in der Regel nach elektrostatischer Aufladung als Feststoff auf das Objekt gebracht. Ein anderes Verfahren, das Pulver in Wirbelsinterbecken auf vorgewärmten Lackierobjekten aufschmelzen zu lassen, hat sich wegen der sehr hohen Schichtdicken weniger bewährt.

Die elektrostatische Verarbeitung aus der festen Phase führt zu einer ganzen Reihe von ökologischen Vorteilen. Neben dem vollständigen Verzicht auf Lösemittel kann der bei der Verarbeitung entstehende Overspray als Feststoffpulver zurückgewonnen werden und steht so für den Prozess erneut zur Verfügung.

Neben den nicht mehr vorhandenen Emissionen ist die Pulverlacktechnologie auch nahezu abfallfrei. Nicht zuletzt deshalb setzt sich diese Lackiermethode bei der industriellen Verarbeitung von Gebrauchsgütern mehr und mehr durch. Problematisch ist der durch die relativ großen Pulverteilchen bedingte schlechtere Verlauf. Höhere Schichtdicken beseitigen das Problem, führen aber zu einer unerwünschten Zunahme der Gesamtkosten. Feinere Partikel würden helfen den Verlauf zu verbessern, bereiten aber Schwierigkeiten bei der Materialrückgewinnung.

Verfahrenstechnisch beherrschbar werden Pulverlacke mit feineren Harzteilchen, jedoch, wenn der Beschichtungsstoff nicht als trockenes Pulver, sondern in Wasser suspendiert verarbeitet wird. Die **Slurries** mit Partikelgrößen von weniger als 5 µm sind als wässrige Suspensionen wie konventionelle Wasserlacke zu verarbeiten.

Wegen unterschiedlicher Ansprüche an die Qualität und den durch das Lackierobjekt bedingten unterschiedlichen Verarbeitungsmethoden, wird es in absehbarer Zeit den umweltgerechten Einheitslack nicht geben.

8.3.6 Umweltfreundliche Applikationsverfahren

Wie mehrfach erwähnt, trägt auch das Verarbeitungsverfahren dazu bei, Emissionen und Abfall zu minimieren. Einsparungen an Material und damit auch an Emissionen sind durch elektrostatische Applikationsverfahren möglich. Ein anderes Verfahren zur Reduzierung von Lösemittelemissionen besteht in der **Heißapplikation**. Die durch Erwärmen sinkende Lackviskosität kann durch Vermindern der Lösemittelanteile ausgeglichen werden. Effektiver, aber nicht für alle Lackierobjekte geeignet, sind **Elektrotauch-, Walz-** und **Gießverfahren**. Sie sind alle nahezu abfallfrei und führen im Falle des Walzens wegen der höheren Viskosität des Beschichtungsstoffes und der dadurch bedingten niedrigeren Lösemittelmengen zu einer weiteren Reduzierung der Emissionen.

Eine interessante Anwendung findet der Walzauftrag beim **Coil-Coating-Verfahren**. Hierbei werden auf Rollen (Coils) aufgewickelte Stahl- oder Aluminiumbänder im Walzverfahren beschichtet. Die mit bis zu 200 Metern pro Sekunde überaus hohe Bandgeschwindigkeit bewirkt, dass die Lösemittel wegen der kurzen Abdunstzeit fast vollständig im Trockner entweichen. Von dort können sie dann problemlos durch Adsorptions- oder Nachverbrennungsverfahren beseitigt werden.

8.3.7 Übersichtstabelle über die umweltfreundlichen Lackierverfahren

Lacksystem/ Lackierverfahren	Eigenschaften (Vor- und Nachteile)
High-Solids	1K-Lack nicht effektiv für Industrielacke, deshalb ohne große Zukunft; 2K-Lack als PUR und Epoxid interessant, gute Qualität, geringere Lösemittelabgabe, 2K-Anlagen zur Dosierung notwendig
Wasserlacke (gelöste Systeme)	Wasserlöslichkeit durch Neutralisation mit Aminen oder Säuren, enthalten Cosolvenzien, Filme erst nach Einbrennen beständig, Neutralisationsmittel entweicht, Wasser physiologisch unbedenklich aber gegenüber Metallen aggressiv, bei der Anlagentechnik zu berücksichtigen, hervorragend geeignet für Tauchlacke mit elektrischer Abscheidung (ATL und KTL)
Wasserlacke (Dispersionen)	Keine Neutralisationsmittel notwendig, praktisch lösemittelfrei, als Dispersion schnelle Verfilmung, nach Abdunsten bereits im Wasser unlöslich, Systeme in den meisten Fällen nur physikalisch trocknend, Filme nicht immer porenfrei und gut verlaufend, hoher Glanz problematisch, Einsatz vornehmlich im handwerklichen Bereich, neue, feine, zum Teil auch reaktive Dispersionen für industrielle Anwendungen bereits erfolgreich
Pulverlacke	Als „Trockenlackierung" praktisch abfallfrei, wegen hoher Einbrenntemperaturen nur für thermostabile Substrate geeignet, wegen hoher Teilchengrößen hohe Schichtdicken nötig für guten Verlauf, feine Teilchen durch Aufschlämmen in Wasser technisch beherrschbar als Slurry
Strahlenhärtende Lacke	Exzellente mechanisch-technologische Eigenschaften und Beständigkeiten, mit wenig Energieaufwand zu härten, aus Arbeitsschutzgründen nur industriell zu verarbeiten, Schwierigkeiten bei der Aushärtung kompliziert geformter Teile (Schattenbereiche)
Ökologische Lackierverfahren	Elektrostatische Lackzerstäubung oder/und Heißapplikation führen zu Einsparung an Emission und Abfall. Walz- und Gießauftrag praktisch ohne Materialverluste möglich, wegen hoher Verarbeitungsviskosität weniger flüchtige Anteile, Härtung konventionell mit IR-Strahlen oder UV- oder Elektronenstrahlen, nur für plane Teile geeignet, metallische Substrate können nach Lackierung in dreidimensionale Werkstücke geformt werden

Prüfungsaufgaben

1. Beschreiben Sie den Unterschied zwischen gelösten Wasserlacken und wässrigen Dispersionen. Welche Neuentwicklungen von Dispersionen gibt es?
2. Warum sind 2K-High-Solids den 1K-High-Solids vorzuziehen?
3. Warum sind Reaktivverdünner umweltfreundlich?
4. Warum müssen Reaktivverdünner enthaltende Lacke „kalt“ gehärtet werden?
5. Was ist das Coil-Coating-Verfahren?
6. Warum muss beim elektrostatischen Versprühen von Wasserlacken mit Außenaufladung gearbeitet werden?
7. Welche Methoden der Verarbeitung von Pulverlacken gibt es? Welche Vor- und Nachteile haben die verschiedenen Verfahren?

Literaturhinweise

[1] D. Ondratschek et al.: „Jahrbuch besser lackieren.“, Vincentz Network, Hannover

[2] P. Garratt: „Strahlenhärtung“, Vincentz Verlag, Hannover (1996)

[3] D. Distler: „Wässrige Pigmentdispersionen“, Wiley-VCH, Weinheim (1999)

9 Grundlagen der Chemie

9.1 Allgemeines

Dieses Kapitel soll dazu dienen, die in diesem Buch über die Lackrohstoffe und die Filmbildung gemachten Aussagen so zu ergänzen, dass ein Verständnis für die chemischen Hintergründe und damit auch für die Gesamtzusammenhänge der Lackiertechnik möglich wird.

9.2 Basisinformationen über Stoffe

Selbst der naturwissenschaftliche Laie hat davon gehört, dass sich schon die „alten" Griechen Gedanken über den Aufbau der Stoffe in uns und um uns herum gemacht haben.

Atom:
Winzig kleines (10^{-19} m) Teilchen, bestehend aus Protonen, Neutronen (= Atomkern) und Elektronen (= bewegliche Hülle)

Für Demokrit war es unglaublich, dass man ein Stück Materie, sagen wir, einen Stein, beliebig zerkleinern kann. Natürlich kann man Stoffe zertrümmern, aber die Frage, die sich Demokrit stellte, lautete: Wie oft kann man diesen Vorgang wiederholen? Er kam in Übereinstimmung mit dem heutigen Stand des Wissens zu dem Ergebnis, dass die Zerkleinerung von Materie nicht beliebig wiederholt werden kann. Zu irgendeinem Zeitpunkt erhält man Zerkleinerungsprodukte von einem so geringen Ausmaß, dass sie nicht weiter zerteilt werden können. Er nannte diese kleinsten Teilchen der Materie Atome, ein griechisches Wort, das übersetzt soviel bedeutet wie Unteilbares (Atomos).

9.2.1 Atombindung

Chemisches Element:
Stoff, der aus einer Vielzahl gleicher Atome besteht

Heute weiß man, dass diese nach Demokrit kleinsten Bausteine der Materie doch noch aus weiteren Miniteilchen bestehen. Für das Verständnis des Verhaltens der chemischen Verbindungen, d.h. der uns umgebenden Stoffe, reicht ein einfaches Atommodell völlig aus. Danach bestehen die Atome aus Atomkernen, zusammengesetzt aus elektrisch positiv geladenen Protonen und neutralen Neutronen sowie den frei beweglichen negativ, geladenen Elektronen. Letztere befinden sich in der Umgebung des Atomkerns.

Substanzen, die einheitlich aus den gleichen atomaren Bausteinen bestehen, sind die Elemente. Das Element mit den kleinsten Atomen, bestehend aus nur einem Proton und nur einem Elektron, ist der Wasserstoff. Etwas größer, aber immer noch zu den kleinen Atomen gehörig, sind die Grundbausteine des Kohlenstoffs, des Stickstoffs und des Sauerstoffs mit sechs, sieben bzw. acht Protonen und Neutronen im Kern vereint und einer gleichen Anzahl von Elektronen. Atome sind deshalb elektrisch neutral. Diese aus den Atomen bestehenden Elemente können sich unter bestimmten Bedingungen durch chemische Reaktionen mit sich selbst oder untereinander zu Molekülen verbinden. Solche Stoffe nennt man chemische Verbindungen.

Chemische Reaktion:
Die Umwandlung von Stoffen in solche mit anderen Molekülen als die Ausgangsstoffe

Das folgende Beispiel aus der Landwirtschaft soll dem besseren Verständnis einer solchen Molekülbildung dienen.

Moleküle:
Verbund aus mehreren gleichartigen oder unterschiedlichen Atomen unter gemeinsamer Nutzung der Bindungselektronen

Zwei Kleinbauern mit je einem Knecht leben in der Nähe eines Gutsbesitzers mit acht Knechten, von denen zwei schon in Rente leben und deshalb an der Arbeitswelt nicht mehr teilhaben. Somit stehen dem Gutsbesitzer nur sechs Knechte für die tägliche Arbeit zur Verfügung.

Chemische Verbindung:
Ein Stoff, der aus verschiedenen Atomen besteht, die sich untereinander verknüpft haben

Die Träume der beiden Kleinbauern über eine gute Zukunft sind bescheiden. Sie wünschen sich wegen der Vielseitigkeit und der Menge der auf dem Hof zu verrichtenden Arbeiten statt nur einem Knecht jeder zwei. Der Gutsbesitzer, nach seiner eigenen Meinung auch bescheiden, wünscht sich für seinen wirtschaftlichen Erfolg sehnlichst zwei weitere, also insgesamt acht Knechte.

Da die Umgebung unbewohnt ist, können weitere Arbeitskräfte nicht gefunden werden. Es handelt sich bei vordergründiger Betrachtung um ein unlösbares Problem. Nach reiflicher Überlegung finden sie aber doch eine für alle Beteiligten brauchbare Lösung. Die Kleinbauern leihen sich jeweils einen Knecht vom Gutsherrn und dieser erhält im Gegenzug von jedem der Kleinbauern ebenfalls je einen, also insgesamt zwei Knechte für die Arbeit auf dem Gutshof. Das Ergebnis ist, dass im zeitlichen Mittel immer zwei Knechte für die Kleinbauern und acht für den Gutsherrn arbeiten.

Dadurch ergibt sich eine Konstellation, die allen Wünschen gerecht wird. Ein Weggang eines der Beteiligten würde diesen neuen Idealzustand aufheben. Deshalb bleiben sie, mit der gegenseitigen Vereinbarung des Austausches ihrer Knechte (sie dienen beiden Herren), in der vorgegebenen Abhängigkeit bestehen. Sie bilden eine stabile Verbindung.

Atombindung:
Stabilisierung von Molekülen durch gemeinsame Nutzung von Elektronen zum Aufbau einer stabilen Elektronenschale; zwei Elektronen bei Wasserstoff, acht bei Kohlenstoff, Sauerstoff und Stickstoff

Ähnlich verhält es sich bei der chemischen Umsetzung der Atome zu Verbindungen. Nennen wir die Kleinbauern Wasserstoff und den Gutsbesitzer Sauerstoff und die Knechte Elektronen, wird verständ-

Bindigkeit:
Anzahl der von einem Atom ausgehenden Atombindungen (Sauerstoff zweibindig, Kohlenstoff vierbindig, Wasserstoff einbindig, Stickstoff dreibindig)

lich, dass die gemeinsame Nutzung zu einer stabilen Verbindung, dem HOH oder anders geschrieben H_2O, dem Wasser führt. Wenn sich auf diese Weise die ursprünglich als Atome vorliegenden Bausteine zu Molekülen verbinden, nennt man eine solche Verknüpfung Atombindung.

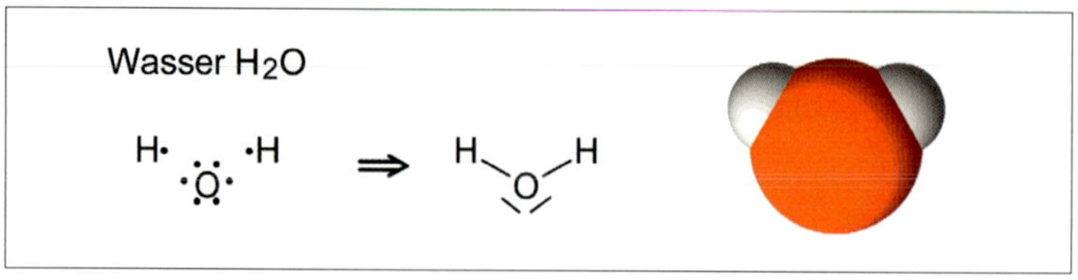

Funktionalität:
Anzahl der möglichen Bindungen bis zur Ausbildung einer 8er-Schale der Elektronen (Ausnahme ist der Wasserstoff mit zwei Elektronen)

Die zur Atombindung führende, gemeinsame Nutzung von jeweils zwei Elektronen wird in Lehrbüchern kenntlich gemacht durch einen Bindestrich zwischen den beiden symbolisch mit einem Buchstaben gekennzeichneten Atomen.

Eine andere anschauliche Darstellung der Moleküle liefert das Kalottenmodell nach Stuart und Biegler. Es gibt Auskunft über die relative Größe der im Molekül vorhandenen Atome.

Elektronegativität:
Fähigkeit, Elektronen in Atombindungen anzuziehen und dadurch Dipole oder Ionen zu bilden

Elektronenschalen:
Räume in der Umgebung des Atomkerns, in denen sich freie oder durch Atombindung fixierte Elektronen aufhalten

Durch den Austausch von Elektronen erhalten die in einer Verbindung vereinten Atome eine für sie erwünschte, energetisch günstige Konfiguration, acht Elektronen für den Sauerstoff und nur jeweils zwei für die kleinen Wasserstoffatome. Die Triebkraft für das Eingehen einer chemischen Bindung ist also, abgesehen vom mit zwei Elektronen geradezu bescheidenen Wasserstoff, immer die Ausbildung einer 8er-Schale. (Man spricht von Elektronen-Schalen, obwohl heute bekannt ist, dass Elektronen sich nicht auf klar definierten Schalen oder Bahnen befinden.) Wie beim Sauerstoff streben auch die Atome der anderen, für die Lackchemie wichtigen Elemente, wie Kohlenstoff und Stickstoff für einen stabilen Zustand eine 8er-Schale an. Die durch die Atombindung entstandenen Moleküle sind wegen der gleichen Anzahl positiver Protonen und negativer Elektronen genau so wie die Ausgangsatome elektrisch neutral.

9.2.2 Ionenbindung

Ionen:
Entstehen aus Molekülen durch vollständige Ladungstrennung durch Übernahme bzw. Abgabe eines oder mehrerer Elektronen

Andere Elemente hingegen, z.B. Natrium oder Chlor, nutzen zur Bildung von Molekülen keine gemeinsamen Elektronen. Natrium schenkt dem Reaktionspartner Chlor das zur Ausbildung einer vollen 8er-Schale notwendige Elektron, um dadurch selbst eine leere Schale zu erhalten. Die Folge ist eine Ladungstrennung in positiv und negativ geladene Teilchen. Wegen der elektrischen Anziehungskräfte bilden sich Ionenbindungen. Ionenbindungen werden immer dann eingegangen, wenn die Schalen entweder fast voll bzw. fast leer sind, z. B. bei der Überführung von Natrium und Chlor in Natriumchlorid. Natrium übergibt ein Elektron an das Chlor, wodurch sich Na^+- und Cl^--Ionen bilden. Die so entstehende Verbindung ist als Kochsalz bekannt.

Durch das Auflösen des Kochsalzes in Wasser werden die im Kristallgitter abwechselnd fest verpackten Ladungsträger voneinander getrennt. Sie bewegen sich als geladene positive und negative Teilchen in der flüssigen Umgebung. Die geladenen Bruchstücke werden als Ionen bezeichnet, die positiven als Kationen, die negativen als Anionen.

Zurück zu den Atombindungen: Neben dem Sauerstoff und dem Wasserstoff sind auch die anderen Elemente in der Lage, ihre Atome in Form von Atombindungen miteinander zu verknüpfen. Für die Lackchemie von besonderer Bedeutung sind der Kohlenstoff und der Stickstoff. Beide können sich mit Wasserstoff oder Sauerstoff durch Elektronenaustausch zu stabilen Verbindungen vereinigen. Unterschiedlich zum Sauerstoff besitzt der Kohlenstoff allerdings nicht sechs, sondern nur vier Elektronen in der äußeren Schale, der Stickstoff hingegen fünf. Beide streben, wie der Sauerstoff, zur Ausbildung eines stabilen Zustands die 8er-Konfiguration bzw. 8er-Schale an.

9.2.3 Kohlenwasserstoffverbindungen

Beispiele für die Verbindung des Kohlenstoffs mit Wasserstoff sind die Kohlenwasserstoffe. Der einfachste Vertreter ist das Methan. Da alle Wasserstoffatome voneinander den gleichen Abstand haben, besitzt das Methan die Form eines Tetraeders. (Deshalb ist im Kalottenmodell der vierte Wasserstoff nicht zu sehen. Er befindet sich hinter dem Kohlenstoffatom.)

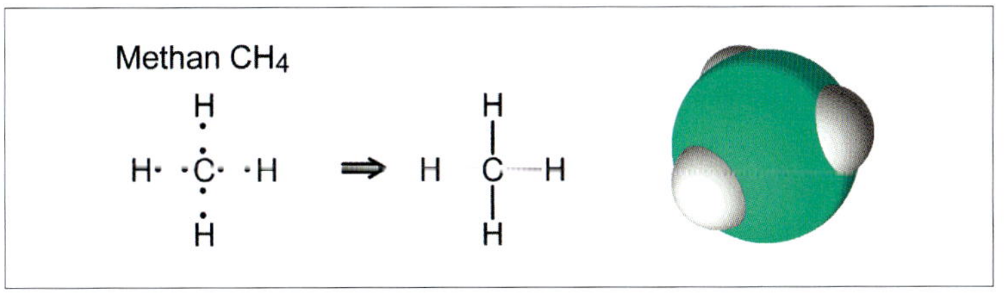

9.2.3.1 Aliphatische Kohlenwasserstoffe

Aliphatische Kohlenwasserstoffe: Mehr oder weniger lange, lineare oder verzweigte Kohlenwasserstoffketten mit nur geringer chemischer Reaktivität

Der Kohlenstoff ist interessanterweise befähigt, sich auch mit sich selbst zu verbinden. So sind z. B. Verbindungen wie das Ethan oder auch die nächst größeren Varianten Propan und Butan durch Verknüpfung der Kohlenstoffe untereinander möglich. Auf diese Art und Weise kann der Kohlenstoff lange, frei bewegliche Ketten bilden, die sich wegen der möglichen gegenseitigen Verknäuelung zu elastischen Feststoffen verfilzen können.

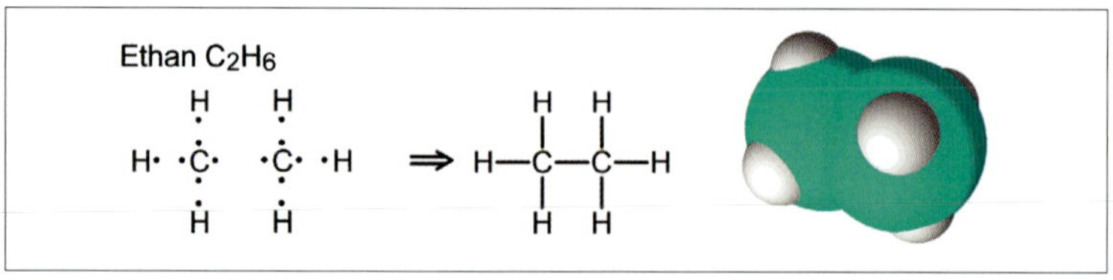

Wegen der freien Beweglichkeit der durch die Verknüpfung des Kohlenstoffs mit sich selbst unter Absättigung mit Wasserstoff gebildeten, chemisch stabilen Ketten (8-Schalen), den aliphatischen Kohlenwasserstoffen, können diese sich bei geeigneter Kettenlänge mit den Enden der eigenen Kette treffen und zu Ringen verbinden.

Zykloaliphatische Kohlenwasserstoffe: Reaktionsträge, aliphatische Ketten, die sich mit dem eigenen Kettenende zu ringförmigen Kohlenwasserstoffen verbunden haben; besonders bevorzugt sind 5- und 6-Ringe

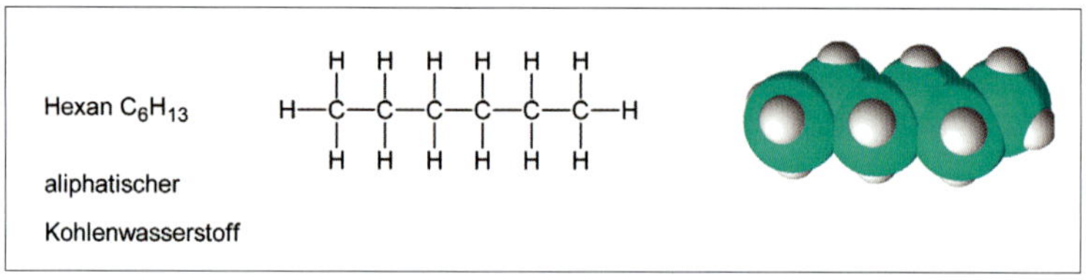

Wegen der geringsten Ringspannung ist die Bildung von 5- und 6-Ringen am wahrscheinlichsten. Es bilden sich zykloaliphatische Kohlenwasserstoffe.

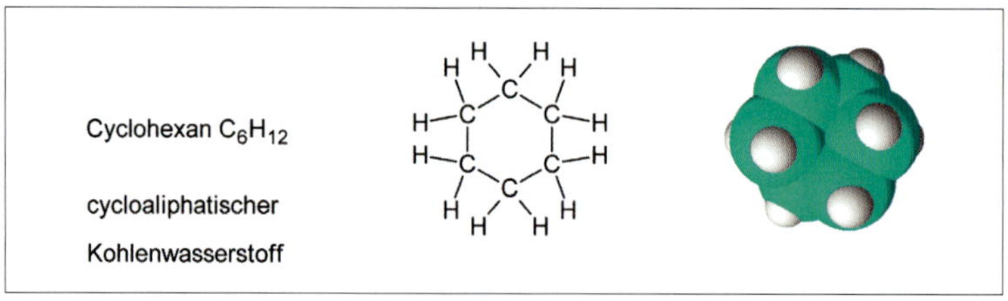

Die freie Beweglichkeit der aliphatischen Ketten wird durch die Ringbildung beeinträchtigt. Der Kohlenstoff, fähig, sich mit sich selbst zu verbinden, ist unter bestimmten Voraussetzungen sogar in der Lage, durch gemeinsame Nutzung von vier statt zwei Bindungselektronen Doppelbindungen wie bei Ethen (früher als Ethylen bezeichnet) einzugehen.

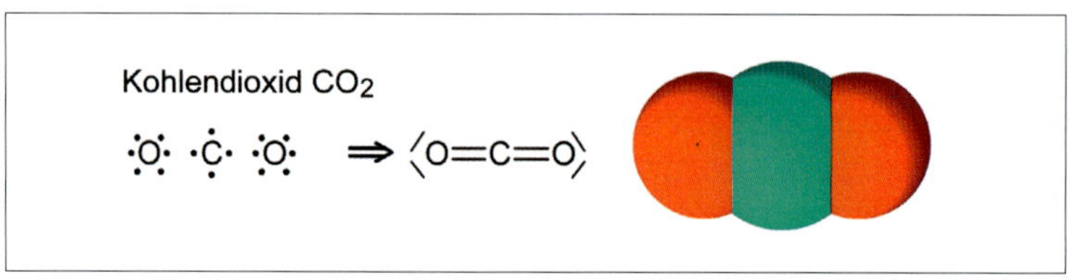

9.2.3.2 Aromatische Kohlenwasserstoffe

Einen Sonderfall unter den Kohlenwasserstoffen stellt ein 6er-Ring dar, in dem sich abwechselnd (alternierend) drei Doppelbindungen und drei Einfachbindungen befinden. Die unterschiedlichen Bindungen treten in einem solchen 6er-Ring in Wechselwirkung und bilden einen neuen Zustand. Es entstehen besonders stabile aromatische Kohlenwasserstoffe.

Aromatische Kohlenwasserstoffe: Neben 5er-Ringen in erster Linie 6er-Ring-Kohlenwasserstoffe, in denen drei Einfachbindungen und drei Doppelbindungen abwechselnd vorliegen, wodurch ein äußerst stabiles, chemisch resistentes Gerüst entsteht

Der Kohlenstoff als Basiselement für alle organischen Kohlenwasserstoff-Verbindungen ist auch in der Lage, sich ausschließlich mit Sauerstoff zu verbinden. Der wichtigste Vertreter dieser Klasse ist das Kohlendioxid (CO_2), bei dem der Kohlenstoff mit dem Sauerstoff zur Ausbildung einer 8er-Schale nicht jeweils ein, sondern jeweils zwei Elektronen anbieten muss.

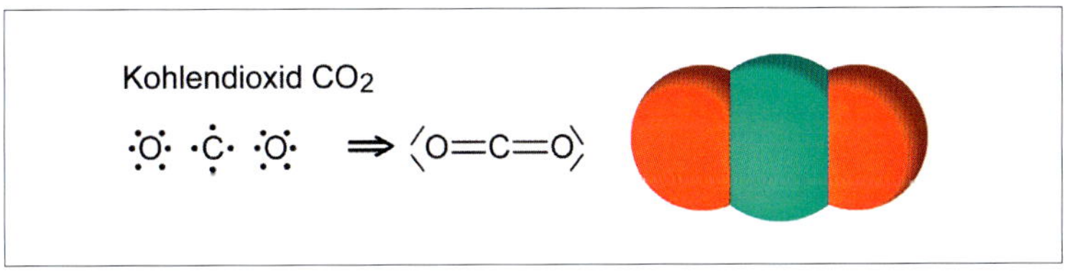

9.2.3.3 Alkohole

Kohlenstoff-Verbindungen, in denen neben Sauerstoff auch Wasserstoff anzutreffen ist, sind ausgesprochen zahlreich. Tauscht man im Wassermolekül H_2O ein Wasserstoffatom durch einen organischen Kohlenwasserstoff-Rest, z.B. einen Ethyl-Rest aus, so erhält man CH_3CH_3OH, den Ethylalkohol oder Ethanol. Er ist eine Kombination einer Hydroxylgruppe mit einem organischen Kohlenwasserstoff-Rest (kurz R)

Alkohol: Organische Verbindung, die OH-Gruppen enthält

Organische Reste: Organische Molekülteile, die zur Absättigung anderer Reste oder funktioneller Gruppen beitragen

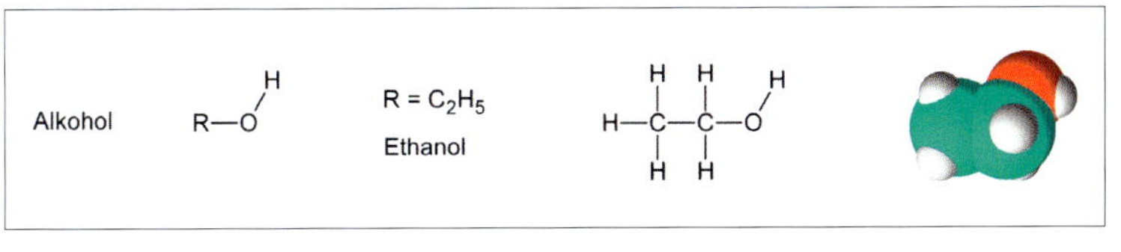

9.2.3.4 Carbonsäuren

Verbindet sich der Sauerstoff in Form einer Doppelbindung mit Kohlenwasserstoffresten, so entstehen Carbonylgruppen. Endständige Carbonylgruppen können durch den Austausch von Wasserstoff durch Hydroxylgruppen oder kurz OH-Gruppen in Carboxylgruppen überführt werden.

Aldehyde und Ketone: Organische Verbindungen, die eine Carbonylgruppe endständig oder innerhalb der Kette enthalten

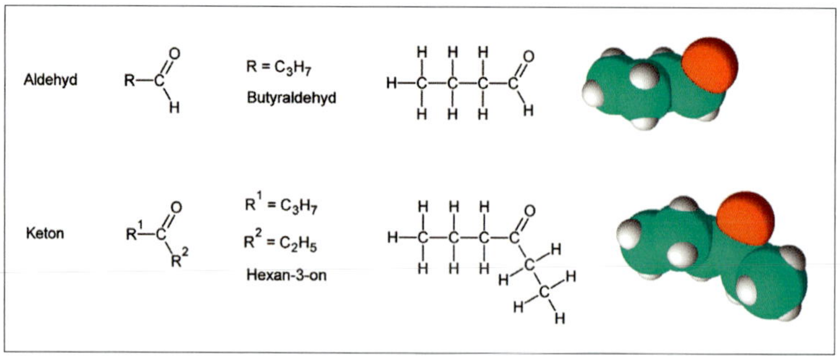

Carbonsäuren:
Organische Verbindungen, die Carboxylgruppen enthalten

Ester:
Umsetzungsprodukt einer Carbonsäure mit einem Alkohol unter Abspaltung von Wasser

Carboxylgruppen zeigen aufgrund ihrer Struktur ein eigenartiges Verhalten. Der Wasserstoff in der Carboxylgruppe ist derart locker gebunden, dass er unter geeigneten Bedingungen leicht abgespalten werden kann. Carboxylgruppen tragende, organische Verbindungen werden deshalb auch als Carbonsäuren bezeichnet. Sie sind aufgrund ihrer chemischen Konstitution in der Lage, zahlreiche weitere chemische Reaktionen einzugehen.

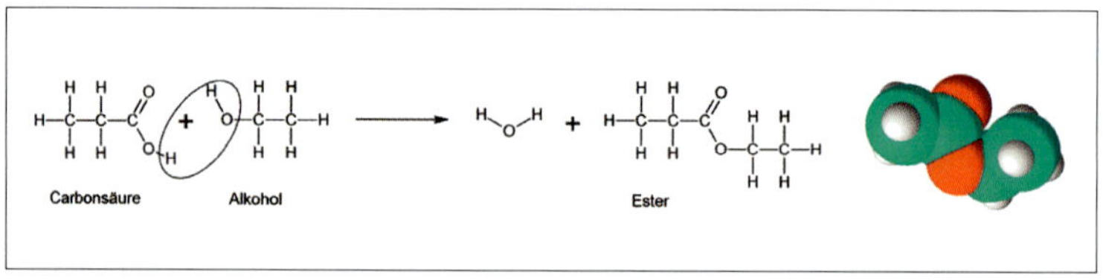

9.2.3.5 Ester

Für die Lackchemie erwähnenswert sind die aus Carbonsäuren und Alkohol herzustellenden Ester und die Reaktionsprodukte von Alkoholen unter sich zu Ethern, jeweils unter Abspaltung von Wasser (Spaltprodukte).

Amine:
Abkömmlinge des Ammoniaks NH3, in denen ein, zwei oder drei Wasserstoffe durch organische Reste ersetzt sind

9.2.3.6 Amine

Auch der Stickstoff darf bei der Diskussion lackrelevanter Verbindungen nicht vergessen werden. Er besitzt, wie oben bereits erwähnt, fünf Außenelektronen und ist deshalb u.a. bestrebt, mit drei Wasserstoffatomen seine Schale zu acht Elektronen aufzufüllen. Das Ergebnis ist der Ammoniak (NH_3). Durch Austausch der Wasserstoffe durch organische Kohlenwasserstoff-Reste entstehen die Amine. Je nach Anzahl der ersetzten Wasserstoffe erhält man primäre, sekundäre oder tertiäre Amine.

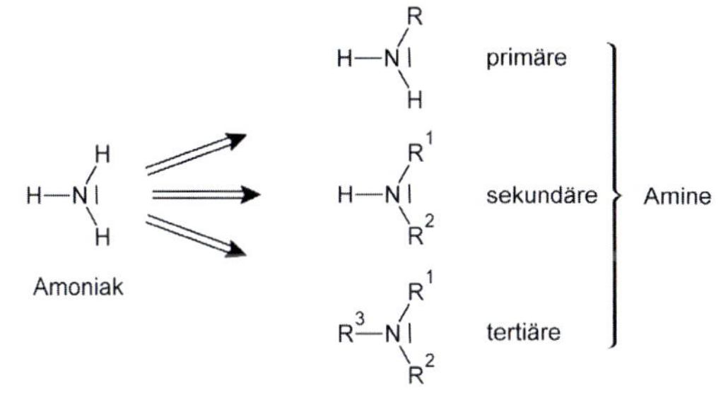

9.2.4 Polarität

Zurück zum Wassermolekül. Wie oben am Beispiel der Zusammenarbeit zwischen den Kleinbauern und dem Gutsbesitzer ausgeführt, arbeiten jeweils zwei der „Sauerstoffknechte" und je ein „Wasserstoffknecht" für zwei Auftraggeber. Sie haben sich verpflichtet, zu gleichen Zeitanteilen für beide tätig zu sein, d.h. sich auf dem Hofe der Kleinbauern genau so lange aufzuhalten, wie beim Gutsbesitzer. Der Gutsbesitzer aber, ein gutmütiger Mann, verwöhnt die für ihn arbeitenden Knechte mit guter Verpflegung und macht ihnen durch Lob die Arbeit so angenehm, dass sie ihren Feierabend bei ihm vergessen und sich immer etwas länger als vereinbart bei ihm aufhalten.

Polarität:
Ungleiche Ladungsverteilung in Molekülen wegen unterschiedlicher Verteilung der Elektronen; eine Seite verarmt an Elektronen, die andere nimmt an Elektronenintensität zu; durch die Ladungstrennung entsteht bei gleicher Anzahl negativer und positiver Ladungen ein Dipol

Bezogen auf das Wassermolekül bedeutet das eine höhere Elektronenaufenthaltsdauer beim Sauerstoff relativ zu den Wasserstoffen. Das aus der Ferne betrachtet elektrisch neu-trale Wassermolekül zeigt beim Annähern bis in den molekularen Bereich, Ladungsverschiebungen vom Wasserstoff zum Sauerstoff. Der Wasserstoff verarmt an Ladungen, der Sauerstoff erhält wegen seiner höheren Elektronegativität einen Überschuss.

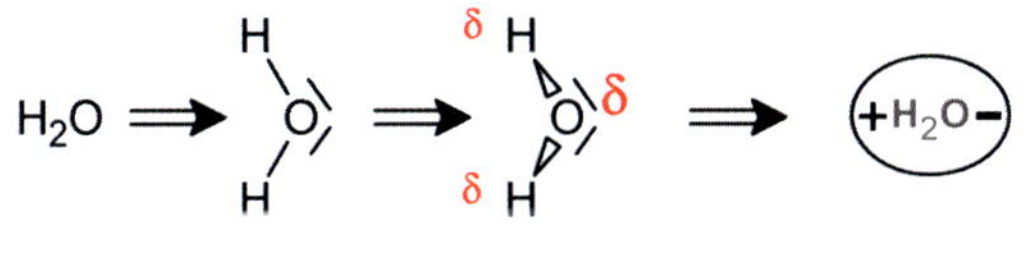

Die Ladungstrennung führt bei gleicher Anzahl von Elektronen und Protonen zur Ausbildung von Dipolen. Dipole sind also Moleküle mit unterschiedlicher Ladungsdichte. Sie besitzen dadurch elektropositive und elektronegative Bereiche. Hervorgerufen durch diese Polarität entsteht bei richtiger Orientierung eine Anziehung der unterschiedlichen Ladungen in den einzelnen Wassermolekülen. Diese zwischenmolekularen Wechselwirkungen werden auch als Kohäsionskräfte bezeichnet. Sie verhindern, dass sich die Wassermoleküle trotz intensiver Molekularbewegung voneinander weg bewegen. Sie werden wegen des relativ starken Dipolmoments (Maß für die Stärke der Elektronenverschiebung) des Wassers so stark angezogen, dass sie bei Raumtemperatur in einem flüssigen Verbund verbleiben. Wasser besitzt wegen des hohen Dipolmoments auch eine sehr hohe Oberflächenspannung.

Ein dem Wasser ähnlicher Stoff ist der Schwefelwasserstoff. Lediglich der Sauerstoff ist durch Schwefel ersetzt: statt H_2O nun H_2S. Schwefelwasserstoff besitzt den wesentlich dickeren Schwefel. Dieser vermag die Elektronen wegen geringerer Elektronegativität, d.h. geringerer „Attraktivität", nicht so stark zu sich hinzuziehen. Die zwischenmolekularen Kräfte

sind deshalb geringer als beim Wasser. Der Schwefelwasserstoff ist deshalb, im Gegensatz zu Wasser, trotz des höheren Molekulargewichts bei Zimmertemperatur ein Gas.

Noch geringer als beim H_2S sind die Wechselwirkungen im völlig unpolaren Methan. Da der Wasserstoff gleichmäßig um den Kohlenstoff in Form eines Tetraeders verteilt ist und die Elektronenanziehungen beim Kohlenstoff und Wasserstoff ähnlich sind, ist eine Polarität praktisch nicht vorhanden. Methan ist deshalb nur bei extrem niedrigen Temperaturen zu verflüssigen.

Dissoziation: Trennung von Molekülen in positiv geladene (Kationen) und negativ geladene (Anionen) Bruchstücke (siehe auch Ionen)

pH-Wert: Negativer Logarithmus der Wasserstoffionen-Konzentration; Wasser besitzt einen pH-Wert von 7; bei Säuren ist er niedriger, bei Laugen höher

9.2.5 pH-Wert

Zurück zu den Wassermolekülen. Es wurde bereits erwähnt, dass die Atombindung wegen der gemeinsamen Nutzung von Elektronen besonders stark ist. Trotzdem kommt es vor, zwar selten, aber merkbar häufig, dass ein H_2O-Molekül gespalten wird.

Jedes zehnmillionste oder mathematisch anders formuliert, jedes 10^{-7}. Wassermolekül besitzt die Fähigkeit, sich in H^+ und OH^- zu verwandeln. Trotz dieser äußerst kleinen Menge durch Dissoziation (Spaltung) des Wassers entstandener Ionen, ist die Existenz der Wasserstoffionen für das Verhalten des Wassers entscheidend.

$$H_2O \rightleftharpoons HO^- + H^+$$

Die Konzentration der H^+-Ionen im Wasser mit 10^{-7} ist eine unzweckmäßige Zahlenangabe. Es hat sich deshalb bewährt, das Minuszeichen vor dem Exponenten wegzulassen und diesen zu nennen, um so die Menge der H^+-Ionen zu charakterisieren. Die so definierte Größe wird auch als pH-Wert bezeichnet (= negativer dekadischer Logarithmus der Wasserstoffionen-Konzentration). Der pH-Wert des neutralen Wassers ist somit 7.

9.2.6 Säuren

Säuren:
Stoffe, die beim Auflösen in Wasser die Wasserstoffionen-Konzentration erhöhen

Stoffe, die in wässriger Umgebung Wasserstoffionen liefern, erhöhen ihre Konzentration im Wasser, d.h. der Wert 10^{-7} wird vergrößert, z.B. auf 10^{-6} oder 10^{-5}. Somit fällt der pH-Wert auf 6 bzw. 5. Also: Stoffe, die die Wasserstoffionen-Konzentration im Wasser erhöhen, heißen Säuren. Ihr pH-Wert liegt unter 7. Als Beispiel für eine anorganische Säure ist Salzsäure (Wasserstoffchlorid) zu nennen. Sie zerfällt in Wasser praktisch vollständig in H^+- und Cl^--Ionen.

Neben den starken anorganischen Säuren wie Salzsäure oder Schwefelsäure kennen wir die schwachen organischen Säuren, die Carbonsäuren. Sie sind zwar nicht in der Lage, in wässriger Umgebung große Mengen an H^+-Ionen zu liefern, können aber in alkalischer Umgebung mit den Hydroxyl-Ionen unter Bildung von Wasser vollständig umgesetzt werden.

Wasserstoffbrücken:
Starke Wechselwirkung von Wasserstoff mit der negativen Seite polarer Gruppen (z.B. Sauerstoffseite des Wassers oder Sauerstoffseite von Carbonylgruppen)

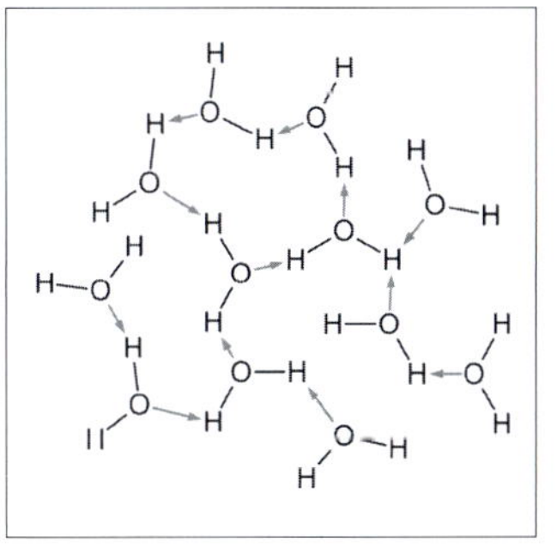

Der Wasserstoff in den Carboxylgruppen hat aufgrund seiner Wechselwirkung mit beiden Sauerstoffatomen praktisch seine Orientierung verloren. Der Wasserstoff wird von der negativen Seite der Carbonylgruppe angezogen und nimmt dadurch, bezüglich seiner Zugehörigkeit zu den beiden Sauerstoffen, eine Mittelstellung ein. Derartig intensive Wechselwirkungen des Wasserstoffs mit polaren anderen Gruppen, z.B. Carbonylgruppen, werden als Wasserstoffbrücke bezeichnet. Die Folge ist eine Schwächung der ursprünglichen Bindung.

Wasserlösliche Filmbildner:
Harze, in denen durch eine ausreichende Anzahl polarer Gruppen (z.B. Carboxyl- oder Carboxylatgruppen) wegen hoher Polarität Wasserlöslichkeit entsteht

In Alkyd- oder Acrylatharzen können Carboxylgruppen, wenn sie in ausreichender Menge vorhanden sind, den hydrophoben, also Wasser abweisenden Teil der Filmbildnermoleküle kompensieren, sodass nach Überführen der Carboxylgruppen durch Zugabe von

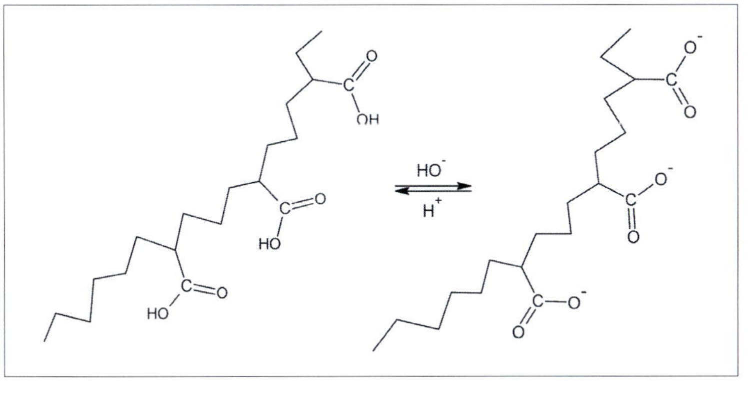

alkalischen Reagenzien in die noch polareren Carboxylatgruppen, eine Wasserlöslichkeit des Filmbildners herbeigeführt wird.

9.2.7 Laugen

Laugen:
Stoffe, die in wässriger Umgebung durch OH-Ionen Wasserstoffionen binden, und somit den pH-Wert heraufsetzen

Hydrophob:
Bei geringer oder nicht vorhandener Polarität durch weitgehende, gleichmäßige Verteilung der Bindungselektronen (hydrophob = wasserabweisend)

Auf der anderen Seite existieren chemische Verbindungen, die die Wasserstoffionen-Konzentration im Wasser erniedrigen. Sie erhöhen demzufolge den pH-Wert auf über 7. Solche Stoffe nennt man Basen und ihre wässrige Lösung Laugen. Als Beispiel für einen basischen Stoff sei die Natronlauge (NaOH) genannt. Wegen der Bildung von OH^--Ionen werden die ohnehin wenigen H^+-Ionen des Wassers durch Bildung von undissoziiertem H_2O weggefangen.

Für die Lackchemie besonders wichtige basische Substanzen sind die Amine. Sie sind Derivate des Ammoniaks. Amine besitzen die Fähigkeit, an das nicht zur Bindung verbrauchte Elektronenpaar des Stickstoffs Wasserstoffionen anzulagern, um sich dadurch in ein Kation zu verwandeln.

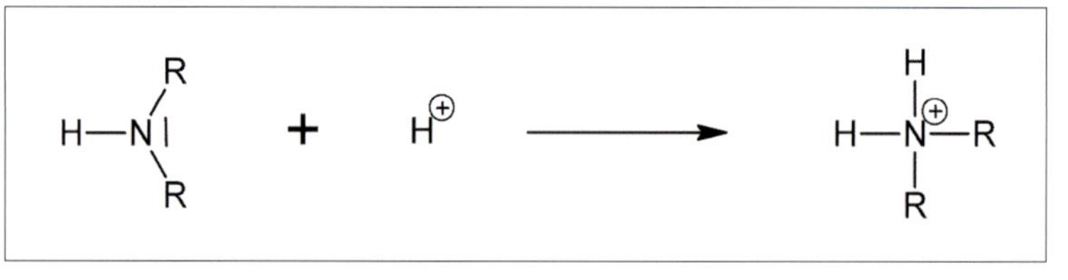

Die Triebkraft hierfür ist so stark, dass selbst die nur wenig dissoziierten organischen Säuren dem Amin das gewünschte Wasserstoffion (Proton) liefern, um dadurch in die Carboxylatgruppe überführt zu werden.

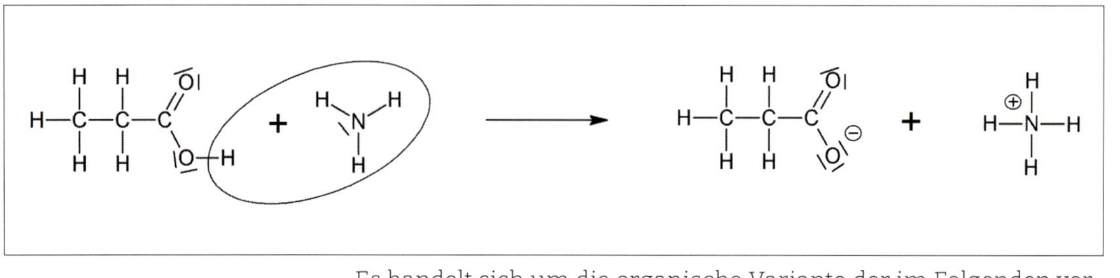

Es handelt sich um die organische Variante der im Folgenden vorgestellten Neutralisation.

9.2.8 Neutralisation

Laugen beseitigen Säuren, aber Säuren beseitigen auch Laugen und überführen sie bei abgestimmter Menge in neutrales Wasser. Die nach der Neutralisation von Natronlauge und Salzsäure in wässriger Lösung verbleibenden Natrium- und Chlorid-Ionen bilden eine Salzlösung. Beim Eindampfen, d.h. Entfernen des Wassers, erhält man kristallines Kochsalz (Natriumchlorid).

Neutralisation:
Reaktion von Wasserstoffionen aus Säuren mit Hydroxyl-Ionen aus basischen Stoffen zu neutralem Wasser

$$H^{+} + Cl^{-} + Na^{+} + HO^{-} \longrightarrow H_2O\uparrow + NaCl\downarrow$$

9.3 Grundlagen der Polymerchemie

Monomere:
Ausgangsbausteine mit funktionellen Gruppen, die sie zum Aufbau makromolekularer Stoffe befähigen

9.3.1 Allgemeines

Die chemischen Wege von den niedermolekularen Bausteinen, den Monomeren, zu den für Beschichtungsstoffe notwendigen höhermolekularen Filmbildnern und die während der Filmbildung einsetzende chemische Härtung zu hochmolekularen Netzwerken können nach verschiedenen Mechanismen erfolgen. Im Einzelnen zu nennen sind die Polymerisation, die Polykondensation und die Polyaddition (siehe auch Kapitel Filmbildung).

Polymere:
Stoffe, bestehend aus großen Molekülen, die durch Aneinanderreihung vieler kleiner Bausteine, den Monomeren, entstanden sind

Dabei ist es keineswegs so, dass die Herstellung von Filmbildnern und ihre spätere Vernetzung immer nach demselben Mechanismus ablaufen müssen.

Die Tabelle 9.1 (s. Seite 110) gibt einen Überblick über die Reaktionsmechanismen der wichtigsten Lackfilmbildner von ihrer Herstellung bis zur gebrauchsfertigen Beschichtung.

9.3.2 Polymerisation

Zur Erläuterung des Wesens der Polymerisation kommen wir auf die eingangs gemachten Aussagen über die Fähigkeit des Kohlenstoffs, mit sich selbst zu mehr oder weniger langen Ketten anzuwachsen, zurück.

Polymerisation:
Chemische Reaktion, die zu makromolekularen Stoffen führt, eine vornehmlich durch Radikale ausgelöste Kettenreaktion

Die Verbindung mit der kürzesten Kohlenstoffkette ist das Ethan (s. Seite 301).

Durch die formale Abspaltung von zwei Wasserstoffatomen unter Bildung von H_2 erhält man das Ethen (s. Seite 302, früher Ethylen)

Tabelle 9.1: Reaktionsmechanismen wichtiger Filmbildner

Lacksystem	Reaktionsmechanismus bei der Harzherstellung	Reaktionsmechanismus bei der Lackhärtung
Einbrennlack 1 Alkydharz/ Melaminharz	Polykondensation für das Alkydharz, Polykondensation für das Melaminharz	Polykondensation für die chemische Vernetzung der beiden Harze
Einbrennlack 2 Acrylatharz/ Melaminharz	Polymerisation für das Acrylatharz, Polykondensation für das Melaminharz	Polykondensation für die chemische Vernetzung der beiden Harze
Alkydharz „lufttrocknend"	Polykondensation	Polymerisation (oxidativ härtend)
Ungesättigter Polyester	Polykondensation	Polymerisation
Polyurethan aus Acrylatharz und Isocyanathärter	Polymerisation für das Acrylatharz, Polykondensation für die Isocyanatherstellung	Polyaddition für die chemische Vernetzung der beiden Harze
Polyurethan aus Polyester und Isocyanathärter	Polykondensation für die Polyesterherstellung, Polykondensation für die Herstellung des Isocyanathärters	Polyaddition für die chemische Vernetzung der beiden Harze
Epoxidharzlacke	Polykondensation für die Epoxidharzherstellung	Polyaddition für die Härtung mit Polyaminen
Thermoplastische Acrylatharzlacke (luft- und wärmetrocknend)	Polymerisation	Keine chemische Vernetzung, Verfestigung durch physikalische Trocknung
Celluloseester	Polykondensation	Keine chemische Vernetzung, Verfestigung durch physikalische Trocknung

Radikal: Ein elektrisch neutrales Molekül bzw. Molekülteil mit einem ungepaarten, einsamen Elektron; wegen des Bestrebens mit einem weiteren Elektron eine Bindung einzugehen, sind Radikale besonders reaktiv

mit einer Doppelbindung zwischen den zwei Kohlenstoffatomen. Die Doppelbindung ist wegen des „Verbiegens" der Bindungswinkel gespannt und versucht, wenn möglich, sich wieder in zwei Einfachbindungen zurückzuverwandeln. Möglich wird das, wenn Radikale, also Stoffe mit ungepaarten Elektronen, die Doppelbindung unter Ausbildung einer neuen Einfachbindung aufheben.

Dabei entsteht ein neues Radikal, das den gleichen Prozess mit einem weiteren Monomer eingehen kann. Solche Reaktionen werden als radikalische Polymerisation bezeichnet Die Anlagerung des Radikals an die Doppelbindung ist die Startreaktion, die nach dem

Anbauen weiterer Monomere an die wachsende Kette zur Wachstumsreaktion wird. Die zum Start notwendigen Radikale können durch Spaltung geeigneter Peroxide oder durch UV-Strahlen hergestellt werden.

Damit wächst die Kette nach dem Start durch den Erhalt des Radikalkettenendes weiter, bis sich zwei wachsende Ketten über ihre radikalischen Enden zu einer stabilen Kette kombinieren (Abbruchreaktion).

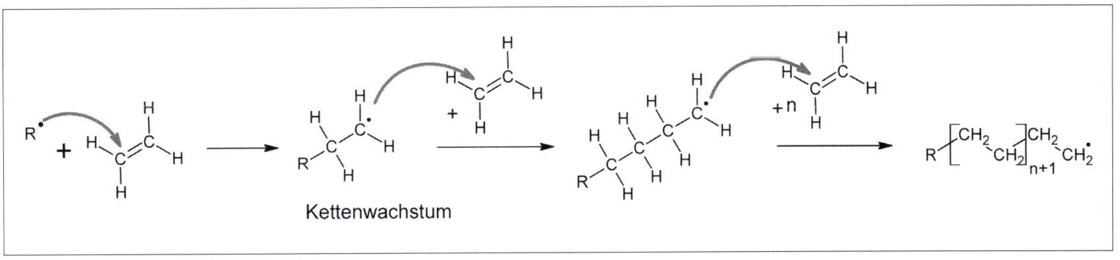

Je nach Länge der so synthetisierten Kette unterscheidet man in oligomere (mittlere) und polymere (sehr lange) Filmbildner oder Kunststoffe.

Bei diesem aus „Ethylen" synthetisierten makromolekularen Stoff handelt es sich wegen der vielen miteinander verbundenen Ethylenbausteine um „Polyethylen".

Die Vielfalt der Gruppe der Polymerisate ergibt sich aus dem Austausch eines oder mehrerer Wasserstoffatome aus dem Grundbaustein Ethen (Ethylen) durch einen anderen organischen Rest. Wird beispielsweise ein Wasserstoffatom durch eine COOH- oder COOR-Gruppe ersetzt, erhält man die für moderne Harze wichtigen polymerisierbaren Bausteine Acrylsäure bzw. Acrylsäureester. Durch anschließende Polymerisation dieser Polyacrylsäureester erhält man die thermoplastischen und wärmehärtenden Acrylatharze. Letztere aber nur, wenn sich in der Ester-Gruppe der Acrylsäure zusätzlich Hydroxylgruppen befinden.

Molmasse (früher Molekulargewicht): Macht eine Aussage über die Molekülgröße bzw. das Gewicht eines Moleküls; da der absolute Wert winzig klein ist, hat man sich geeinigt, sie als relative Molmasse auf Sauerstoff mit einer fiktiven Masse 16 zu beziehen (wenn Sauerstoff = 16 folgt: Wasserstoff = 1, Kohlenstoff = 12 und Stickstoff = 14)

Ebenfalls von Bedeutung für die Lackchemie sind die Polyvinylverbindungen. Sie entstehen, wenn ein Wasserstoff im monomeren Ethylen durch eine sauerstoffhaltige Brücke ersetzt wird. Die wich-

Kettenreaktion: Chemische Reaktion von Monomeren, ausgelöst durch einen Starter, der das Kettenwachstum einleitet; die Monomere können nur von der wachsenden Kette übernommen werden; sie sind selbst nicht zu Reaktionen fähig; die Kette bestimmt das Wachstum (Polymerisation)

tigsten lacktechnisch bewährten Vinylverbindungen sind Polyvinylether und Polyvinylester (siehe auch Filmbildner).

Die durch Polymerisation herzustellenden, mehr oder weniger hochmolekularen Stoffe sind im Gegensatz zu den niedermolekularen Verbindungen in ihrer Größe nicht einheitlich. Bedingt durch die unterschiedliche Wachstumsdauer der einzelnen Ketten und dadurch bei unterschiedlicher Kettenlänge stattfindende Abbruchreaktionen besitzen die Polymermoleküle nicht alle eine identische Größe (Länge). Sie sind deshalb auch unterschiedlich schwer und in ihrer Molmasse uneinheitlich.

Angaben über die Molmasse eines Filmbildners sind deshalb immer Mittelwerte, die über Unterschiede der Masse der Einzelmoleküle nichts aussagen. Da die Eigenschaften von Filmbildnern während der Verarbeitung und im getrockneten Film von der Breite der Verteilung abhängen, sind nicht nur die Molmasse, sondern auch die Molmassenverteilung als qualitätsbeeinflussende Größen für Beschichtungsstoffe und Beschichtungen zu berücksichtigen.

Die Polymerisation als Kettenreaktion liefert relativ große Moleküle und ist deshalb die übliche Synthesemethode bei der Herstellung von physikalisch trocknenden, d.h. sich nach der Applikation nicht mehr chemisch verändernden Filmbildnern. Sie ist neben der Polykondensation und Polyaddition, die nach einem völlig anderen Schema ablaufen, nur eine von drei wichtigen Reaktionstypen.

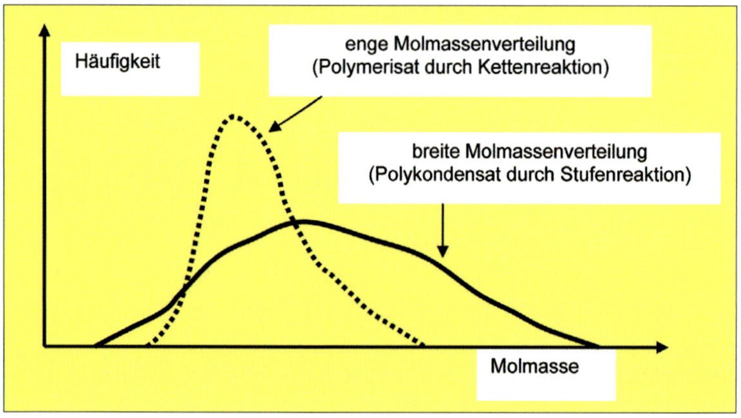

9.3.3 Polykondensation

Nach einem von der Kettenreaktion abweichenden Mechanismus verläuft die Polykondensation. Während bei der Polymerisation allein die wachsende Kette befähigt ist, ein weiteres Monomer zu aktivieren, können bei der Polykondensation alle Grundbausteine von sich aus an der Reaktion teilhaben (Stufenreaktion).

Polykondensation:
Chemische Reaktion von mehrfunktionellen Bausteinen unter Abspaltung von niedermolekularen Reaktionsprodukten (zumeist Wasser); sie werden durch eine Stufenreaktion zu großen Molekülen vereinigt (Beispiel: Polyester)

Während sich bei der Polymerisation sehr schnell lange Ketten bilden, die durch neue aus den noch verbliebenen Monomeren ergänzt werden, entstehen bei der Stufenreaktion zunächst Dimere, Trimere usw., also Zwischenstufen, die aus zwei, drei und danach aus mehreren Einheiten bestehen. Die Molekülgröße steigt also im Vergleich zur Polymerisation nur relativ langsam.

Die bei der Polykondensation freigesetzten Spaltprodukte hemmen wegen der Beeinflussung des chemischen Gleichgewichts den Fortschritt des Molekülwachstums. Chemische Reaktionen führen niemals zu einer vollständigen Umsetzung der Ausgangsprodukte. Es stellt sich immer ein Gleichgewicht ein, bei dem die Mengen der verbleibenden Ausgangsprodukte zwar extrem niedrig sein können, vollständig ist die Umsetzung jedoch nie. Lässt sich ein Teil der Reaktionsprodukte aus dem Gleichgewicht entfernen, kann das Gleichgewicht in Richtung des zu synthetisierenden Stoffes verschoben werden. Will man hohe Molmassen erreichen, müssen deshalb die niedermolekularen Spaltprodukte (Alkohole/Wasser) möglichst vollständig aus dem Reaktionsgemisch entfernt werden.

Stufenreaktion:
Chemische Reaktion von Monomeren, in denen die Moleküle aller Reaktionspartner am Kettenwachstum teilhaben

Ein konkretes Beispiel für Polykondensate sind die gesättigten und ungesättigten Polyester. Gesättigte Polyester werden durch zweifunktionelle Säuren und mehrfunktionelle Alkohole erhalten. Ein besonders wichtiger Polyester ist das Polyethylenterephthalat (kurz PET), allgemein bekannt als Grundstoff für Getränkekunststoffflaschen.

Polycarbonsäuren:
Carbonsäuren mit mehreren Carboxylgruppen

Erwähnenswert sind auch die Alkydharze, die polykondensierend aus aromatischen Dicarbonsäuren, drei- oder vierwertigen Alkoholen und einfunktionellen Fettsäuren hergestellt werden. Alkydharze werden entweder durch Polymerisation (oxidative Härtung) oder Polykondensation mit Melamin- oder anderen Harzen (thermische Vernetzung) vernetzt.

Polyol:
Alkohol mit mehreren OH-Gruppen (z. B. Glyzerin)

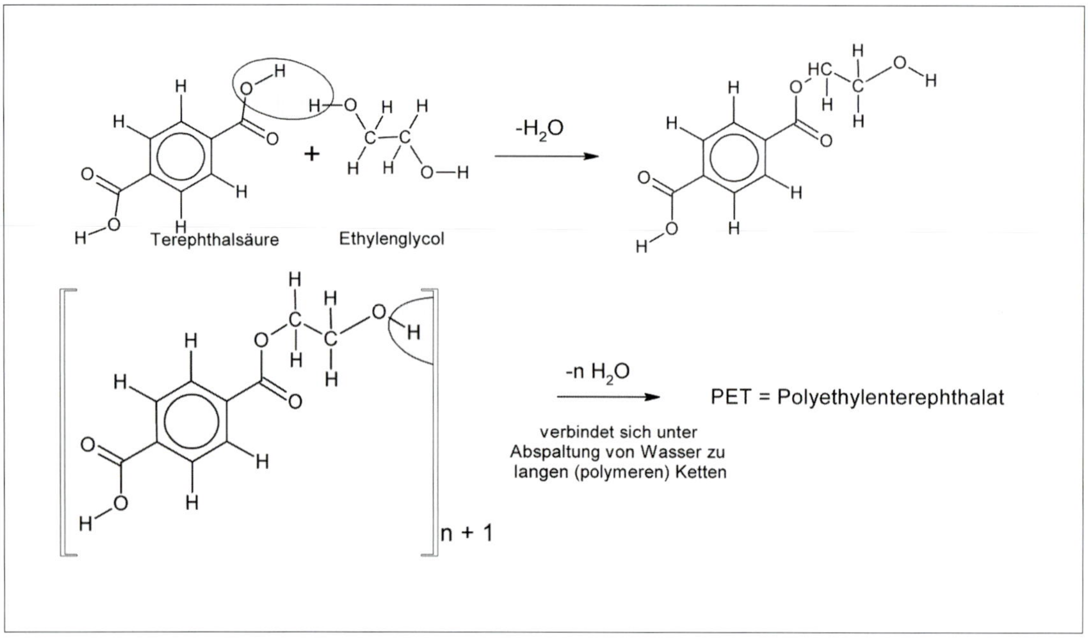

9.3.4 Polyaddition

Polyaddition: Chemische Umsetzung von Stoffen, die sich ohne Abspaltung von Reaktionsprodukten miteinander in Form einer Stufenreaktion zu makromolekularen Stoffen vereinigen (Beispiel: Polyurethan)

Die Polyaddition ist, wie die Polykondensation, eine Stufenreaktion, bei der zwei verschiedene funktionelle Gruppen aus verschiedenen Stoffen bereits nach dem Mischen beider Komponenten nach einer relativ kurzen Zeit (Topfzeit) miteinander reagieren, ohne dabei Spaltprodukte zu bilden. Durch Polyaddition zu vernetzende Beschichtungsstoffe nehmen an Bedeutung zu. Gründe liegen u.a. in der niedrigen Einbrenntemperatur und den hohen Vernetzungsgraden, die erreicht werden können.

Polyaddierend härtende Beschichtungsstoffe sind für alle Substrate, auch thermolabile Kunststoffe zur Ausbildung hochwertiger Lackierungen besonders geeignet. Beispiele sind Polyisocyanate, die mit OH-funktionellen Polyestern oder OH-funktionellen Polyacrylaten zu Polyurethanen umgesetzt werden. Auch Epoxidharze, die mit Aminen oder sauren Polyestern polyaddierend reagieren, sind in diesem Zusammenhang zu erwähnen (siehe Filmbildung).

Prüfungsaufgaben

1. Was ist ein Atom? Was ist ein Element?
2. Wie entstehen aus den Atomen Moleküle?
3. Wie unterscheiden sich Atombindungen von Ionenbindungen?
4. Was ist der Unterschied zwischen Anionen und Kationen?
5. Was sind Kohlenwasserstoffe?
6. Welche Eigenschaften haben Carbonsäuren? Vergleichen Sie diese Stoffklasse mit den Alkoholen.
7. Was ist der Unterschied zwischen einem Ether und einem Ester?
8. Was versteht man unter aliphatischen, zykloaliphatischen und aromatischen Kohlenwasserstoffen?
9. Was ist eigentlich eine Doppelbindung?
10. Warum reagiert Ammoniak in wässriger Lösung basisch?
11. Warum ist Wasser bei Zimmertemperatur flüssig, obwohl der entsprechend gebaute, schwerere Schwefelwasserstoff ein Gas ist?
12. Was versteht man unter einem Dipol?
13. Was sind Wasserstoffbrückenbindungen?
14. Wie ist der pH-Wert definiert? Wie kann man ihn in wässrigen Lösungen verändern?
15. Was versteht man unter Neutralisation?
16. Was ist der Unterschied zwischen schwachen und starken Säuren?
17. Wie erreicht man es, Lackharze wasserlöslich zu machen?
18. Welche Reaktionstypen zur Herstellung von höhermolekularen Filmbildnern sind Ihnen bekannt?
19. Was ist der Unterschied zwischen einer Stufen- und einer Kettenreaktion?
20. Erläutern Sie die Begriffe Molmasse und Molmassenverteilung!

Literaturhinweise

[1] B. Vollmert: „Grundriss der makromolekularen Chemie“, E. Vollmert Verlag, Karlsruhe (1988)

[2] A. Arni: „Grundkurs Chemie“, VCH, Weinheim (1993)

[3] M. Sietz: „Chemie für Ingenieure“, Verlag Harri Deutsch, Frankfurt am Main (1995)

10 Aufgaben zur Prüfungsvorbereitung mit Lösungen

10.1 Prüfungsfragen

1. In einem Betrieb wird überlegt, Lacke zur Beschichtung von Stahlteilen künftig mit dem HVLP-Verfahren zu verarbeiten. Erklären Sie den Begriff HVLP und erläutern Sie, worin die Vorteile dieses Spritzverfahrens liegen.
2. Worin besteht der Unterschied zwischen dem Niederdruck-, Hochdruck- und dem Höchstdruck-Spritzverfahren? Fertigen Sie hierzu eine Tabelle an.
3. Vor der Beschichtung werden Stahlbleche einem Benetzungstest unterzogen. Die Testflüssigkeit (hier: Wasser) perlt stark ab:

   a) Was sagt der Randwinkel des Wassertropfens über die Benetzbarkeit dieser Bleche aus?

   b) Welche Maßnahmen sind zu treffen, um das Teil beschichten zu können?
4. Welche Möglichkeiten der elektrischen Aufladung des Pulvers gibt es beim Pulverlackieren? Wie heißen diese Verfahren?
5. Ein Lohnbeschichtungsbetrieb will vom Pulversinterverfahren auf das elektrostatische Pulverbeschichten umstellen. Erläutern Sie den Unterschied zwischen beiden Verfahren.
6. Benennen Sie drei Aufgaben, die eine Beschichtung haben kann. Geben Sie jeweils ein Beispiel.
7. In einem Beschichtungsunternehmen werden Stahlbleche zur Beschichtung angeliefert. Mit welchen Stoffen muss der Beschichtungstechniker auf den Blechen rechnen?
8. Beschreiben Sie das Heißspritzverfahren. Benennen Sie dessen Vorteile.
9. Die Nassfilmschichtdicke einer Lackschicht beträgt 280 µm. Wie dick wird der Trockenfilm bei einem Schwund durch Lösemittelabgabe von

   a) 20 % b) 30 % c) 35 % d) 45 %
10. Eine Mischungsanweisung lautet: auf 3 kg Spachtel 90 g Härter zugeben. Wie viel % beträgt die Zugabe?
11. Fallbeispiel: Die Firma Meier möchte bei der Beschichtung ihrer Fahrradrahmen einen neuen Weg beschreiten. Im Gespräch ist die Anschaffung einer so genannten Omegaschleife (mit Hochrotationsscheibenbeschichtung). Ferner sollen einige Teile KTL-beschichtet werden. Herr Meier bittet seine Mitarbeiter, darunter den Verfahrensmechaniker Bernd Hoffmann, zu einer Besprechung.

11.1. Die Hochrotationsverfahren gehören zu den elektrostatischen Verfahren. Herr Meier möchte wissen, wie elektrostatische Verfahren grundsätzlich funktionieren. Wie gelangt der Lack auf das Beschichtungsobjekt? Welche Vorteile hat das Verfahren?

11.2. Nun möchte Herr Meier von Herrn Hoffmann wissen, zwischen welchen elektrostatischen Beschichtungsverfahren unterschieden werden kann. Mit anderen Worten: Kann man die anderen Spritzverfahren mit der Elektrostatik kombinieren? Erläutern Sie diese Verfahren.

11.3. Herr Meier bittet Herrn Hoffmann, auf einer Overheadfolie eine Skizze einer Hochrotationsglocke zu zeichnen. Fertigen Sie eine solche Skizze an und beschriften und erläutern Sie diese. Dabei soll der Lackfluss erkennbar sein.

11.4. Erklären Sie die Funktion einer Omegaschleife (mit Rotationsscheibe) mit Hilfe einer Skizze und erläutern Sie deren Vorteile. Welche Bewegungsabläufe finden bei dieser Anlage statt?

11.5. Einige der Teile sollen in einer KTL-Anlage beschichtet werden. Herr Meier kennt jedoch zwei Verfahren: ATL und KTL. Erklären Sie ihm die grundsätzliche Funktionsweise des Elektrotauchbeschichtens und den Unterschied zwischen ATL und KTL.

11.6. Herr Meier hat noch weitere Fragen: Kann man bei der Einrichtung des KTL-Bads auf das Umwälzen verzichten?

11.7. Welche Funktion hat das Spülen nach dem Austauchen des Werkstücks aus dem Tauchbecken?

11.8. Ein Mitarbeiter hat im Internet Informationen gefunden, die Herrn Meier interessieren. Diese müssen nun übersetzt werden:
„Electrophoretic painting or electro-dipping is an electrochemical process whereby paint dissolved in water is applied to the metal. This process provides complete uniform coverage with an even thickness and high paint utilization."

10.2 Lösungsvorschläge zur Prüfungsvorbereitung

zu 1: HVLP bedeutet: High Volume Low Pressure

Es handelt sich hierbei um ein pneumatisches Spritzverfahren, bei dem mit einem hohen Luftvolumen (Ringspalt breiter als bei der Hochdruckpistole) und besonders niedrigem Zerstäuberdruck gearbeitet wird (0,5 bis1,5 bar). Vorteil: Die Lacktropfen werden durch geringere Luftgeschwindigkeit aufgrund der Trägheit des Spritznebels weniger abgelenkt, weniger Lack geht am Objekt vorbei, dies führt zu weniger Overspray, weniger Lackverbrauch, geringerer Lösemittelemission.

zu 2:

Tabelle 10.1: Unterschiede zwischen dem Niederdruck-, Hochdruck- und dem Höchstdruck-Spritzverfahren

Niederdruck	Hochdruck	Höchstdruck
Zerstäuberdruck zwischen 0,5 bis 1,5 bar	Zerstäuberdruck zwischen 3 bis 5 bar	Materialdruck bis 400 bar
pneumatisches Zerstäuben: HVLP (Luftvolumen größer als beim Hochdruckverfahren), Tropfenbildung durch beschleunigte Luft	herkömmliches pneumatisches Zerstäuben: Tropfenbildung durch stark beschleunigte Luft	Airlessverfahren: Lack wird an der Düse nur durch enormen Materialdruck zerstäubt (ohne Luft)

zu 3a: Je größer der Randwinkel, desto geringer ist die Benetzbarkeit auf dem Untergrund (Flüssigkeit bildet Tropfen, kein Spreiten möglich). Folge: Eine Beschichtung haftet nicht oder nur schlecht auf dem Substrat. Für eine gute Haftfestigkeit muss die Oberflächenspannung des Untergrunds höher sein als die Oberflächenspannung des Beschichtungsstoffes, nur dann kann der Lack den Untergrund benetzen und der Lack spreiten.

zu 3b: Die Oberflächenspannung des Untergrunds ist zu erhöhen: durch Entfettung und/oder Polarisierung der Oberfläche (bei Kunststoffen z. B. durch Fluorisierung) zu erreichen. Sollte dies nicht ausreichen, kann ein Haftvermittler eingesetzt werden. Auf der anderen Seite könnte auch die Oberflächenspannung des Lacks für eine Benetzbarkeit des Untergrunds herabgesetzt werden. Zugabe von geeigneten Additiven (Tenside) machen dies möglich.

zu 4: Corona-Verfahren: Aufladung erfolgt durch Hochspannungselektrode vorne am Sprühorgan (bis 80 kV), die Pulverteilchen werden negativ aufgeladen, das zu beschichtende Werkstück wird geerdet.

Tribo-Verfahren: Aufladung des Pulvers erfolgt durch Reibung an der Wand beim Durchströmen eines Kunststoffkanals, dabei wird das Pulver meist positiv aufgeladen.

zu 5: Das Pulversinterverfahren: eher veraltetes Beschichtungsverfahren, bei dem das Pulver durch Luft verwirbelt wird und dabei auf das erhitzte Werkstück aufgetragen wird. Dort haftet es an und schmilzt auf. Dieses Verfahren entspricht im Prinzip dem Tauchverfahren bei Nasslacken. Nachteilig: Es führt zu relativ hohen und unterschiedlichen Schichtdicken am Lackierobjekt.

Elektrostatisches Pulverbeschichten: Pulver wird elektrostatisch aufgeladen und fliegt entlang der Feldlinien auf das Objekt. Im Ofen wird das Pulver aufgeschmolzen und vernetzt. Hohlräume werden häufig nicht oder nur unzureichend beschichtet (Bildung von Farraday'schen Käfigen).

zu 6:

Erzielen spezieller physikalischer Effekte:	Isolierung, Reibungsminderung
Dekorative Effekte:	Farbwirkung, Glanz etc.
Informative Aufgaben:	Pfeile, Markierungen
Schutzfunktion:	Korrosionsschutz, Schutz vor UV-Strahlung

zu 7: Ziehöle, Fette, Korrosionsschutzöle, Späne, Staub, Schmutz, eventuell auch Korrosionsprodukte (Flugrost)

zu 8: Beim Heißspritzverfahren wird der Lack auf 60 bis 70 °C im Durchlauferhitzer erwärmt und anschließend zerstäubt. Es handelt sich hierbei um ein umweltgerechtes Lackierverfahren. Durch die Erwärmung wird der Lack niedrigviskoser und kann mit geringerem Zerstäuberdruck verarbeitet werden, was zu geringeren Mengen an Overspray, geringerem Lackverbrauch, Lösemitteleinsparung, geringerer Emission führt. Oder aber der Festkörper bzw. nicht flüchtige Anteil des Lacks wird wegen der durch Erwärmung niedrigeren Viskosität heraufgesetzt, um die bei Kaltapplikation übliche Spritzviskosität wieder zu erreichen. Dadurch erreicht man eine deutliche Lösemitteleinsparung. Sehr hohe Lackschichten können in einem Spritzgang auf das Objekt aufgebracht werden.

zu 9:
a) 280 µm • 0,8 = 224 µm
b) 280 µm • 0,7 = 196 µm
c) 182 µm
d) 154 µm

zu 10:
(90 g/3000 g) • 100 = 3 %

zu 11.1: Beim elektrostatischen Lackieren wird zwischen dem hochspannungsführenden Sprühorgan und dem am Erdpotenzial liegenden Werkstück ein elektrisches Feld erzeugt. Die Tröpfchen fliegen entlang der Feldlinien zum Werkstück und werden dort abgeschieden. Vorteile: geringerer Lackverbrauch, weniger Emissionen, weniger Lackschlammanfall, geringere Verschmutzung der Kabine.

zu 11.2: Es wird zwischen rein elektrostatischen und elektrostatisch unterstützten Verfahren unterschieden. Zu den elektrostatisch unterstützten Verfahren gehören: die Hochrotationsglocke, die Zerstäubung erfolgt durch Zentrifugalkräfte; die elektrostatischen Spritzverfahren (pneumatisch und airless), die Zerstäubung erfolgt durch Luft- bzw. Materialdruck. Die Tropfenbildung beruht hier nicht – wie bei den rein elektrostatischen Verfahren – auf elektrostatischen Kräften.

zu 11.3: Lack wird durch drehende Glocke (bis 70.000 U/min) zerstäubt. Luftdusche lenkt Lack nach unten. Prallteller verhindert Austritt direkt nach unten.

zu 11.4: Bewegung 1: Förderbahn in Form des Buchstabens „Omega"
Bewegung 2: Pendelartige Hubbewegung der Scheibe
Bewegung 3: Drehbewegung der Scheibe
Vorteil: hoher Auftragswirkungsgrad bei runden Teilen

zu 11.5: Beim Elektrotauchlack handelt es sich um Wasserlack. Die Elektrolyse des Wassers führt zu einer sauren Grenzschicht an der positiv geladenen Anode und zu einer alkalischen Grenzschicht an der negativ geladenen Kathode. Tritt nun ein negativ geladenes Lackteilchen eines ATL-Lacks in die saure Grenzschicht der Anode, findet eine Neutralisation statt. Der Lack koaguliert. Durch die Schichtbildung steigt der elektrische Widerstand, der Stromfluss sinkt. Die Elektroosmose führt zu einer Entwässerung des Lackfilms. So bildet sich ein kompakter Elektrotauchfilm, der mit Wasser nicht mehr abgespült werden kann. Während beim ATL-Verfahren das Werkstück als Anode geschaltet wird, bildet beim KTL-Verfahren das zu beschichtende Werkstück die Kathode. Die polymeren Lackteilchen müssen im zweiten Fall positiv geladen sein und werden in der Grenzschicht durch OH^-- Ionen neutralisiert. Der KTL-Lack koaguliert an der Kathode.

zu 11.6: Nein, da das Absetzen (Sedimentieren) der Pigmente durch Strömungen über Pumpen, Leitungen, Ausströmdüsen verhindert werden muss.

zu 11.7: Nicht koaguliertes Lackmaterial muss abgespült werden, um eine glatte Oberfläche erzielen zu können.

zu 11.8: Elektrotauchlackieren oder Elektrotauchen ist ein elektrochemischer Prozess, bei dem Lack in Wasser feinst verteilt auf Metall aufgetragen wird. Dieser Prozess bewirkt eine komplette, einheitliche Schicht mit einer gleichmäßigen Dicke und hohem Auftragswirkungsgrad.

10.3 Formelzeichen und Einheiten

Name der Größe und Formelzeichen	Einheit und Einheitenzeichen
Arbeit, Energie W	1 Joule, 1 J = 1 N m = 1 kg m^2/s^2
Dichte ρ	1 Kilogramm durch Kubikmeter, 1 kg/m^3 gibt man aber meistens in 1kg/dm^3 an
Drehmoment M	1 Newtonmeter, 1 Nm = 1 kg m^2/s^2
Druck p	1 Pascal, 1 Pa = 1 N/m^2 = 1 kg/(m s^2)
Dynamische Viskosität η	1 Pascalsekunde, 1 Pa s = 1 N s/m^2 = 1 kg/(m s)
Elastische Dehnung ε	ohne Einheit
Elastizitätsmodul E	siehe Druck
Elektrische Ladung Q	1 Coulomb = 1 Amperesekunde, 1 C = 1 A s
Elektrische Spannung U	1 Volt = 1 V = 1 J/C
Elektrische Stromstärke I	1 Ampere, 1 A
Elektrischer Widerstand R	1 Ohm, 1 Ω, 1 V/A
Fläche A	1 Quadratmeter, 1 m^2
Frequenz ν	1 Hertz, 1 Hz = 1 s^{-1}
Kapazität	1 Farad, 1 F = 1 C/V
Kinematische Viskosität ν	1 Quadratmeter durch Sekunde, 1 m^2/s
Kraft F	1 Newton, 1 N = 1 kg m/s^2
Länge l	1 Meter, 1 m
Leistung P	1 Watt = 1 J/s = 1 kg m^2/s^3
Masse m	1 Kilogramm, 1 kg
Oberflächenspannung σ	1 Newton pro Meter = 1 N/m wird aber meist in Millinewton/Meter (mN/m) angegeben
Temperatur T	1 Kelvin oder 1 °Celsius, 1 K oder 1 °C
Volumen V	1 Kubikmeter, 1 m^3
Zeit t	1 Sekunde, 1 s

Stichwortverzeichnis

A

B

C

D

E

F

G

H

I

K

L

M

N

O

P

Q

R

S

T

U

V

W

X

Y

Z

Erklärung wichtiger lacktechnischer Begriffe

Abdunsten: ist der Übergang von flüchtigen Lackbestandteilen (z. B. Lösemitteln) in den Dampfraum unterhalb ihres Siedepunkts

Abfallverwertung: Maßnahmen, die dazu dienen, im Abfall enthaltene Wertstoffe bzw. Energiepotenziale zu verwerten

Abluftreinigung: Befreien der Trockner- und Spritzkabinenabluft von Lösemitteln und Spaltprodukten durch Adsorbieren oder Verbrennen

Additiv: Zusatzstoffe für Beschichtungsstoffe, um das Eigenschaftsbild gezielt zu beeinflussen (z. B. Verlaufsmittel, Antiabsetzmittel, UV-Absorber)

Adhäsion: Haftfestigkeit zwischen zwei Stoffen

Agglomerat: lockere Zusammenballung von Primärkörnern; können mittels Dispergieren getrennt werden

Aggregat: feste Zusammenballung von Primärkörnern, nicht trennbar

AGW-Wert: Der Arbeitsplatzgrenzwert ist der Grenzwert für die zeitlich gewichtete durchschnittliche Konzentration eines Stoffes in der Luft am Arbeitsplatz in Bezug auf einen gegebenen Referenzzeitraum, ohne, dass schädliche Auswirkungen auf die Gesundheit zu erwarten sind

Airless-Zerstäuben: Versprühen von Flüssiglacken ohne Zuhilfenahme von beschleunigter Luft; Zerstäubung erfolgt allein durch hohe Materialdrücke bei gleichzeitig feinen Düsen

Alterung: Veränderung des Eigenschaftsbildes von Lackierungen durch den Einfluss von Wetter, Chemikalien und Wärme

Anolytkreislauf: verfahrenstechnische Methode bei der kathodischen Elektrotauchlackierung zum Entfernen überschüssigen Neutralisationsmittels

Applikationsverfahren: Auftragungsverfahren von Beschichtungsstoffen

Atom: Grundbausteine von Molekülen

Atombindung: chemische Verknüpfung von Atomen

ATL: anodisches Elektrotauchlackieren

Auftragswirkungsgrad: das prozentuale Verhältnis zwischen dem auf einer Oberfläche abgeschiedenen und dem verspritzten Festkörperanteil eines Beschichtungsmaterials (AWG)

Ausschwimmen: eine Trennung von Pigmentmischungen aufgrund ihrer unterschiedlichen Pigmentbeweglichkeit

Außenaufladung: elektrische Aufladung von Lacken durch ionisierte Luft nach der Zerstäubung

Benetzung: findet statt, wenn die Oberflächenspannung des Untergrunds höher ist als die des Lacks; der Lack spreitet

Beschichtungssystem: vorgegebene Kombination von Beschichtungsstoffen, die einen gemeinsamen Lackieraufbau bilden

Bindemittel: Filmbildner und nichtflüchtige Additive ergeben zusammen das Bindemittel

Bleistifthärte: eine Prüfmethode zur Bestimmung der Ritzhärte von Beschichtungen

Buchholzhärte: Prüfmethode zur Bestimmung der Eindringhärte von Beschichtungen

Bürsten: Reinigen von Oberflächen durch mechanische Ablösung von Verunreinigungen

Diffusion: Wanderung von Teilchen durch Konzentrationsunterschiede mit dem Ziel eines Konzentrationsausgleichs

Dilatanz: Viskosität steigt bei Scherbeanspruchung

DIN: Deutsches Institut für Normung, legt Normen fest

DIN-Becher: Auslaufbecher zur Bestimmung der Viskosität über die Auslaufzeit

Dipolmoment: Ladungsverschiebung im Molekül, z. B. H2O (Sauerstoff δ-, Wasserstoff δ+)

Brechungsindex: Maß für die Ablenkung von Lichtstrahlen beim Übergang von einem Medium in ein anderes

Cellulose: Gerüstsubstanz des Holzes (unlösliches Polysaccharid)

chemische Härtung: Filmbildung aufgrund einer chemischen Vernetzungsreaktion

Coil Coating: spezielle Methode zur Beschichtung von planen Endlosblechen, in der Regel durch Walzen

Corona: Austreten von freien Elektronen aus Metallen zur Ionisierung von Luftmolekülen

Chromatierung: chromhaltige anorganische Schutzschicht zur Verbesserung des Korrosionsschutzes (man unterscheidet Gelb- und Grünchromatierung)

Decklack: letzte Schicht eines Mehrschichtaufbaus

Deckvermögen: Fähigkeit von pigmentierten Beschichtungsstoffen bzw. Beschichtungen; durch Lichtstreuung hervorgerufene optische Abdeckung des Untergrunds

Dichte: Quotient aus Masse und Volumen, Einheit: kg/dm3

Dispergierung: mildes Zerkleinern der Agglomerate durch Scherkräfte im flüssigen Medium

Dispersion: feinste Verteilung eines Stoffes in einem anderen, wobei beide ineinander schwer oder unlöslich sind und unterschiedliche Zustandsformen (fest, flüssig, gasförmig) haben

Duroplast: oder Duromer, vernetzte Lackierungen, nicht wieder anlösbar

Elektrotauchen: elektrochemische Abscheidung von Wasserlacken

Elektrolyse des Wassers: elektrolytische Zersetzung von Wasser in Sauerstoff und Wasserstoff

Emission: von einer Anlage austretende Schadstoffe, die in die Atmosphäre gelangen (z. B. Gase, Stäube, Lärm, Strahlung und Erschütterungen)

E-Modul: Elastizitätsmodul, Proportionalitätsfaktor im Hooke'schen Gesetz

Entlacken: dient dazu, Fehlbeschichtungen bzw. Altbeschichtungen vom Werkstück zu beseitigen

Erichsen-Tiefung: Prüfmethode zur Bestimmung der Biegeelastizität

Ergiebigkeit: gibt die Fläche in m^2 an, die mit der Masse von einem kg Lack deckend beschichtet werden kann

Elastomer: schwach vernetztes Polymer mit beweglichen Kettensegmenten

ESH (= Elektronenstrahlhärtung): durch freie beschleunigte Elektronen ausgelöste, chemische Härtung

Farbe: Sinneseindruck, ausgelöst durch unterschiedliche Anregung der sich im Auge befindenden Zäpfchen

Farbmittel: Oberbegriff für Farbstoffe und Pigmente

Farbstärke: die für eine festgelegte Wellenlänge auf eine bestimmte Pigmentkonzentration bezogene Lichtabsorption

Farbstoff: im Lack lösliche Bestandteile; erzeugen Farbigkeit, besitzen keine Deckkraft

Feinheit: Größe der gröbsten Pigmentkörner im flüssigen Lack

Festkörper: veraltet für: nichtflüchtiger Anteil eines Beschichtungsstoffes

Filmbildner: Harz, bildet den Film

Fließgrenze: Mindestschubspannung, die überschritten werden muss, um ein Fließen hervorzurufen

Flip-Flop: Hell-Dunkel-Eindruck bei Metalliclackierungen in Abhängigkeit vom Winkel

Flokkulat: Bildung von Reagglomeraten aufgrund von schlechter Stabilisierung

Florida Test: Freibewitterung in Florida zur Bestimmung der Alterungsbeständigkeit von Lackierungen

Füllstoff: meist anorganischer, pulverförmiger, unlöslicher Zusatz zu Beschichtungsstoffen zur Verbesserung des mechanischen Eigenschaftsbildes ohne dabei wesentliche optische Eigenschaften zu beeinflussen

Füller: funktionelle Zwischenschicht bei Mehrschichtaufbauten zur Verbesserung der Eigenschaften

Gefahrstoffverordnung: Verordnung über gefährliche Stoffe, regelt die Herstellung, das Inverkehrbringen sowie den Umgang mit ihnen

Gießen: umweltfreundliches Verarbeitungsverfahren durch sog. Gießmaschinen

Gitterschnitt: kombinierte Haftfestigkeits- und Elastizitätsprüfung; ermittelt Gebrauchseigenschaften

Glanz: Maß für die Glätte der Feinstruktur; bestimmbar mit Reflektometer

Glastemperatur (Tg): Temperatur, bei der eine sprunghafte Änderung der Elastizität von polymeren Werkstoffen stattfindet

Grindometer: Gerät zur Messung der Kornfeinheit

Härte: durch polare Wechselwirkung oder Molekülverfilzung hervorgerufene, innere Festigkeit (Kohäsion)

Härter: chemisch reaktive Zusätze bei 2K-Lacken zur Vernetzung des Stammlacks

Haftfestigkeit: Fähigkeit einer Lackierung sich mit dem Untergrund fest zu verbinden

Harz: synthetischer oder natürlicher Stoff, der in der Lage ist, einen Film zu bilden

Harzlösung: Filmbildner (Harz) in Lösemitteln gelöst

Hochdruckzerstäuben: luftunterstütztes Zerstäuben; Zerstäuberdruck 2–6 bar

Hochrotationszerstäubung: Zerstäuben von Lacken durch Zentrifugalkräfte an extrem schnell drehenden Metallglocken

Holzfaserplatten: bestehen aus mit Bindemitteln versetzten Holzfasern; werden zu Formteilen gepresst

Holzspanplatten: bestehen aus mit Bindemitteln versetzten Holzspänen und werden zu Formteilen gepresst

Hybridlack: Beschichtungsstoffe, die befähigt sind, durch zwei unterschiedliche chemische Reaktionstypen zu vernetzen (z. B. Polymerisation durch UV-Strahlen verbunden mit einer Polyadditon, z. B. PUR)

Immission: auf Lebewesen (z. B. Menschen, Pflanzen, Tiere) einwirkende, schädliche Umwelteinwirkungen

Inhibitor: Zusatz zu Lacken, um ein ungewolltes frühzeitiges Vernetzen zu verhindern

Initiator: Additiv zum Auslösen von chemischen Reaktionen

Innenaufladung: Ladungsubergang zum Lack vor der Zerstäubung

Ionen: geladene Teilchen

IR-Härtung: Vernetzung von Lacken durch Infrarot-Strahlen

ISO-Becher: international genormter Auslaufbecher, welcher den DIN-Becher ersetzt

Kantenflucht: durch die Oberflächenspannung hervorgerufenes Wegziehen von der Kante des flüssigen Beschichtungsstoffes während der Filmbildung

Klarlack: farbmittelfreier Decklack zur Abdeckung von Untergründen, die nach der Beschichtung sichtbar bleiben sollen

Koagulierung: Zusammenballen (Gerinnung) von Teilchen

Kohäsion: innere Festigkeit eines Stoffes

Korrosion: allmähliche Zerstörung von Werkstoffen und Schutzschichten durch chemische oder elektrochemische Prozesse

KPVK: kritische Pigmentvolumenkonzentration, gibt Auskunft über die Pigmentierungshöhe, bei der gerade alle Hohlräume einer Pigmentschüttung mit Bindemittel aufgefüllt sind

Kreidung: extremer Abbau von Bindemitteln unter Freilegen der in der Lackierung vorhandenen Pigmente

KTL: kathodisches Elektrotauchlackieren

Kurzbewitterung: erfolgt in Geräten mit künstlichem Klima zur Beschleunigung der Alterung von Lackierungen

Lignin: Bestandteil von Holz (Verholzungsstoff)

Lösemittel: löst das Harz, stellt den Lack auf Verarbeitungsviskosität ein

Lunker: Hohlräume im Inneren von Lackierobjekten

Mahlen: andere Bezeichnung für „Dispergieren"

MAK: maximale Arbeitsplatzkonzentration, ist durch den AGW-Wert (Arbeitsplatzgrenzwert) ersetzt worden

Molekül: Verbindung aus zwei oder mehreren Atomen

Molmasse: Maß für die Größe bzw. die Masse von Polymermolekülen

Nassschichtdicke: Dicke eines Lackfilms unmittelbar nach seiner Applikation

Niederdruckzerstäuben: HVLP (high volume low pressure); Zerstäuberdruck 0,5 - 1,5 bar

Oberflächenspannung: Bestreben Minimaloberflächen (Kugeln) zu bilden; Wasser hat eine hohe Oberflächenspannung (72 mN/m)

Overspray: Spritznebel, der am Objekt vorbeifliegt

oxidative Härtung: durch Luftsauerstoff ausgelöste Polymerisation zur chemischen Vernetzung

Pendeldämpfung: Prüfmethode zur Bestimmung der viskoelastischen Eigenschaften eines Lacks

Phosphatierung: durch chemische Reaktion erzeugte Phosphatschicht auf metallischen Untergründen; meist Zinkphosphat

physikalische Trocknung: Filmbildung nur durch Lösemittelabgabe

pH-Wert: ist ein Maß für die H^+-Ionen-Konzentration in wässrigen Medien

Pigment: kristalliner Stoff, der für Farbigkeit und Deckfähigkeit sorgt

Polyaddition: chemische Verknüpfungsreaktion bei 2K-Lacken

Polykondensation: chemische Verknüpfungsreaktion bei der Wärme und Spaltprodukte entstehen

Polymerisation: chemische Verknüpfungsreaktion in Form einer Kettenreaktion

Primärkorn: kleinste Einheit eines Pigments

Primer: Grundierung zur Haftfestigkeitsverbesserung zwischen Untergrund und Beschichtungsstoff

Prüfverfahren: Methoden zur Erfassung von Qualitätsmerkmalen

PVK: Pigmentvolumenkonzentration im getrockneten bzw. gehärteten Film

Qualität: umfasst alle Merkmale einer Einheit bzw. deren Eignung um festgelegte Erfordernisse zu erfüllen

Quellen: Flüssigkeitsaufnahme eines Stoffes und die damit verbundene Vergrößerung des Volumens

RAL: Farbregister, das auf den „Reichsausschuss für Lieferbedingungen und Gütesicherung“ zurückgeht

Reflektometer: Glanzmessgerät; misst das gerichtet reflektierte Licht bei den drei Winkeln 20°, 60°, 85°

Ringleitung: in sich geschlossenes Leitungssystem zum kontinuierlichen Umwälzen von Beschichtungsstoffen zur Versorgung von Lackieranlagen; notwendig um ein Absetzen von Pigmenten zu verhindern

Rost: eine im wesentlichen aus Eisen(III)-oxidhydrat bestehende, „lackfeindliche“, gelb- bis dunkelbraune, poröse Schicht bzw. Kruste

Rotationsviskosimeter: Gerät zur Bestimmung der Viskosität in Abhängigkeit von der Scherbeanspruchung

Säurezahl: Maß für die Anzahl freier Säuregruppen in der Harzlösung; mit KOH bestimmbar

Schwinden: Flüssigkeitsabgabe eines Stoffes und die damit verbundene Volumenverkleinerung

Sedimentation: Absetzen der Feststoffteilchen (Pigmente) im Lack

Spaltprodukte: kleine Moleküle, die bei der Polykondensation freigesetzt werden

Stabilisierung: abstoßende Schutzschicht auf Pigment- oder Dispersionsteilchen; verhindert ein Koagulieren

Stammlack: Hauptkomponente von 2K-Lacken

Strahlenhärtung: sog. kalte Härtung mittels UV- oder Elektronenstrahlen (ESH)

Strukturviskosität: Viskosität sinkt bei Scherbeanspruchung (Bewegung)

TA-Luft: mehrfach erneuerte Durchführungsverordnung des Bundes-Immissionsschutzgesetzes zur Beschränkung der beim Lackieren entstehenden Emissionen

Thermoplast: nicht vernetzte Lackierungen; anlösbar durch Lösemittel und schmelzbar beim Erwärmen

Thixotropie: zeitabhängige Strukturviskosität, nach Scherbeanspruchung bleibt der Lack eine bestimmte Zeit dünnflüssiger, bis er seine Ruheviskosität wieder einnimmt

Topfzeit: Zeitspanne, in der eine gebrauchsfertige Mischung im Topf (Lackbehälter) verarbeitbar bleibt

Tribo-Aufladung: Aufladung von Pulverlackteilchen allein durch Reibung ohne Anlegen einer elektrischen Hochspannung

Trockenfilmdichte: Dichte des getrockneten Lackfilms

Trockenschichtdicke: Dicke eines Lackfilms nach der Verdunstung aller flüchtigen Anteile

Trocknungsgrad: Trocknungszustand eines Beschichtungsstoffes (staub-, berührungs-, schleif- und verpackungstrocken)

Trocknungszeit: Zeitspanne zwischen Auftrag eines Beschichtungsstoffes und dem Erreichen der geforderten Qualität

Umgriff: Effekt bedingt durch Lackabscheidung auch auf der Rückseite von Lackierobjekten

UV-Härtung: mittels UV-Strahlen wird der Lack gehärtet (Polymerisationsreaktion)

Verlauf: wellenförmige, filmbildungsbedingte Oberflächenstruktur

Vernetzung: chemische Reaktion zu einem dreidimensionalen Netz

Verträglichkeit: Zustand dauerhafter Mischbarkeit von Rohstoffen und Lack

VE-Wasser: vollentsalztes Wasser

Viskoelastizität: Kombination viskoser und elastischer Eigenschaften

Viskosität: Maß für die Fließfähigkeit von Flüssigkeiten

VOC (volatile organic compounds): flüchtige organische Stoffe

VOC-Richtlinie: von der europäischen Union übernommener – stufenweise durchzuführender – Plan zur Reduzierung von Lösemitteln in lackverarbeitenden Betrieben

Vorbehandlung: häufig notwendige Vorreinigung durch Schleifen, Beizen oder/und Aufbringen einer anorganischen Schutzschicht (Phosphatierung, Chromatierung)

Wash-Primer: phosphorsäurehaltige Grundierung als Ersatz für eine Phosphatierung

Weichmacher: organische Zusätze in Beschichtungen, welche die Elastizität des Werkstoffs erhöhen